Aus deutscher Technik und Kultur

Wilhelm v. Oechelhaeuser

Aus deutscher Technik und Kultur

2. Auflage

1921

München und Berlin

Druck und Verlag von R. Oldenbourg

Vorwort.

Sollen die historischen Fäden der Kultur und Technik mit der gegenwärtigen Revolution abreißen, wie es einst unseligerweise durch den Dreißigjährigen Krieg geschah, wo wir zum Teil erst nach Jahrhunderten wieder entdeckten, welche Blüte auf so manchem Gebiete vorher geherrscht hatte?

Sollen die Schlagworte von der rücksichtslosen Ausbeutung der Massen durch den Kapitalismus, von der Versklavung des Menschen durch die Maschine, von dem allein Werte schaffenden Arbeiter, von der unweigerlich fortschreitenden Mechanisierung der Welt so lange wiederholt werden, bis sie in ihrer Verallgemeinerung und Übertreibung als feststehende Wahrheiten zur Kennzeichnung der deutschen Technik vor der Revolution gelten?

Sollen diese Schlagworte zur dauernden politischen Verhetzung und Zersetzung dienen und auch von denjenigen ohne weitere Nachprüfung angenommen werden, die sich ein wahrheitsuchendes Urteil in dieser Welt der Lüge und Umwertung aller Werte bewahren wollen?

Solche Fragen wurden bei mir lebendig, als die Verlagshandlung nach der Revolution bei mir anfragte, ob die nachfolgenden Erinnerungsblätter, die mit wenigen Ausnahmen bereits i. J. 1910 gedruckt vorlagen, nicht doch noch herausgegeben werden sollten. Sie waren bei mir selbst in Vergessenheit geraten und ursprünglich nur für meine Weggenossen bestimmt. Jetzt aber schien es mir, als ob gerade die nichttechnischen Kreise noch mehr Interesse daran nehmen könnten. Sie würden hier gewissermaßen einen freien Blick hinter die Kulissen der viel verschrieenen kapitalistischen Technik tun können, wie sie vor der Revolution ohne jede Tendenz geschildert war. Denn wie viele Gebildete beiderlei Geschlechts und selbst von bester Absicht beseelte akademische Forscher haben die obenerwähnten Schlagworte nachgeschrieben, ohne, wie ich mitunter feststellte, jemals eine Fabrik betreten oder den Pulsschlag der Technik in ihren Betrieben oder nur auf einer ihrer Versammlungen selbst nachgeprüft zu haben!

Auch sind diese Erinnerungsblätter meistens Übersichten über Gebiete der Technik, die ich als Vorsitzender von Vereinen zu geben hatte, die über ganz Deutschland organisiert sind. Sie standen deshalb unter allgemeiner Kontrolle meiner Mitarbeiter.

Vielleicht wird ein solcher Einblick ergeben: daß eine Betriebsweise in der Tat kapitalistisch, sogar monopolistisch sein kann, ohne daß die Leiter im mindesten von Gedanken an Ausbeutung oder Versklavung der Menschen beherrscht werden; daß auf seiten der führenden technischen Kreise für den Erwerb in erster Linie wissenschaftlich praktische Fortschritte maßgebend waren, die sich hier wie überall aus den dringenden Forderungen des Tages und der zwingenden Notwendigkeit ergaben, die Lebensbedingungen eines Volkes sicherzustellen, das sich vor dem Kriege jährlich um 7—800000 Menschen vermehrte, und daß es kaum eine größere Irrlehre gab als die, daß der Arbeiter allein Werte schaffe und das Kapital sich durch die Handarbeiter befruchten ließe.

Hoffentlich gewinnt auch unsere akademische Jugend, auf die wir unsere Haupthoffnung für die Zukunft setzen, aus gewissenhafter Nachprüfung der tatsächlichen Verhältnisse die Überzeugung, daß weitesten Kreisen wissenschaftlicher Technik jeder Mammonismus fern lag. Mindestens seit der Jahrhundertwende wurde die Einsicht in die schweren Schäden der materiellen Entwicklung unserer Zeit immer allgemeiner erkannt, und die sozialen Reformen und kulturellen Zusammenhänge standen auf der Tagesordnung vieler technischer Versammlungen. Die in der modernen Technik ganz naturgemäß zu materieller Auswirkung kommenden Kräfte sollten mit der Gesamtkultur unseres Volkes in Verbindung gebracht werden und in diesem Zusammenhang Beschränkung und Ergänzung finden.

Zu dieser historischen Auffassung der jüngsten Vergangenheit möchte der nachfolgende kleine Ausschnitt aus dem Riesenpanorama der deutschen Technik einen Beitrag liefern.

Dessau, im Mai 1920.

Vorwort zur 2. Auflage.

Die Hoffnung, daß auch Nicht-Ingenieure an diesem Buche Interesse finden könnten, scheint sich zu erfüllen. Zahlreiche Zuschriften gerade aus solchen Kreisen, die bisher der Technik mit Mißtrauen und ihrer wirtschaftlichen Betätigung mit Ablehnung gegenüberstanden, lassen dies erkennen. Die Möglichkeit einer „Beseelung der Technik" wurde zugegeben.

Eine neue Auflage ist vor Ablauf eines Jahres nötig geworden. Sie blieb unverändert, nur geringe Kürzungen im Schlußkapitel (Rückblick und Ausblick) haben stattgefunden.

Möge sich das Buch insbesondere auch unter den zahlreichen Studierenden Freunde erwerben, die ihren Beruf als Offiziere oder Staatsbeamte in unserer vaterländischen Not aufgeben mußten und sich der wissenschaftlichen Technik zuwandten. Manche Vorurteile, die sie vielleicht früher gehabt, dürften dadurch von selbst verschwinden.

Darum ein „Willkommen!" und „Glück auf!" den alten und jungen Studenten!

Dessau, 1. Mai 1921.

Dr. h. c. Wilhelm v. Oechelhaeuser.

Inhalts-Verzeichnis.

Erster Teil

Kulturelles

Zur Jahrhundertwende.

Ansprache am Niederwald-Denkmal den 13. Juni 1900 bei Gelegenheit der Tagung des Deutschen Vereins von Gas- und Wasserfachmännern in Mainz.

— es war einmal! —

Wir sind am Ziel! Denn wie kann ein Fest im Rheingau einen schöneren Abschluß, wie seinen Höhepunkt besser erreichen, als in einer Wallfahrt zu unserem Nationaldenkmal auf dem Niederwald! In der Tat, ein Wallfahrtsort ist es für alle deutschen Patrioten und Vereine geworden, mögen sie auch sonst noch so verschiedenen Zielen zustreben. Hier vereinigt sich all ihr Dichten und Trachten in dem einen Gedanken: an Kaiser und Reich!

Unser Verein steht aber nicht zum ersten Male an dieser Stelle! Wir feiern auch hier, wie in Mainz, ein Wiedersehen nach 25 Jahren. Als wir damals diese Stätte betraten, da war sie ein wüster, öder Bauplatz, auf dem erst die Fundamente gelegt werden mußten, die den stolzen Bau dieses Denkmals tragen sollten. Wenn auch das Denkmal noch nicht sichtbar war, so zitterte doch in uns allen die Erinnerung an die jüngste große Vergangenheit noch so lebhaft nach, daß plötzlich einer unter uns das Wort ergriff und den Gefühlen der Dankbarkeit für unsere großen Führer in jenem Völkerstreite und der Freude über die endlich errungene Reichseinheit einen zündenden, patriotischen Ausdruck gab. Und nun folgte eine Szene köstlichen, echt rheinischen Humors. Es wurden die Visitenkarten aller Anwesenden gesammelt, in leere Rheinweinflaschen getan, verkorkt und regelrecht in der Mitte des Fundaments von den Steinmetzen vermauert. So ruhen diese seltsamen Urkunden unseres Vereins tief unter dem eigentlichen Grundstein des Denkmals, dessen feierliche Legung erst 2 Jahre später stattfand. Daher dürfen wir wohl mit einigem Recht alte, und zwar „grundlegende" Beziehungen zu diesem erhebenden Denkmal für uns in Anspruch nehmen!

Wir folgen unserer Erinnerung 8 Jahre weiter bis zu jenem einzig schönen Tage der Enthüllung dieser Germania im August 1883. Es ersteht vor unserem geistigen Auge dort vor dem Kaiserzelt wieder die edle, leicht vornübergebeugte hohe Gestalt Kaiser Wilhelms des Ersten, umgeben von den Fürsten und Paladinen, mit denen er die Einheit unseres Vaterlandes erkämpft. Und seine letzten Worte, die den Befehl zur Enthüllung geben, werden großartig begleitet und getragen von dem Donner der Geschütze und Böller, die ringsum von den Bergen und drunten von den Schiffen des Rheins zu uns herauftönen — wie ein letzter dumpfrollender Nachklang von den Schlachtfeldern Frankreichs.

Etwas abseits von jener Gruppe gekrönter Häupter stand der kaiserliche Prinz Wilhelm neben seinem damaligen Mentor: dem greisen Feldmarschall von Blumenthal, und aus eingeweihten Kreisen machte flüsternd eine Äußerung dieses berühmten Heerführers die Runde: daß er große Hoffnungen auf die militärische Begabung des Kaiser-Enkels setze!

Schneller als man geahnt, mußte sich diese jugendstrotzende Kraft an der Spitze des Reiches entfalten! Aber nicht der Herold des Krieges am Denkmal ist der Verkünder seiner Taten, sondern der Genius des Friedens, und nur dann soll jener in das Horn stoßen, wenn das Kaiserauge gewahrt, daß die Rüstung Germanias zu Wasser und zu Lande den Frieden zu schirmen hat.

Solange aber unser Volk diesen Ruf nicht vernimmt, dürfen wir wie diese Germania ruhig das Schwert in der Scheide halten, wenn auch die Hand fest den Knauf umspannt. Und wie sie hier auf dem Niederwald hoch den Arm mit der Kaiserkrone in die Lüfte schwingt, mahnt sie zugleich mit ernstem Ausdruck: Haltet Ihr Alle, jeder Einzelne von uns, das teuer erkaufte Reichskleinod hoch über allem Zwiespalt der Parteien und Interessen! Steht alle einig zu Kaiser und Reich! Eure Losung sei und bleibe: Deutschland, Deutschland über Alles!

Über die sozialen Aufgaben des Ingenieurberufes.

Eröffnungsrede zur 40. Jahresversammlung des Deutschen Vereins von Gas- und Wasserfachmännern in Mainz am 10. Juni 1900.

Der **Deutsche Verein von Gas- und Wasserfachmännern** — gegründet 1859 — umfaßt
mit seinen Zweigvereinen ganz Deutschland sowie die namhaftesten Fachmänner von
Österreich, Ungarn, der Schweiz, Holland, Belgien, Dänemark, Norwegen und Schweden.

Sein wissenschaftlicher Schwerpunkt liegt seit nun mehr als 40 Jahren an der Technischen
Hochschule zu Karlsruhe in der Person des Geheimen Rat Professor Dr. H. Bunte.

Der Verein begründete an dieser Hochschule eine Lehr- und Versuchs-Gasanstalt in Verbindung mit ihren wissenschaftlichen Ausbildungskursen für Beleuchtungs-Technik.

Das wirtschaftliche Zentrum des Vereins ist seit Gründung der Zentrale für Gasver-
wertung Berlin. Der Weltkrieg hat die große Bedeutung der Gasindustrie für das moderne
Leben durch die Unentbehrlichkeit seines Hauptproduktes, des Gases, sowie seiner wertvollen
Nebenprodukte: Koks, Teer, Ammoniak, Benzol usw. von neuem dargetan.

Einen „Blick auf die Entwicklung der Gastechnik" gibt der Vortrag auf Seite 179 u. f. —

Meine Herren! Als nach jener erhebenden Säkularfeier der technischen
Hochschule zu Berlin im Herbst vorigen Jahres die Rektoren der drei preußischen
technischen Hochschulen unter Führung des um diese ganze Bewegung hoch
verdienten Rektors, Geheimrat Professor Riedler, unserem Kaiser den Dank
für das Promotionsrecht aussprechen durften, da hat Se. Majestät die ehrenden
und unvergeßlichen Worte, welche er bei jener Hochschulfeier gesprochen, noch
in einer Weise ergänzt, die, je mehr sie den Charakter spontaner Improvisation
trägt, um so mehr in die Tiefe seiner Ansichten und Absichten Einblick gestattet,
— Worte, die uns nicht etwa nur eine vorübergehende Freude und Genugtuung gewähren, sondern die meines Erachtens jeden Verein deutscher Ingenieure geradezu verpflichten sollten, daraufhin gewissermaßen sein Programm
zu revidieren und nach diesen goldenen Worten in praxi zu verfahren!

Er sagte:

„Es hat mich gefreut, die technischen Hochschulen auszeichnen zu können.
Sie wissen, daß sehr große Widerstände zu überwinden waren; die sind jetzt
beseitigt. Ich wollte die technischen Hochschulen in den Vordergrund bringen,
denn sie haben große Aufgaben zu lösen, nicht bloß technische,
sondern auch große soziale. Die sind bisher nicht so gelöst, wie ich
wollte.

Sie können auf die sozialen Verhältnisse vielfach großen Einfluß ausüben, da Ihre vielen Beziehungen zur Arbeit und zu Arbeitern und zur Industrie überhaupt eine Fülle von Anregung und Einwirkung ermöglichen. Sie sind deshalb auch in der kommenden Zeit zu großen Aufgaben berufen. . .“

Das Programm, welches der Kaiser hier in kurzen, markanten Sätzen aufgestellt hat, gilt aber nicht nur für die technischen Hochschulen und die in der Ausbildung begriffene, sondern es verpflichtet meines Erachtens mindestens ebensosehr die bereits schaffende, mitten im Leben stehende Generation von Ingenieuren, die nicht nur den Einfluß von Lehrherren in der Praxis des Lebens haben, sondern auch durch ihr Beispiel und durch ihre materielle Gewalt am allerwirksamsten die sozialen Aufgaben lösen helfen können, die ihr Beruf mit sich bringt. Das gilt aber ferner noch ganz besonders von Vereinigungen solcher leitenden Ingenieure, in denen neben den materiellen auch die ideellen Aufgaben des Faches gepflegt werden sollen. Und wenn wir uns auch in unserem Verein der hohen technischen Aufgaben, die uns gestellt sind, stets in innigem Zusammenhang mit der Wissenschaft bewußt geblieben sind, so dürfte es doch angezeigt sein, einmal zu prüfen, wie es bei uns mit der Erfüllung des zweiten Hauptprogrammpunktes unseres Kaisers: mit der Erfüllung unserer sozialen Pflichten gegenüber unseren Arbeitern steht. Und zwar möchte ich hier in die Arbeiter im höheren Sinne auch die Beamten, namentlich die unteren Beamtenkategorien, einbegriffen sehen; denn es kommt in heutiger Zeit der Arbeiterfürsorge oft genug vor, daß jene treuen Beamtenkreise, welche im Gehalt oft nicht viel besser gestellt sind als bessere Arbeiter, dabei leer ausgehen und übersehen werden.

Um nun einen Überblick zu gewinnen über die Leistungen, welche in unseren Berufsfächern auf sozialem Gebiete tatsächlich schon vorliegen, und daraus die Gesichtspunkte für weitere Anregungen zu gewinnen, habe ich mich, wie Sie wissen, in einer Umfrage an die Mitglieder und Genossen unseres Vereins im In- und Auslande mit der Bitte gewandt, uns an Hand eines Fragebogens einen Einblick in ihre bereits vorhandenen Einrichtungen zum Wohle der Arbeiter zu gewähren, natürlich abgesehen von den gesetzlichen Veranstaltungen und Verpflichtungen. Und ich bin hierbei von einer so großen Zahl von Kollegen und Verwaltungen und mit vielfach so interessanten Mitteilungen unterstützt worden, daß ich ihnen allen hiermit namens des Vereins den verbindlichsten Dank ausdrücke.

Es war indes bei der Kürze der Zeit nicht möglich, das gesamte Material schon vollständig zu sichten, insbesondere auch auf viele interessante Einzelbestimmungen in Statuten von Hilfs-, Pensionskassen und Arbeiterausschüssen usw. heute schon näher einzugehen; ich behalte mir dies ausdrücklich vor. Dagegen sind eine Anzahl der eingegangenen Zeichnungen und Abbildungen von Wohlfahrtseinrichtungen sowie einige Statuten von Pensions-, Spar- und Hilfskassen, ferner von Arbeitervertretungen u. dgl. hier im Saale ausgestellt.

Immerhin berechtigt das Ergebnis der Umfrage schon heute zu dem Urteil, daß, wenn auch noch Vieles für Viele unter uns in der Erfüllung der sozialen Pflichten zu geschehen hat — und zwar für die städtischen Behörden ebensowohl

wie für die privaten Anstalten —, doch in unseren Berufsfächern viele vortreff-
liche Einzelleistungen und Einrichtungen bereits vorhanden sind, welche mustergültig scheinen und eine gegenseitige Kenntnisnahme und weite Verbreitung
unter uns verdienen.

Schon diese flüchtige Übersicht gewährt ein mannigfaltiges Bild sozialer
Bestrebungen, die zwar — wie wir wiederholen — nirgends in ihrer Gesamtheit eingeführt werden können, die uns aber anregen sollten: so viel davon
als irgend möglich in unserer Berufsphäre in die Praxis zu übertragen, ganz nach der individuellen Art der Betriebe und ihrer Leiter. Jedenfalls darf aber der kaiserliche Appell: „Sie haben große Aufgaben zu lösen,
nicht bloß technische, sondern auch große soziale" in unseren Berufsfächern
um so weniger wirkungslos verhallen, als die Mehrzahl unserer Betriebe sich
in städtischer Verwaltung befindet, wo alle Wohlfahrtseinrichtungen sich
ungleich leichter und wirkungsvoller als in kleineren Privatbetrieben einführen
lassen, da sie nicht nur von unbegrenzter Dauer sind, sondern sich an andere
bereits bewährte städtische Wohlfahrtseinrichtungen leicht anlehnen lassen.

Anschließend an jene schon zitierten Worte sagte unser Kaiser weiter:

„Unsere technische Bildung hat schon große Erfolge errungen. Wir
brauchen sehr viele technische Intelligenz im ganzen Lande."

Ja, das ist in der Tat gerade unserm deutschen Volke sehr und mehr von-
nöten, als viele glauben. Denn die Erfolge der deutschen Technik in den letzten
drei Dezennien haben gleichwohl die technische Intelligenz im ganzen
Lande nur wenig oder wenigstens nicht annähernd in dem für die Weiterentwicklung unseres Staates notwendigen Maße berührt und erhöht. Denn
wenn wir auch in Deutschland, wie wir hoffen, zurzeit einen Vorsprung in
der wissenschaftlichen Ausbildung unserer Ingenieure besitzen, so fällt anderseits ein Vergleich der technischen Durchschnitts-Intelligenz im ganzen
Lande mit derjenigen bei anderen Kulturnationen sicherlich nicht zugunsten
Deutschlands aus. Die technische Durchschnitts-Intelligenz unter den
Gebildeten im allgemeinen — also von den eigentlichen Fachleuten
abgesehen — ist bei uns, und das kann man bei jeder Reise ins Ausland be-
obachten, sie ist bei uns jedenfalls geringer als z. B. in England und Amerika.
Der Gebildete, insbesondere der humanistisch Gebildete, hat bei uns unglaublich
wenig von den großartigen Errungenschaften der praktischen, geschweige denn
der wissenschaftlichen Technik in sich aufgenommen, obwohl er sie täglich vor
Augen hat und benutzt. Lediglich die Elektrotechnik mit ihren staunenswerten
Erfolgen hat, namentlich infolge der vom Staat und den elektrotechnischen
Interessenten mit Hochdruck betriebenen Popularisierung derselben, wenigstens
einiges Interesse und Verständnis zu erwecken vermocht.

Wer jemals Gelegenheit gehabt hat, z. B. Sitzungen der verschiedenen
Kommissionen des englischen Parlaments beizuwohnen, die sich bekannter-
maßen u. a. auch mit Vergebung gewerblicher Monopole in unseren Fächern
sowie mit dem Straßenbahnwesen usw. zu befassen haben, oder in englischen
Gerichtssälen Patentprozesse mit anzuhören, der wird, glaube ich, geradezu

erstaunt gewesen sein über das Maß technischer Durchschnittsbildung und Intelligenz, das sich aus den gestellten Fragen der Parlamentsmitglieder und Richter und schließlich aus den Resultaten dieser Verhandlungen und den richterlichen Urteilen zur Evidenz gab. Und wie technisch gebildet und praktisch erfahren Engländer und Amerikaner auch auf so vielen Gebieten des politisch-wirtschaftlichen Lebens sind in der Vertretung durch ihre Kommissare, Konsulats- und Kolonialbeamten, das hat unser deutsches Volk bis vor nicht langer Zeit bei gar vielen Gelegenheiten zur Genüge erfahren. Und wenn auch vereinzelte Beispiele für den nicht viel beweisen, der nicht aus vielfacher persönlicher Erfahrung jenen Eindruck im Auslande selbst gewonnen hat, so möge doch für solche, die mir in dieser Erfahrung beipflichten, hier ein kleines Erlebnis eingeschaltet sein, das manchen vielleicht an andere, eigene Erfahrungen erinnern wird. Als ich zur Zeit der Chicagoer Ausstellung von den Fällen des Niagara nach den Stromschnellen unterhalb des Flusses am Ufer entlang fuhr, da unterhielt ich mich mit meinem Kutscher über den Orkan, der in der letzten Nacht getobt hatte, und er bestätigte mir die Gewalt desselben mit der Bemerkung, die er offenbar der Morgenzeitung entnommen hatte: daß der Wind sogar soundso viel Fuß Geschwindigkeit gehabt hätte. Und dieser Kutscher war nicht etwa irgendein verkrachter gebildeter Europäer, sondern ein einfacher Kutscher des Landes, der auf meine weitere Frage, wieviel Fuß Geschwindigkeit denn sonst ein starker Wind hier zu Lande hätte, ganz verständig antwortete. Auch bei Störungen der verschiedenen Straßenbahnsysteme in Amerika hörte ich statt der bei uns sonst gewöhnlich nur sehr energisch auftretenden sittlichen Entrüstung des Publikums sehr vernünftige Erörterungen über die wahrscheinliche Ursache jener Störungen und ein solches eingehendes Interesse daran, wie die Störungen vor unseren Augen zu beseitigen gesucht wurden, daß ich sicherlich nicht der einzige europäische Ingenieur gewesen bin, der sich über diese hohe technische Durchschnittsintelligenz von Amerikanern ebenso wie Engländern wundern und erfreuen mußte. Dagegen erinnere ich mich — als ein Beispiel von vielen —, vor nicht langer Zeit von einem unzweifelhaft gebildeten deutschen Herrn bei einem Diner über den Tisch herüber die Bemerkung gehört zu haben, als vom Gasglühlicht, das in vielen Exemplaren allein im Zimmer brannte, die Rede war: „So! Ich dachte, das Gasglühlicht würde durch Elektrizität betrieben!" Dieser gebildete Landsmann und jener amerikanische Droschkenkutscher sind mir oft als typische Erscheinungen in vergleichende Erinnerung gekommen! Ja, geradezu erstaunlich müssen in dieser Beziehung oft behördliche Verfügungen noch in neuester Zeit berühren, die eine solche Unkenntnis in technischer Beobachtung der Gegenwart verraten, daß auch unsere Industrie fast jedes Jahr sich solcher Mißgriffe zu erwehren hat. Ich übergehe absichtlich hier den neuesten Fall dieser Art in seinen Einzelheiten, da unser Verein sich als solcher auf dem offiziellen Beschwerdewege befindet, und erwähne davon nur, daß, nachdem gerade in den letzten Jahren sich die Brände bei elektrischen Anlagen, auch solchen von ersten elektrotechnischen Firmen, in solchem Maße vermehrt haben und in so prägnanten Beispielen hervorgetreten sind, wie z. B. in elektrischen Zen-

tralen, bei Ausstellungen, Theatern, Krupps Germaniawerft, der Comédie
Française, und gerade in jüngster Zeit bei mindestens acht großen Warenhäusern (unter denen die Brände in München, Frankfurt a. M., Braunschweig
und Rixdorf ganz besonders Aufsehen erregten) — so daß man selbst von Damen,
die jene Warenhäuser ja hauptsächlich besuchen, gefragt wurde, was denn
eigentlich dieser gefürchtete „Kurzschluß" sei —, daß da jüngst die Verfügung
eines deutschen Polizeipräsidiums erschien, welche in Warenhäusern lediglich die Elektrizität zuläßt und das Gas vollständig ausschließt. Man
könnte auch in diesem Falle an den technischen Rat jener Behörde wohl die
Frage richten, die bei Richard Wagner der Landgraf an Tannhäuser richtet,
als dieser aus bekannten Gründen längere Zeit abwesend gewesen: „Sag an,
wo weiltest du so lang?"

Nach Beweisen für die Notwendigkeit des kaiserlichen Wortes: „Wir brauchen sehr viele technische Intelligenz im ganzen Lande" brauchen wir also kaum
in den unteren und oberen Schichten unseres Volkes zu suchen. Wie aber wird
eine solche bessere technische Intelligenz zu schaffen sein? Die technischen Hochschulen können, auch wenn sie ganz nach ihren eigenen Wünschen weiter aus-
gestaltet und unterstützt werden, hier nur einen Faktor bilden. Die Grundlage für eine Erweiterung der technischen Intelligenz muß vielmehr durch eine
Reform der höheren Schulen und des Berechtigungswesens geschaffen
werden, welche, dank dem frischen und zeitgemäßen Impuls unseres Kaisers,
jetzt von neuem auf der Tagesordnung steht und sicherlich so bald nicht davon
verschwinden wird, mögen auch die sehr großen Widerstände, die nach des Kaisers
eigenen Worten bezüglich des Promotionsrechtes für ihn selbst zu überwinden
waren, sich auch bei dieser Frage von neuem entgegenstellen und mit verdoppelter
Kraft zu betätigen suchen.

Es ist ein besonderes Verdienst des Vereins deutscher Ingenieure,
auch in dieser Frage eine Aussprache und Kundgebung der beteiligten wissenschaftlichen Ingenieurkreise kürzlich herbeigeführt zu haben. Wir wollen auf
die in jener Versammlung am 5. Mai in Berlin gehaltenen wertvollen Reden
heute nur hinweisen — sie liegen in Sonderabdrücken hier im Saale aus —,
ohne die dort und sonst so vielfach erörterten Ansichten über die humanistische
und realwissenschaftliche Bildung hier zu wiederholen. Allein auch die Pflicht
unseres so wichtige öffentliche Interessen umfassenden Vereins dürfte es sein,
wenigstens in einigen Hauptpunkten Stellung zu dieser Frage zu nehmen und
auch unserseits gegen einige der hauptsächlichsten Vorurteile aufzutreten, mit
der die Frage immer wieder verknüpft wird.

Nicht genug können wir Ingenieure wiederholen, welch tiefe Hochachtung
und welch aufrichtiges Dankesgefühl wir den Leistungen der humanistischen
Gymnasien und der Universitäten in Vergangenheit und Gegenwart zollen,
und wie auch wir von der Überzeugung durchdrungen sind, daß die Gymnasien
ihre Eigenart auch für die Zukunft zu bewahren und nach wie vor große Kulturaufgaben zu lösen haben. Nicht genug können wir betonen, wie weit wir davon
entfernt sind, den humanistischen Studien etwa eine untergeordnete Rolle
anweisen zu wollen. Allein wenn für die Vergangenheit die humanistische

Vorbildung als alleinige höhere Bildung für alle höheren Berufszweige
genügte — ebenso wie in noch früherer Zeit auch einmal die Klosterbildung
für jedes höhere Studium, nicht etwa bloß das geistliche, ausreichte —, so
erfordert die moderne Zeit mit ihren unendlich vielseitigeren Kulturaufgaben
unzweifelhaft auch eine weitergehende Teilung der Arbeit in Vorbildung
unseres wissenschaftlichen Nachwuchses, und zwar wegen des täglich wachsenden Bildungsstoffes und der doch nun einmal nicht noch weiter zu erhöhenden
Schulzeit. Wenn früher der Lehrplan der technischen Hochschulen so eingerichtet war, daß er die bei den Gymnasialabiturienten bestehenden großen
Lücken mathematischer und naturwissenschaftlicher Vorbildung in den ersten
beiden Semestern auszufüllen vermochte, wenn früher, als unser internationaler
Verkehr noch in den Windeln lag, die Kenntnis der modernen Sprachen nebensächlich war oder von Fall zu Fall bei Gelegenheit erworben werden konnte,
so gebietet heute die internationale Konkurrenz eine viel intensivere Ausnutzung der Zeit für die jetzt so vielfach vermehrten wissenschaftlich-technischen
Wissensgebiete und deshalb eine intensivere, wenn auch keineswegs einseitige
mathematisch-naturwissenschaftliche und neusprachliche Vorbildung auf Realgymnasien und Oberrealschulen.

Es kann aber, wie schon erwähnt, nicht meine Aufgabe sein, das reiche
Diskussionsmaterial, welches die sog. Berechtigungsfrage bereits im öffentlichen
Leben zutage gefördert hat, hier auch nur skizzenhaft anzudeuten, und verweise
ich in dieser Beziehung namentlich auch auf das interessante Material, welches
unsere beiden verdienstvollen Vorkämpfer auf diesem Gebiete, Geheimrat
Riedler in seinen Reden und Schriften und Geheimrat Slaby in der von
ihm im Herrenhause im März d. J. angeregten interessanten Debatte über
diesen Gegenstand, beigebracht haben. Allein ich möchte einen Punkt besonders
hervorheben, der in jenen wissenschaftlichen Debatten und auch in den Dis-
kussionen unserer Ingenieurkreise gewöhnlich nur ganz flüchtig gestreift wird,
gleichwohl aber nach meiner Beobachtung der verschiedensten Gesellschaftskreise mit von ausschlaggebender Bedeutung für die Beurteilung dieser ganzen
Frage sein sollte. Und gerade diesen wichtigen Punkt betont unser Kaiser, im
Anschluß an jene schon zitierte Stelle, folgendermaßen:

„Das Ansehen der deutschen Technik ist jetzt schon ein sehr großes.
Die besten Familien, die sich anscheinend sonst ferngehalten,
wenden ihre Söhne der Technik zu, und ich hoffe, daß das zu-
nehmen wird.“

Hier legt also der Kaiser ein besonderes Gewicht darauf, daß die besten
Familien des Landes ihre Söhne der Technik zuführen möchten! Wie sehr wird aber gerade die Erfüllung dieses Wunsches unseres Kaisers —
und hoffentlich von uns allen — direkt unmöglich gemacht durch das gegen-
wärtige Berechtigungswesen, insbesondere also durch die allein privilegierte
Stellung der Gymnasialabiturienten! Dadurch werden unserem höheren
Ingenieurberuf so viele Elemente aus jenen Gesellschaftskreisen entzogen,
die unserem Vaterlande hervorragende Staatsleute, Juristen, Militärs und

Verwaltungsbeamten gegeben haben und die mit der „Kinderstube", die sie genossen, jenen wichtigen zweiten Faktor dem Manne zugesellen, ohne den er trotz aller wissenschaftlichen Ausbildung zu leitenden Stellungen weder in der Technik, geschweige denn im Staate gelangen kann: eine vielseitig gebildete gesellschaftliche Erziehung. Und wenn wir so häufig eine Bevorzugung der Verwaltungsbeamten, insbesondere der Juristen, gegenüber dem wissenschaftlich und in ebenso langem und mühevollem Studium ausgebildeten Bau- oder Maschinentechniker beklagen, so ist der Grad und die Art der Erziehung im elterlichen Hause oft nicht zum mindesten der ganz natürlich mitbestimmende und nur zu deutlich in die Erscheinung tretende Grund. Und wie sehr gewinnt dieser Faktor nicht nur im inneren Staatsleben, sondern gerade auch im internationalen Verkehr, in den jetzt so vielfach verschlungenen Beziehungen zum Auslande, für jeden vorurteilslosen Ingenieur tagtäglich an Bedeutung, und gerade für uns Deutsche, bei denen ohnehin in vielen Kreisen eine gewisse Geringschätzung gesellschaftlich guter Erziehung fast als Kennzeichen von innerer Gediegenheit und Tüchtigkeit gilt!

Aber nicht nur jene vorerwähnten Familienelemente der höheren Gesellschaftskreise, die überdies traditionell den größten Einfluß in der Regierung und Besetzung aller höheren Stellungen haben, gehen uns infolge der herrschenden Bevorzugung der Gymnasialabiturienten für die höhere technische Karriere zum großen Teil verloren, sondern selbst unsere eigene Kaste sieht sich veranlaßt, um dem Sohne die Berufswahl für später zu ermöglichen, das Gymnasium zu bevorzugen, so daß dadurch dem Realgymnasium und der Oberrealschule auch das beste Material aus den eigenen Berufskreisen verlorengeht und jene Vererbung und Potenzierung der Berufseigenschaft bei uns erschwert wird, die jene Stände auszeichnet. Denn man frage nur einmal gerade bei den tüchtigsten und von Standesbewußtsein noch so erfüllten Ingenieuren an, auf welche Schule sie ihre Söhne schicken; wie oft wird man hören: ich muß sie ja auf das Gymnasium schicken, um ihnen nicht die freie Wahl ihres Berufes zu verkümmern und ihnen nicht die höheren Stellungen im staatlichen und sozialen Leben zu verschließen! Der bayerische Kultusminister hatte darum ganz recht, wenn er — obwohl im übrigen anderer Meinung — vor einiger Zeit in der bayerischen Kammer betonte, daß das Material, das den Gymnasien, Realgymnasien und Oberrealschulen zuströme, nicht gleichwertig sei.

Statt der nach Ansicht unseres Kaisers so notwendigen Förderung der technischen Intelligenz im Lande drückt man aber dauernd und immer wieder von neuem das Niveau und das Material herab, aus dem sich die Führer der Technik erheben und ergänzen sollten. Und wenn darum manche Universitätslehrer bei den Abiturienten jener realwissenschaftlichen Schulen eine geringere Gesamtbildung beobachtet haben wollen, so mag dies in den meisten Fällen an jenen Eindrücken mit gelegen haben, die nicht auf Konto der Wissenschaft, sondern auf die Imponderabilien der Erziehung und des gesellschaftlichen Taktes zurückzuführen sind, die auf keiner Schule und keiner Hochschule gelehrt werden können, sondern aus der geistigen Atmosphäre des Elternhauses stammen. Und wenn die in dieser Beziehung höher Stehenden und von

Geburt Begünstigten, namentlich auch aus unseren eigenen Ingenieurkreisen, vorzugsweise den humanistischen Gymnasien als Bildungsmaterial zugeführt werden, so ist es wahrhaftig kein Wunder, wenn harmonisch gebildete Elemente im Ingenieurstande relativ noch nicht so zahlreich vorhanden sind wie in jenen älteren, sozusagen herrschenden Berufskreisen, und wenn so manche, in ihrem Fach ausgezeichneten höheren technischen Beamten gleichwohl nicht zu den wirklich leitenden und führenden Stellen geeignet erscheinen und gelangen können.

Wenn aber unser Kaiser mit Recht Wert darauf legt, daß in Zukunft „die besten Familien" ihre Söhne immer mehr der Technik zuwenden, so kann dies nicht allein durch das wachsende Ansehen der deutschen Technik, das er betont, sondern zunächst und zuerst nur durch tatsächliche Gleichstellung der höheren wissenschaftlichen Schulen geschehen. Nur dadurch kann sich der Ingenieurstand einerseits die durch Familie und Tradition einflußreichsten Kreise der Gesellschaft ebenfalls zuführen und anderseits die besten Elemente aus sich selbst der wissenschaftlichen Technik erhalten.

Ein Vorurteil, das namentlich in vielen Regierungskreisen und auch im Parlament wiederholt hervorgetreten ist und das der Einführung jener Gleichberechtigung so oft entgegengehalten wird, ist die Meinung, als würden durch Freigabe aller Studien für alle Abiturienten der höheren Schulen die gelehrten Berufe, und namentlich der juristische und medizinische, eine Überfüllung erfahren. Diese Befürchtung dürfte sich in der Praxis bald als irrig erweisen. Denn einmal werden gerade jetzt, infolge jener Bevorzugung, dem Gymnasium Kräfte zugeführt, die z. B. aus der Industrie und dem Kaufmannsstande stammen und sicherlich zu einem viel größeren Teil auf realwissenschaftliche Schulen übergehen würden, wenn diesen nicht durch das leidige Berechtigungswesen der Makel der Inferiorität aufgedrückt wäre. Viele von diesen nehmen aber im Gymnasium mit ihren Mitschülern den Geist humanistischer Überhebung in sich auf, und statt sich dem Berufe des Vaters und der Verwandten zuzuwenden, folgen sie ihren Mitschülern und wenden sich gerade solchen Studien zu, die ihrem Familienkreise, ihrer Tradition und Vererbung ganz fernliegen und deren Überfüllung gerade befürchtet wird. Wenn aber durch Einführung der Gleichberechtigung manche Universitätsstudien neuen Zuwachs durch realwissenschaftliche Abiturienten erhalten würden, so stände dem anderseits auch eine wahrscheinlich noch größere Entlastung von den Elementen gegenüber, die bisher dem Gymnasium nur durch das Berechtigungswesen aufoktroyiert worden sind; wahrscheinlich würde sich dann auch die Zahl der Gymnasien, namentlich in den kleineren Städten, vermindern und damit der Zuzug zu den gelehrten Ständen abermals verringern.

Bei freier Bahn für jede streng wissenschaftliche Schulausbildung wird sich der Nachwuchs aller Berufsfächer in derselben einfachen Weise nach Angebot und Nachfrage regeln, wie wir dies ja z. B. in den erheblichen Schwankungen wiederholt erlebt haben, die im Staatsbaufach oder im Maschineningenieurwesen sowie bei den juristischen Verwaltungsbeamten einzutreten pflegen. Auf eine Periode zeitweiser Überfüllung folgt von selbst ein verminderter Andrang und

Zuwendung zu anderen Fächern. Wenn das Ansehen der deutschen wissenschaftlichen Technik einmal in Deutschland selbst, unter allen Gebildeten, ein ebenso großes wird, wie es im Auslande schon viel länger der Fall ist, dann darf man nach Erfüllung der Gleichberechtigung der höheren Schulen mit (viel größerer) Sicherheit annehmen, daß der Strom der Überfüllung sich eher den technischen als den gelehrten Berufsarten zuwenden wird. Denn viele höhere Beamten-, Militär- und Gutsbesitzerfamilien würden in heutiger Zeit ihre Söhne den höheren technischen Studien, z. B. der so allgemein beliebten Elektrotechnik, eher wie z. B. der medizinischen oder der Rechtsanwaltskarriere zuwenden, wenn nicht trotz der kaiserlichen Gleichstellung der Hochschulen das in allen höheren Regierungskreisen unverändert fortbestehende Dogma von der allein seligmachenden humanistischen Bildung auf den Gymnasien die Söhne jener Kreise immer wieder — mit nur seltenen Ausnahmen — in die alten Bildungskanäle und Berufsarten lenkte.

Aber wie viele Vorurteile sind auch sonst noch zu überwinden! So können wir uns auch nicht genug dagegen verwahren, als könne nur auf humanistischem Wege eine idealen Zielen zugewandte wissenschaftliche Bildung gegeben werden, und als führe die realwissenschaftliche Ausbildung im großen und ganzen doch immer nur zum Kultus des goldenen Kalbes und zu einer materialistischen Lebensrichtung. Wohl kann es so sein! Aber, wo wir heutzutage hinblicken, sehen wir die Männer von Industrie und Handel überall mit an der Spitze, wo es gilt, ideale Aufgaben für unser Volk zu erfüllen, sei es auf sozialem Gebiete — und zwar weit hinausgehend über das, was der Staat in dieser Beziehung als Pflicht dem Unternehmer auferlegt —, oder sei es in wissenschaftlichen, gemeinnützigen Vereinen, oder auf ideal-nationalem und künstlerischem Gebiete. Und je höher die Stellung des deutschen Ingenieurs und Industriellen ist, um so mehr pflegt er gewöhnlich mit Ehrenämtern überbürdet zu sein, die weitaus in den meisten Fällen idealen Bestrebungen dienen. Sie stehen darin zum mindesten keinem der aus humanistischen Studien hervorgegangenen Berufsstände nach, sondern sind sogar noch oft durch ihre in der Praxis entwickelte Intelligenz und Umsicht ganz besonders geeignet, solche idealen Aufgaben, z. B. für das Volkswohl, auch in die Praxis zu übersetzen. Ja im Gegenteil, gerade die Beschäftigung mit praktisch-materiellen Zielen im eigentlichen Beruf entwickelt ganz naturgemäß für jeden wissenschaftlich Gebildeten das tief innere Bedürfnis nach einer idealen Ergänzung, und so sind wir untereinander in Fachkreisen oft selbst erstaunt, welche wissenschaftlichen und künstlerischen Allotria — im besten Sinne des Wortes — neben dem eigentlichen Berufe von vielen unter uns gepflegt werden. Und um nur an einem Beispiel zu illustrieren, wie der Ingenieurberuf in keinerlei innerem Gegensatz zu idealer Betätigung und Auffassung im Leben steht — vom Architekten ganz abgesehen, bei dem die künstlerische Seite ohnehin zu idealer Betätigung im Berufe führt —, so sei hier an einen unserer bekanntesten und beliebtesten neueren Dichter, Heinrich Seidel, erinnert. Nur wenige, welche in die seinerzeit größte Eisenbahnhalle des Kontinents, die des Anhalter Bahnhofs in Berlin, einfahren, ahnen, daß sie einst von diesem Dichter konstruiert

wurde, der mehr als sieben Jahre ein ausübender, tüchtiger, also nicht ein verkrachter Ingenieur war, der etwa deshalb Dichter geworden. Und wenn er
schon während jener technischen Tätigkeit in seinen Mußestunden in einer anderen
idealen Welt Ergänzung suchte, so lag diese ideale Beschäftigung seines Geistes
und seiner Phantasie keineswegs, wie man gewöhnlich meint, „himmelweit
getrennt" von seiner Berufstätigkeit. Denn, so sagt er in einem seiner letzten
Bändchen selbst, „das ist gar nicht der Fall und kann nur von denen angenommen werden, die von der schöpferischen und gestaltenden Tätigkeit des
Ingenieurs keine Ahnung haben". Und diesen Gedanken hat Seidel in dem Album
der letzten Berliner Gewerbeausstellung folgenden sinnigen Ausdruck gegeben:

> „Konstruieren ist dichten", hab' ich gesagt,
> Als ich mich noch für die Werkstatt geplagt.
> Heut' führ' ich die Feder am Schreibtisch spazieren
> Und sage: „Dichten ist Konstruieren".

Daß ferner ein verstorbenes Ehrenmitglied unseres Vereins Dramen schrieb
und daß ein anderes Ehrenmitglied und ebenfalls Fachgenosse die deutsche
Shakespearegesellschaft begründete, können natürlich nur flüchtig heraus-
gegriffene Einzelbeispiele aus unserem Kreise dafür sein, daß, je höher die
technische Intelligenz steigt, je natürlicher sie auch zu idealer Betätigung im
Leben führt. Hier wie bei den aus humanistischen Lebenskreisen
stammenden Männern spielt nach meiner Ansicht die individuelle
Beanlagung und Erziehung eine viel größere Rolle als der zufällig genommene Bildungsweg. Auch ist auf der anderen Seite oft
genug wahrzunehmen, wie unendlich nüchtern die Lebensbetätigung humanistischer Kreise inner- und außerhalb ihres Berufes sein kann. Denn jeder dieser
Berufe bringt, wie sogar der eines Künstlers oder Kunstgelehrten, für viele so
viel Handwerksmäßiges mit sich, daß von einer idealen Berufsauffassung oft
erstaunlich wenig übrigbleibt. Gerne nehme ich davon unter anderen die Hoch-
schulkreise aus, soweit sie selbständig forschen und nicht etwa bloß handwerks-
mäßig die Gelehrsamkeit in mühseligen Kollektaneen zusammentragen. Aber
gerade die Befreiung von materiellen Sorgen, die dem gebildeten Ingenieur
gewöhnlich früher gelingt als dem Beamten und Gelehrten, kann die Idealität
der Lebensauffassung mindestens ebensooft fördern, wie im Gegenteil das Aus-
harrenmüssen in beschränkten Lebensverhältnissen den Idealismus leicht herab-
drückt. Es kommt deshalb gar nicht selten vor, daß diese auf humanistischer Grundlage stehenden Berufsarten sich namentlich im späteren Leben sehr materielle
Ergänzungen und Beschäftigungen suchen, ganz abgesehen davon, daß, wie schon
erwähnt, das nüchtern Handwerksmäßige in jedem Beamten- und Gelehrten-
berufe meist eine viel größere Rolle spielt, als man gewöhnlich zugesteht,
oder daß der Beruf selbst, wie z. B. bei manchen praktischen Medizinern und
Juristen, statt einer idealen immer mehr eine kaufmännische Entwicklung erfährt. Welche ideale Wirkung viele der bedeutendsten technischen Errungenschaften im direkten Gefolge haben, davon gibt uns ja gerade die gegenwärtige Gutenbergfeier ein leuchtendes Beispiel, und erfreulicherweise hat
gerade einer unserer höchsten Reichsbeamten, Graf Posadowski, dies bei

der Einweihung der Gutenberghalle in Leipzig kürzlich so treffend mit den
Worten charakterisiert:

„Als vor mehr als vier und einem halben Jahrhundert der große Vor-
fahre des deutschen Buchgewerbes, Johann Gutenberg, seine beweglichen
Lettern erfand, ahnte er nicht, welche umgestaltende Kraft seine Erfindung
in sich trug. Diese Schriftzeichen stellten ein kleines, aber wichtiges Heer
von Kämpfern dar, welches in alle Lande hinausgezogen ist und schließlich
die Welt erobert hat. Der Buchdruck verbreitete die Schöpfungen des menschlichen Geistes, er befreite den einzelnen aus den Fesseln der geistigen Ver-
einsamung und brachte ihn in lebendigen Zusammenhang mit der Gedankenwelt und den Fortschritten der übrigen Menschheit. So war die Erfindung Johann Gutenbergs eine wahrhaft geistesbefreiende
Tat. . . .“

Aber Geheimrat Riedler geht mit Recht noch weiter, wenn er in der
Festrede zur jüngsten Geburtstagsfeier Sr. Majestät u. a. sagte: „Die Buch-
druckerkunst ist nur eines der technischen Kulturmittel. Durch die Buchdrucker-
presse, den Telegraphen und die Verkehrsmittel hat die Technik der Verbreitung
der Zivilisation, der Allgemeinheit den größten Dienst geleistet. Gerade auf
dem Gebiete des Geistesverkehrs ist durch Mitwirkung der Technik in den letzten
fünf Jahrzehnten mehr geleistet worden als vielleicht in der ganzen Zeit von
Homer bis zum 19. Jahrhundert.“

Und schließlich sei mir noch gestattet, aus einem Gespräche Goethes
mit Eckermann, auf das kürzlich die Zeitungen hinwiesen, die Stelle anzuführen,
wo er von der Ingenieurkunst sogar einen direkten Einfluß auf die Einigung
Deutschlands erwartet; er sagte, nachdem vorher von den deutschen Fürsten
die Rede gewesen war: „Mir ist nicht bange, daß Deutschland nicht eins werde:
unsere guten Chausseen und künftigen Eisenbahnen werden schon
das Ihrige tun!“ Doch genug der klassischen Eideshelfer aus Vergangenheit und
Gegenwart.

Wenn man nun aber mit der Erfüllung jener unabweisbaren und uns
namentlich auch durch den internationalen Wettkampf aufgezwungenen Forderung nach Gleichberechtigung der höheren Schulen so lange warten sollte,
bis die humanistisch privilegierten Berufsstände sich selbst in ihrer Majorität dafür aussprechen: das würde in der Tat so viel heißen, als vom Man-
darinen verlangen, sich selbst den Zopf abzuschneiden, oder vom Kaufmann,
sich für eine neue Konkurrenz zu erwärmen. Haben denn in der Tat Kaiser
Wilhelm der Große und Bismarck so lange mit der Einführung der sozialen
Gesetze gewartet, bis sich die Großindustriellen und Landwirte in ihrer Majorität
dafür erklärt haben? Sind nicht unendlich oft die segensreichsten Gesetze für
einen Stand — oder wenigstens für den Staat — gegen dessen ursprünglichen
Widerstand eingeführt worden? Gewiß soll man Sachverständige aus allen
jenen um Staat und Gesellschaft so hochverdienten Kreisen befragen, namentlich
auch, um in der schultechnischen Reform jener höheren Schulen ihren Rat
zu berücksichtigen; aber die Regierungen lassen sich doch sonst nicht gern dazu

herbei, von Sachverständigen und Majoritäten regiert zu werden, sondern sie haben selbst zu regieren und unter Führung erleuchteter und weitblickender Monarchen der Kulturentwicklung die neuen Bahnen rechtzeitig im voraus zu ebnen und Widerstände von sich aus zu beseitigen, die nie und nimmer mehr von den alten privilegierten Ständen je selbst aus dem Wege geräumt werden. Die heutige Zeit drängt aber mehr denn jede frühere!

Freie Luft und freies Licht für jeden höheren Beruf ist eine Zeitforderung, der sich keine Regierung auf lange Zeit, geschweige denn auf die Dauer, wird widersetzen können, und dies um so weniger, wenn ein Adler mit so schnellem, scharfem und weitem Blick über den teilweise noch dunkeln Klüften schwebt. Darum, meine Herren, müssen wir uns selbst rühren, selbst in unserer Einflußsphäre Stellung zu dieser hochwichtigen Frage nehmen, die nicht nur für unseren Ingenieurberuf, sondern auch für die ganze harmonisch fortschreiten sollende Kultur unserer Nation, wie für unsere Weltstellung von ausschlaggebender Bedeutung ist. Aber nicht mit Prinzipien und Theorien allein lassen Sie uns fechten, sondern vor allem auch beweisend mit der Tat, in pflichttreuer Erfüllung der sozialen Aufgaben, die unser Kaiser als gleichwichtig neben unsere Fortschritte in Wissenschaft und Praxis hingestellt hat. In der Mitlösung solcher Aufgaben, in der Beförderung „technischer Intelligenz im ganzen Lande"; in der Schaffung solcher Wohlfahrtseinrichtungen, wie sie unsere Umfrage so vielseitig zutage gefördert hat, wie sie aber noch viel mehr und viel energischer unter uns verbreitet werden müssen: darin lassen Sie uns in und neben unserem Lebensberuf unsere Ideale suchen, ohne aber jeden Zusammenhang mit den großen Errungenschaften humanistischer Bildung aus dem Auge zu verlieren! Dann wird unser jetziger Herr Reichskanzler auch bei den deutschen Ingenieuren, ebenso wie bei den zur 200jährigen Jubelfeier der Akademie in Berlin versammelten Herren der Wissenschaft, die tröstende Überzeugung gewinnen können, „daß, wie er sagte, noch genügende geistige Kraft und Macht — auch unter uns — vorhanden ist, um die drohende Flut der materiellen Interessen auf ihr richtiges Maß zurückzudämmen". Und dazu — daß dies wahr werde und wahr bleibe, dazu kann uns, Arm in Arm mit der Wissenschaft, nichts mehr verhelfen, als die mit Energie befolgte kaiserliche Mahnung:

„Wenden Sie sich mit aller Kraft den großen wirtschaftlichen und sozialen Aufgaben zu!"

Neue Rechte — neue Pflichten!

Eröffnungsrede zur 43. Hauptversammlung des Vereins deutscher Ingenieure in Düsseldorf
am 16. Juni 1902.

Der nachstehende Vortrag „**Neue Rechte — Neue Pflichten**" bildet gewissermaßen die Fortsetzung des vorhergehenden Mainzer Vortrages über „die sozialen Aufgaben des Ingenieur-
berufs". Er fand in der Hauptversammlung eines anderen Vereins, des **Vereins deutscher
Ingenieure in Düsseldorf**, zur Zeit der letzten großen Gewerbeausstellung daselbst statt.

Ich glaube, man darf sagen, daß fast der ganze Inhalt des Vortrages heute, nach 18 Jahren,
noch so aktuell und in seinen Forderungen so drängend ist, daß er mit einigen Weglassungen jetzt
noch einmal und mit noch mehr Nachdruck gehalten werden könnte.

Der Vortrag ging aus von den neuen Pflichten, die sich für den Ingenieur aus den neuen
Berechtigungen ergaben, die er noch vor der Jahrhundertwende durch die neue Schulreform
erhalten hatte.

Die Hauptträger der Kultur auf den wissenschaftlichen Gebieten sollten sich mehr als bisher
durch gegenseitiges Verständnis nähern (Seite 21). Die Zeit sei bereits durch Einzelforschungen
übersättigt. Das sei in den letzten Jahren vor dem Weltkrieg immer schärfer zutage getreten.

Ein weiterer Horizont allgemeiner Bildung sei anzustreben und solle u. a. auch eine gründlichere Kenntnis des Auslandes umfassen. Eine viel größere soziale Zucht wurde gefordert, um die
eigenen Interessen mehr in Einklang zu bringen mit dem Gesamtwohl (S. 28). Die Notwendigkeit
einer harmonischen Ausbildung der eigenen Persönlichkeit war am Schluß erörtert.

Der Vortrag wurde mit allseitiger Zustimmung aufgenommen, die in der Annahme eines
Antrages aus der Versammlung Ausdruck fand: ihn an alle Hochschulen Deutschlands zu ver-
senden. Von vielen Hochschulen, insbesondere auch von den Führern paralleler Bewegungen
an den Universitäten, erhielt ich sympathische Briefe u. a. mit der Aufforderung, ähnliche Vorträge in Universitätskreisen zu halten. Wertvolle persönliche Verbindungen knüpften sich daran.
Aber trotzdem dies geschah und der Verein deutscher Ingenieure mit seinen zahlreichen Zweigvereinen und damals 24000 Mitgliedern in ganz Deutschland die Weiterverbreitung förderten,
gingen die nachstehend gegebenen Anregungen und Richtlinien fast spurlos in der Folgezeit unter.
Das „Auseinanderleben" der Wissenschaft, der gebildeten Stände sowie der Arbeitgeber und
Arbeitnehmer nahm seinen verhängnisvollen Lauf, bis endlich, während des Weltkrieges, die
zwingende Notwendigkeit jener Forderungen von neuem auftrat. Hunderte von Zeitungs-
artikeln und Broschüren beschäftigen sich jetzt mit diesen und ähnlichen Forderungen für die
Wiedergesundung und den Wiederaufbau unserer Kultur. Auch der Verein deutscher Ingenieure
hat wieder tatkräftig in die Bewegung eingegriffen, u. a. durch Veröffentlichungen seines alten
Vorkämpfers in dieser Richtung, Professor Riedler, durch Vorträge des Reichrats von Rieppel,
Professor Heidebroek u. a. Der Psychologe Professor W. Hellpach (Karlsruhe) blieb unentwegt
in gleicher Richtung tätig.

Meine Herren! Das abgelaufene Vereinsjahr hat ein Ereignis gezeitigt,
für dessen Herbeiführung der Verein deutscher Ingenieure in jahrzehnte-
langer Arbeit hervorragend tätig gewesen ist und auf das er deshalb heute
mit berechtigten Stolze zurückblicken darf: die endliche Anerkennung der Voll-
wertigkeit der neusprachlich naturwissenschaftlichen Bildung und die Gleich-

berechtigung der drei Arten von höheren Schulen. Die ausführliche geschichtliche Darstellung über den Anteil, welchen unser Verein an dieser gesamten
Bewegung gehabt hat, wird als Anhang zu diesen einleitenden Worten dem Druck
übergeben, und es sei deshalb hier nur kurz darauf hingewiesen, daß unser Verein
sich bereits im Jahre 1865, also schon vor 37 Jahren, mit diesen Fragen beschäftigt hat, und zwar auf seiner 8. Hauptversammlung in Breslau. Auf der
Versammlung in Koblenz, im Jahre 1886, einigte man sich nach längeren Be-
ratungen, an denen sich namentlich der Hannoversche, der hiesige Nieder-
rheinische und der Berliner Bezirksverein beteiligten, auf fünf Leitsätze, von
denen der erste erklärte,

> „daß die deutschen Ingenieure für ihre allgemeine Bil-
> dung dieselben Bedürfnisse haben und derselben Beurteilung
> unterliegen wollen wie die Vertreter der übrigen Berufszweige
> mit höherer wissenschaftlicher Ausbildung",

und der zweite Leitsatz betonte:

> „Der Lehrplan der höheren Schulen ist so zu gestalten,
> daß dieselben bis zu einer möglichst vorgerückten Stufe allen
> Schülern eine gleiche, den Bedürfnissen der Gegenwart ent-
> sprechende Ausbildung geben und erst möglichst spät diejenige
> Trennung des Unterrichts eintreten lassen, welche die Vor-
> bereitung für die besondere Fachbildung erforderlich macht."

Nachdem der erste Leitsatz nunmehr bei den maßgebenden Behörden volle
Würdigung — im Prinzip wenigstens — gefunden hat und die Einführungs-
verordnungen, mit Ausnahme derjenigen für das medizinische Studium, er-
lassen sind, erscheint es für das zielbewußte Vorgehen unseres Vereines charak-
teristisch, daß in dem zweiten Leitsatz vor 16 Jahren auch diejenige Form des
gemeinsamen Unterbaues für alle höheren Schulen schon angedeutet ist, welche
jetzt in den Reformschulen zu weiterer Ausbreitung die allerhöchste Sanktion
erhalten hat und die infolge so vieler Gründe der Pädagogik, Wissenschaftlich-
keit und Wirtschaftlichkeit mit elementarer Gewalt, auch während des nunmehr
hergestellten „Schulfriedens", ihren Siegeszug unaufhaltsam weitergehen wird[1].

Erfreulich ist es auch, die Stellung unseres Vereines zur Schulfrage von
den Schulmännern selbst beurteilt zu hören, und es dürfte Sie interessieren,
aus der jüngsten Veröffentlichung des um diese ganze Reform literarisch sehr
verdienten Professors am Gymnasium zu Rastenburg, Dr. E. Lentz, und zwar
aus seinem Aufsatz „Über die Entwicklung der Berechtigungsfrage in Preußen",
die nachfolgende Stelle zu hören:

---

[1] In dem kaiserlichen Erlaß vom 1. Dezember 1900 heißt es in Beziehung auf die Reformschulen: „Die Einrichtung von Schulen nach den Altonaer und Frankfurter Lehrplänen hat sich
für die Orte, wo sie besteht, nach den bisherigen Erfahrungen im ganzen bewährt. Durch den
die Realschulen umfassenden gemeinsamen Unterbau bietet sie zugleich einen nicht zu unter-
schätzenden Vorteil. Ich wünsche daher, daß der Versuch nicht nur in zweckentsprechender Weise
fortgeführt, sondern auch, wo die Voraussetzungen zutreffen, auf breiterer Grundlage erprobt wird."
Im Jahre 1897 bestanden 35 Schulen dieser Art, jetzt (1902) sind es bereits 49 und 8 bis 10
stehen in Aussicht.

„Fragen, deren Beantwortung jahrzehntelang die Welt der Schulen in Erregung gehalten hatte, wurden also gegen das Ende des Jahrhunderts spruchreif. Die Mauer der Urteile und Vorurteile, welche die leitenden Kreise so lange umgeben hatte, wurde brüchig, und jetzt gelang es, die Sturmkolonnen, die so lange vergeblich ihre Kräfte erschöpft hatten, zu gemeinsamem Angriff zu vereinen und den Sieg zu erkämpfen. Die Führung fiel dabei den beiden großen Vereinigungen zu, welche am deutlichsten den Flügelschlag der Zeit nach 1870 verspürten und deshalb am zielbewußtesten für die neue Zeit eine neue Schule forderten: dem Verein für Schulreform und dem Verein deutscher Ingenieure. Die Erstarkung des Nationalbewußtseins gegenüber allen fremden Beeinflussungen, die Blüte der exakten Wissenschaften und ihre Anwendung in der Technik, der dadurch bedingte Aufschwung der Ingenieurwissenschaften, der deutschen Industrie und des deutschen Handels — das waren die hervorstechendsten Züge in dem Bilde des neuen Zeitabschnittes, und die sich davon am meisten berührt fühlten, waren eben in den genannten Vereinigungen verbunden. Dr. Friedrich Lange, der selbstlose Vertreter der nationalen Presse, der kühne und kluge Sachverwalter des Deutschgedankens, und Baurat Theodor Peters, der Direktor des Vereins deutscher Ingenieure, waren die berufensten Vertreter beider Vereine. Sie reichten sich die Hand zu gemeinsamer Arbeit für die Schulreform, als der Ingenieurverein für die im Jahre 1886 schwer geschädigte Oberrealschule eintrat . . .."

Was uns alle an dieser Äußerung eines die ganze Berechtigungsfrage völlig beherrschenden Fachmannes erfreut, ist wohl die Anerkennung, welche er dabei unserem Vereinsdirektor ausspricht, und die wir heute mit ganz besonderer Wärme wiederholen wollen. So viele unserer Vereinsgenossen sich auch in Anträgen, Vorträgen und Abhandlungen um die Schulreform wohlbegründete Verdienste erworben haben — und ihre Namen finden Sie in dem Anhange zu dieser Ansprache wieder —, sie alle werden sicherlich bei dem gegenwärtigen vorläufigen Abschluß dieser Bestrebungen Herrn Baurat Peters mit uns besonderen Dank wissen, daß er seit dem Jahre 1886 mit so klarem Zielbewußtsein über das, was in dieser sehr verwickelten und schwierigen Frage zu erstreben war, vorangegangen ist. Diese Leistung wird sicherlich zu dem Besten und Erfolgreichsten gehören, was er in unserem Verein gewirkt hat, und nur der wird sie voll zu würdigen wissen, der beim Rückblick auf die Schulreform der letzten Dezennien sieht, in welchem Maße gerade die berufensten Faktoren, nämlich unsere Kultusminister in Preußen, bei den grundlegenden Fragen geschwankt haben, und wie lange es gedauert, bis die Grundsätze jüngst siegreich für die Praxis wurden, welche bereits vor 43 Jahren (im Jahre 1859) der damalige Kultusminister von Bethmann-Hollweg mit unübertrefflicher Klarheit in seinen Bemerkungen über die Bedeutung der Realschulen aufgestellt hatte[1]).

---

[1]) Es hieß damals in den erläuternden Bemerkungen über die Realschulen: „Sie sind keine Fachschulen, sondern haben es, wie die Gymnasien, mit allgemeinen Bildungsmitteln und grundlegenden Kenntnissen zu tun. Zwischen Gymnasium und Realschule findet daher kein prinzipieller Gegensatz, sondern ein Verhältnis gegenseitiger Ergänzung statt; sie teilen sich in die gemeinsame

Nun, meine Herren, wir wissen ja alle, wem wir diese endliche Entscheidung zu unsern Gunsten zu verdanken haben, und daß wahrscheinlich noch viele
Dezennien ins Land gegangen wären, wenn nicht unser Kaiser ein „Macht-
wort" im edelsten Sinne des Wortes gesprochen hätte. Unser Verein hat deshalb auch Kaiser Wilhelm II. für diese unserm Vaterlande sicherlich zum Segen
gereichende allerhöchste Initiative am 18. Februar v. J. eine Adresse aus tiefem
Dankgefühl gewidmet[1]).

Leider bleibt ja immer noch manches für unsere so schnell fortschreitende
und deshalb auch schneller vorzubereitende Zeit zu wünschen übrig! Es scheint
namentlich die Vermehrung technischer und naturwissenschaftlicher Kenntnisse
für die Ausbildung der Juristen dadurch mehr oder weniger illusorisch gemacht
worden zu sein, daß an die Spitze des Erlasses zum juristischen Studium[2]) der
Satz gestellt ist:

„Die geeignetste Anstalt zur Vorbildung für den juristischen Beruf ist das
humanistische Gymnasium."

Und wie dieser das ganze Reformwerk nach dieser Richtung untergrabende
Passus vielfach, und gerade in Schulkreisen, aufgefaßt wird, dafür diene als
Probe die Äußerung eines Gymnasial- und Realschuldirektors, des Professors
Dr. Dannehl. Er sagte jüngst im „Tag"[3]):

„Selbst dem blödesten Ingenium muß klar werden, daß sich die Berechtigung zum Rechtsstudium für diese Kategorie (d. h. die auf höheren Realanstalten
Vorgebildeten) als ein richtiges Danaergeschenk entpuppt. Ich habe beim ersten
Anblick der neuen frohen Botschaft den Pferdefuß deutlich gesehen. Und doch
ist mir die Sache psychologisch ganz erklärlich. Die Unterrichtsbehörden haben
dem jahrelangen Ansturm der Reformer endlich nachgegeben und die Hand
geboten, aber etwa so wie einer, der im Vorübergehen jemand die Hand reicht
und ihm gleichzeitig ein Bein stellt."

Nun, meine Herren, das scheint die wenig humane Auffassung eines Huma-
nisten zu sein! Wir aber hegen keinerlei Zweifel an den loyalsten Absichten
unseres gegenwärtigen Herrn Kultusministers in Preußen, dem wir sogar für
die außergewöhnlich schnelle Durchführung des ganzen Reformwerkes zu be-
sonderem Dank verpflichtet sind! Allein die bekannten aktiven sowie die vielleicht noch schlimmeren passiven Widerstände scheinen sich bei der praktischen

---

Aufgabe, die Grundlagen der gesamten höheren Bildung für die Hauptrichtung der verschiedenen
Berufsarten zu gewähren . . . Die Teilung ist durch die Entwicklung der Wissenschaften und der
öffentlichen Lebensverhältnisse notwendig geworden, und die Realschulen haben daher allmählich
eine koordinierte Stellung zu den Gymnasien eingenommen . . . Für die Behandlung der Unter-
richtsgegenstände wird die Erziehung zur wissenschaftlichen Betrachtung der Dinge um so mehr
zur Pflicht gemacht, als für die Realschüler die wissenschaftliche Ausbildung auf der Schule abgeschlossen wird. Diese Aufgabe wird die Schule nur in dem Maße erfüllen können, als sie nicht
bloße Kenntnisse für den Gebrauch, sondern echte wissenschaftliche Bildung mit-
teilt, wodurch auch dem späteren Berufsleben eine höhere Weihe gesichert wird."
Diese Bemerkungen sind heute nur insofern zu ergänzen, als die wissenschaftliche Ausbildung
für die Realschüler auf der Schule nicht abgeschlossen wird, sondern auf den seither entstandenen
technischen Hochschulen eine vollwertige Fortsetzung findet.
[1]) Siehe Zeitschrift des Vereins deutscher Ingenieure 1901, S. 284.
[2]) „Deutscher Reichsanzeiger" vom 1. Februar 1902.
[3]) „Der Tag" 1902, Nr. 173, vom 15. April.

Ausführung des kaiserlichen Willens von neuem geltend gemacht zu haben und dauernd noch fortzubestehen.

Doch, meine Herren, wir sind hier schon etwas weit von unserm eigentlichen Ziel abgeschweift: nämlich zu betrachten, wie wir es selbst am besten zu machen haben, um für uns einen bescheidenen „Platz an der Sonne", d. h. an der Mitführung des öffentlichen Lebens, zu erringen. Wir wollen vielmehr empfehlen, mit dem jetzt eintretenden „Schulfrieden" auch jeder „Eifersüchtelei" gegenüber den Juristen, die hier und da hervorgetreten sein mag, ein Ende zu machen. Denn zu einer Rivalität haben namentlich diejenigen, die, wie die meisten von uns, nicht in offiziellen Amtsstellungen sind[1]), nicht nur keine Veranlassung, sondern im Gegenteil: Juristen und Ingenieure sind im modernen Leben so vielfach aufeinander zu gegenseitiger Unterstützung angewiesen, daß alle größeren Firmen und Gesellschaften entweder Juristen direkt zu ihren geschätztesten Beamten zählen oder aber ständig mit solchen in Fühlung stehen. Und in diesem Zusammenwirken haben auch Sie alle hoffentlich mit mir dieselbe Erfahrung gemacht: daß unser Juristenstand, trotz seiner von so vielen Seiten als ergänzungsbedürftig[2]) angesehenen Vorbildung, gleichwohl in den allermeisten Fällen ein hervorragendes Können und in der Rechtspflege seine althergebrachte Unabhängigkeit so vollkommen dargetan hat, daß wir das noch oft aus friderizianischer Zeit zitierte Wort: „Il y a des juges à Berlin" auch schon längst als „ergänzungsbedürftig" ansehen und sagen: Es gibt ausgezeichnete und unabhängige Richter allüberall im Deutschen Reich! Ebenso schätzen wir unsern leistungsfähigen und vorbildlich pflichttreuen Beamtenstand sehr hoch und wollen uns gern darum von andern Nationen beneiden lassen!

Wenn wir gleichwohl heute auch auf den Bildungsgang der Juristen hinwiesen, so geschah es weniger im Hinblick auf ein Versagen desselben in der Vergangenheit, als aus Besorgnis für die täglich schneller wachsenden Anforderungen der Zukunft und aus dem für unsere heutige Zeit so notwendigen Bestreben heraus: die Hauptträger der modernen Kultur mehr als bisher einander durch gegenseitiges Verständnis zu nähern. Dazu gehört aber vor allen Dingen auch ein verständnisvolleres Zusammenarbeiten der Universitäten und technischen Hochschulen, wie dies Prof. F. Klein von der Göttinger Universität hier in Düsseldorf vor vier Jahren auf der Versammlung

---

[1]) Anders ist es allerdings um die berechtigten Klagen und Wünsche der höheren Techniker der preußischen Eisenbahnverwaltung bestellt; vgl. die 5. Auflage der unter diesem Titel bei Vieweg & Sohn, Braunschweig, erschienenen interessanten Broschüre.

[2]) Selbstverständlich kann es sich nicht darum handeln, aus den ohnehin schon so vielseitigen Juristen auch noch „technische Sachverständige" machen zu wollen. Wohl aber dürfte es für ihre Allgemeinbildung in Zukunft unerläßlich sein — ebenso wie kein Techniker in höhere Stellungen ohne Kenntnis eines gewissen Maßes juristischer Begriffe gelangen kann —, wenigstens das „Milieu" der Technik, einige grundlegende technische Definitionen und Experimente kennenzulernen, um an Sachverständige zutreffende Fragen richten zu können oder bei den Widersprüchen von Sachverständigen leichter die richtige Mitte oder ein selbständiges Urteil zu gewinnen. Auch die Kenntnis der kulturellen Bedeutung der Technik dürfte den zukünftigen Beamten ein unerläßliches Gegengewicht bilden gegenüber der aus der antiken Weltanschauung nur zu leicht herübergenommenen Anschauung von der Technik als eines unwissenschaftlichen „Banausentums" oder der Industrie als eines gering zu bewertenden „Unternehmertums".

deutscher Naturforscher und Ärzte in seinem Vortrage „Universität und technische Hochschule" mit den Worten aussprach:

„Ich hoffe, Ihnen nachgewiesen zu haben, daß die beiden Anstalten nicht nur zusammengehörige Zielpunkte verfolgen, sondern daß sie, wenn sie ihre Interessen richtig verstehen, sich immer mehr aufeinander angewiesen sehen; sie müssen um ihrer selbst willen darangehen, Arbeitsmethoden, Auffassungen, Kenntnisse, schließlich auch Persönlichkeiten voneinander zu entlehnen . . . Jedenfalls scheint jetzt, wenn nicht alle Zeichen trügen, die Zeit gekommen, um die Kluft, die man damals geschaffen, wieder zu überbrücken[1])."

Wesentlich von dem Gesichtspunkte gegenseitigen Verständnisses aus will also dieser Exkurs beurteilt sein. Darum flechten wir hier auch die Hoffnung ein, es möge in der noch ausstehenden Verordnung über Zulassung zum medizinischen Studium nicht auch ein „Pferdefuß" für manche Schulmänner erscheinen, wie beim juristischen Studium!

Auf alle Fälle aber ist die Bahn für uns jetzt frei, und wenn auch auf dieser Bahn von irgendeinem „Vater der Hindernisse" noch Hürden, Wassergräben, Koppelricks, irische Wälle und sonstige Kleinigkeiten aufgebaut werden, so muß Begabung und energisches Wollen auch solche Hindernisse zu nehmen wissen. Vielleicht wird gerade dadurch eine gute Zuchtwahl, eine neue Vollblutzucht unter den Wettrennern gefördert!

Kehren wir nun zu unserm eigentlichen Beruf zurück. Hier stehen den neuen Rechten gebieterisch neue Pflichten gegenüber, wie sie von Kaiser Wilhelm bei der Säkularfeier der Technischen Hochschule in Berlin mit Recht so scharf betont wurden; die damals gesprochenen Worte haben bei uns freudigen, überzeugungsvollen Widerhall und durch wiederholte Besprechung die tiefgehende Würdigung gefunden, die ihnen gebührt. Wir wollen darum heute an Worte anknüpfen, die unser Ehrenmitglied, Herr Prof. von Bach, im November 1899 in Stuttgart ausgesprochen und in einem Vorwort zu seinem bekannten Werk „Die Maschinenelemente" an die jüngere Generation der Ingenieure, wie folgt, wiederholt hat:

„Der Industrielle hat mit zwei grundverschiedenen Materialien zu tun, mit dem toten und mit dem lebenden. Zu dem ersteren zählen die Stoffe, welche zu verarbeiten sind, die Werkstätten mit ihren Einrichtungen, insbesondere mit den Maschinen und Werkzeugen nebst Zubehör.

Das lebende Material bilden die Arbeiter einschließlich der Beamten. Die heutige Ausbildung des Ingenieurs — ich meine damit nicht bloß die schulmäßige — ist fast ausschließlich darauf gerichtet, ihn hinsichtlich der Erkenntnis und Behandlung des leblosen Materials zu befähigen; sie legt dagegen nur geringen oder doch ungenügenden Wert auf die Entwicklung der Fähigkeit, das

---

[1]) Erfreulicherweise ist die Universität Berlin dem Beispiele Göttingens gefolgt und hat außer den schon länger für Preußen bestehenden ausgezeichneten populären Vorlesungen über „Chemische Technologie" von Prof. Dr. H. Michelhaus (neuerdings im Druck erschienen) im gegenwärtigen Sommersemester neu eingeführt die Vorlesungen von zwei Professoren der Technischen Hochschule: „Einführung in die Technik" (für alle Fakultäten) von Professor Eugen Meyer und über „Elektrotechnik" von Professor Dr. A. Slaby.

lebende Material richtig zu erkennen, demgemäß zu behandeln und zu beurteilen. In dieser Richtung geschieht meist wenig, zum Teil nichts. Damit hängt es dann auch zusammen, daß vielen der jungen Ingenieure die Fähigkeit abgeht, die Arbeiter so zu behandeln, wie erforderlich. Der junge Ingenieur lebt in der Regel so, als ob ihn die ganze Arbeiterfrage nichts angehe. Und doch ist der Ingenieur der berufene Führer und Leiter der Arbeiter bei den Werken des Friedens."

Ja, meine Herren, auch das sind goldene Worte!

Das Verhältnis des Ingenieurs zu den Arbeitern ist von grundlegender Bedeutung, nicht nur für das Ingenieurwerk, an dem man selbst arbeitet, sondern für die ganze soziale Frage und schließlich auch für das Ansehen, das der Ingenieurstand nach außen genießt. Meines Erachtens sollte niemand zum Leiter eines größeren Werkes berufen werden, der nicht Verständnis und Herz für die Lebensbedingungen der Arbeiter hat oder sich von dem humanen Bestreben, diese Lage besser zu gestalten, durch Undank und Enttäuschung leicht abbringen läßt. Aber neben dem wohlwollenden Herzen darf, wie schon angedeutet, auch niemals das richtige Verständnis, das Studium der in Betracht kommenden sozialen Verhältnisse fehlen, um in der Praxis die schwierige Grenzlinie zwischen berechtigten und unberechtigten Forderungen der Arbeiter ziehen zu können und bei allem menschlichen Wohlwollen die Autorität und das Selbstbestimmungsrecht der Geschäftsleitung in taktvoller, aber bestimmter Weise aufrechtzuerhalten!

Unser Beruf, der eine so schnelle Entwicklung erfahren hat und sich nach so vielen Richtungen hin weiter entwickelt, bringt aber außer der Stellung zu den Arbeitern noch eine Reihe anderer prinzipieller Fragen für die Zukunft mit sich, die gerade jetzt, wo eine neue Studienreform einsetzt, der Erörterung dringend bedürfen. Eine Hauptfrage, die oft sehr verschieden beantwortet wird, ist die: Soll sich der moderne, energisch vorwärts strebende Ingenieur lediglich auf sein besonderes Fach, seine sog. Spezialität, konzentrieren, um darin so tüchtig als möglich zu werden, und soll er dabei höchstens unmittelbar verwandte und benachbarte Wissensgebiete in seinen Interessenkreis ziehen, oder soll und muß sich der Aktionsradius des Ingenieurs noch weiter erstrecken und von einem guten Fundament in seinem Fach aus, wie ein Drehkran mit weitem Ausleger, auch auf scheinbar fernab liegende Gebiete übergreifen?

Die von Amerika in der Maschinenwelt ausgegangene „Teilung der Arbeit" hat sich ja leider immer mehr auch auf das geistige Gebiet, und zwar aus inneren, zwingenden und hinlänglich bekannten Gründen, übertragen. Aber als natürliche Reaktion hiergegen werden gerade neuerdings die Aussprüche hervorragender Männer der Wissenschaft und Praxis immer häufiger, welche die Notwendigkeit einer Verbindung, ein besseres gegenseitiges Sichkennenlernen und Verstehen predigen, eine Art „Zusammenfassung" empfehlen, „wie sie einem tiefen Bedürfnis unserer durch Einzelforschung übersättigten Zeit entspricht."

So sagte Professor Adolf Ernst von der Stuttgarter Technischen Hochschule in seiner Festrede „Kultur und Technik"[1]) schon vor 14 Jahren:

> „Vergessen wir nicht, daß der einzelne, daß eine ganze Berufsgenossenschaft für die Gesamtheit nur in der Gesamtheit zu wirken vermag. Hierzu gehört ein Wissen, das über die Schranken des engherzig abgeschlossenen Fachstudiums hinausgeht",

und Professor Klein äußerte in seinem schon erwähnten Vortrage:

> „So zweifellos es ist, daß die Spezialisierung mit der Weiterentwicklung der Wissenschaft immer mehr fortschreiten wird, so wird es doch auf die Dauer wahr bleiben, daß allemal die fruchtbarsten Anregungen von den Nachbargebieten aus erfolgen."

Und die in ähnlichem Sinne sich aussprechenden Stimmen von Autoritäten, die der weiter fortschreitenden Teilung der Arbeit ein Gegengewicht mit einer Art geistiger „Sammlungspolitik" geben wollen, lassen sich beliebig vermehren und werden uns auch heute noch weiter beschäftigen. Demgegenüber wird aber gleichwohl auch von angesehenen Fachgenossen, namentlich alten Praktikern, die alleinige Konzentration auf das Spezialfach empfohlen und die Beschäftigung mit anderen Wissenschaften, die mit dem Fach nicht unmittelbar zusammenhängen, oder gar mit den schönen Künsten, als „unfruchtbarer Dilettantismus" verworfen.

Man kann, glaube ich, die scheinbaren Gegensätze der vorher aufgeworfenen Doppelfrage wohl durch die Erwägung ausgleichen, daß man zwar Forscher und Bahnbrecher, also gewissermaßen „Produzent", nur in einem Fache oder auf wenigen, mit dem Beruf unmittelbar zusammenhängenden Gebieten sein kann, aber gleichwohl seine Schaffenskraft als Fachmann von außen anregen und seine Bildung als Mensch harmonischer gestalten kann, wenn man wenigstens die Resultate anderer Forschungen, und zwar in diesem Falle als „Konsument", aufnimmt. Ein unfruchtbarer Dilettant in den fremden Gebieten ist man nur dann, wenn man den Anspruch erhebt und Zeit darauf verwendet, auch dort Forscher und Produzent sein zu wollen.

Eine solche, auf die Mußestunden ausgedehnte und gleichsam als Erholung und Auslösung der Berufsgedanken dienende empfangende Tätigkeit braucht darum noch durchaus keine passive zu bleiben, sondern kann sich nicht nur dadurch lohnen, daß jeder einzelne eine vielseitigere Ausbildung erfährt, und daß sich die Menschen, statt in ihrem Denken und Empfinden einander fremd zu werden, wieder einander nähern und besser verstehen; ein solches Hinübergreifen in andere Bildungs- und Berufssphären kann ebenfalls fruchtbringende Tätigkeit werden.

So ist gerade unser Ingenieurberuf — ähnlich wie der des Juristen — ganz besonders geeignet, anregend und fördernd auch auf andere Gebiete überzugreifen, soweit Zeit, Veranlagung und Begabung dazu ausreichen. Denn wie den Juristen die scharfe logische und formale Schulung des Verstandes, die Kenntnis der weit verzweigten Gesetze und seine allgemeine Bildung

---

[1]) Verlag von Julius Springer, Berlin 1888.

zu einem geschätzten Berater auch auf vielen, seinem Berufe ganz fernliegenden Gebieten machen und dadurch gerade erst sein Ansehen und seine Macht im öffentlichen Leben bis zu einem gewissen Übergewicht gesteigert haben, so sind bei dem Ingenieur vielseitige, praktische Lebenserfahrung, die Gewohnheit logischen Denkens bei wissenschaftlicher Beobachtung der uns sichtbar umgebenden Welt, seine Übung, mit Menschen aller Stände umzugehen, seine zeitersparende Energie und seine organisatorische Erfahrung und Umsicht — alles dies sind Eigenschaften, die ihn befähigen, überall da führend mit einzugreifen, wo es gilt, größere Unternehmungen, Gedanken gemeinnütziger, wissenschaftlicher oder künstlerischer Art in die schwierige Welt der Praxis überzuführen. Auf diese Weise kann und soll meines Erachtens der Ingenieur auch außerhalb seines Sondergebietes fruchtbringend wirken, ohne im mindesten den Vorwurf des Dilettantismus auf sich zu laden. So wurde, um nur ein Beispiel aus vielen herauszugreifen, der Maschineningenieur Max Eyth im Jahre 1884 der Begründer der großen deutschen Landwirtschaftsgesellschaft, welche mit jetzt über 13000 Mitgliedern die hervorragendsten Kräfte der Landwirtschaft umfaßt, durch ihre Wanderausstellungen in ganz Deutschland berühmt geworden ist und viel zur Hebung der landwirtschaftlichen Betriebe beigetragen hat. Allerdings brachte Eyth eine gründliche Kenntnis des Dampfpfluges und der Dampfkultur, deren bahnbrechender Vertreter er ja bekanntlich war, mit; allein daneben war es doch hauptsächlich seine praktische Lebenserfahrung, die er sich in aller Herren Länder erworben, seine realwissenschaftliche Bildung und die organisatorische Befähigung des Ingenieurs, die ihn zum Begründer und langjährigen Präsidenten dieser Gesellschaft und zum geschickten Veranstalter ihrer Ausstellungen machten. Nebenbei gesagt, war dies eine Verbindungstätigkeit für Industrie und Landwirtschaft, wie sie besser kaum gedacht werden kann!

Nun kommt aber für uns Ingenieure noch ein besonderer Grund hinzu: bei aller Gründlichkeit und Tüchtigkeit im Sonderfach — die ja natürlich stets das notwendigste und sicherste Fundament bilden muß — den Gesichtskreis gleichwohl so weit als möglich zu fassen. Denn wer kann heute sein Einzelfach wirklich beherrschen, ohne die gleichartigen Fortschritte auch in den Hauptkulturländern, wenn irgend möglich persönlich und sonst doch wenigstens in den Originalfachzeitschriften, zu verfolgen? Wer will heute dem täglich wachsenden internationalen Wettbewerb begegnen, ohne sich nicht nur um die gleichartigen Fabrikate anderer Völker, sondern gleichzeitig um ihr ganzes wirtschaftliches Gebaren, um ihre Bedürfnisse, ihren Geschmack und ihre Produktionsbedingungen zu kümmern? Und wer kehrt jemals von einer Reise ins Ausland heim, der nicht auf anderen und mitunter ganz fremden Gebieten Anregung und Belehrung gefunden?

Und darum reicht auch die eigene Sprache neben Latein und Griechisch längst nicht mehr aus, sondern es ist eine möglichst gründliche Kenntnis der modernen Sprachen für jeden Ingenieur unerläßlich, der höhere Stellungen im industriellen Leben einnehmen will, ebenso wie auch die Ausländer, namentlich Engländer und Franzosen, dies im letzten Jahrzehnt schon lebhaft anstreben, um den Vorsprung der Deutschen und Slaven darin einzuholen.

Wenn sonach vielseitige Sprachkenntnisse für den modernen Ingenieur nicht entbehrt werden können, so sind die so Ausgebildeten in hohem Maße geeignet, mit den Großkaufleuten, die jetzt ebenfalls der Organisation einer höheren und allgemeineren Bildung in Handelshochschulen[1]) zustreben, in unserer deutschen Bildung und Kultur eine Lücke auszufüllen, die gerade die jüngste Vergangenheit wiederholt aufgedeckt hat: wir meinen eine wirklich zutreffende und gründliche Kenntnis des Auslandes. Wie oberflächlich das Urteil der überwiegenden Mehrzahl unserer Gebildeten über Hauptkulturländer wie Amerika und England ist (über Frankreich sind viele Ältere durch den Feldzug 1870/71 besser unterrichtet), dafür liefert die Frage einen treffenden Beleg, welche kürzlich der aus Deutschland stammende Professor Hugo Münsterberg von der Harvard-Universität in Cambridge bei Boston in einem neueren Buche[2]) aufwirft. Diese Frage lautet:

„Wie kommt es, daß das Amerika, wie es ist, von den gebildeten Deutschen noch ebenso unentdeckt geblieben ist, als wenn Columbus nie über den Ozean gekommen wäre?"

Eine ähnliche Meinung muß auch Prinz Heinrich von unsern heimischen Anschauungen über Amerika gehabt haben; denn er benutzte die erste Gelegenheit, die er dazu hatte[3]), um sich über seine Amerikareise u. a. mit den Worten zu äußern:

„Ich möchte mich kurz zusammenfassen, indem ich sage, ich habe dort nicht allein, was man jenseits des Ozeans eine „Dollars hunting nation" nennt, gefunden, sondern eine Nation, die bestrebt ist, mit voller Energie sich in den Besitz reiner idealer Güter zu setzen."

Und nicht viel anders steht es um unsere Kenntnis des englischen Volkscharakters; sonst hätte unsere an sich voll berechtigte Entrüstung über die Anzettelung des Burenkrieges nicht zu so maßlosen allgemeinen Übertreibungen in der Verurteilung nicht etwa bloß der gegenwärtigen Machthaber in England, sondern des ganzen englischen Volkes überhaupt führen können. Zu einer solchen humanen und objektiven Würdigung moderner Kulturvölker reicht eben unsere, auf die alten Sprachen und die antike Weltanschauung sich vorwiegend stützende humanistische Bildung allein — von Ausnahmen abgesehen — nicht aus! Ein klassischer Beleg dafür ist die Anklage, die im neuesten (Juni-) Heft der Deutschen Revue „ein deutscher Diplomat" unter dem Titel „Was ist uns England wert?" gegen die Klassen erhebt, „denen — wie er sagt — in gewisser Beziehung die Pflicht und das Recht der Führung zusteht". „Nicht einer der geringsten Nachteile", schreibt er, „der sich aus der jüngsten Haltung dieser Kreise ergeben hat, ist, daß sie sich politisch durchaus unreif gezeigt haben, und daß damit die Erfüllung der Hoffnung, sie die politische Rolle spielen

---

[1]) U. a. in Leipzig, Köln, Frankfurt a. M.

[2]) „American Traits from the point of view of a German", Boston, bei Houghton Mifflin and Co.

[3]) Im Ostasiatischen Verein zu Hamburg.

zu ſehen, zu der Herzens- und Geiſtesbildung ſie berechtigen ſollten, wieder einmal auf lange Zeit, wenn nicht ad calendas graecas, vertagt worden iſt."

Man wende nicht ein, daß andere Nationen uns ebenſowenig richtig verſtänden und würdigten. Das mag ſein; allein wir haben gerade in letzter Zeit größere Werke in engliſcher und franzöſiſcher Sprache erſcheinen ſehen, welche in ſehr umfaſſender, gründlicher und objektiver Weiſe das Ausland über die moderne deutſche Kultur aufklären, und es würde uns ja gerade für die Zukunft in dem internationalen Wettkampf nur um ſo mehr ſtärken, wenn wir genauer über das Ausland Beſcheid wüßten, als dieſes über uns, gerade wie es in jedem Krieg für notwendig und wertvoll gilt, die Stellung des Feindes ſo gründlich als möglich vor der Aktion auszukundſchaften. Wie will man der ſog. „amerikaniſchen Gefahr" begegnen, ohne ihre Stärken und Schwächen genau zu kennen? Allein auch abgeſehen von Kampf und Krieg, ſchaffen uns beſſere Kenntnis und objektivere Beurteilung da Bundesgenoſſen, wo wir uns und — nicht zu vergeſſen — unſern Landsleuten und Pionieren im Auslande oft genug unnötig Feinde machen.

Alles das ſoll und darf natürlich nicht im geringſten unter Aufgabe unſerer nationalen Eigenart oder unſeres nationalen Stolzes geſchehen, oder mit einer zu ſchnellen Anpaſſung da, wo wir uns im Auslande niederlaſſen, ſondern alles das verträgt ſich mit einem in der Wurzel geſunden, waſchechten Patriotismus durchaus. Denn Ihnen allen wird es gewiß ebenſo wie mir ergangen ſein, daß man nicht vom Auslande heimkehrt, ohne ſchon an der Grenze zu empfinden: Gott ſei Dank, daß man wieder in Deutſchland iſt! Gerade der Vergleich mit den ſtaatlichen und ſozialen Verhältniſſen anderer Länder läßt uns den hohen Wert unſerer deutſchen Kultur immer wieder von neuem ſchätzen und unſern Patriotismus und unſere Eigenart immer wieder von neuem befeſtigen! Darum gedeiht auch der vielfach in unſerem Vaterlande verbreitete Peſſimismus, über den ſich unſer Reichskanzler noch kürzlich mit Recht beklagte, hauptſächlich unter denen, welche infolge ihres Bildungsganges und Berufes unſere moderne Welt und Kultur überhaupt aus einem zu engen Geſichtswinkel betrachten, ihr einſeitig, eigenſinnig und geringſchätzend gegenüberſtehen.

Wenn wir nun den weiten Horizont, zu dem ſich die Ingenieurtätigkeit im Leben erweitern ſoll — ſelbſt für den, der nicht unmittelbar mit dem Auslande zu tun hat —, verlaſſen und zu den Aufgaben zurückkehren, die zunächſt, im unmittelbaren Anſchluß an unſeren beſonderen Beruf, zu pflegen ſind, ſo tritt uns hier ein Studium entgegen, deſſen jeder Ingenieur ohne Ausnahme bedarf, ſobald er in den wirtſchaftlichen Wettkampf eintritt, von dem die ganze Technik beherrſcht wird: das iſt die Volkswirtſchaftslehre. Ich erinnere hierbei an die alle Kreiſe ſeit Jahren beherrſchenden Zolltariffragen, an das Studium der Urſachen und der Periodizität der wirtſchaftlichen Kriſen, auf welche die Leiter unſerer induſtriellen Werke von Einfluß ſind und noch mehr werden ſollten, an die Bildung der Syndikate und Kartelle, von deren volkswirtſchaftlich weitſichtiger Geſtaltung das Wohl und Wehe vieler Induſtriekreiſe abhängt.

Ein jeder von Ihnen wird auf seinem Lebenswege vor Fragen ähnlicher Art
oft genug gestellt werden, sobald er in verantwortungsvolle Stellungen kommt,
und so möge heute nur auf folgende Stelle aus dem Grundriß der „Allgemeinen Volkswirtschaftslehre" von Gustav Schmoller[1]) hingewiesen werden.
In dem Kapitel „Allgemeine Würdigung des Maschinenzeitalters"[2]) heißt
es u. a.:

> „Nur klügere, umsichtigere Menschen, ein ganz anderes
> gegenseitiges Wissen um die Zusammenhänge, eine viel voll-
> endetere soziale Zucht, ganz anders ausgebildete soziale In-
> stinkte und moralisch-politische Institutionen können die Rei-
> bungen und Schwierigkeiten einer hohen Technik überwinden!"

Werden wir nicht an die Wahrheit dieses Ausspruches lebhaft erinnert,
wenn wir an die von weiter volkswirtschaftlicher Umsicht getragenen amerikanischen Trustbildungen und unsere deutschen Ebenbilder denken, die keineswegs nur Preistreibereien, sondern ebenso Verbilligung und Einschränkung
einer übermäßigen Produktion im Auge haben und von deren einsichtiger,
das Gesamtwohl nicht außer acht lassender Leitung es abhängig wird, ob sie
vom Fluch der Zeit getroffen werden oder ihr schließlich zum Segen gereichen?
Denn überall gilt es doch, nicht nur die eigenen Interessen wirksam zu vertreten,
sondern sie in Einklang zu bringen mit dem Gesamtwohl. Ja,
„eine viel vollendetere soziale Zucht" ist nötig, um in dem täglich schärfer werdenden Wettbewerb das Gleichgewicht zu behalten und nicht kurzsichtig über seine
eigenen Beine, d. h. zu hoch gespannte selbstsüchtige Forderungen, später zu
stolpern, hauptsächlich aber auch, um durch den Blick auf das große Ganze
Selbstbeschränkung zu lernen und die innere Zufriedenheit nicht zu verlieren.

Gewiß legt Schmoller den Finger in manche Wunde, welche die hastige
Entwicklung der modernen Zeit dem sittlichen Leben unseres Volkes und aller
Kulturvölker geschlagen; allein er weist jenen besorgniserregenden Erscheinungen
gegenüber mit Recht darauf hin, daß wir uns in einer Zeit des Überganges
befinden, daß eine künftige beruhigtere Zeit mit den technischen Fortschritten
auch mehr subjektives Glücklichkeitsgefühl erzeugen wird. Schon die unerläßliche Beschäftigung mit der neueren sozialen Gesetzgebung wird in Zukunft
jeden Ingenieur zwingen, den Arbeiterfragen Verständnis und tieferes Interesse entgegenzubringen, dem Egoismus den Altruismus gegenüberzustellen.
Und geradezu beruhigend muß es wirken und Vertrauen für die Zukunft wecken,
wenn man das kürzlich erschienene „Handbuch der sozialen Wohlfahrtspflege in
Deutschland"[3]) studiert, dessen Verfasser, Prof. Dr. H. Albrecht, im Dienste
der offiziellen (von dem preußischen Ministerium für Handel und Gewerbe
ressortierenden) Zentralstelle für Arbeiter-Wohlfahrtseinrichtungen
in Berlin steht, ein Handbuch, das wir namentlich auch allen Universitätsbiblio-
theken empfehlen. Wer die unendliche Mannigfaltigkeit der bereits bestehenden
und zum größten Teil aus freier sittlicher Initiative der Industriel-

---

[1]) Leipzig. Verlag von Duncker & Humblot.
[2]) I S. 226.
[3]) Berlin, Carl Heymanns Verlag.

len geschaffenen Anlagen und Organisationen in Bild und Wort prüft und dabei berücksichtigt, wie schnell die Technik hat fortschreiten müssen, um zunächst nur erst einmal in den Sattel zu kommen und sich im Kampf ums Dasein in der Welt zu behaupten, und wer auf der jetzigen Düsseldorfer Ausstellung sich die Mühe gibt, zu studieren, was unter anderen auch die rheinisch-westfälische Industrie gerade auf diesem Gebiete schon geleistet hat, der freut sich nicht nur von Herzen des schon Erreichten, sondern er wird von allem Pessimismus, von aller Schwarzseherei über die Materialisierung unseres Volkes durch den wachsenden Maschinenbetrieb, für die Zukunft geheilt; denn solche Beispiele in allen Provinzen unseres Vaterlandes müssen ansteckend wirken, und die zahlreichen noch vorhandenen Lücken auf diesem Gebiete werden sich ausfüllen, zumal diese Bewegung von dem ganzen, nach derselben Richtung wirkenden, tiefen sittlichen Ernst der Lehrer an unsern technischen Hochschulen getragen und in die Herzen der heranwachsenden Generation gepflanzt wird!

Aber nicht unser Stand allein hat nach dieser Richtung noch weitreichende Aufgaben vor sich. Die Vorrede jenes vorhin gedachten Handbuches der sozialen Wohlfahrtspflege stellt vielmehr in objektiver Weise fest:

„Staat und Gemeinde haben eben erst begonnen, sich ihrer sozialen Pflichten bewußt zu werden . . .“

und, dürfen wir hinzufügen: Wie viele humanistisch Gebildete, die über den zunehmenden Materialismus der Zeit klagen und deklamieren, haben überhaupt gar keine praktische Fühlung mit diesen Pflichten!

Jedenfalls akzeptieren wir für uns gern das schöne, von Schmoller geprägte Wort[1]):

„ . . . es gibt kein höheres geistiges Leben ohne technische Entwicklung, aber auch keine höhere Technik ohne geistige und moralische Fortschritte . . .“.

Es bestehen aber nicht nur hohe Aufgaben für unsern Ingenieurberuf, sondern auch für den Ingenieur als Einzelwesen, als Mensch!

Und da man das, was einem gerade nach dieser Richtung nottut, gewöhnlich am besten von andern hört, so möge heute nach dem Lehrer der Volkswirtschaft auch ein Philosoph zu Wort kommen, nämlich Prof. Rudolf Eucken. Hierbei ist es schon an sich erfreulich, festzustellen, wie man sich von allen Seiten bemüht, den Errungenschaften der Technik gerecht zu werden und ihre Folgeerscheinungen mit den älteren humanistischen Anschauungen zu versöhnen. In einem Aufsatz der neuen „Deutschen Monatsschrift“[2]), betitelt „Die weltgeschichtlichen Aufgaben des deutschen Geistes“, heißt es u. a.:

„Das deutsche Volk ist vor allem berufen, für eine Vertiefung und Beseelung der Kultur zu wirken, ein Ganzes und Inneres des Menschen zu entwickeln und in aller Betätigung nach außen gegenwärtig zu halten, in sie die Seele hineinzulegen und durch sie die Seele zu stärken. In diesem weiteren

---

[1]) I S. 227.
[2]) Deutsche Monatsschrift für das gesamte Leben der Gegenwart. Herausgegeben von Julius Lohmeyer. Berlin. Alexander Duncker. Oktoberheft 1901.

Sinne sind und bleiben die Deutschen die Vertreter der Innerlichkeit, auch wo ihr Wirken scheinbar nur nach außen geht . . .

Das 19. Jahrhundert hat uns nicht nur das Bild der Außenwelt viel eindringlicher, es hat uns auch das Wirken zur Außenwelt weit bedeutender gemacht. Immer mehr hat die Arbeit sich ins Technische gestaltet und sich zugleich zu immer größeren Komplexen zusammengeschlossen: Sie umfängt durch ihre Maschinenbetriebe das Individuum mit überwältigender Macht, sie droht, den Menschen zu einem bloßen Mittel und Werkzeug eines rastlos forteilenden Kulturprozesses herabzudrücken. So wird die Selbständigkeit des Innenlebens bedroht, die Persönlichkeit geschwächt, die Seele gefährdet. . . . Dem ungeheuren Lebensdrange mit seinem Egoismus der Individuen wie auch der Nationen fehlt das Gegengewicht läuternder und veredelnder ethischer Mächte . . . Aber vergessen wir nie, daß wir die Höhe unserer eigenen (deutschen) Art immer erst wieder in energischer Anstrengung zu finden haben, und daß wir unser Eigentümliches nur siegreich behaupten können, wenn wir uns untereinander zusammenfinden, wenn im besonderen die beiden Hauptrichtungen unseres Lebens: die Bewegung zur sichtbaren Welt und die Entwicklung eines Reiches der Innerlichkeit, nicht gegeneinander, sondern zueinander streben. Auch der Praktiker wirkt für die Macht des deutschen Geistes, auch der Forscher und Künstler für die Weltstellung des deutschen Volkes; schließlich bedarf jeder des andern; suchen wir also, uns immer mehr gegenseitig zu verstehen, von einander zu lernen und durch einander zu wachsen."

Nun, meine Herren, in diese uns auch sonst noch von verschiedenen humanistischen Seiten dargebotene Hand wollen wir gern einschlagen. Zunächst ist es keine Frage, daß uns modernen Menschen allen, mit wohl nur wenigen Ausnahmen, dringend nottut, den genug im Leben vorhandenen zentrifugalen Kräften, dem vielseitigen und hastigen Wirken nach außen, die zentripetale Kraft einer geistigen und ethischen Vertiefung entgegenwirken zu lassen und wieder Gleichgewicht in unser inneres Kräftesystem zu bringen, damit eine harmonische Lebensauffassung und innere Befriedigung dem modernen Menschen ebensoweit möglich werde wie zu der Zeit, als wir nur das Volk der Denker und Dichter waren. Alles, was uns sittlich vertiefen und ideal erheben kann, soll uns dabei willkommen sein: zunächst die Fragen der Religion, die unter anderem mit ihren protestantisch-kirchlichen Einigungsbestrebungen sowie durch neuere Resultate der Archäologie und Urkundenforschung gerade jetzt von neuem so lebhaft im Flusse sind[1]), die Wissenschaften aller Art, welche in immer neuen Problemen und Entdeckungen wetteifern und in der Aufnahme ihrer Resultate auch durch Laien eine Annäherung und Zusammenfassung erfahren können, und endlich die Kunst[2]), die gerade uns Ingenieuren im Kunstgewerbe mit ihren aus der Zweckmäßigkeit neu geborenen Formen näher tritt als je zuvor und die mit ihren modernen

---

[1]) U. a. Rudolf Eucken, Der Wahrheitsgehalt der Religion. Leipzig 1901. Veit & Co. — Prof. Friedrich Delitzsch, Babel und Bibel. — Prof. Eduard König, Bibel und Babel.
[2]) Siehe a. A. Karl Woermann, Was uns die Kunstgeschichte lehrt. Dresden 1894. — Konrad Lange, Das Wesen der Kunst. Grundzüge einer realistischen Kunstlehre. Berlin 1901.

Bestrebungen das ganze Volk zu durchdringen sucht, von der Schule bis ins Haus!

Für uns Ingenieure gilt es deshalb nicht nur, neue Berechtigungen zu erkämpfen, sondern erhöhte Pflichten gegen den Staat und uns selbst als Menschen zu erfüllen. Es gilt zu beweisen, daß der durch Erziehung und das akademische Studium in uns gepflanzte wissenschaftliche und soziale Geist jederzeit bereit und geeignet ist, sich in Energieformen umzusetzen, wie sie das heutige Leben nicht nur für den weiteren und höheren Fortschritt der Technik, sondern auch für das Wohl der Gesamtheit gebieterisch verlangt. Möge unser Verein, ebenso wie bisher, in inniger Wechselwirkung zwischen den Männern der Tat und der Wissenschaft, seiner idealen Auffassung von der Kulturmission des deutschen Ingenieurs allezeit treu bleiben und jeder einzelne von uns mehr denn je einer harmonischen, wahrhaft humanen Ausbildung seiner eigenen Persönlichkeit zustreben, auf daß wir dermaleinst, in Versöhnung der antiken und der modernen Kultur, den Ehrenbeinamen „Neu-Humanisten" verdienen könnten!

3

Deutsches Museum in München.

Ansprache bei Gründung des Museums von Meisterwerken der Naturwissenschaften und Technik im Festsaale der Kgl. Bayer. Akademie der Wissenschaften in München am 28. Juni 1903.

Die Gründung des **Deutschen Museums von Meisterwerken der Naturwissenschaft und Technik in München**, bei der die nachfolgende Ansprache gehalten wurde, war eine Kulturtat ersten Ranges für das deutsche Volk, zugleich selbst ein „Meisterwert" tatkräftiger Organisation.

Unvergessen soll bleiben, daß König Ludwig III. nicht nur als hoher und würdiger Protektor dem überaus eindrucksvollen Gründungsakte, sondern auch allen späteren, im besten Sinne des Wortes feierlichen Hauptversammlungen der Mitglieder des Museums präsidierte und königliche Gastfreundschaft erwies.

Der Schöpfer des Museums, Oskar v. Miller, äußerte sich über die Ziele des Museums bei der Gründung: daß in ihm „der große Einfluß der wissenschaftlichen Forschung für die Technik gezeigt, und daß in demselben die historische Entwicklung der verschiedenen Industriezweige in möglichst anschaulicher Weise durch typische Werke, deren hervorragende Bedeutung erprobt und anerkannt ist, dargestellt werden solle. Allgemein sei der Wunsch, daß dieses Museum zugleich eine Ruhmeshalle für die Männer werde, deren Forschungen und Arbeiten wir in erster Linie den hohen Stand der heutigen Kultur verdanken".

Es gelang der Werbekraft Oskar v. Millers, die hervorragendsten Männer der Wissenschaft und Technik Deutschlands sowie alle Fürsten, Kaiser Wilhelm II. an der Spitze, und alle maßgebenden Reichs- und bayerischen Landesbehörden zu einer anhaltend opferfreudigen Stimmung zu begeistern. Nach wenigen Jahren war bereits im alten Nationalmuseum zu München eine so große Zahl von Meisterwerken der Naturwissenschaft und Technik beisammen, daß die Eröffnung dieses provisorischen Museums stattfinden konnte. Alle Erwartungen in anschaulicher Darstellung von Wissenschaft und Technik wurden übertroffen. Das zeigte sich von vornherein auch im Besuch, der schnell zum größten irgendeines Museums in Deutschland, wenn nicht Europas, aufstieg.

In sozialer Fürsorge wurden mehrere hundert Reisestipendien „für Minderbemittelte", nicht in München ansässige Personen, gestiftet, um ihnen neue Anregungen für ihren Beruf durch das Deutsche Museum zu geben. Alle Bildungskreise, arm und reich, zogen Nutzen von ihm.

Der Grundstein zum neuen Museum auf der Isarinsel wurde im Jahre 1906 durch Kaiser Wilhelm II. im Beisein der Kaiserin und des ganzen bayerischen Königshauses gelegt. Auf Grund der Pläne von Gabriel v. Seidel wurde in der neuen Betontechnik ein Neubau eigenartiger Monumentalität errichtet und nach dessen Tode durch seinen Bruder Emanuel im inneren Ausbau weitergeführt. Beide genialen Architekten können leider die Vollendung ihrer gemeinsamen Schöpfung nicht erleben. Bis Ende 1919 waren zirka 5½ Millionen Mark verausgabt. Eine fast noch größere Summe erfordert das anschließende im Bau begriffene Bibliothek- und Kongreßgebäude größten Stils. Die Aufnahmefähigkeit der Bibliothek ist auf 1 Million Bände berechnet und soll die gesamte Literatur der Technik und Naturwissenschaften umfassen, die sonst in den Bibliotheken Deutschlands so überaus stiefmütterlich behandelt ist. Dazu soll eine nicht minder großartige Sammlung von Plänen und Zeichnungen aus allen Gebieten der Technik treten.

Alle Beteiligten wünschen von Herzen, es möge dem seitherigen Vorstande, der neben Reichsrat Dr.-Ing. Oskar v. Miller Exz. noch aus den allbekannten Professoren Karl v. Linde und Walter v. Dyck besteht, beschieden sein, das große Werk mit alter Werbekraft zu Ende zu führen.

Die Verbindung des Vorstandes mit allen führenden Kreisen deutscher Naturwissenschaft und Technik ist durch einen Vorstandsrat von zirka 100 Personen mit 3 Vorsitzenden gesichert, die die ersten Namen der Wissenschaft und Technik darstellen. Sie ergänzen sich in dreijähriger Amtsdauer aus dem „weiteren Ausschuß". Außerdem gehören dem Museum zahlreiche Freunde als dauernde Mitglieder an.

Möge das großartig angelegte und ebenso durchgeführte Werk deutscher Kultur bald seiner Vollendung entgegengehen und einen Rekord für die ganze zivilisierte Welt aufstellen!

Königliche Hoheit!

Hochansehnliche Versammlung!

Wenn der Verein deutscher Ingenieure heute an dieser Stelle das Wort ergreifen darf, so verdankt er diese Ehre ohne Zweifel dem Umstande, daß die Idee der hier in Frage stehenden Neugründung der eigensten Atmosphäre dieses Vereins entstammt; denn die innigste Durchdringung von Wissenschaft und Technik ist seit nunmehr 44 Jahren sein Lebenselement. Dazu kommt, daß ein hervorragendes Vereinsmitglied, der Vorsitzende unseres Bayerischen Bezirksvereins, Herr Baurat Dr. Oskar von Miller, die erste Anregung dazu gegeben hat, gewissermaßen als Vorfeier unserer diesjährigen Hauptversammlung in München. In der Tat hätte dieser Kongreß schöner und würdiger nicht eingeleitet werden können, als dies soeben unter dem Ehrenvorsitze Euer Kgl. Hoheit geschehen, und weiß der Verein deutscher Ingenieure die hohe Ehrung, die ihm damit widerfahren, in aufrichtiger, tiefer Dankbarkeit zu schätzen.

Auf den ersten Blick erscheint ja für den modernen Ingenieur ein solcher Blick rückwärts, eine solche „retrospektive Ausstellung" fast befremdend und unzeitgemäß, denn sein Blick war in den letzten Dezennien so intensiv nach vorwärts gerichtet, daß für ihn in den meisten Fällen nicht einmal die Zeit verblieb, die Gegenwart zu registrieren und literarisch festzuhalten, geschweige denn teure Reliquien einer verflossenen Periode zu sammeln.

Allein, wie für den einzelnen, wenn er eine gewisse Stufe erklommen hat, das Bedürfnis eintritt, den Blick auch einmal wieder rückwärts zu lenken, um die bisherigen Resultate zu ordnen und dadurch um so zielbewußter und sicherer der Zukunft entgegenschreiten zu können, so liegt auch für unseren Verein dasselbe historische Bedürfnis vor, zugleich auch als Ausfluß der Pietät für die Heroen der deutschen Technik. Deshalb hat auch der Verein deutscher Ingenieure in dieser historischen Richtung schon vorgearbeitet. Unter seiner Ägide sind die „Beiträge zur Geschichte des Maschinenbaues" von Dr. Th. Beck, Dozent an der Technischen Hochschule zu Darmstadt, entstanden und sind seit Jahresfrist umfangreiche Reisen und Arbeiten des Ingenieurs C. Matschoß im Gange, deren näheres Programm für die „Geschichte der Dampfmaschine" gestern hier in München festgelegt worden ist.

Wenn also das neue Institut bei unserem Vereine eine wohlvorbereitete Stimmung findet, so begrüßen wir es mit besonderer Freude, daß diese Idee auf dem für unsere wissenschaftliche Technik ohnehin so fruchtbaren bayerischen Boden emporwächst. Denn wie schon so oft mit Recht betont worden ist: gerade die Dezentralisation hat unsere deutsche Kunst und Wissenschaft so lebenskräftig und vielseitig erhalten und ihr auch die machtvolle Unterstützung aller deutschen Fürstenhäuser, so auch heute die des hohen Kgl. Hauses Wittelsbach zugeführt.

Aus allen diesen, hier nur flüchtig angedeuteten Gründen bin ich vom Vorstande des Vereins deutscher Ingenieure ermächtigt, zu erklären:

Daß wir die Gründung dieses neuen lebensvollen Museums mit dankbarster Freude begrüßen, willens sind, diese Sympathie so viel als möglich in Taten umzusetzen und durch unsere über ganz Deutschland verbreitete Organisation dazu beizutragen, daß die großen Marksteine in der Geschichte deutscher Technik nicht vom Flugsande der immer schneller fortschreitenden Zeit verschüttet werden! Möge sich das neue Museum zu München dem Germanischen Museum zu Nürnberg würdig anreihen — dies sei unser Glückwunsch!

4
Anhaltische Kunsthalle zu Dessau.

Zur Eröffnungsfeier der Anhaltischen Kunsthalle zu Dessau am 28. April 1903.

Nachstehend eine Eröffnungsansprache der **Anhaltischen Kunsthalle** mit meinem Bekenntnis zur Kunst!

Die Verwandtschaft der Ingenieurkunst mit den bildenden Künsten ist häufig betont und eingehend begründet worden. Wesentlich dafür dürfte sein, daß beide schöpferische Vorstellungs-kraft zur Grundlage haben und daß denjenigen Ingenieurwerken, die ihren Zweck in möglichst vollkommener Weise zum Ausdruck bringen, eine eigenartige Schönheit zugesprochen wird.

Eine besondere Verbindung der Technik mit der Kunst besteht im Kunsthandwerk. Die aka-demischen Vorträge, die ich in den Jahren 1868 bis 1871 im Kolleg des damaligen Privatdozenten an der Berliner Gewerbeakademie, Dr. Julius Lessing, hörte, blieben für meine Anschauungen in der Entwicklung des damals noch ganz darniederliegenden Kunsthandwerks maßgebend. Selbst in der erfolgreichen Organisation des modernen Deutschen Werkbundes erblicke ich nur einen folgerichtigen Ausbau seiner damaligen grundlegenden Gedanken. Ein kleines Häuflein Stu-dierender, die den ersten Vorlesungen dieses späteren Schöpfers und Leiters des Berliner Kunst-gewerbemuseums folgte, wuchs sich noch während meiner Studienzeit zu einer Zuhörerschaft aus, die das damalige größte Auditorium der Gewerbeakademie kaum zu fassen vermochte.

Nicht minder erfolgreich waren die Vorlesungen des unvergeßlichen Kunsthistorikers und Ästhetikers Professor Friedrich Eggers. Bei ihm kam noch der Zauber einer ganz besonders sympathischen Persönlichkeit hinzu, die eine Schar jüngerer Freunde so für ihn begeisterte, daß sie ihm — ein kleiner bezeichnender Zug — nach den Vorlesungen die schweren dazu gebrauchten Folianten mit künstlerischen Abbildungen nach seiner weit abgelegenen Wohnung in einem Hinter-gebäude der Königgrätzerstraße trugen. Dort wurden dann bei einem Glase Bier seine Vorträge über Kunstgeschichte und Ästhetik mit dem verehrten Lehrer besprochen. Friedrich Eggers war am Ende meiner Studienzeit zum ersten Generaldirektor der Königlichen Museen ausersehen und verwaltete diese Stellung bereits provisorisch, als er plötzlich und viel zu früh im 52. Lebens-jahre starb. Bemerkenswert scheint mir, daß dieser an den drei damaligen Akademien, der Bau-akademie, Kunstakademie und Gewerbeakademie[1]), vortragende Dozent wiederholt aussprach, daß er an letzterer die zahlreichsten und eifrigsten Zuhörer habe. Ein Zeichen, wie empfänglich der Boden bei den Jüngern der Technik damals war, wo der gesamte Wissensstoff noch nicht so von Sonderfächern überwuchert wurde, wie in den nachfolgenden Dezennien. Erst in heutiger Zeit sucht man in Reformprogrammen die damalige harmonischere Ausbildung an der technischen Hoch-schule wieder zu gewinnen.

Ich erwähne die ästhetischen und kunstwissenschaftlichen Vorlesungen der beiden oben-genannten ausgezeichneten Dozenten nicht nur aus einem Gefühl der Dankbarkeit, sondern auch um darauf hinzuweisen, daß gerade aus dem Kreise ihrer damaligen eifrigsten Zuhörer eine ganze Anzahl später sehr bekannt gewordener Ingenieure hervorgegangen ist, daß also das Mit-Studium solcher Vorträge von der Gewinnung großer Berufstüchtigkeit nicht abhält, sondern diese durch Persönlichkeitskultur noch ganz wesentlich erhöht.

Die gesunden Kunstanschauungen jener verehrten Lehrer haben mich auch vor dem ab-strakten Phrasenschwall vieler moderner Kunstschriftsteller bewahrt und feste Richtlinien gegenüber den schnellen Wandlungen der Kunst gegeben.

---

¹) Gewerbe- und Bauakademie wurden später in Charlottenburg zur „Technischen Hochschule" vereinigt.

Hochanſehnliche Verſammlung!

Die Überweiſung dieſer Kunſthalle ſeitens des Staates Anhalt in einer für ihn finanziell nicht gerade glänzenden Zeit beweiſt am beſten, daß es ſich hier nicht um die Befriedigung eines Luxus-, ſondern um die Erfüllung eines Lebens- und Kulturbedürfniſſes für Anhalt handelt. Denn je ſchärfer der materielle und politiſche Kampf auch hier in allen Volksſchichten geführt wird, um ſo dringender macht ſich wohl in allen Kreiſen das tief innere Bedürfnis nach gelegentlicher Auslöſung der Berufs- und Kampfesgedanken geltend, die Sehnſucht nach einem „Tropfen Himmelsruhe in dieſem fieberhaften Durcheinander", wie ſelbſt Bismarck, der ſonſt ſo kampfesfrohe, einmal ſchrieb. Und wie ließe ſich dieſe Sehnſucht nach einer „Feiertagsſtimmung" nächſt der Religion und neben dem direkten Genuß der Natur beſſer befriedigen als in dem ſchönen Reiche der Illuſion: der Kunſt?!

Und gerade weil es ſich hier um ein Bedürfnis des ganzen Volkes handelt, darum ſoll und muß, wie ſchon ſo manchmal hervorgehoben worden iſt, die Kunſt auch wieder unſer ganzes Leben in Schule und Haus durchdringen.

Dazu gehört aber auch als notwendige Ergänzung, daß das Kunſturteil und der Kunſtgeſchmack aller Kreiſe des Publikums gehoben wird. Denn ſo ſehr auch ſonſt die Meinungen der Künſtler, Kunſtgelehrten und kunſtgebildeten Laien auseinandergehen, darin ſind ſie wohl alle einig, daß Deutſchland nach dieſer Richtung noch große Hinderniſſe zu überwinden hat, daß der Vorſprung, den andere Kulturvölker darin beſitzen, und das Vorbild, das die deutſchen Fürſten ſeit Jahrhunderten gegeben haben, ſelbſt von unſeren höher Gebildeten und Wohlhabenden noch lange nicht eingeholt iſt.

Unſer Kunſturteil wird aber in erſter Linie durch wahrhaft große Künſtler ſelbſt, durch das Anſehen und Sichhineinverſenken in ihre Werke, gebildet. Sie zwingen uns, wie man mit Recht ſagt, ihre Schönheitsideale auf. Und daher möge uns beim Eintritt in dieſe neue Kunſthalle der Gedanke als ſtiller Führer begleiten, daß wir als Laien nicht über dem Kunſtwerk, ſondern jedes wahrhaft große Kunſtwerk über uns ſteht, daß wir uns daran gewiſſermaßen heraufzubilden haben!

Hat ſich aber erſt einmal der Kunſtſinn in weiteren Kreiſen gehoben, dann wird auch die Mehrzahl der Künſtler, die nicht als Genies ſelbſtändige Wege vorzeichnen können, ſondern welche die große Menge des Guten und Mittelguten liefern oder welche die Verbindung der Kunſt mit dem täglichen Leben herſtellen, wieder Wurzel und Halt in dem Mutterboden eines national gewordenen Kunſtgeſchmacks finden. Denn das Beharrungsvermögen eines kunſtgebildeten Volkes kann viele Künſtler vor Entgleiſungen und begeiſterte Laien vor einem zu ſchnellen und häufigen Wechſel ihrer Kunſtanſchauungen bewahren!

Glücklicherweiſe ſind nun aber auch in Anhalt Anſätze und Grundlagen für Hebung unſeres Kunſtgeſchmacks ſchon vorhanden. Neue ſchöne Rathäuſer bekunden das wachſende Verſtändnis unſerer Gemeindevertretungen für den hohen Bildungswert der Kunst. Im Handwerk beginnt sich die Entwicklung zum Kunsthandwerk sowohl in der Praxis, als in trefflich geleiteten Handwerkerschulen zielbewußt vorzubereiten, sachkundig unterstützt durch den staatlich angestellten Kunstwart. Dementsprechend hat sich auch die Organisation des Anhaltischen Kunstvereins mit dem Einzug in diese neue Halle weitere und höhere Ziele gesteckt!

Daneben aber wirkte auf unsere neuen heimatlichen Kunstbestrebungen auch unwillkürlich die Tatsache ein, daß nicht weit von hier, in derselben Straße, einem wahrhaft Großen in der modernen Kunst, dem Genius Richard Wagners, unter dem direkten künstlerischen Einfluß unseres hohen Fürstenhauses eine geradezu mustergültige Stätte der Kunstübung und Verehrung bereitet worden ist. Dieses Beispiel, dem man das Motto „Durch Kampf zum Sieg" voranstellen möchte, war deshalb für viele von uns so beweiskräftig, weil es dartut, wie man einem seinerzeit viel angefochtenen Genius den Weg ebnen und gleichwohl die Schönheit der älteren Kunst pietätvoll pflegen kann. So geschehe es auch mit den bildenden Künsten in diesem neuen Hause!

Es war deshalb auch kein Zufall, sondern der tief begründete Wunsch des Anhaltischen Kunstvereins, die Einweihung dieser neuen Kunsthalle als Vorfeier des Geburtstages seines Allerhöchsten Schutzherrn, Sr. Hoheit des Herzogs, begehen zu dürfen, gewissermaßen als einen neuen Geburtstag im Reiche der Kunst Anhalts, als einen Tribut der Dankbarkeit von Staat und Volk gegen sein kunstsinniges Fürstenhaus, als eine Betätigung der Erkenntnis, daß nunmehr die Reihe an uns selbst ist, die bildenden Künste hier ebenso würdig zu pflegen, wie es in unserem Herzoglichen Hoftheater seit nun mehr als hundert Jahren geschehen ist.

Aber wie der einzelne heutzutage im Kampfe gegen das Trägheitsmoment der Massen nur selten etwas zu erreichen vermag, sondern gewöhnlich nur im Zusammenschluß mit Gleichstrebenden Einfluß auf die Volksbildung gewinnen kann, so möge sich auch die Anhaltische Kunsthalle am heutigen Tage die Hand reichen mit ihren deutschen Schwesteranstalten, von denen wir so manchen hervorragenden Vertreter und Künstler heute hier begrüßen. Möge es uns vergönnt sein, mit ihnen in gegenseitiger Unterstützung an der Hebung der Kunstpflege in unserem geliebten deutschen Vaterlande erfolgreich mitzuarbeiten, auf daß sich auch an dieser neugewonnenen Stätte der bildenden Künste erfülle, was drüben in Thaliens Tempel Hans Sachs so manchmal gesungen:

> Ehrt Eure deutschen Meister,
> Dann bannt Ihr gute Geister!

5

Technische Arbeit einst und jetzt.

Vortrag zur Feier des 50jährigen Bestehens des Vereins deutscher Ingenieure zu Berlin
am 11. Juni 1906.

Die Feier des 50jährigen Bestehens des **Vereins deutscher Ingenieure** fand im Sitzungssaale
des Reichstages statt. Der Verein konnte dabei mit Recht stolz auf seine Entwicklung als
größter technisch-wissenschaftlicher Verein und sein Ansehen im In- und Auslande sein. Wie
ideal und einseitig wissenschaftlich seine Bestrebungen waren, zeigte sich, als ich während meines
Vorsitzes in den Jahren 1901 und 1902 die Einbeziehung wirtschaftlicher Fragen in sein
Arbeitsgebiet erst durchkämpfen mußte, denn sie waren nicht länger abzuweisen und hängen
mit jeder Anwendung der Wissenschaft aufs engste zusammen.

Der Festvortrag gab zunächst einige kennzeichnende Vergleiche zwischen den technischen
Wundern des Altertums und der Neuzeit. Seine Hauptausführungen lagen indes in der modernen Entwicklung der Technik seit 1850. Sie zeigten, daß, im Gegensatz zu früher, in diesem
Zeitraum die sozialen Schwierigkeiten alle technischen immer mehr überragten.
In den 14 Jahren seit jenem Vortrag war dies immer mehr der Fall, so daß die damals berührten
sozialen Fragen noch heute auf der Tagesordnung stehen. Die Notwendigkeit ihrer Erörterung
aus dem praktisch Erlebten hat auch deshalb noch zugenommen, weil sie sich inzwischen zu Schlag-
wörtern verdichteten, die sich unsere Gebildeten um so mehr aneigneten, je weniger sie irgendwelche Kenntnis von den tatsächlichen Verhältnissen der Technik hatten. Sie werden mit sittlicher Entrüstung nachgesprochen, ohne irgendwelche Kontrolle durch eigenes Studium und Erleben!

Die Grundlagen dieses Vortrages von 1906 beruhten aber nicht nur auf eigener Lebenserfahrung und Beobachtung, sondern auch auf gewissenhaften Umfragen bei vielen noch viel
mehr Erfahrenen. Ich wies nach (S. 49 u. ff.), daß die letzten jährlichen Zunahmen von 8- bis
900000 Menschen in Deutschland eigentlich die Wurzel alles Fortschrittes und aller sozialen Übel
sei. Diese größte „motorische Kraft" unseres Volkes war auch zugleich die Haupturheberin der
ganzen „Hetze und Jagd" der letzten Dezennien. Der Mammonismus spielte dabei tatsächlich
nicht die Hauptrolle. Der Kampf ums Dasein, die Notwendigkeit der Arbeitsbeschaffung und
des Arbeitgebens für die alljährlich steigenden Hunderttausende von Deutschen waren das
primum agens.

Eine interessante Bestätigung hat diese von mir verteidigte These durch den während
des Weltkrieges veröffentlichten Aufsatz eines angesehenen englischen Kolonialpolitikers, E. D.
Morell, gefunden, der sich durch erfrischende Wahrheitsliebe seinen Landsleuten gegenüber auszeichnet. Er sagt: „Keine Nation in Europa, ja in der Welt, ist einem solchen Problem (des Be-
völkerungszuwachses) gegenübergestellt ... . Dieses drückende Problem ist die treibende
Kraft, die Deutschland in eine industrielle Werkstätte verwandelt, die Verausgabung großer Summen
für Schulwesen und die Vervollkommnung des technischen Unterrichts bis zu dem höchst erreich-
baren Stand verursacht, die Wissenschaft zur Gehilfin der industriellen Produktion macht, die
Schaffung einer Flottenmacht veranlaßt und aus Deutschland einen ruhelosen, nervösen,
empfindlichen, unbefriedigten und unbequemen Nachbar gemacht hat." Aus diesem
Bevölkerungsproblem folgert er auch zwangsläufig die Notwendigkeit von Kolonien für unser
Volk, ohne die „ein wahrhaft dauerhafter Friede in Europa unmöglich ist".

Der nachfolgende Vortrag tritt ferner mit Beweisgründen dem Schlagwort von der Versklavung des Menschen durch die Maschine entgegen, verteidigt „die höhere Einschätzung der geistigen

Faktoren für die wirtschaftliche Produktion", macht die große Schwierigkeit der Befruchtung des an sich toten Kapitals und des Arbeitgebens überhaupt klar, betont die Notwendigkeit, aber auch die bereits vorhandenen Möglichkeiten des „Aufstieges der Tüchtigen" und schließt mit der gegenseitigen Durchdringung von Technik und Wissenschaft. Alles Themata, die heute noch aktueller wie 1906 sind. Ihre Begründung halte ich noch heute aufrecht.

Hohe Festversammlung!

Je weiter wir in der Kenntnis der ältesten Völker fortschreiten, um so mehr lernen wir den hohen Kulturstand bewundern, den einige von ihnen schon vor 6000 bis 7000 Jahren eingenommen haben, und je mehr Spuren alter Technik bekannt werden, um so mehr gesellt sich Staunen zur Bewunderung. Wir halten es deshalb für ganz gerechtfertigt, wenn bei Entdeckungen und Ausgrabungen aus der ältesten Zeit immer wieder darauf hingewiesen wird, daß der Unternehmungsgeist im Altertum mindestens ebenso groß gewesen sei als in der Gegenwart.

Stammt doch der Unternehmungsgeist zunächst aus der Idee, aus dem Reiche der Gedanken, und diese pflegen ja viel leichter zu expandieren als alles, was sich hart im Raume stoßen kann und dort schnell seine Grenzen findet. Der hohe Gedankenflug eines großen Denkers oder eines ägyptischen oder assyrischen Herrschers, der sich Gott ähnlich dünkte, konnte schon innerhalb eines einzigen Menschenalters solche Bahnen durchmessen, daß es späteren Jahrtausenden schwer werden mußte, ihn zu übertreffen. Darum ist der großartige Unternehmungsgeist der alten Völker für uns ebensowenig ein stiller Vorwurf, als es z. B. für unsere moderne Philosophie einer ist, daß die Geisteshöhe eines Plato auch heute noch für unübertroffen gilt.

Aber auch für Umsetzung eines hohen Unternehmungsgeistes in die Tat liegen von Riesenwerken, die zur Vollendung gelangten, Beispiele genug vor; besaßen doch die Alten dafür u. a. zwei Faktoren, die heute in dem Maße nicht annähernd mehr vorhanden sind: sie verfügten über eine ungeheure Zahl billigster menschlicher Arbeitskräfte und über beliebige Zeiträume.

Wenn wir nun heute einige Hauptgesichtspunkte und Richtungslinien ausfindig machen wollen, die bei einem Vergleich von „technischer Arbeit einst und jetzt" in Frage kommen und Interesse für uns haben könnten, die uns also gewissermaßen Durchblicke durch verschiedene Perioden der Vergangenheit und Ausblicke für die Zukunft gewähren, so müssen wir dabei von vornherein allgemeine Betrachtungen über das Verhältnis der Technik zur Kultur so viel als möglich fernzuhalten suchen. Denn einmal würde der Stoff alsdann in vielen Vorträgen nicht zu bewältigen sein, und anderseits liegen über diese Beziehungen bereits ausgezeichnete Abhandlungen und Vorträge von Reuleaux, Riedler, Ernst, Slaby, Schmoller, Kammerer, Fritzsche, Popper, Lang usw. und neuerdings sogar ein besonderes Werk „Die Technik als Kulturmacht" von Ulrich Wendt vor, so daß ich auf diese Arbeiten hinweisen muß, um meine heutige Darstellung nach vielen Seiten zu ergänzen.

Außerdem verweise ich zur Ausfüllung anderer Lücken auf den Nestor der Geschichte der Technik, Rühlmann, und auf die verdienstvolle „Geschichte der Ingenieurtechnik des Altertums" von Kurt Merckel, während von der späteren Zeit nur vereinzelte wertvolle geschichtliche Beiträge, wie die von Th. Beck, und gute Monographien vorliegen. Eine auf umfangreichem Quellenstudium beruhende „Geschichte der Dampfmaschine" wird auf Veranlassung unseres Vereins durch Konrad Matschoß herausgegeben. Hoffentlich findet sich auch bald der Geschichtsschreiber, welcher der Ingenieurtechnik des Mittelalters und der Neuzeit gerecht wird! Jedenfalls bezeugt es unsern Respekt vor dem Altertum, daß wir mit seiner Geschichte der Technik begonnen haben und über ihre moderne Entwicklung noch nicht einmal den flüchtigsten Überblick besitzen! —

Wenn wir an die technischen Meisterwerke der Vergangenheit denken, so fallen uns wohl meistens die sog. sieben Wunder der alten Welt zuerst ein, und wenn wir im Konversationslexikon unsere Erinnerung aufgefrischt haben: welches denn eigentlich diese sieben Wunder waren und welche davon Werke der Technik, so finden wir darunter neben dem Koloß von Rhodus, der als Leuchtturm diente, ein viel gerühmtes und uns allen sehr geläufiges Denkmal der Bautechnik: die ägyptische Pyramide.

Leider liegt gerade von der größten und bekanntesten, der Cheopspyramide, was die Ausführung der technischen Arbeit anbetrifft, sehr wenig zuverlässiges Material vor, und was den Zweck dieses großartigen, seinen alten Zauber wohl für alle Zeiten bewahrenden Baudenkmals anbetrifft, so liegt vor ihm immer noch, auch bildlich gesprochen, die große Sphinx. Der Kampf, welcher sich um den Zweck dieses Wunders der alten Welt entsponnen hat: ob es nur als imposantes Grabdenkmal eines ägyptischen Herrschers nach der bekannten und neuerdings immer mehr bestätigten Theorie von Lepsius erbaut war, oder in seinen Abmessungen auch ein den Jahrtausenden übermitteltes normales Längen- und Raummaß der alten Ägypter darstellen und rechnerisch nachgewiesene Beziehungen zur Anzahl der Tage des Sonnenjahres, zur Länge und Lage der Erdachse sowie zur Erddichte mit Absicht verkörpern sollte, — dieser Kampf dürfte heute vielleicht durch Anerkennung beider Zwecke erledigt werden. Er wurde, wie vielen von Ihnen bekannt, schon vor Jahren zum Gegenstand eines interessanten Ingenieurromans „Der Kampf um die Cheopspyramide" von unserem Max von Eyth gemacht.

Wollen wir nun die Cheopspyramide zum Ausgangspunkt einer Richtungslinie unserer Festbetrachtung machen, so können wir sie zunächst rein äußerlich als das höchste uns bisher erhalten gebliebene Bauwerk der alten Welt ins Auge fassen; denn auch als solches war es schon eine technische Leistung ersten Ranges.

Stellen wir nun diesem Bauwerk ein ganz anders geartetes, modernes gegenüber, das in unserer Zeit denselben Anspruch erhebt, so wird dabei für viele leider der Schleier der Poesie sofort zerreißen; denn ich nenne — den Eiffelturm zu Paris. Er ist aber nun einmal zurzeit das höchste Bauwerk der Welt, mehr als doppelt so hoch wie unsere viel stimmungsvollere Pyramide, und sein Zweck liegt mit scheinbar brutaler Offenheit zutage.

Mehrere tausend Jahre hatte es gedauert, bis der Ulmer Münster, die Domtürme von Köln und der Washingtonobelisk jene Pyramide mit ihrer früheren

Höhe von 146,5 m um wenige Meter übertrafen. Das weitere Wagnis, von der Höhe des Ulmer Münsters, also von 168 m, auf 300 m beim Eiffelturm, also fast auf das Doppelte überzugehen, war selbst für die technischen Mittel unserer Zeit ein großes; allein es gelang dem französischen Ingenieur mit einer bis jetzt unübertroffenen Meisterschaft und Eleganz.

Zunächst drängt sich ein Vergleich der Massen auf, die nötig waren, um solche Höhen zu erreichen. Die kompakte Steinmasse der Pyramiden ist beim Eiffelturm in ein durchsichtiges Baugerüst, gewissermaßen in ein eisernes Kraft-liniensystem aufgelöst. Während die Pyramide sich mit ihrer riesigen Grund-fläche an der Erde festzuklammern scheint, hat der Eiffelturm gleichsam die Erdenschwere abgeschüttelt und schwingt sich auf seinen vier weit ausladenden, mit Bogen verbundenen Füßen leicht in die Lüfte. Wenn man seinen gesamten Querschnitt an Eisen in Höhe von 2½ m über dem Boden summiert, so ergeben sich nicht mehr als 3 qm, drei horizontale Quadratmeter für 300 m Höhe! Bei dem eisernen Pariser Turm wird die doppelte Höhe mit nur etwa dem 800. Teil des Massengewichtes der Pyramide erreicht und der Grund und Boden nicht mehr als mit 2 kg auf den Quadratzentimeter belastet, also nicht mehr wie bei einer Steinmauer von 9 m Höhe.

Die Gefahr mächtiger Stürme hat das moderne, elastische Bauwerk glän-zend bestanden, indem die Spitze bisher nur höchstens 15 cm Ausschlag ge-geben hat.

Die große künstlerische Schönheit, die in diesem modernen Bauwerk liegt, gerade weil es seinen Zweck in der einfachsten und konsequentesten Weise aus-drückt, ist zuerst von modernen Künstlern erkannt, und manche von uns haben sie vielleicht noch nicht bei der Weltausstellung von 1889, sondern erst 11 Jahre später bei der von 1900 voll gewürdigt und — empfunden.

Das Verständnis solcher technischen Schönheit ist allerdings schwer zu erwerben und setzt mehr technische Kenntnis voraus als bei den einfachen Trag- und Stützformen der herrlichen antiken Baudenkmäler. So schreibt van de Velde: „Wie viel Zeit gebrauchen selbst wir (die Künstler), um die Schönheit der Ingenieurwerke zu begreifen, und wenn nur irgend jemand die Schönheit einer Lokomotive, einer Brücke, einer Glashalle zugibt, lächelt man über den Widersinn dieser Auffassung, die man gern als eine Verteidigung der Modernen ansieht."

Die Frage, ob die alten Ägypter zur Pyramidenzeit, also im dritten Jahr-tausend vor Christi Geburt, das Eisen gekannt, wird von der neueren Forschung bejaht: Maspero hat Eisenstücke tief im Mörtel der Pyramidenzeit gefunden; auch zum Arbeitszeug wurde es ebenso wie Bronze gebraucht. Nur kannte man das Gußeisen, wie auch später im Altertum, noch nicht. Hebel, Keil und Flaschenzug haben zur Verfügung gestanden. Daß es sonst Maschinen gegeben, wird verneint.

Die auf ägyptischen und assyrischen Reliefs abgebildeten, vorn aufgebo-genen Holzschlitten spielten beim Transport der großen Steinblöcke eine wichtige Rolle, ebenso die riesigen, schräg ansteigenden Ziegelwände, auf denen sie in die Höhe geschleift wurden und von denen man noch heute u. a. am Pylon des

berühmten Ammontempels zu Karnack ein Beispiel sieht. Betreffs der Art
der Erbauung der Pyramiden scheint man heute dem alten Herodot recht zu
geben; es sollen nach ihm 100000 Sklaven am Bau beschäftigt gewesen sein,
das Heranschleppen der Steine soll drei Monate, der Bau der dazu erforderlichen Straße 10 Jahre und der Bau der Pyramide selbst 20 Jahre gedauert
haben. „Man hat wohl angenommen,“ schreibt neuerdings der bekannte Ägyp-
tologe Erman, „die Baumeister der Pharaonen seien im Besitz einer hoch
entwickelten Mechanik gewesen. Indes hat sich nichts gefunden, was uns zu
dieser Annahme berechtigt, und kein Sachkundiger zweifelt heute daran, daß
alle diese Wunder nur durch eine Kraft vollbracht sind, durch ungezählte und
rücksichtslos ausgenutzte Menschenhände.“

Der enorme Unterschied im Verbrauch menschlicher Arbeit und Zeit wird
genügend charakterisiert, wenn wir anführen, daß beim Eiffelturm, abgesehen
von den Fundierungsarbeiten, also lediglich für Aufstellung des Eisengerüstes,
im Durchschnitt täglich nur 215 Zimmerleute, Nieter und Monteure, niemals
aber gleichzeitig mehr als 450 Arbeiter mit 5 Ingenieuren beschäftigt gewesen
sind: also geradezu minimale Zahlen, wenn man bedenkt, daß die ganze Idee
erst im Jahre 1886 geboren wurde und schon drei Jahre später verwirklicht
dastand. Die ganze Montage des Eisengerüstes an sich erforderte nur 1½ Jahre.

Was schließlich die Kosten dieses modernen Bauwerks anbetrifft, so betragen sie ungefähr 5 Millionen Frs., während die Cheopspyramide nach den
in diesem Fall allerdings stark bestrittenen Angaben von Herodot allein für die
Verpflegung der ägyptischen Sklaven einen Kostenbetrag von etwa 9,4 Millionen Frs., also nahezu das Doppelte, erfordert haben soll.

Wenn zu solchen Leistungen in heutiger Zeit ein wohlorganisierter Betrieb
mit Werkzeugmaschinen, Hebevorrichtungen und Holzgerüsten aller Art zur
Verfügung stand, der Ihnen, meine Herren, nicht beschrieben zu werden braucht,
so ist gerade diese Heranbildung vervollkommneter Werkzeuge an sich ein ganz
besonderes Verdienst der heutigen technischen Arbeit gegenüber früheren Zeiten.
Und schließlich ist ja auch die Erfindung und Ausbildung der Werkzeuge dasjenige,
womit die Technik vor aller Sprache und Wissenschaft Grundlagen der Kultur
geschaffen hat.

Die geistige Arbeit, welche in dem Eiffelturm steckt, läßt sich u. a. durch die
Angabe deutlich machen, daß 12000 Zeichnungen, also „ein Berg von Zeichnungen für diesen Berg von Eisen“, nötig waren, und daß die Knotenpunkte
der Eisenkonstruktion mit einer Genauigkeit von $^1/_{10}$ mm berechnet waren.
Der Eiffelturm stellt also gegenüber der großartigen Cheopspyramide eine
Vergeistigung der technischen Arbeit gegenüber früheren Jahrtausenden
dar, jedoch kaum einen höheren Grad von Unternehmungsgeist, da inzwischen,
wie wir andeuteten, alle mechanischen und wissenschaftlichen Hilfsmittel entsprechend gesteigert waren. Jedenfalls lassen wir uns aber die Freude an
diesem Meisterwerk der Ingenieurkunst nicht darum nehmen, weil der Zweck kein
direkt kultureller, sondern nur der war, das höchste Bauwerk sein zu wollen.

Manche von uns haben wohl gelächelt, als sie zum erstenmal nach Amerika
kamen und dort den Ehrgeiz und die ausgesprochene nationale Eitelkeit fanden,

überall „das größte Ding" in der Welt herzustellen, selbst da, wo ein Bedürfnis
für diese Größe absolut nicht vorhanden war. Allein jetzt, wo wir überall die
Amerikaner in einem so bewundernswert großen Maßstab arbeiten sehen,
begreifen wir wohl, daß in diesem prinzipiellen und konsequenten Streben nach
dem Größten und Höchsten auf der Welt eine große erzieherische Wirkung
liegt, die sich vom materiellen Gebiete unwillkürlich auch auf das ideelle, z. B.
das Unterrichtsgebiet mit seinen großartigen Stiftungen, überträgt. Der
Reichtum unserer deutschen Stifter ist in demselben Verhältnis kleiner und
seltener, als der Unternehmungsgeist drüben größer und vielseitiger ist.

Will man noch weitere Vergleiche mit der ältesten Zeit, insbesondere in
Ägypten, ziehen, so läge es nahe, z. B. den vielgerühmten Moerissee dabei
zum Ausgangspunkt zu nehmen; doch hat sich dieser nach neueren Forschungen
nur als ein dem sumpfigen Fajum im westlichen Nildelta abgerungenes großes
Stück Kulturland erwiesen, das durch Dämme vor Überschwemmung geschützt
war. Ein großartiges Sammelbecken, wie man früher annahm, riskierten wohl
die alten Ägypter mit ihren damaligen technischen Mitteln noch nicht, obwohl
das starke Bedürfnis nach einer gleichmäßigeren Versorgung des Landes mit
Nilwasser seit Jahrtausenden vorhanden war. Dagegen haben jetzt die Engländer
mit ihrem Sammelbecken bei Assuan ein Kulturwerk ersten Ranges von einer
bis heute auf diesem Gebiete unübertroffenen Großartigkeit geschaffen. Der
See, der durch dieses Stauwerk gebildet wird, kann über 1 Milliarde cbm
Wasser abgeben und damit den zahlreichen ausgetrockneten Kanälen in Unter-
und Mittelägypten neue Wasserzufuhr bringen. Es sollen 200000 ha Land
mehr als früher unter Kultur genommen werden, und die dadurch erreichte
Erhöhung des ägyptischen Nationalwohlstandes wird auf etwa 300 Millionen
Mark berechnet. Von 1898 bis 1902, also nur in etwa vier Jahren, wurde das
Werk mit Hilfe von 13000 Arbeitern vollendet. Die englische Regierung erobert
Ägypten mit diesem Kulturwerk friedlich — und tatsächlich!

Auch im Kanalbau hat sich der hohe Unternehmungsgeist der alten
Völker schon frühzeitig hervorgetan. Bekannt ist u. a. das einstige, großartige
Kanalnetz von Babylon. Bei einem neueren Forscher — Hilprecht — heißt
es, daß die Öde und grenzenlose Zerstörung, welche das heutige Babylon charak-
terisieren, einen geradezu erschütternden Eindruck machen. „Die zahllosen
großen und kleinen Kanäle, welche gleich Nahrung spendenden Adern die frucht-
bare Ebene nach allen Richtungen durchströmten und fröhliches Leben und
Gedeihen nach jeglichem Dorfe und Felde brachten, sind seit langem mit Schutt
und Erde verstopft. Von fleißigen Händen nicht mehr gesäubert und vom
Euphrat und Tigris nicht länger gespeist, sind sie nach und nach völlig versandet
. . . Die sprichwörtliche Fruchtbarkeit und Wohlfahrt Babylons ist zwar nicht
vorüber, wohl aber schlafen gegangen."

Dürfen wir im Hinblick darauf nicht die Frage einschalten: Ist die Technik
wirklich, wie vielfach behauptet wird, nur Hilfsmittel der Kultur, oder nicht
vielmehr eine ihrer ersten und unentbehrlichsten Grundlagen?

Bekannt sind ferner die früheren Versuche der Pharaonen zur Durch-
stechung der Landenge von Suez und eines Nero beim Isthmus von Korinth.

Nachdem Ferdinand Lesseps der Kanal von Suez gelungen, zählen wir unsern Kaiser Wilhelm-Kanal mit Recht und Stolz zu den besten Ausführungen der Neuzeit. Allein auf diesem Gebiete wird voraussichtlich der Panamakanal, der die Durchschiffung Amerikas in 11 Stunden ermöglichen soll, an Unternehmungsgeist alles andere in den Schatten stellen. Die Bauzeit hofft man nach dem neuen Entwurf von 15 auf 9 Jahre zu ermäßigen, und es ist namentlich diese Kürze der Bauzeit, die bei allen Riesenunternehmungen der Neuzeit im Gegensatz zum Altertum so erstaunlich wirkt. Um so schwieriger tritt nach neueren Nachrichten aus Panama auch dort wieder die Beschaffung der nötigen Arbeitskräfte auf, ganz abgesehen davon, ob eine kontinuierliche Arbeit zu erreichen sein wird. Die sozialen Schwierigkeiten haben alle technischen weit übertroffen!

Wenn noch in den Jahren 1820/21 bei dem Bau des Mahmudijehkanals in Ägypten von 250000 Fellachen nicht weniger als 20000 ihr Leben einbüßten, so dürfte doch vielleicht aus der Gegenwart eine kleine Zeitungsnotiz in Erinnerung zu bringen sein, welche die Vorarbeiten für unsern neuen Mittellandkanal betrifft. Es hieß dort:

„Auf Veranlassung des Ministers der öffentlichen Arbeiten v. Budde fand gestern eine Beratung über die bei den neuen Kanalbauten zu treffenden Arbeiterwohlfahrtseinrichtungen statt . . . Die Verwaltung habe die Absicht, unter Nutzbarmachung der bei früheren Bauten ähnlicher Art (Kaiser Wilhelm-Kanal, Dortmund-Ems-Kanal, Elbe-Trave-Kanal) gesammelten Erfahrungen, diese Fürsorge so weit wie irgend möglich auszugestalten, um den Kanalarbeitern jede erreichbare Verbesserung ihrer Lage, die verständigerweise gefordert werden könne, zu verschaffen. . . . Mehrere Vereine und Einzelpersonen hätten ihre Mitwirkung bereits in höchst dankenswerter Weise aus freien Stücken angeboten. Dem Zweck, den sachverständigen Rat der Eingeladenen zu erbitten, diene die heutige Besprechung. Menschenwürdige Behandlung im christlichen Sinne, körperliche und geistige Pflege der Kanalarbeiter sei das im Interesse des Einzelnen und der Allgemeinheit zu erstrebende Ziel."

Mit dieser hier nur im Auszug wiedergegebenen Ansprache hat der verewigte Minister v. Budde der Fürsorge unseres Staates, der freiwilligen Fürsorge von Privaten und Vereinen sowie sich selbst ein schönes Denkmal gesetzt, zugleich aber den Charakter unseres Jahrhunderts in der deutschen technischen Arbeit gekennzeichnet! —

Welche Rolle Wasserleitungen und Wasserabführungen aller Art im Kulturleben der Völker gespielt haben, ist wohl am meisten bekannt; insbesondere treten hier die Griechen und Römer schon frühzeitig auf. Wie manche unserer Reiseerinnerungen beleben sich im Andenken an die Aquädukte der Römer, und wie unübertroffen großartig steht noch heute die unter Kaiser Claudius geschehene Ableitung der Wasser des Fucinosees da mit dem bekannten unterirdischen Tunnel von etwa 5½ km Länge!

Und doch wirkt auf uns ein kleines, unscheinbares Zeugnis aus der alleraltesten Kulturgeschichte vielleicht noch imponierender, und wir empfinden das Staunen und die Bewunderung von Hilprecht nach, als seine

Expedition unter der Tempelplattform des alten Turmes zu Babel bei Nippur plötzlich ein etwa 1 m hohes Gewölbe freilegte, in regelrechter Bogenform konstruiert, in dessen Boden zwei Tonröhren von etwa 15 cm Durchmesser eingebettet lagen. „Das Gewölbe," sagt Hilprecht[1]), „gehört zweifelsohne in das 5. Jahrtausend und liefert durch die bloße Tatsache seiner Existenz eine weltbeschämende stumme Kritik der Dränierungsverhältnisse der meisten unserer großen europäischen Städte im 20. nachchristlichen Jahrhundert. Man hatte im „Königreich des Nimrod" nicht nötig, das Straßenpflaster jedesmal aufzureißen, wenn irgendwo im Boden eine Röhre geplatzt war."

Nun, meine Herren, so aufrichtig wir die Bewunderung für diese Entdeckung einer der ältesten Tiefbauanlagen der Welt teilen, so glauben wir doch, einer zu pessimistischen Auffassung der Leistungen moderner Technik auf diesem Gebiete im Interesse unserer städtischen Ingenieure vorbeugen zu müssen. Denn einer der Hauptgründe, die eine Untertunnelung unserer Straßen für Unterbringung aller der zahlreichen Röhren und Kabel, welche die moderne Zeit gebraucht, nicht zulassen, ist bekanntlich die Explosionsgefahr, die dadurch eintreten kann, daß die in den Kanälen entstehenden oder entweichenden Gase sich an den Laternen der Arbeiter oder an defekten Kabeln entzünden könnten. Sonst existieren aber moderne Abzugskanäle großartigster Art, in denen man auch Wasserleitungsröhren, pneumatische Röhren und Schwachstromkabel untergebracht hat, in verschiedenen europäischen Städten, u. a. in Paris; jedoch sind aus den erwähnten Gründen Starkstromkabel und Gasröhren nicht in dieselben eingelegt. Die Gesamtlänge dieser „Egouts" von Paris ist größer als die Entfernung von Paris nach Berlin und ihr Querschnitt so groß, daß bekanntlich die Fremden darin mit Booten und kleinen Wagen unterirdisch spazieren fahren. Allein diese kleine technische Gegenbemerkung ändert nichts an unserer aufrichtigen Bewunderung vor jenen beiden, scheinbar so harmlosen Tonröhren unter dem einstigen Turm zu Babel und an dem Verdienst Hilprechts und seiner Pioniere, sie richtig eingeschätzt und vor Zerstörung bewahrt zu haben!

Da wir, wie Sie sehen, bei der technischen Arbeit von einst und jetzt schon mit fünf Jahrtausenden vor Christi Geburt zu rechnen haben, so werden Sie mir wegen der Kürze der Zeit das Überspringen von einigen Jahrtausenden wohl verzeihen, zumal sich aus den weiteren Ausführungen vielleicht ergeben dürfte, daß der Vergleich technischer Arbeit im Abstand der letzten fünf Dezennien für die heutige Zeit wichtiger und notwendiger ist als der Rückblick auf 5 oder noch mehr Jahrtausende!

Wohl hätte es noch ein hohes Interesse, die technischen Meisterwerke der Griechen und Römer sowie die Großbetriebe in altgermanischer Zeit in Vergleich zu ziehen, mehr als die weniger bedeutenden Leistungen des Mittelalters; aber sie kommen für die hier heute weiter zu entwickelnden Perspektiven weniger in Betracht. Und wenn wir aus dem Beginn der neueren Zeit

---

[1]) H. V. Hilprecht: „Die Ausgrabungen der Universität Pennsylvania im Bêl-Tempel zu Nippur". Leipzig. S. 65.

noch kurz ein Beispiel heranziehen, so geschieht es nur, weil wir hier zufällig in der Lage sind, zwei technische Arbeiten an einem und demselben Objekt zu vergleichen, nämlich an zwei Obelisken, die aus Ägypten stammen.

Es handelte sich um Versetzung und Aufstellung des berühmten, jetzt vor der Peterskirche in Rom stehenden Obelisken durch den Architekten des Papstes Sixtus V., Domenico Fontana. Wie ein technischer Roman liest sich die eigene Beschreibung dieses Werkes durch seinen Meister. Viele der früheren Päpste, die denselben Obelisken zu versetzen wünschten, waren durch die Bedenken, welche die ersten Ingenieure dagegen erhoben, davon abgeschreckt worden. Schließlich wurde beschlossen, alle Gelehrten, Mathematiker, Architekten und andere tüchtige Männer, die man herbeibringen könnte, zusammenzurufen, damit jeder seine Ansicht über die Ausführung des Unternehmens ausspräche. Endlich siegte Fontana in dieser großen internationalen Konkurrenz, und es gelang ihm, im Verlauf von mehr als vier Monaten den Obelisken, die sog. „Julia", mit zahllosen Umständlichkeiten und feierlichen Zeremonien vor die Peterskirche zu transportieren und am 10. September 1586 mit 40 Göpeln, 140 Pferden und 800 Mann aufzurichten.

Dieser älteren technischen Arbeit steht die schlichte, schnelle und gewandte Leistung eines amerikanischen Seeoffiziers im Jahre 1879 gegenüber, der einen anderen Obelisken aus Heliopolis, der in Alexandrien stand, mit Holz bekleiden ließ und an ihm in Schwerpunktshöhe zwei Stahlplatten mit Schildzapfen einander gegenüber anbrachte. Unter diese Zapfen wurden zwei Lager auf schmiedeisernen Böcken montiert und nun der Obelisk wie ein Kanonenrohr in 37 Sekunden um jene Schildzapfen gedreht. In der wagerechten Lage wurde der Obelisk durch ein Holzgerüst unterstützt, das nach unten abgebaut wurde, alsdann in einem kurzen Wasserkanal zu Meere geführt, dort in den Rumpf eines Dampfers von hinten eingeschoben und glücklich nach Amerika gebracht, wo die „Nadel der Kleopatra" jetzt in dem Zentralpark zu New York steht.

Welche Entwicklung von Material, Werkzeugen und berechnender Intelligenz liegt zwischen diesen beiden technischen Arbeiten!

Wir Deutsche sind zwar bei dieser Aufteilung der ägyptischen Obelisken nach Rom, London, Paris und Washington zu spät und zu kurz gekommen, und es sollen überhaupt nur noch drei in Ägypten vorhanden sein; allein wir haben uns auf der letzten Weltausstellung zu Paris einen Obelisken errichtet, der einen höheren Kulturwert als alle ägyptischen Obelisken zusammen besitzt: Es war dort in der Gruppe „Die Arbeiterversicherung des Deutschen Reiches" ein vergoldeter Obelist aufgestellt von nahezu 15 m Höhe, der die Gesamtentschädigung der deutschen Arbeiterversicherung von 1885 bis 1899 in gemünztem Golde darstellen sollte, und zwar die Summe von 2,4 Milliarden Mark. Inzwischen hat dieser Obelist noch eine erhebliche Erhöhung erfahren; denn bis zum Einschluß des Jahres 1903 ist diese Summe von 2,4 auf 4 Milliarden Mark gestiegen: auch ein Weltrekord, geleistet vom Staat, den Arbeitgebern und Arbeitnehmern, wobei die letzteren bereits 1½ Milliarden Mark mehr an Entschädigungen erhielten, als sie an Beiträgen gezahlt!

Wir widerstehen der Versuchung, aus dem Mittelalter noch auf die technisch-wissenschaftlichen Arbeiten Leonardo da Vincis einzugehen, über
welche ja immer noch neue stattliche Bände herausgegeben werden, die den
Schöpfer des Abendmahls in seiner Bedeutung als Ingenieur in geradezu überraschender Weise hervortreten lassen. Auch wäre es anziehend, die Verdienste unseres Albrecht Dürer als eines bahnbrechenden Meisters im Festungs-
bau näher zu betrachten; wir müssen uns indes beeilen und können nur noch
kurz eine historische Verbindung mit dem heute für uns wichtigeren Stoff des
vorigen Jahrhunderts herstellen, indem wir folgende Übersicht von Professor
Schmoller[1]) geben:

„Wo in den Staaten des klassischen Altertums aus dem Haus- der Berg-
werks-, Plantagen-, Fabrikslave wurde, da entstanden große, wesentlich auf
Gewinn bedachte Geschäftsbetriebe. Wie Nikias von Athen 1000 Sklaven in
den laurischen Bergwerken hatte, so zählten die sog. familae reicher römischer
Ritter und Freigelassener bis 5, 10 und 20000 Sklaven; es waren halb fürst-
liche Haushaltungen, halb hart disziplinierte Großunternehmungen, welche
Handel, Verkehr und Kredit, landwirtschaftliche und gewerbliche Produktion
mit großen Kapitalien und vollendeter Technik zu glänzender Entwicklung
brachten, bedeutende Gewinne abwarfen. Das ganze Mittelalter war von
Ähnlichem weit entfernt, wenn auch auf einzelnen Fronhöfen und in manchen
Klöstern Werk- und Arbeitshäuser mit einem Dutzend Arbeiter und mehr sich
fanden. Einzelne größere Handels- und Bankhäuser haben sich dann zuerst
in Italien, später im Norden gebildet. Aber im ganzen blieb der kleine, von
der Familienwirtschaft beherrschte agrarische, gewerbliche Handelsbetrieb vorherrschend bis in die letzten Generationen . . . Erst im Laufe unseres Jahrhunderts, und hauptsächlich seit 1850, hat der Großbetrieb eine erheblichere
Verbreitung in Westeuropa und den Vereinigten Staaten gefunden."

Wie allgemein anerkannt, ist hier die Mitte des vorigen Jahrhunderts
als Beginn einer neuen technischen Ära angegeben, die indes ihre entschiedene Tendenz und Charakteristik und insbesondere den schnellen Fortschritt
im Tempo erst seit unserer politischen Einigung, also erst seit etwa drei Dezennien,
erhielt. Beispiellos in der Geschichte der Technik ist, wie oft genug betont,
diese Entwicklung weniger Dezennien, und häufig fehlen uns überhaupt die
Vergleichsobjekte aus älterer Zeit!

So suchen wir vergeblich nach solchen für unsere ganze große elektrotechnische
Entwicklung mit ihrem hoffnungsvollen Sprößling, der elektrochemischen In-
dustrie; ferner für die unsere ganze zivilisierte Welt umspannende chemische
Industrie; für die Verflüssigung der Luft; der sich nach Gewinnung ihres Sauer-
stoffs vielleicht schon bald die technische Verwertung des Stickstoffs aus der
Atmosphäre anschließen wird; für unsere modernen Schiffskolosse mit ihrer
Vereinigung so vieler Maschinen- und Apparatentypen, mit ihren Meister-
leistungen der Hüttentechnik in der Panzerung, ihrer gewaltigen Kruppschen
Armierung und drahtlosen Telegraphie; für unsere vielseitige Motorenindustrie!

---

[1]) Gustav Schmoller: „Grundriß der Allgemeinen Volkswirtschaftslehre". Bd. I,
S. 428.

Hebewerke wie das von Henrichenburg im Dortmund-Ems-Kanal finden wir vor 1850 ebensowenig wie eine Kaiser-Wilhelm-Brücke, die, ohne daß ein Baugerüst zur Anwendung kam, mit einem einzigen Bogen in 107 m Höhe die Wupper überspannt. Unsere Riesen-Heißdampf- und elektrischen Lokomotiven, unsere glänzend durchgeführten elektrischen Zentralen sowie Hoch- und Untergrundbahnen, unsere gerade jetzt im großen Stil beginnende Elektrisierung der Bergwerksbetriebe sowie die Versorgung unserer Industriegebiete auf weiteste Entfernungen mit Licht- und Kraftleitungen aller Art: sie finden in der Mitte des vorigen Jahrhunderts nicht ihresgleichen!

Endlich haben wir ein besonderes Anrecht, hier auch des soeben eröffneten Simplontunnels zu gedenken: stammt doch der Ausführungsplan dieses in allen Sprachen gepriesenen Kulturwerkes von dem genialen Hamburger Ingenieur Alfred Brandt. Leider war es ihm nicht vergönnt, den Moment zu erleben, wo nach unsäglich mühevoller, siebenjähriger Arbeit in dem heißen Tunnel seine Bohrmaschinen zum letzten Male angesetzt wurden und der Durchschlag erfolgte. Keine glänzenden Feste würden ihm den Augenblick aufgewogen haben!

Wer vermöchte aber im Rahmen eines solchen Vortrages auch nur den flüchtigsten Überblick über die Höhepunkte der modernen Technik zu geben, zumal wir ja, wie das letzte Riesenwerk schon zeigt, nicht allein auf der Welt sind, und es der bedeutenden Resultate technischer Arbeit bei den anderen Kulturnationen ebenfalls Legion gibt!

Wir müssen deshalb davon absehen, im Abstand des letzten halben Jahrhunderts Einzelvergleiche anzustellen. Dagegen wird es für uns Ingenieure immer wichtiger, allgemeine Betrachtungen gerade über diese Zeitperiode nicht ausschließlich den Volkswirten zu überlassen, obwohl einzelne von ihnen, wie z. B. Schmoller, dabei mit großer Objektivität zu Werke gegangen sind. Wir haben vielmehr selbst dafür zu sorgen, daß ihnen sowie unsern Staatsleitern ein besseres, umfangreicheres und zuverlässigeres Erfahrungsmaterial aus unserer Praxis zur Verfügung gestellt wird.

Heute können wir nur, lediglich als Anregung, einige Sätze formulieren, die Ihnen allen in der einen oder andern Form längst aus der Erfahrung bekannt sind und die keine unanfechtbaren Thesen darstellen, sondern nur geprüft, verbessert und erweitert sein wollen.

Man kann also vielleicht und unter anderem von folgenden Hauptwirkungen der technischen Entwicklung seit der Mitte des vorigen Jahrhunderts sprechen:

Die schwere Handarbeit wird durch Maschinen und Vorrichtungen aller Art ersetzt oder erleichtert.

Durch neue Motoren aller Art werden die Kraftmittel aus der Natur für den Menschen in ungeheurer Weise gesteigert.

Die bessere Verwertung und Ausnutzung der Naturschätze sowie der Nebenprodukte von verschiedenen Fabrikationen nimmt zu.

Es findet immer mehr eine Teilung der Arbeit durch die Maschine sowie eine Massenerzeugung billiger Bedarfsartikel statt und damit gleichzeitig eine Steigerung der quantitativen Leistung des Arbeiters.

Durch Einführung besonderer Werkzeugmaschinen wird die Präzision der mechanischen Arbeit auf eine viel größere Höhe erhoben als bei der Handarbeit, und zwar bis zur Auswechselbarkeit aller Teile ohne Nacharbeit von Menschenhand — also eine Steigerung der qualitativen Leistung des Arbeiters.

Bei der Herstellung der kleinsten Gebrauchsgegenstände wie der größten Kulturwerke wird mit einer zunehmenden Ersparnis an Zeit gearbeitet.

Beim Transport der Menschen und Dinge findet ebenfalls ein stetiger Fortschritt in Ersparnis an Zeit und Kosten statt. Der Mensch wird immer weniger abhängig von Raum und örtlichen Entfernungen.

Die menschliche Arbeit steigt im Werte bei gleichzeitiger Abkürzung der Arbeitszeit.

Mit dem Ersatz menschlicher Arbeit wird das dafür in Maschinen und Immobilien angelegte Kapital immer größer.

Die Schwierigkeit, genügende menschliche Arbeitskraft zu erhalten, sowie der steigende Wert der menschlichen Arbeit zwingt zu immer neuen Erfindungen und arbeitsparenden Maschinen.

Trotz der menschliche Arbeit ersparenden Maschinen wird die Nachfrage nach gelernten und ungelernten Arbeitern immer größer.

Endlich darf man wohl im allgemeinen eine Vergrößerung der sozialen Schwierigkeiten gegenüber den technischen feststellen.

Wie schon erwähnt, lassen sich solche Vergleiche noch viele ziehen und sind die genannten nach verschiedenen Richtungen diskutabel.

Eine Gesamtleistung indes, an der die technische Arbeit seit 1850 in erster Linie beteiligt ist, dürfte noch ganz besonders hervorzuheben sein: nämlich daß unsere deutsche Bevölkerung bei ihrer starken Zunahme von 35 auf über 60 Millionen Menschen (im Jahre 1905), also um ungefähr 25 Millionen, im eigenen Lande Arbeit erhalten hat und jedenfalls in der großen Mehrheit ganz bedeutend besser lebt als früher.

Wenn man sich ferner klar macht, daß jetzt in Deutschland alljährlich etwa 800- bis 900000 Menschen mehr in den Kampf ums Dasein eintreten, so muß man diese Bevölkerungszunahme eigentlich als die größte „motorische Kraft" ansehen, die es im Staate gibt.

Und wenn man erwägt, daß dieser Menschenstrom sich zum größten Teil immer noch durch die alten Erwerbskanäle drängt, so begreift man zunächst, daß die Durchflußgeschwindigkeit dieses schnell wachsenden Menschenstroms eine größere werden muß und daß dabei auch größere innere Friktionen durch das Drängen und Vorwärtsschieben auftreten müssen als früher. Das Jagen, Hasten und atemlose Arbeiten unserer Zeit ist sonach nicht ein willkürliches und gewolltes oder eine Verschuldung des Ma-

schinenzeitalters, sondern eine Notwendigkeit, die uns durch die
schnell steigende Bevölkerung und den dadurch gesteigerten Kampf
ums Dasein auferlegt ist!

Wenn der Provinziale in die Großstadt kommt, sieht er durch die Straßen
eine viel größere Menschenmenge sich fortbewegen als daheim und wird nolens
volens in einem beschleunigten Tempo mit fortgeschoben. Das Tempo des
Denkens und Handelns, insbesondere auch in unserer technischen Arbeit, steigert
sich also ganz naturgemäß mit der Bevölkerungszahl sowie mit der aus gleichen
Ursachen auftretenden größeren Konkurrenz des Auslandes. Wo indes, wie in
Frankreich, diese „motorische Kraft" der Bevölkerungszunahme geringer ist,
beobachten wir, glaube ich, auch eine geringere Zunahme jenes technischen
Tempos, trotz großer Fortschritte in den Naturwissenschaften.

Interessanter und wichtiger aber sind für uns heute andere, vielfach um-
strittene Fragen, nämlich: Wird durch Einführung der Maschinen der
Arbeiter immer weniger geschickt, wird die Mittelmäßigkeit
befördert und der menschliche Arbeiter geistig herabgedrückt, also
mehr oder weniger durch die Maschine selbst zur Maschine er-
niedrigt?

Diese Fragen gehören zu den besonders schwer zu entscheidenden, weil
dazu ein so weiter Überblick und eine so gründliche Sachkenntnis gehört, wie sie
kaum ein einzelner Fachmann besitzt.

Um aber wenigstens einen Überblick über die Sachlage zu gewinnen,
wandte ich mich durch Vermittlung unseres Vereins an eine Reihe von Autoritäten auf diesem Gebiete, und zwar sowohl an Männer der Praxis, als an
Hochschullehrer, die noch heute in intimer Fühlung mit ihr stehen. Schon diese
kleine improvisierte Privatenquete förderte aus der Fülle vielseitigster Erfahrung ein so reiches und interessantes Material zutage, daß es ausgeschlossen
scheint, auf die einzelnen interessanten Ausführungen hier näher einzugehen,
sondern nur die Hoffnung besteht, daß unser Verein dieses schätzbare und durch
weitere Anfragen noch zu ergänzende Material demnächst eingehender behandeln
lassen wird.

Nur der Versuch möge heute noch gemacht sein, einige Hauptmomente
aus diesen Urteilen zusammenzustellen:

Es wird allerseits zugegeben, daß ein Rückgang in der Handfertigkeit,
namentlich in vielseitiger Geschicklichkeit, stattgefunden hat. Allein dies
wird als etwas ganz Natürliches angesehen, das sich von selbst ergibt, wenn die
Hand für die bisherigen Zwecke keine Verwendung mehr findet. Die höheren
Anforderungen der Technik verlangen, daß das Arbeitsprodukt von der individuellen Geschicklichkeit des Handarbeiters unabhängig wird und eine höhere
und gleichmäßigere Qualität besitzt, wofür die Geschicklichkeit des einzelnen
nicht mehr ausreicht.

Eine Räderschneidmaschine, eine automatische Revolverdrehbank, eine
Fräse-, eine Rundschleifmaschine führt die ihr obliegenden Arbeiten mit solcher
Genauigkeit bis zur völligen Auswechselbarkeit aller Maschinenteile aus, wie
sie der tüchtigste Mechaniker der früheren Zeit nicht hätte erreichen können.

Hiermit ist aber keineswegs gesagt, daß dieser Schlosser nun für unser Wirtschaftsleben entbehrlich ist und als solcher verschwinden muß. Diejenige Stelle, die er bisher im Produktionsprozeß eingenommen hat, ist allerdings von einem andern, ungelernten Arbeiter jetzt besetzt, der vielleicht früher in der Landwirtschaft beschäftigt war und in der Arbeit an der Maschine vielleicht schon eine Verbesserung seiner Lage empfindet, nämlich Verringerung der körperlichen Anstrengung oder Schutz gegen ungünstige Witterung. Da aber der Arbeitsprozeß im ganzen ein anderer geworden ist, so hat er dem aus seiner Stelle verdrängten gelernten Schlosser andere, vielfach höhere Beschäftigungen und bessere Existenzbedingungen, wenn auch vielleicht an einem anderen Ort geschaffen.

Als solche, durch die moderne technische Arbeit entstandenen neuen Arbeitsgelegenheiten, die in ihrer Gesamtheit auch große Arbeitermengen erfordern, sind zu nennen:

Erstens: Die schwierige Bedienung und Instandhaltung der Kraft- und Arbeitsmaschinen. Hierbei ist an die Stelle der manuellen Ausbildung eine Ausbildung der geistigen Fähigkeiten getreten. Welch ein geistiger Unterschied in der Wartung der Wasserräder, Windräder und Göpel der früheren Zeit gegenüber der Tätigkeit eines Maschinisten im Elektrizitätswerk, dem Führer einer Fördermaschine bei den Bergwerken oder der riesigen Reversiermaschine in den Walzwerken!

Eine zweite neue Kategorie von gelernten Arbeitern hat Auswahl, Pflege und Nacharbeit der feinen, in den Maschinen arbeitenden Werkzeuge, z. B. der so vielfach angewendeten Fräsen, zu besorgen. Diese Arbeit erfordert so viel Geschicklichkeit und Intelligenz, daß mitunter kostbare Werkzeugmaschinen zeitweilig außer Betrieb bleiben müssen, weil man nicht genügend tüchtige Arbeiter dafür findet.

Eine dritte neue Kategorie umfaßt die in jeder Fabrik nötig gewordenen Reparaturschlosser in Reparaturwerkstätten zum Teil großen Stils mit zahlreichem Personal.

Eine vierte neue Kategorie betreibt nicht nur die Aufstellung einzelner komplizierter Maschinen, Motoren und Apparate, sondern von ganzen Aggregaten, z. B. von Dampfturbinen mit Kondensatoren und mit gekuppelten Gleichstrom- oder Drehstrommaschinen, die Montage ganzer Apparatensysteme und kleiner Fabrikeinrichtungen. Diese Kategorie erfordert soviel Hilfsmonteure, Monteure und Obermonteure, wie sie keine frühere Zeit gekannt.

Ein objektiver Beweis hierfür ist die stets wachsende Zahl von Werkmeisterschulen und Industriefachschulen, die von der Industrie selbst dringend gewünscht und unterstützt werden, gerade weil sie eine höhere fachliche Ausbildung bezwecken. Eine große Zahl von größeren Werken, z. B. Krupp, Maschinenbaugesellschaft Nürnberg und viele andere, haben sich genötigt gesehen, selbst besondere Lehrlingsschulen einzurichten, um dem Mangel an tüchtigen, gelernten Arbeitern abzuhelfen.

Alle Fortschritte in der Technik der Werkzeugmaschinen, alle Spezialisierungen sowie die Einführung von Automaten haben z. B. die Nachfrage nach tüchtigen Maschinenschlossern nicht vermindern können; sie ist so groß wie je zuvor, was u. a. ja auch die Lohnsätze beweisen.

In anderen Industrien sind überhaupt nicht die gelernten, sondern im Gegenteil die ungelernten Arbeiter in größerer Zahl verdrängt worden, z. B. in der Transportindustrie, beim Transport von Werkstücken, Zubringung von Material, Ein- und Ausladen von Gütern usw. An ihre Stelle sind aber um so tüchtigere und geschicktere Arbeiter mit schnellerer Umsicht und größerer Überlegung getreten, wie z. B. die Führer von Dampf- oder elektrischen Dreh- oder Laufkranen. Ist es nicht eine wahre Freude, auch für jeden Laien, ihnen bei ihrer Arbeit am Hafen oder auf dem Hofe der Fabrik oder in der Werkstatt zuzusehen?

Aber auch die Herstellung aller dieser komplizierten Dreh- und Laufkrane sowie aller Motoren und Werkzeugmaschinen beschäftigt doch wiederum eine so große Zahl gelernter Arbeiter, für die es bei der älteren Produktionsweise ähnliche Funktionen überhaupt nicht gab.

Der Hauptgrund, weshalb bei oberflächlicher Betrachtung und beim Besuch von wenigen Fabriken dieses Aufsteigen der technischen Arbeiter in höhere Stufen nicht erkannt wird, liegt darin, daß es durchaus nicht immer in einer und derselben Spezialität oder Fabrik stattfindet, wo durch Einführung von Maschinen eine größere Zahl gelernter Arbeiter entbehrlich geworden ist. Denn genügt diese Beschäftigung den geistigen Anlagen des Arbeiters oder dem Grade seiner Geschicklichkeit nicht, so findet eben ein Übergang in andere Spezialitäten, vielfach auch nach anderen Orten statt.

Als ein äußerer Beweis, daß im großen und ganzen ein allmähliches Aufsteigen der technischen Arbeiter bei uns in Deutschland stattfinden muß, dürfte es anzusehen sein, daß ein immer größerer Zuzug ungelernter Arbeiter aus den Nachbarländern stattfindet. So wurde kürzlich die überraschende Tatsache aus Baden berichtet, daß dort zurzeit schon 16000 italienische Arbeiter beschäftigt seien. Im Ruhrkohlenrevier sind zuletzt 19000 Arbeiter aus Österreich, Rußland und Italien gezählt, und man hat in den Bergwerken trotzdem noch direkten Arbeitermangel, weil die einheimischen Arbeiter nach den Maschinenfabriken abströmen und dort eine bessere und höhere Beschäftigung suchen. Von den Maschinenfabriken aber strömen wiederum die tüchtigsten Elemente nach den zahlreichen Zentralen für Licht, Wärme und Kraft in kommunalen oder Privatbetrieben ab, so daß gerade in den Maschinenfabriken über diesen Abzug nach höheren und selbständigeren Stellungen geklagt wird.

Da sich nun ganz unzweifelhaft außer den vorher genannten neuen Arbeitsgebieten noch manche andere mit höheren Ansprüchen an geistige Betätigung finden dürften, jedenfalls aber kein Zuströmen gelernter, sondern nur ungelernter Ausländer bekannt geworden ist, so wird offenbar der Bedarf an geistig höher stehenden Arbeitern aus dem Inlande gedeckt, d. h. also mit andern Worten, unsere Arbeiter erlangen zu einem großen Teile höhere Fertigkeiten mit höheren Ansprüchen an geistige Betätigung!

Unsere Gewährsmänner stimmen deshalb alle, soweit sie diese Frage überhaupt berühren, darin überein: daß, wenn es heute möglich wäre festzustellen, welchen Bruchteil der gesamten deutschen Arbeiterschaft die gelernten Arbeiter z. B. in der Maschinenindustrie vor 40 oder 50 Jahren, und welchen Bruchteil die ungelernten Arbeiter ausmachten, so ergäbe sich für die Gegenwart wahrscheinlich eine Abnahme der ganz ungelernten und höchstwahrscheinlich eine Zunahme der gelernten Arbeiter!

Außerdem ist zu beachten, daß die Entwicklung der neueren Werkzeugtechnik immer mehr dahin geht, an Stelle der halb-automatischen Maschine die ganz-automatische zu setzen, so daß bei dieser die rein mechanische und vom Arbeitstempo der Maschine abhängige Tätigkeit des Arbeiters, z. B. bei dem schnellen Einlegen halbfertiger Teile — halbfertiger Schrauben, Muttern, Stifte usw. — umwandelt in ein verhältnismäßig seltenes Einschütten solcher Teile in einen Aufgabetrichter, wobei der Arbeiter also nicht mehr gewissermaßen nur ein Zwischenglied der Maschine ist.

Die Vervollkommnung der Maschinen nimmt also dem Arbeiter immer mehr alle körperlich schwere, mechanische und sich in geisttötender Weise wiederholende Arbeit ab, hebt in vielen neuen Arbeitskategorien sein geistiges Niveau und fördert sein Wohlbehagen in der Werkstatt und seine Genußfähigkeit außerhalb derselben.

Wir glauben deshalb, Grund genug zu haben, energisch Protest gegen die allgemeine und oft wiederkehrende Behauptung einzulegen, daß die moderne Technik den Menschen zum Sklaven der Maschine mache oder, wie es neuerdings auch heißt, eine „Entgeistigung" der menschlichen Arbeit herbeiführe!

Außer den schon angeführten mögen noch einige frappante Beispiele, die Ihnen allen geläufig sind, unsere gegenteilige Auffassung stützen:

Ist etwa die Näherin geistig herabgestiegen, seit sie an der Nähmaschine arbeitet und nicht mehr als gewöhnliche Handnäherin ihren Lohn verdient?

Hatte der Lampenputzer der alten Zeit, der die Öllaterne auf der Straße bediente, mehr geistige Fähigkeiten zu entwickeln als sein moderner Kollege, der die Gasglühlichtstrümpfe der Gaslaternen oder die Kohlenstifte der elektrischen Bogenlampen auswechselt und einreguliert oder die Konsumenten seiner Zentrale von „Volts" und „Amperes" unterhält?

Ist etwa die Arbeit des Kutschers entgeistigt, der noch heute auf der Landstraße auf seinem Bock schläft oder in der Stadt das Droschkenpferd bändigt, gegenüber dem Führer des elektrischen Straßenbahnwagens oder der Lokomotive oder gar des Automobils?

Daß unsere Bevölkerungszunahme in Verbindung mit der schnellen industriellen Entwicklung vielfache und oft erörterte tiefe Schäden mit sich gebracht hat, auch in der technischen Arbeit selbst, leugnet kein wahrheitsliebender Mann; allein dem stehen u. a. die vorher angedeuteten erfreulichen Momente sowie namentlich auch die Tatsache gegenüber, daß wir noch mitten in der Entwicklung stehen, die zielbewußt dahin geht, die sozialen Mängel, soweit es technisch und wirtschaftlich angeht, zu beseitigen und die Erlösung der Menschheit von schwerer körperlicher und ungesunder Arbeit immer weiter

durchzuführen. Dazu kommt, daß die Lebenshaltung und Bildung unserer
Arbeiterschaft in gewaltigem Aufsteigen begriffen ist, und wenn wir auch weit
davon entfernt sind, dies der Technik allein zuzuschieben, sondern in erster
Linie unser gutes staatliches Erziehungswesen sowie auch die Selbstfortbildung
der Arbeiter daran beteiligt wissen, so hat doch jedenfalls die moderne Technik
diesen Fortschritt nicht nur nicht gehemmt, sondern ebenso unzweifelhaft mit
gefördert. Nachdem jetzt die sozialen Schäden klarer erkannt sind, wird sie
dies in Zukunft jedenfalls in steigendem Maße tun, sofern nicht die Massen
selbst es sind, welche durch ihre Lohntarife usw. einen Rück-
schritt in der Tüchtigkeit und Leistungsfähigkeit und eine Sta-
bilisierung der Mittelmäßigkeit herbeiführen.

So sehr wir nun aber auch das aufrichtigste Interesse an der geistigen
und sittlichen Hebung unserer Arbeiter nehmen und der behaupteten allgemeinen Entgeistigung ihrer Arbeit auf das entschiedenste widersprechen, so
wird es auf der anderen Seite doch höchste Zeit, auch die höheren
geistigen Faktoren, und zwar die schöpferischen und in erster
Linie produktiven, welche heute im industriellen Leben tätig
sind, richtiger einzuschätzen!

Denn wenn man sieht, wie heute selbst in Schriften, deren Urheber nicht
direkt der Sozialdemokratie angehören, geradezu ein „Jonglieren" mit deren
Lieblingsschlagwörtern: Proletariat, Bourgeoisie und Kapitalismus getrieben
wird, so kann man sich nicht wundern, wenn manche Gebildeten schließlich auf
den Gedanken kommen, daß es zur Betreibung einer Industrie nur darauf
ankomme, auf der einen Seite das berüchtigte „Kapital", also den bloßen Geld-
sack, auf der anderen Seite den allein produktiven Proletarier oder Lohnarbeiter zu haben, zwischen denen dann nur noch der nutzlose, aber höchst gefähr-
liche Bourgeois steht.

Welche schöpferische geistige Arbeit, die den Körper ebenfalls stark
in Mitleidenschaft zieht, welche Kenntnis und Initiative aber notwendig ist,
um das an sich tote Kapital zu befruchten, wie schwer das Arbeitgeben,
ganz abgesehen von seinem Risiko, und wieviel leichter das Arbeitnehmen
ist: das ahnen die meisten Außenstehenden nicht oder wollen es nicht wissen!

Schon die Auswahl und Beschaffung der berühmten „Produktions-
mittel", die nach Ansicht mancher das leichteste Ding von der Welt ist, „wenn
man nur Geld hat", ist derart schwierig und setzt so vielseitige Kenntnisse und
Erfahrungen voraus, daß es häufig schon von diesen ersten Dispositionen des
Unternehmers, z. B. von Wahl und Anordnung der Maschinen, Lage und
Verbindung der Gebäude untereinander usw., abhängt — bevor noch irgendein
Arbeiter zur Stelle ist —, ob sich eine Fabrik verzinsen kann oder nicht. Ja,
schon der Zeitpunkt der Neugründung, sowie namentlich auch der Ort des
Unternehmens sind von ausschlaggebender Bedeutung, ob z. B. die Transport-
kosten auch im richtigen Verhältnis zu den übrigen Produktionskosten stehen usw.
Ist diese vielseitige grundlegende geistige Arbeit des „Bourgeois" nicht richtig
geleistet, steht sie nicht durch Wissen, Erfahrung und Talent auf der Höhe der
Zeit, so können Tausende der besten gelernten Arbeiter das Unternehmen nicht

vom Untergang oder von langem Siechtum retten und das Kapital produktiv machen.

Dazu kommt die andauernde und von Jahr zu Jahr steigende Sorge um Beschaffung neuer Aufträge, um also Arbeit geben zu können, wofür bei manchen Industrien ein ganzes Heer intelligenter und gewandter Kaufleute unterwegs sein muß oder kostspielige Zweigbureaus in aller Herren Ländern unterhalten werden. Dazu kommt ferner die nimmer rastende geistige Arbeit und Erfindungskraft für Verbesserung der Betriebseinrichtungen und Maschinen.

Wie schwierig die Kunst des Arbeitgebens ist, das beweist am besten der überaus hohe Prozentsatz nicht rentierender oder trotz ehrlicher Arbeit zugrunde gegangener Unternehmungen, also verlorenen Kapitals. Doch das ist Ihnen allen ja zur Genüge bekannt, muß aber bei der technischen Arbeit von heute doch als eine Hauptsache wenigstens angedeutet werden.

Aber an dieser Befruchtungsarbeit des Kapitals sind nicht etwa nur die technischen und kaufmännischen Direktoren beteiligt, sondern es ist dabei auch der großartigen Unternehmungen unserer deutschen Bankinstitute zu gedenken, deren Leiter in vielen Fällen geradezu die Organisatoren der technischen Arbeit geworden sind. Wir erinnern nur kurz und unvollständig an ihre bekannter gewordenen ausländischen Unternehmungen, wie die Anatolischen Bahnen, die Bagdadbahn, die Bahnen in Ägypten: Keneh-Assuan und Luxor, in Transvaal, Ost-, West- und Südwestafrika, in Venezuela und Shantung.

Wieviel Initiative, Umsicht und diplomatisches Geschick, wieviel wagemutiger und trotzdem solider Unternehmungsgeist steckt in solchen neu begründeten Gesellschaften, wieviel Arbeitsgelegenheiten schaffen sie aus dem an sich toten Kapital für die Industrie und alle ihre Mitarbeiter! Dazu kommt noch mit an erster Stelle die große mühevolle Arbeit unserer Diplomatie und hohen Staatsbeamten in langwierigen, schwierigen Sonderabkommen, Handelsverträgen oder monatelangen Konferenzen!

Aber nicht nur die geistige Arbeit und schöpferische Initiative aller dieser Instanzen, nein, was noch bezeichnender ist, auch die Gesamtsumme geistiger Energie, die in den heutigen Fabriken in den Zwischenstufen der Beamten, vom Oberingenieur und Chemiker bis zum Meister, ferner durch alle Stufen der kaufmännischen Beamten hindurch geleistet wird, ignoriert man für gewöhnlich, damit vor allen Dingen auch an der Theorie nicht gerüttelt werde, daß es unüberbrückbare Klassengegensätze und überhaupt nur zwei Klassen gäbe, nämlich den „Ausbeuter" und den „Arbeiter".

Um nun aber wenigstens zahlenmäßig einmal den Vergleich anzustellen, wie groß verhältnismäßig die Zahl der Beamten ist, welche mit ihren Führern die wirkliche Hauptarbeit, nämlich die geistige, in modernen Großbetrieben leisten, habe ich bei einer Anzahl von Verwaltungen, die allgemein als Muster und Typen gelten, angefragt, wie sich die Zahl ihrer Direktoren und der übrigen Beamten in den verschiedensten kaufmännischen und technischen Stufen (einbegriffen die Meister) im Vergleich zur Zahl ihrer Lohnarbeiter stellt. Ausführliche statistische Mitteilungen kann man selbstverständlich in einem Vortrage nicht machen, und ich beschränke mich deshalb darauf, lediglich eine ganz kurze Übersicht darüber zu geben, und zwar in absteigender Reihenfolge der Arbeiterzahl, die auf je einen Beamten kommen, wobei alle Beamten, vom Direktor bis Meister, zusammengerechnet sind.

Hiernach kommt in

Stahl- und Hüttenwerken schon auf etwa	30 bis 26	Arbeiter ein Beamter,
Spinnereien	„	„	18 „ 15	„	„	„
Webereien	„	„	12 „ 10	„	„	„
Schiffswerften	„	„	16 „ 8	„	„	„
Maschinenfabriken	„	„	12 „ 4	„	„	„
Gasgesellschaften	„	„	9 „ 4	„	„	„
Chemischen Fabriken	„	„	7 „ 6	„	„	„

Bei Bergwerks- und Elektrizitätsgesellschaften ließen sich klare Ziffern nicht so leicht erreichen, weil bei ihnen einerseits die Syndikatsbeamten und anderseits die vielen Zweigbureaus wesentlich mitsprechen.

Interessant dürfte es sein, hiermit den großartigen technischen Betrieb unseres Heeres zu vergleichen, und zwar indem man sämtliche Offiziere, Ärzte, Unteroffiziere und sämtliche Beamten zusammenfaßt; alsdann kommen auf einen dieser Offiziere und Beamten je 4 bis 5 Gemeine, also ungefähr dieselbe Zahl wie in solchen Maschinenfabriken, die ein besonders großes Personal erfordern. Beim Militär dürfte hierbei die Verwaltung der großen Kriegsvorräte eine besondere Rolle spielen.

Diese kurze unvollständige Übersicht sollte nur Veranlassung bieten: den Arbeitsanteil, den die geistigen Arbeiter an sog. kapitalistischen Unternehmungen haben, wenigstens einmal zahlenmäßig, quantitativ, zu untersuchen, wobei also die Einschätzung der geistigen Qualität, die unmöglich ist, von selbst unberücksichtigt bleibt. Schon diese Zahlen, die vielleicht manchen überraschen, lehren, wie sehr der Anteil der Lohnarbeiter an der Gesamtarbeit der Industrie auch der bloßen Zahl nach überschätzt wird!

Auf alle Fälle aber bleibt eine bessere Einschätzung und Würdigung unseres ausgezeichneten und zuverlässigen technischen und kaufmännischen Beamtenpersonals in Deutschland eine Pflicht der Gerechtigkeit, die niemandem mehr am Herzen liegt als den Leitern unserer industriellen Großbetriebe selbst!

Wenn man aber schon die großen Mittelstufen der geistigen Arbeit und ihren gesamten Generalstab bei den heutigen Unternehmungen, sowohl des Handels als der Industrie, einfach ignoriert, teils aus Unwissenheit, teils aus Absicht, so nimmt es nicht wunder, daß die Auffassung über die Stellung und Leistung des Unternehmers selbst, wie wir bereits andeuteten, eine nicht minder einseitige, verfehlte und ungerechte ist.

Man begeistert sich gern für den Unternehmungsgeist unserer Zeit, man verlangt mit Recht seine Betätigung in großem Stil; allein das Wort „Unternehmer" wagt man kaum auszusprechen. Sieht man bei dieser Geringschätzung von einer vielleicht starken Dosis Mißgunst ab, die gerade unserm deutschen Volkscharakter nicht fernzuliegen scheint — Kaiser Wilhelm II. hat ja schon vor Jahren einmal an das „propter invidiam" erinnert —, so mag bei vielen, die guten Glaubens sind, vielleicht der Umstand zur Diskreditierung des Namens beigetragen haben, daß sich in ihm die denkbar verschiedensten Begriffe, Personen und Berufsarten vereinigen. Denn wenn man berücksichtigt, daß ein „Unternehmer" ebensowohl 10 oder 50 Arbeiter als 10000 beschäftigen, sowohl Landwirtschaft als Industrie oder Handel betreiben, der Staat selber oder ein deutscher Fürst sein kann, ja daß man neuerdings in einem Gesetz (?) sogar noch die besonders beliebte Form des Automobil-„Betriebsunternehmers" hinzugefügt hat, so kann sich schließlich jeder aus dieser Fülle von Gesichten sowie aus allen darunter vorhandenen geistigen und moralischen Abstufungen die „bête noire" heraussuchen, die er gerade für seine Zwecke braucht. Irgendeinen herzlosen „Ausbeuter" wird er sicherlich in seiner Erinnerung darunter finden, und von den anderen schweigt der unhöfliche Sänger.

Wie wird man auch hierbei wieder an den genialen Wirklichkeitssinn Bismarcks erinnert, der u. a. einmal bei einem Tischgespräch, nach Poschinger[1]), äußerte:

„Die Unzufriedenheit der Arbeiter, c'est une fièvre violente; die Unzufriedenheit der Kapitalisten, das ist eine langsame, aber schwere Krankheit des Staates, und diese ist weit schlimmer als die erste; denn sie stört den Blutumlauf im Organismus selbst. Eine Fabrik und ihr Bestehen hängt nicht von den Arbeitern ab, sondern von den Unternehmern, und mit diesen muß man rechnen; denn es ist schlimm, wenn sie sich zurückziehen."

So weit der große nationale Arbeitgeber Bismarck!

Aber auch die wissenschaftliche Würdigung der Unternehmer ist aus den früher genannten Gründen zum Teil höchst subjektiver Art. Wir würden es deshalb für ein Verdienst der Wissenschaft ansehen, wenn wenigstens einmal der Versuch gemacht würde, die Unternehmer zu klassifizieren, und zwar so, daß die Benennungen nicht nur den Gelehrten, sondern auch den Gebildeten im allgemeinen verständlich und geläufig werden könnten. Vielleicht würde dann auch das ebenso unklar gebrauchte Wort „Bourgeois" wieder aus der deutschen Sprache verschwinden!

Ebenso verdienstvoll dürfte es sein, der so viele Gebildete irreführenden Verwechslung oder Identifizierung des „Kapitalisten" mit dem „Unternehmer" ein Ende zu machen. Professor Ehrenberg aus Rostock sagt mit Recht:

„Es wird vollkommen verkannt, daß der Unternehmer als solcher kein Kapitalist ist, sondern ein Kopfarbeiter, der durch hohe Anspannung seiner Willens- und Verstandeskräfte Unternehmungen begründet und leitet.

Die Verkennung der entscheidenden Bedeutung dieser Unternehmerarbeit durch unsere Sozialreformer, wie überhaupt durch einen großen Teil unserer Gebildeten, besonders der Jugend, die sich darin bekundende Verkennung

---

[1]) Neue Tischgespräche Bismarcks. S. 299.

der elementaren Existenzbedingungen wirtschaftlicher Unternehmungen, sie hat es hauptsächlich verschuldet, daß bei uns zwischen Bildung
und Besitz die tiefe Kluft entstanden ist, welche die Widerstandsfähigkeit unserer
bürgerlichen Gesellschaft gegenüber dem Sozialismus immer mehr schwächt
und den Boden bereitet für schwere Erschütterungen unseres ganzen nationalen
Daseins."

Aus allen diesen Gründen darf es auch von unserem Verein mit Freude
begrüßt werden, daß der gedachte Volkswirt den Gedanken zur Durchführung
zu bringen sucht, einzelne Großunternehmungen nicht nur in ihrem finanziellen
Werdegang zu untersuchen, sondern auch den ganzen Aufwand an geistiger und
moralischer Energie, der in ihnen steckt, mit zu erforschen. So liegt jetzt von
ihm ein erster und, wie wir hoffen wollen, bahnbrechender Band vor, der „die
Unternehmungen der Brüder Siemens" schildert; er soll keine Le-
bensbeschreibung der Menschen, sondern der wirtschaftlichen Unternehmungen
bringen. Diese Absicht scheint im vorliegenden Falle auf Grund eines zur
Verfügung gestellten ausgezeichneten Materials, u. a. auch des vertraulichen
Briefwechsels Werners von Siemens mit seinen Brüdern, trefflich gelungen!

Bieten solche Lebensbeschreibungen moderner Unternehmungen an sich
schon wichtige Beiträge zur Geschichte der Technik überhaupt, so gewähren sie
anderseits für die Fortentwicklung unserer Volkswirtschaftslehre die so nötigen
festen und wirklich tiefgründigen Fundamente, an denen es bei der Abstraktion
volkswirtschaftlicher Theorie und dem gewöhnlich viel zu weit umfaßten Stoff
so sehr fehlt. Natürlich können solche „Senkbrunnen" in das technisch-wirt-
schaftliche Gebiet, wie man sie nennen könnte, an sich noch kein zusammenhängen-
des Fundament geben; sie müssen erst ziemlich zahlreich sein, ehe man von
Brunnen zu Brunnen sichere Gewölbe schlagen und darauf eine zuverlässige
Theorie aufbauen kann.

Auch wäre es freudig zu begrüßen, wenn nach dem Vorbilde von Werner
und Wilhelm Siemens Männer, die mit großen Erfolgen bahnbrechend in der
Technik gewirkt haben, ihr Lebenswerk als Unternehmer selbst schildern wollten.
Wir würden dadurch eine technische Memoirenliteratur erhalten, die für die
Geschichte der Kultur nicht minder wertvoll werden könnte wie die vom Leben
unserer Diplomaten, Militärs, Schriftsteller und Künstler.

Wenn sich jene vorher genannten Lebensbeschreibungen von Unternehmungen, wie unerläßlich, auch auf Aktienunternehmungen erstrecken, so dürfte
sich u. a. auch folgendes ergeben:

Es wird vielfach geklagt, daß bei Umwandlung alter berühmter Privat-
unternehmungen in Aktiengesellschaften das persönliche Element und die persönliche Qualität der Leiter verloren ginge und auch das Verhältnis zu den
Beamten viel lockerer würde. Dies ist nur bedingt und keineswegs in allen
Fällen wahr oder eine notwendige Folge der Form der Aktiengesellschaft.
Wenn auch der Name des Direktors einer Aktiengesellschaft oft hinter der
Firma der Gesellschaft verschwindet, so drückt ihr doch nach wie vor jede wirklich leitende Persönlichkeit den Stempel auf, u. a. durch persönliche Auswahl
und Heranbildung der maßgebenden technischen und kaufmännischen Beamten

sowie durch deren möglich homogene Zusammensetzung. Nach wie vor bleibt auch bei der Aktiengesellschaft die Qualität des Personals eine direkte Funktion der leitenden Persönlichkeit, und wenn mehrere Direktoren an der Spitze stehen, so wird dies immerhin oft von den Abteilungen gelten können, denen sie vorstehen und die an sich vielleicht größer sind als manche frühere Einzelfabrik. Ja, ein wichtiges soziales Moment ist bei der Aktiengesellschaft sogar günstiger: das Aufsteigen in die höheren Stellen wird bei ihr viel mehr erleichtert als bei den Privatunternehmungen, wo ganz naturgemäß in der zweiten oder dritten Generation die Söhne, Schwiegersöhne und Enkel immer mehr erste Stellen innehaben und sich deshalb gerade die besten Beamten vor einer unübersteigbaren Mauer sehen.

Gerade dieses Aufsteigen durch eigene Tüchtigkeit vom Arbeiter oder einfachsten Beamten bis zum Betriebsleiter ist aber einer der erfreulichsten Züge in dem ganzen heutigen wirtschaftlichen Leben. Es ist durchaus unrichtig, immer nur einige wenige berühmte Namen der ersten industriellen Generation aus der Mitte des vorigen Jahrhunderts als Beispiele dafür zu nennen; die Liste von denen, die es in den letzten Jahrzehnten der Industrie aus kleinsten Verhältnissen zu ähnlich bedeutenden Stellungen und industriellen Schöpfungen gebracht, ist so groß, daß ich darauf verzichten mußte, sie hier, wie anfänglich beabsichtigt, wiederzugeben. Schon aus unserem Verein ließe sich die Liste nur schwer vollständig machen!

Aber nicht nur für die wissenschaftlich Vorgebildeten ist heute Licht und Luft zu schneller Entwicklung vorhanden, sondern in einer großen Zahl von Unternehmungen wird die höhere Ausbildung der Arbeiter und unteren Beamten planmäßig betrieben. Außerdem sind außer den allgemeinen Fortbildungsschulen in Deutschland nahezu 3000 gewerbliche Fortbildungs-, Fach- und Handelsschulen vorhanden, die vom Staat oder den Städten begründet, von Industrie und Handel meist angeregt, unterstützt und mitverwaltet werden, so daß jeder Strebsame aus den unteren Schichten des Volkes eine Ausbildung erhalten kann, die ihn nicht nur fachlich, sondern auch durch Unterricht in allgemeinem Wissen in den Stand setzt, vom Arbeiter, Vorarbeiter und Meister zum Betriebsleiter emporzusteigen. Es wäre deshalb wohl empfehlenswert, wenn auch andere Fachschulen es ebenso machten wie die Königlich Preußische Maschinenbau- und Hüttenschule in Duisburg, die am Schlusse des Jahresberichts für 1904 ihre sämtlichen mit dem Reifezeugnis entlassenen Schüler zusammenstellt und danebensetzt, was die Betreffenden inzwischen geworden sind. Man ist dabei freudig überrascht, wie relativ groß die Zahl derjenigen ist, die es zu Betriebsführern oder anderen leitenden Stellungen gebracht haben.

Wir sympathisieren deshalb aus vollster Überzeugung mit den Worten, die vor kurzem in diesem hohen Hause der preußische Minister des Innern, v. Bethmann-Hollweg, gesprochen:

„Ich erblicke in dem Streben der Schwachen des Volkes, emporzusteigen, ein großes, vielleicht das größte und edelste Gesetz der Menschheit, und auch an der Verwirklichung dieses Gesetzes mitzuarbeiten, muß ein Stolz für jeden Starken sein."

Nun, meine Herren, das Deutsche Reich und seine Unternehmer sind auf dem besten Wege dazu! Denn wenn nach der sog. „Ehrentafel" des Organs des „Zentralvereins für das Wohl der arbeitenden Klassen" allein in den letzten fünf Jahren 425 Millionen Mark an freiwilligen Wohlfahrtsspenden im Deutschen Reich gestiftet worden sind, so haben sich darunter die freiwilligen Zuwendungen von privaten Arbeitgebern für Arbeiter von 20 Millionen Mark im Jahre 1901 auf 61 Millionen Mark im Jahre 1905, also in fünf Jahren auf mehr als das Dreifache gesteigert!

Auch böse Erfahrungen werden den deutschen Industriellen nicht abhalten, wie bisher, dem Arbeiter hilfreich die Hand zu reichen, der mit Tüchtigkeit und Fähigkeit emporsteigen will und bei dem es nicht heißt: Erst die Ansprüche und dann die Leistungen!

Nicht minder aber sympathisieren wir mit der Fortsetzung der erwähnten ministeriellen Kundgebung, die besagt:

„Aber dieses Streben darf nicht den völligen und ausschließlichen Inhalt unseres Lebens bilden. Parallel muß das Streben gehen, die besten und edelsten Kräfte, die ein Volk und darüber hinaus die Menschheit zu produzieren vermag, zu Führern des Lebens zu machen."

Ja! Auch wir halten eine Nivellierung und Massenherrschaft, insbesondere auch in der Technik, für den Tod jedes höheren Fortschrittes. Denn dieser kann wie in der technischen Arbeit an sich, so auch in ihrer geistigen Befruchtung nur durch immer stärkere Differenzierung erreicht werden. Wir hoffen deshalb auch, daß die öffentliche Meinung allmählich von der Überschätzung der Lohnarbeit zurückkommen und die ausschlaggebende Bedeutung der geistigen Arbeit und ihrer Führer als eine Notwendigkeit auch für die industrielle Existenz unseres Volkes anerkennen wird — wie dies einst Bismarck getan.

Und wenn dann einmal wieder in Berlin eine Gewerbeausstellung stattfinden sollte, so wird man es nach den inzwischen gemachten Erfahrungen vielleicht nicht mehr wie vor zehn Jahren für ein zutreffendes Bild halten: das, was die Mark Brandenburg auf ihrem dürftigen Boden durch gewerblichen und industriellen Fleiß geleistet, nur durch eine Arbeiterhand darzustellen, welche den märkischen Sand durchbricht und den Hammer titanenhaft gegen den Himmel reckt, — so ausgezeichnet künstlerisch dieses Plakat auch gelungen war!

Nach dieser, auch im Anklang an die Meunier-Ausstellung erklärlichen Abschweifung lassen Sie uns beim Vergleich der technischen Arbeit von einst und jetzt auf ein anderes Gebiet übergehen und noch einen der Hauptgründe klarstellen, der die alte und neue Arbeitsweise unterscheidet, und da gilt allgemein und mit vollstem Rechte die steigende Durchdringung der Technik mit der Wissenschaft und der wissenschaftlichen Methode als eine Hauptursache ihrer Erfolge.

Technik und Wissenschaft sind zwar stets seit den ältesten Zeiten Hand in Hand gegangen; noch die jüngsten Publikationen über Leonardo da Vinci erinnern daran, ebenso wie u. a. die Namen Archimedes, Vitruv, die unbekannten Pyramidenbaumeister und die Resultate der orientalischen Ausgrabungen es beweisen. Allein das wissenschaftliche Wissen ist jetzt mehr verbreitet und vertieft, so daß nicht nur die Führer der Technik, sondern ein ganzer Generalstab tüchtiger Beamten damit ausgerüstet ist.

Nirgends ist diese Tatsache frühzeitiger erkannt und freudiger anerkannt worden als in unserem Verein seit Grashofs Zeiten her. Es würde uns deshalb auch nicht im mindesten aus dem Gleichgewicht bringen, wenn gerade bei uns Deutschen der direkte Einfluß der Wissenschaft gelegentlich überschätzt würde, selbst wenn es von einem deutschen Botschafter in Amerika geschähe. In letzterem extremen Falle — wo bekanntlich die Ingenieure bei Erörterung der Erfolge der Industrie ganz eliminiert wurden — konnten uns ja allerdings schon die lauten Proteste der angesehensten Zeitungen, sowie im übrigen das allgemeine Schütteln des Kopfes genügen! Allein etwas anderes ist es, wenn dies nicht gelegentliche, zufällige Erscheinungen sind, sondern wenn die Ingenieurtechnik und Industrie sowohl von maßgebenden, ihr durchaus wohlwollenden Seiten als auch in der Literatur immer mehr als „latente Kräfte" unter den Erfindungen der Chemie und Physik mitgedacht, oder wenn sie bei den Naturwissenschaften gewissermaßen nur in Klammern mit aufgeführt werden, ja wenn sich eine solche irrige Auffassung sogar schon in der Wissenschaft zu einem bestimmt ausgesprochenen Axiom verdichtet.

So wird in einem viel zitierten neueren Werke der Volkswirtschaft[1]), das im übrigen voll Anerkennung für die Leistungen der modernen Technik ist, zunächst ausgeführt: daß die moderne Technik in erster Linie auf der Anwendung der Naturwissenschaften beruhe und auf der dadurch bewirkten Umwandlung des empirischen in das wissenschaftliche oder rationelle Verfahren; alle frühere Technik, so Wunderbares sie auch geleistet habe, sei empirisch gewesen, d. h. hätte auf der persönlichen Erfahrung beruht, die von Meister zu Meister, von Geschlecht zu Geschlecht übertragen worden sei, und nach weiterer Ausführung dieser Verhältnisse fährt der Verfasser fort:

„In dieses Halbdunkel frommen Wirkens fällt nun der grelle Schein naturwissenschaftlicher Erkenntnis. Das kühn herausfordernde „ich weiß" tritt an die Stelle des bescheidenstolzen „ich kann". Ich weiß, warum die hölzernen Brückenpfeiler nicht faulen, wenn sie im Wasser stehen; ich weiß, warum das Wasser dem Kolben einer Pumpe folgt; ich weiß, weshalb das Eisen schmilzt, wenn ich ihm Luft zuführe; ich weiß, weshalb die Pflanze besser wächst, wenn ich den Acker dünge; ich weiß, ich weiß, ich weiß: das ist die Devise der neuen Zeit, mit der sie das technische Verfahren von Grund aus ändert."

Hier sei eine kleine Parenthese gestattet; wenn heute ein jüngerer oder gar älterer stellungsuchender Ingenieur zu irgendeinem Direktor käme und auf Befragen, was er gelernt habe und könne, nur kühn herausfordernd sagen würde: „ich weiß", so ist zehn gegen eins zu wetten, daß er entweder gar nicht angestellt oder ihm wenigstens eine längere Lehrzeit mit bescheidenstem Gehalt gegönnt würde, damit er erst das bescheidenstolze „ich kann" erlerne!

[1]) Werner Sombart, „Die deutsche Volkswirtschaft im 19. Jahrhundert". Berlin. S. 156 u. f.

Für die gesamte Technik, insbesondere aber für die Ingenieurkunst, bleibt doch nach wie vor das **Können**, d. h. die Gestaltung von Wissen und Erfahrung, der **Kernpunkt und die Hauptsache**!

Nun folgt aber in demselben Gedankengang eine Stelle, die sich zu einer viel bedenklicheren Schlußfolgerung steigert:

„War früher gearbeitet worden nach Regeln, so vollzieht sich jetzt die Tätigkeit nach Gesetzen, deren Ergründung und Anwendung als die eigentliche Aufgabe des rationellen Verfahrens erscheint. Die Technik tritt damit in eine bedingungslose Abhängigkeit von den theoretischen Naturwissenschaften, deren Fortschritte allein noch über das Ausmaß ihrer eigenen Leistungsfähigkeit entscheiden.“

Ja, wenn die Technik in der Tat ihr Stichwort nur von den theoretischen Naturwissenschaften erhielte und nur deren Fortschritte abwarten müßte, um selbst solche zeitigen zu können, dann stände es allerdings um die Technik schlimm und würden vor allen Dingen ihre Fortschritte sehr viel langsamer vor sich gehen, ganz abgesehen davon, daß Industrien, welche nicht auf Grund ihrer eigenen Bedürfnisse sehr wesentliche Fortschritte selbst zu machen verständen, bald bankerott wären!

Es ist das wieder einmal ein Beispiel, wie man aus mangelnder Kenntnis oder Berücksichtigung der Wirklichkeit zuliebe einer abstrakten, möglichst einfachen Formulierung zu ganz falschen, den Tatsachen widersprechenden Lehren kommt!

Bevor wir indes auf jene Behauptung näher eingehen, möchten wir ausdrücklich betonen, daß wir hier nicht etwa Wissenschaft und Technik voneinander trennen oder irgendwie in Gegensatz bringen wollen; denn diese Gegensätze, die früher als „Theorie und Praxis“ scharf hervortraten, sind gerade in unserm Verein längst in einer höheren Einheit ausgeglichen. Von den etwa 124 aus dem Ingenieurstande direkt hervorgegangenen Professoren an den technischen Hochschulen Deutschlands gehören zunächst etwa 84, also mehr als zwei Drittel, dem Verein deutscher Ingenieure an. Die meisten aber stehen nicht nur in ihren neuen technischen Laboratorien, sondern auch sonst mit der Praxis in lebendiger Fühlung, ja ein großer Teil von ihnen übt heute noch Ingenieurpraxis aus, und gerade mit diesen Ingenieurprofessoren stehen wir in ganz besonders regem Austausch von Wissenschaft und Erfahrung. Was diese Herren in der Industrie treiben, ist wissenschaftliche **Technik**; was sie an der Hochschule lehren, ist technische **Wissenschaft**. Es ist dies aber kein leeres Wortspiel, denn das Hauptwort zeigt eben an, auf welchem Gebiete jedesmal der Schwerpunkt liegt. Was deshalb in Deutschland Ingenieurtechnik heißt und als solche betrieben wird, ist wissenschaftliche Technik, die gerade infolge der schon erwähnten Verbreiterung und Vertiefung ihres Wissens auch aus sich selbst heraus Theorien entwickeln und in die Praxis überführen kann. Jedenfalls aber dürfen wir wohl mit Recht alle diese Professorenmitglieder als zu uns gehörig reklamieren, und zwar unsern Herrn Vorsitzenden an der Spitze. Ein Gegensatz zu ihnen ist also von vornherein ausgeschlossen!

Als Eideshelfer nun für unsere Auffassung: daß die Naturwissenschaften zwar ein unentbehrliches Hilfsmittel der Technik geworden sind, daß aber keineswegs alle Fortschritte der Technik, auch nicht einmal alle Hauptfortschritte von ihr abhängen, wollen wir unsern Altmeister Werner Siemens anrufen, den ehemaligen Artillerieleutnant und aus dem Ingenieurberuf hervorgegangenen Gelehrten. In jenem hochinteressanten Zwiegespräch, das er bei seiner Aufnahme in die Akademie der Wissenschaften[1]) mit dem Sekretär ihrer physikalisch-mathematischen Klasse, dem ebenfalls unvergeßlichen du Bois-Reymond, führte, äußerte er:

„Das Lehrfach, das Beamtentum, die Industrie, die Landwirtschaft, ja fast jedes Gewerbe hat sich wesentliche Bestandteile der wissenschaftlichen Kenntnis und Methode angeeignet. Es sind dadurch der Wissenschaft Tausende von Mitarbeitern erwachsen, welche zwar größtenteils nicht auf einer weiten Überblick gewährenden Wissenshöhe stehen, dafür aber ihr Spezialfach gründlich kennen und bei dem Bestreben, dasselbe mit Hilfe der erworbenen wissenschaftlichen Kenntnisse weiter auszubilden, überall den Grenzen unseres heutigen Wissens begegnen. Die Kenntnis neuer Tatsachen, bisher unbekannter Erscheinungen fließt daher von hier in lebendigem Strome zur Wissenschaft zurück.“

Wie einfach und klar ist hier die gegenseitige Befruchtung von Wissenschaft und Technik dargestellt, die eine einseitige Abhängigkeit für beide Teile völlig ausschließt: Die Kenntnis neuer Tatsachen und Erscheinungen, die über die alleinigen Fortschritte der Naturwissenschaft und über die Grenzen ihres eigenen Wissens hinausgehen, wird dieser in lebendigem Strome zurückgeführt. Die Technik beschränkt sich also keineswegs auf das Ausmaß naturwissenschaftlicher Fortschritte, sondern erweitert dieselben direkt. In gleicher Weise geht natürlich der Strom neuer Kenntnisse von der Wissenschaft in die Technik über.

Auch die Aufgaben und Richtungslinien der Technik leitete Siemens, wie es die Praxis alltäglich lehrt, nicht von dem Programm und von den Fortschritten der Naturwissenschaften ab, sondern er sagt in seiner schlichten und klaren Sprache weiter: „Meine Aufgaben werden mir gewöhnlich durch meine Berufstätigkeit vorgeschrieben, indem die Ausfüllung wissenschaftlicher Lücken, auf die ich stieß, sich als ein technisches Bedürfnis erwies.“

So ist es auch heute noch: das technische Bedürfnis im Berufsleben, das man mitunter sehr eindrucksvoll durch unerfreuliche Erfahrungen an ausgeführten Maschinen, durch die schneller fortschreitende Konkurrenz oder auf Grund eigener Beobachtungen und Studien kennenlernt, gibt in den weitaus meisten Fällen die Richtungslinien an, in denen die Fortentwicklung des betreffenden Zweiges der Technik stattfinden muß. Es spielen dabei häufig die rein technischen und wissenschaftlichen Gesichtspunkte gar nicht einmal die Hauptrolle, sondern die wirtschaftlichen, und hier nicht nur die des eigenen Landes, sondern auch die des jetzt vielgenannten Weltmarktes.

---

[1]) Werner Siemens: „Wissenschaftliche und technische Arbeiten“. I. Bd., S. 218 u. f.

Darum ist es weder zu verwundern, noch liegt auch nur der mindeste Vorwurf für die Naturwissenschaften darin, daß auch heute noch trotz hochentwickelter Wissenschaft die Technik volle innere Selbständigkeit, ja sogar recht häufig noch, um es technisch zu bezeichnen, „Voreilung" hat: daß also die Wissenschaft sich plötzlich fertigen Maschinen oder Verfahren gegenüber sieht, für die sie erst nachträglich durch mühsame, wenn auch planvoll angeordnete Experimente die Theorie schaffen kann.

Außerdem aber, und das ist der zweite Hauptfaktor, beruht noch heute ein großer Teil der besten Fortschritte der modernen technischen Arbeit auf dem Talent und der eigentümlichen Begabung ihrer Träger, und mit klarer, unvoreingenommener Kenntnis des wirklichen Lebens antwortete in jener denkwürdigen Sitzung der Akademie du Bois-Reymond seinem aufgenommenen Freunde[1]):

„Dein ist das Talent des mechanischen Erfindens, welches nicht mit Unrecht Urvölkern göttlich hieß, und dessen Ausbildung die Überlegenheit der modernen Kultur ausmacht."

Nun könnte man freilich sagen, das alles habe sich seit dem 2. Juli 1874, wo diese Aufnahme stattfand, wesentlich verändert; die Wissenschaft sei seit jener Zeit viel schneller fortgeschritten, habe sich der Praxis mehr genähert und beherrsche dieselbe deshalb auch mehr. Allein selbst da, wo die Praxis mit der Wissenschaft am meisten durchdrungen scheint, z. B. in den chemischen Großbetrieben, kommen solche Voreilungen der Praxis nach den Vorträgen und Denkschriften bekannter Chemiker auch heute noch vor.

Es handelt sich aber bei dieser ganzen Frage keineswegs um die größere oder geringere Zahl solcher Voreilungen, die einmal bei der Technik, ein anderes Mal bei der Wissenschaft stattfinden, sondern lediglich um die prinzipiell wichtige Frage:

Kann überhaupt die Technik in der modernen Praxis noch aus sich selbst heraus planmäßige Fortschritte entwickeln oder geht sie nur am Gängelband der Naturwissenschaften?

Gerade die Geschichte der jetzt etwa seit 25 Jahren bestehenden Elektrotechnik, welche viele als von der Wissenschaft am meisten abhängig glauben, beweist das Gegenteil. Denn wenn wir auch die unsterblichen wissenschaftlichen Verdienste von Gauß, Weber, Volta, Ampère, Faraday, Foucault, Reis, Bell, Thomson u. a. bei jeder Gelegenheit in tiefer Dankbarkeit hervorheben, so erfordert es die ausgleichende Gerechtigkeit, auch folgende Tatsachen aus der Schöpfungsgeschichte der eigentlichen Elektrotechnik festzuhalten und anzuerkennen:

Die Dynamomaschine, deren Prinzip Siemens aus der wissenschaftlichen Technik durch sein mechanisches Talent erfand, wurde fast ausschließlich durch Ingenieure, geniale Empiriker oder einfache Mechanikertalente nicht nur ausgebildet, sondern in ihren wichtigen Hauptetappen des Gleichstroms, Wechselstroms und der Mehrphasenströme als völlig neue Maschine erfunden. Wir erinnern an die Namen Hefner-Alteneck-Gramme, Schuckert,

---

[1]) S. 221.

Brush, Edison, Kapp, Schellenberger, Tesla, Bradley, Hasel-
wander, Wenström, Dolivo-Dobrowolski und last not least Brown.

Die Elektromotoren verdanken wir in Theorie und Praxis in erster
Linie den Ingenieuren Hopkinson, Frölich und Deprez, die elektrische
Lokomotive Werner Siemens.

Die Erfindung der Glühlampen knüpft sich an die genialen Empiriker
Edison, Swan und Maxim, die der Bogenlampen an die Namen der
Ingenieure Hefner-Alteneck, Brush Krizik, Crompton, Weston,
Uppenborn, Piper, Bremer.

Die Akkumulatoren, deren Erfindung ein Verdienst des Naturforschers
Planté und seines Assistenten Faure ist, wurden erst durch die Ingenieure
Tudor und Müller lebensfähig.

Die für unsere elektrischen Zentralanlagen mit grundlegende Erfindung
der Stromtransformierung verdanken wir den Ingenieuren Gaulard,
Zipernowsky, Déry und Blathy.

Und wenn man berücksichtigt, daß sich der Schwerpunkt der Elektrotechnik
schon seit längerer Zeit von den Lichtanlagen nach·den zentralen Kraftanlagen verschoben hat, so geschah hier die theoretisch grundlegende Arbeit durch
zwei Ingenieure: die erste, mehr theoretische, durch Marcel Deprez auf der
Ausstellung in München im Jahre 1882, die zweite, technisch und wirtschaftlich
ausschlaggebende, durch Oskar v. Miller bei seiner elektrischen Kraftübertragung von Laufen nach der zirka 180 km entfernten Frankfurter Ausstellung
im Jahre 1891.

Um aber auch aus der neuesten Geschichte der Erfindungen noch einige
interessante Beispiele zu erwähnen, so ist die allbekannte Dampfturbine von
Parsons nach der eigenen Darstellung ihres Erfinders nicht etwa aus irgendeiner Anweisung oder irgendeinem besonderen neuen Fortschritt der Naturwissenschaft entstanden, sondern aus dem allgemeinen Bedürfnis nach schnell
laufenden Dampfmaschinen und aus seinen eigenen praktischen Studien über
hohe Rotationsgeschwindigkeiten. Wenn auch tatsächlich 30 Jahre vorher,
ohne sein Wissen, die theoretischen Forderungen schon eingehend formuliert
gewesen sind, so war es auch damals ein Ingenieur, der französische Minen-
ingenieur Tournaire, der jene Dampfturbinentheorie zuerst aufgestellt hatte.

Und jetzt stehen wir vielleicht vor der Erfindung der Gasturbine. Gerade
hier ist es interessant, festzustellen, daß eine solche nach den Erfolgen der Dampfturbine, in der eine Reihe neuer technischer Schwierigkeiten überwunden ist,
große Chancen hätte. Die wissenschaftlichen Theorien der·Dampfturbine und
des Gasmotors liegen einzeln vor; auch ist ihre theoretische Zusammensetzung
für eine Gasturbine bereits vorhanden; allein damit ist noch lange kein tat-
sächlicher Fortschritt der Technik, eine wirkliche Gasturbine, erreicht, auch
noch nicht einmal der Weg angegeben, auf dem dieser Fortschritt lebensfähig
werden kann. Denn die Bedingungen, welche in der Praxis erfüllt werden
müssen, sind so vielseitig und schwierig, daß es trotz klarer Erkenntnis der theoretischen Vorteile einer Gasturbine noch zweifelhaft bleibt, ob überhaupt solch
ein Motor technisch und wirtschaftlich möglich ist.

In gleicher Weise bietet die Geschichte einer der epochemachendsten Erfindungen der Neuzeit, der Gasmaschine, Beispiele. Denn als seinerzeit die erste stehende atmosphärische Gaskraftmaschine von Otto und Langen bereits in Tausenden von Exemplaren nützliche Arbeit verrichtete, war noch keine Theorie vorhanden, die allgemeine Geltung hatte und insbesondere eine Erklärung dafür fand, wie ihr hoher ökonomischer Nutzeffekt ohne Anwendung von Vorkompressoren entstände. Ebenso wurde die Haupterfindung des Viertaktmotors durch Otto ganz selbständig aus der Praxis geschaffen, indem die frühere theoretische Erfindung desselben Arbeitsverfahrens durch Beau de Rochas erst bei Gelegenheit eines späteren Patentprozesses ans Licht gezogen wurde. Ja, der wichtige sog. „Viertakt" wurde sogar doppelt aus der Praxis geboren, unabhängig von der früheren Theorie, indem der noch lebende Münchner Hofuhrmacher Christian Reithmann schon 13 Jahre vor jenem Patentprozeß, also sogar noch vor Otto, einen stehenden Viertaktmotor desselben Arbeitsverfahrens erbaute, der mit etwa ¾ PS tatsächliche Arbeit geleistet hat.

Deshalb kann sich auch heute noch ereignen, was sich bei dem berühmtesten Naturforscher seiner Zeit, Faraday, zutrug. Als er vor der Royal Institution in London einen Vortrag über die Aufsehen erregende Heißluftmaschine von Ericsson halten sollte, die bereits mit 5 PS tatsächlich lief, lehnte er dies mit dem freimütigen Bekenntnis ab: er könne nur bezeugen, daß sie tatsächlich Arbeit leiste, daß er jedoch selber nicht wisse, warum[1]).

Solche im „frommen Halbdunkel" empirisch schaffenden und doch dabei sehr zielbewußten mechanischen Talente wie Ericsson, Parsons, Otto und die zahlreichen früher Genannten sind auch noch in der allerneuesten Zeit nicht ausgeschlossen. So scheint auch heute schon das schwierige Problem der lenkbaren Luftschiffahrt wenigstens bis zu einem gewissen Grade gelöst, während die wissenschaftlichen Studienkommissionen zur Gewinnung der Grundlagen für eine Theorie des dynamischen Fluges noch in der Bildung begriffen sind[2]).

Auch gibt es eine ganze Reihe von Maschinen, die, ohne eigentlich sog. „epochemachende" Erfindungen zu sein, gleichwohl eine große technische und wirtschaftliche Bedeutung zu Freud und Leid der Menschen gewonnen haben, ohne daß dabei irgendein Fortschritt der Naturwissenschaft den Anlaß gegeben oder überhaupt dabei nur mitgewirkt hätte. Hierhin gehört z. B. die Fahrrad- und Automobilindustrie.

So ist das moderne Fahrrad in allen seinen wesentlichen Teilen eine Erfindung mechanischer Talente, sozusagen eine „Amateurerfindung". Ein Forstmann, v. Drais, erfand das Zweirad; der Instrumentenmacher

[1]) Als der durch die Erfindung des Gasglühlichts berühmt gewordene Gelehrte Auer von Welsbach festgestellt hatte, daß erst die Beimischung von einem Prozent Ceroxyd die übrigen nicht leuchtenden Oxyde in einem Strumpf zum Erglühen brachte, sagte er: „Man mißt diese Eigenschaft, aber man kann ihr Entstehen nicht erklären." Erst nach Dezennien gelang dies anderen Gelehrten.

[2]) Als im Jahre 1912 die Wissenschaftliche Gesellschaft für Luftfahrt in Berlin gegründet wurde, da kreisten hoch oben in der Luft über dem Herrenhaus schon verschiedene Flieger zur Begrüßung des Gründungsaktes. Auch hier ging die praktische Schöpfung der Flugzeuge der Auffindung ihrer wissenschaftlichen Gesetze voraus!

Fischer fügte die Tretkurbel, der Schauspieler Maidstone das Drahtspeichenrad und der Tierarzt Dunlop den Reifen hinzu. Die Theorie des Rades und des Luftreifens ist aber erst vor einigen Jahren von französischen Forschern aufgestellt worden.

Ebenso ist die Automobilindustrie auf keinerlei Fortschritte der Naturwissenschaft direkt oder indirekt zurückzuführen, sondern lediglich auf zwei bekannte deutsche Ingenieure, Gottlieb Daimler und Karl Benz, die als die unbestrittenen Erfinder des Automobils gelten. Der gesamte Export unserer Motorwagen- und Motorfahrradindustrie wird in dem deutschen amtlichen Katalog der biesjährigen Mailänder Ausstellung schon auf etwa 30 Millionen Mark berechnet.

Zum Vergleich diene dabei noch, daß v. Miller die Zahl der in der deutschen Elektrotechnik beschäftigten Personen in seinem kürzlich zu Frankfurt a. M. gehaltenen Vortrage heute auf zirka 80000 schätzt, während man die für die Automobil- und Fahrradindustrie in Frankreich direkt arbeitenden Personen schon im Jahre 1903 auf 100000 angab, also schon auf etwa 20000 Menschen mehr als in der großen deutschen Elektrizitätsindustrie. Das sind also selbst für heutige Verhältnisse respektable Zahlen einer durch die Fortschritte der Naturwissenschaft in keiner Weise ins Leben gerufenen oder von ihr abhängigen Industrie.

Ebenso unabhängig steht unter. vielen anderen unsere großartige Werkzeugmaschinenindustrie da, die doch der ganzen modernen technischen Arbeit die Fundamente, insbesondere auch für die Arbeitsteilung, geschaffen hat.

Doch was soll damit bewiesen werden? Sicherlich nicht, daß wir in unserm Verein die theoretischen Naturwissenschaften, geschweige denn die mit uns in innigstem Zusammenhang arbeitenden technischen Wissenschaften in ihrer steigenden Bedeutung und in ihrem immer weiteren Zurückdrängen planloser Experimente unterschätzen — in solchen Verdacht können wir überhaupt gar nicht kommen! Wissen wir doch selbst am besten, wie häufig neue Forschungsresultate der Naturwissenschaft und von ihr klar ausgesprochene Theorien der Technik nützen, wenn die praktischen und wirtschaftlichen Bedingungen für ihre Verwirklichung vorhanden sind. Allein die geschilderten äußeren Verhältnisse zwangen uns direkt dazu, gerade an einem Tage, wie dem heutigen, durch einige wenige Beispiele zu belegen, daß die neuerdings behauptete völlige Abhängigkeit der schaffenden Technik von der theoretischen Naturwissenschaft nicht existiert, sondern daß nach allen Erfahrungen, bis in die neueste Zeit hinein, die Technik ihren Weg völlig selbständig geht, nach wie vor aus sich selbst heraus Erfindungen macht, zu denen die Theorie von den Naturwissenschaften sehr häufig erst nachher aufgestellt werden kann; daß auch nicht einmal die Richtungslinien der Technik sich nur aus der naturwissenschaftlichen Theorie, sondern in der weitaus größten Zahl von Fällen aus dem praktischen Berufsbedürfnis, den Konkurrenz- und Absatzverhältnissen usw. entwickeln, und daß vor allem neben wissenschaftlicher Erkenntnis und Methode

„das Talent des mechanischen Erfindens", — deſſen Ausbildung
der Naturforſcher du Bois-Reymond die Überlegenheit der modernen Kultur zuſchrieb —, als urwüchſige Kraft in der Technik
weiterwirkt.

Hoffentlich wird dieſes Talent, das auch bei anderen Kulturnationen
noch ſo erfolgreich iſt und das durch keine naturwiſſenſchaftlichen Kenntniſſe
je erſetzt werden kann, gerade bei uns Deutſchen, die wir ohnehin ſo ſehr zur
reinen Theorie neigen, nie ausſterben; denn das wäre gleichbedeutend mit
einem unfehlbaren Untergang unſerer Technik und Induſtrie, nämlich mit
dem Verluſt ihrer Selbſtändigkeit und Konkurrenzkraft. Möge vielmehr dieſer
eine Hauptfaktor aller modernen Technik, der gewöhnlich mit recht viel geſundem
Menſchenverſtand und recht klarem, durch Erfahrung geſchärftem Blick verbunden
zu ſein pflegt, auch in der öffentlichen Meinung ſtets die gebührende Würdigung
finden! —

Wir haben in dem vorher Geſagten den Verſuch gemacht, die Faktoren,
welche für den Erfolg der deutſchen Induſtrie von ausſchlaggebender Bedeutung
ſind, in ein richtigeres Tatſachenverhältnis zueinander zu ſetzen. Dement-
ſprechend ſind wir der Überſchätzung des Anteiles entgegengetreten, der
einerſeits den Lohnarbeitern und anderſeits den Fortſchritten der Naturwiſſenſchaften von der öffentlichen Meinung entgegengebracht wird, da ſonſt in der
Tat für die dazwiſchen ſtehenden ſelbſtſchöpferiſchen Kräfte der unternehmenden Ingenieurtechnik kaum mehr Raum bliebe. Das gebietet die Selbſtachtung
und die dankbare Rückſicht auf unſere zahlreichen geiſtigen Mitarbeiter auf
allen Stufen der Technik, ſowie auf unſere nicht minder zahlreichen mechaniſchen
Talente und unſere eigenen wiſſenſchaftlich arbeitenden Erfinder!

Das wird uns Ingenieure aber nie hindern, einerſeits voll
und ganz anzuerkennen, wie abſolut notwendig und wichtig ein
intelligenter und zuverläſſiger Arbeiterſtamm iſt, und anderſeits
tief durchdrungen zu ſein von der Bedeutung der Mitarbeit der
Naturwiſſenſchaften und von der Notwendigkeit unſerer gegen-
ſeitigen „Induktion".

Die Ingenieurtechnik und Induſtrie würden aber ihre ur-
eigenſte Lebenskraft verleugnen, wenn ſie ſich lediglich als
„Appendix" der Naturwiſſenſchaften behandeln ließen.

Wie auch heute noch der Staatsmann, nicht der Hiſtoriker, die Welt-
geſchichte macht, unſere Generale mit ihrem Generalſtab die Schlachten
ſchlagen, nicht der Lehrer der Kriegswiſſenſchaft, und der Künſtler die Kunſt
und ihre Richtung ſchafft, nicht der Äſthetiker oder Kunſthiſtoriker, — ſo ſchlägt
auch die Ingenieurtechnik und Induſtrie mit ihrem Generalſtab ihre Schlachten
ſelbſt, wenn auch in gleich inniger Fühlung mit der Wiſſenſchaft wie jene drei
anderen großen Weltfaktoren.

Wie ſehr aber gerade wir deutſchen Ingenieure eine gegenſeitige Befruchtung von Wiſſenſchaft und Praxis hochhalten, wie ſehr wir ſchätzen, was
Mathematik, Phyſik, Chemie in ihrer Mitarbeit bei der Elektrotechnik, bei der
techniſchen Chemie, Elektrochemie und überhaupt in allen Zweigen unſerer

Technik Großes geleistet, wie sehr wir insbesondere auch um den persönlichen Austausch der Gedanken und Erfahrungen mit ihren Forschern bemüht sind: das kann — wie heute wiederholt betont — unser Verein fortlaufend aus seiner Geschichte nachweisen. Das hat aber nicht nur der deutsche Ingenieurverein, sondern die ganze Industrie von Nord und Süd bei der Jahrhundertfeier der Technischen Hochschule zu Charlottenburg durch die bekannte „Jubiläumsstiftung" in Dankbarkeit dargetan. In ihr arbeiten die Vertreter sämtlicher technischen Hochschulen Deutschlands neben einer gleichen Anzahl von Vertretern der Industrie seit nunmehr fünf Jahren zum Segen von Wissenschaft und Technik freudig zusammen.

Aber nicht nur dieses Band, das durch unsere aus dem Ingenieurstand hervorgegangenen Professoren ein ganz besonders intimes geworden ist, wird auch in Zukunft die gesamte deutsche Industrie in engster Verbindung mit allen Fortschritten der technischen Wissenschaft halten, sondern wir können zu unserer Freude auch darauf hinweisen, daß in der „Göttinger Vereinigung zur Förderung der angewandten Physik und Mathematik" schon ein direktes Zusammenwirken von Vertretern der theoretischen Naturwissenschaften der Universität und der Industrie seit einigen Jahren besteht und auch dort die besten Früchte des Fortschrittes für beide Teile zeitigt. Auch ist bekannt, daß einzelne hervorragende Physiker und Chemiker der Universitäten direkt mit den schaffenden Kräften der Technik einen an Erfolgen reichen Bund geschlossen haben, und wir können sicher sein, daß gerade diese Zierden der Naturwissenschaft gelernt haben, die selbständig schaffenden Kräfte der Technik nicht zu unterschätzen. Nirgends aber werden auch die selbständigen Fortschritte ihrer Wissenschaften, die sie in die Praxis tragen, ein freudigeres Verständnis auf der Welt finden als bei den deutschen Ingenieuren!

Alle diese höheren Einheitsbestrebungen, alle naturwissenschaftliche und technische Arbeit von einst und jetzt, sollen nun gewissermaßen eine Krönung in dem neuen „Deutschen Museum" in München erfahren, zu dessen definitivem Bau der Grundstein im November dieses Jahres — wie wir hoffen dürfen, im Beisein Kaiser Wilhelm II. und seines hohen Verbündeten, des Prinzregenten Luitpold — gelegt werden soll.

Die Gründung dieses für „Meisterwerke der Naturwissenschaft und Technik" bestimmten Museums erfolgte bekanntlich im Jahre 1903 unter dem Ehrenvorsitz des für diese Bestrebungen begeisterten Prinzen Ludwig von Bayern, und zwar bei Gelegenheit unserer Hauptversammlung in München. Ihr Vorsitzender erklärte damals, daß die Idee der hier in Frage stehenden Neugründung gewissermaßen der eigensten Atmosphäre unseres Vereins entstamme; denn die innigste Durchdringung von Wissenschaft und Technik sei von jeher sein Lebenselement. Am Schlusse jener Ansprache gab er namens unseres Vereinsvorstandes die Erklärung ab: „daß wir die Gründung dieses neuen lebensvollen Museums mit dankbarster Freude begrüßen, willens sind, diese Sympathie so viel als möglich in Taten umzusetzen und durch unsere über ganz Deutschland verbreitete Organisation dazu beizutragen, daß die großen Marksteine in der

Geschichte deutscher Technik nicht vom Flugsande der immer schneller fortschreitenden Zeit verschüttet werden."

An uns ist es jetzt, meine Herren, dieses damals wohlüberlegte abgegebene Versprechen einzulösen, und zwar für die großartige Organisation, die unser Oskar v. Miller inzwischen dafür geschaffen und ganz mit seiner Tatkraft erfüllt hat. Ein jeder von Ihnen kann dazu beitragen, sei es materiell, sei es durch persönlichen Einfluß, um manchen historischen Schatz der Naturwissenschaft und Technik vor Verderben oder Untergang zu bewahren!

Nicht aber das sei der Zweck jenes geplanten stolzen Baues, uns zu zeigen, „wie herrlich weit wir es gebracht", sondern im Gegenteil: Jene vereinten Sammlungen sollen uns erst den richtigen Maßstab für die Leistungen unserer Zeit und für unser eigenes Schaffen bringen, wenn wir dort die hohen Meisterwerke von Kulturperioden vor uns sehen, die einst unter so viel größerer Ungunst der Verhältnisse, mit so viel bescheideneren Werkzeugen, Instrumenten und Materialien, durch so viel Genie, Talent und eisernen Fleiß geschaffen worden sind.

Und wenn wir uns schon jetzt in vorausschauendem Geiste in den monumentalen Hörsaal des neuen Museums versetzt denken, wo die Vorführung und Erläuterung seiner Schätze ihm erst das rechte innere fortwirkende Leben geben sollen, dann möge über jenen Vorlesungen auch in dem Sinne ein guter Stern walten, daß sie uns nicht nur zeigen, wie Naturwissenschaft und Technik Meisterwerke für sich zustande gebracht, oder wie mächtig sie zu allen Zeiten auf die Kultur eingewirkt haben, sondern auch, wie beide zusammen doch immer nur Teile blieben jener unendlich vielen und vielseitigen Kräfte, die am Aufbau der Kultur mitgearbeitet haben und auch heute noch mindestens ebenso emsig daran mitschaffen.

Insbesondere aber möchten wir in jenem Zukunftssaal auch hören und mit dem reichen Material, das dort zur Verfügung stehen wird, bewiesen sehen, daß die Fortschritte der Naturwissenschaft und Technik auch hohe ideale und sittliche Lebenswerte erzeugen, und daß die letzte Konsequenz beider Entwicklungsreihen keineswegs, wie befürchtet wird, zu einer „Überschätzung des Intellekts" und zu einer „Verschüttung der tieferliegenden Quellen sittlichen und religiösen Empfindens" führen!

Und wer das Unglück haben sollte, dort gleichwohl einmal einer Vorlesung beiwohnen zu müssen, als deren letztes Resultat nichts weiter übrigbliebe als ein die Seele leer und kalt lassender Materialismus: nun, der fahre weiter über München hinaus nach den Bergen zu in die freie Gottesnatur in das Museum ihrer Original-Meisterwerke! Vielleicht gelingt es ihm dort, den richtigen Maßstab für seinen unendlich kleinen Anteil an der Kulturarbeit der Welt zu finden, oder besser noch, diesen Maßstab zu erleben!

Mit solch einem kleinen Erlebnis bitte ich schließen zu dürfen.

Ich stand in tiefem Morgendunkel auf dem Faulhorn, um den Sonnenaufgang zu erwarten. Vor mir lag die Jungfraukette, mir zunächst die mächtige, steil abfallende, schwarze Wand des Eigers. Mühsam erkannte ich in ihr die drei kleinen Galerieöffnungen wieder, die von der Jungfraubahn bei Station

Eigerwand aus dem Felsen gebrochen sind. Wie aus drei winzigen kleinen Laternen leuchtete jetzt das elektrische Licht in die Dämmerung hinaus.

Noch einmal durchfuhr ich in Gedanken jene Bahn, voll Bewunderung für das Werk der Schweizer Ingenieure, die dort tief im Innern des Felsens Tag und Nacht mit ihren italienischen Arbeitern und deutschen Werkzeugen sich immer weiter aufwärts bohren. Die große Kurve im Bergmassiv, die hinter jenen Galerieöffnungen der Eigerwand aufsteigt, hatte mich wenige Tage zuvor, am Eröffnungstage, an die andere Seite des Berges gebracht, auf die „Eismeerstation", die bis dahin höchste. Ich sah schon im Geiste die Bahn sich unter dem Jungfraujoch hin der Stelle nähern, wo ein elektrischer Aufzug direkt zur eisigen Höhe der Jungfrau hinaufführen soll; alle Schwierigkeiten schienen vor der hier waltenden zielbewußten Energie moderner Technik gewichen, . . . da plötzlich röteten sich die höchsten Bergspitzen, und die Riesenmassen der Gletscher und Firne wurden von einem großen Licht in Glut getaucht, das überraschend hinter mir aufgegangen war. Verblaßt und verschwunden waren die drei kleinen Erdenlichter drüben in der Eigerwand — und mit ihnen all meine stolzen Gedanken! —

6

Über Bildungsfragen.

Antwort auf drei Fragen der Redaktion von Nord und Süd im April 1910.

Auch das Thema der nachfolgenden Bemerkungen **über Bildungsfragen** ist nach der Revolution aktueller denn je geworden durch das unaufhörlich wiederholte Schlagwort von der „freien Bahn dem Tüchtigen". Meine nebenstehenden Ausführungen treten, ohne dieses Wort direkt als Leitmotiv zu haben, der falschen Auffassung entgegen, als ob dieses Problem in erster Linie ein Schulproblem sei, das gelöst wird, wenn jedem einigermaßen Begabten die Hochschulbildung freisteht.

In dem Schlußkapitel dieses Buches „Rückblick und Ausblick" habe ich noch weitere Gründe beigebracht, weshalb, abgesehen von der „freien Bahn", der bloß Tüchtige keineswegs das alleinige Ziel für unsere Volksbildung sein darf.

Zur Berufstüchtigkeit gehören unbedingt Charakterbildung und Persönlichkeitskultur als durchaus ebenbürtige Faktoren der staatsbürgerlichen Erziehung. Nicht nur vom Standpunkte der Gesamtbildung überhaupt, sondern auch von dem der Volkswirtschaft aus. Bloße Tüchtigkeit ohne Charakter und Persönlichkeitskultur ist auch wirtschaftlich minderwertig.

Die „freie Bahn" wird aber allen Tüchtigen und Kultivierten gerade dann am leichtesten erschlossen, wenn nicht das erlernte Wissen, sondern das Können des Talentes in jedem Beruf hochgeschätzt wird. Die Vorurteile der Geistesarbeiter gegen die Ergreifung der sog. praktischen Berufe und die höhere Bewertung im öffentlichen Ansehen, die alle nicht praktische Tätigkeit genießt, halten viele Eltern aus den mittleren und unteren Ständen ab, gerade ihre talentvollsten Söhne den Beruf des Vaters wieder ergreifen zu lassen. Dadurch gehen für diesen Beruf und die Söhne selbst die großen Vorteile der Überlieferung und Potenzierung ererbter Eigenschaften ganz verloren.

Jede berufstüchtige, charaktervolle und kultivierte Persönlichkeit muß in jedem Berufsstande und in Mitarbeit auf allen Gebieten geachtet und geehrt sein, sonst führt der Bildungshochmut gelehrten Wissens nur zu einer noch größeren Vermehrung des akademischen Proletariats, bei dem ein andauerndes Mißverhältnis zwischen Ansprüchen und Leistungen die chronische Krankheit ist.

Dazu kommt, daß hervorragende Charaktereigenschaften, wie Takt und Herzensbildung, von vornherein nicht an irgendeinen Stand gebunden sind, sondern sich tatsächlich in jeder Bevölkerungsschicht finden, ganz unabhängig von dem Bildungsgang.

Die Betätigung dieser Auffassung sollte sich jedermann bei dem täglichen Zusammenleben mit anderen Berufsarten zum natürlichen Prinzip machen, denn dadurch erst wird die Bahn für alle Tüchtigen frei, und zwar nicht nur eine Bahn, sondern viele Bahnen.

Das ist m. E. auch der Hauptgrund für die staunenswerte Erscheinung, daß in Amerika die verschiedenartigsten Völkerstämme so schnell zu einer politischen Einheit zusammenwachsen. Jeder fühlt sich glücklich in einem Land, wo er sich seines Handwerks und Standes nicht zu schämen braucht und darin frei vorwärts streben kann.

Nebenbei hat eine solche wahrhaft freie, d. h. von keinem Vorurteil beengte oder getrübte Berufswahl noch den großen nationalen und volkswirtschaftlichen Vorteil, daß sich jeder dem Berufe zuwenden kann, für den er die meiste Lust und Liebe und deshalb wohl auch gewöhnlich das meiste Talent hat. Nirgends ist die Bahn für alle Tüchtigen so frei wie in Amerika, denn nirgends wird jeder Tüchtige, der Erfolg hat, an seiner Stelle so geehrt wie dort, mögen auch sonst genug Mängel des Volkslebens und Volkscharakters nach anderen Richtungen vorliegen.

1.

Daß die Gegenwart an einer Überwertung der reinen Bildungsform krankt, ist für mich und viele Beobachter aus den verschiedensten Lebensstellungen längst keine Frage mehr. Und die darin liegende entschiedene Bejahung Ihrer Frage stammt gerade aus solchen Kreisen, die selbst Hochschulbildung genossen, ihr dankbar sind und deshalb auch an der Förderung der Wissenschaft auf allen Gebieten des Lebens freudigen Anteil nehmen.

Die Überschätzung des auf Akademien und Hochschulen erlernbaren Wissens für das schaffende Leben und den Lebenserfolg führt jene bekannte Überschwemmung der Hochschulen mit zum Teil nicht genügend wissenschaftlich vorbereiteten, auch daheim nicht genügend erzogenen Elementen herbei, die dann mit Wissensdünkel und Halbbildung ins Leben zurückkehren. Sie halten das rezeptive Wissen schon für Leistungen, und da für die meisten die Weiterbildung im Staatsdienst oder in sonstigen staatlichen und kommunalen Berufen fehlt und wegen ihrer Überzahl auch fehlen muß, so treten sie mißvergnügt und anmaßend in das praktische Leben ein, das sie überall reformieren und meistern wollen, ohne jede Erfahrung und ohne die tatsächlichen, komplizierten Lebensverhältnisse zu kennen, aus denen sich jede Berufstätigkeit und jeder Fortschritt zusammensetzt. Diese theoretischen Übermenschen bilden das schon so oft beklagte Bildungsproletariat unserer Zeit und übertragen die Keimzellen der Unzufriedenheit in alle Teile unseres sozialen Organismus.

Daß von den Hauptfaktoren des Lebenserfolges: Talent, Charakter und Wissen — wenn wir hier vom Glück und vom Einfluß der Religion absehen wollen — gerade der letztere Faktor, das Wissen, und insbesondere das schulmäßige und akademische Wissen, so überschätzt und fast immer an die erste Stelle gesetzt wird, dürfte sich u. a. wohl daraus erklären: daß sich das Wissen durch Sprache und Schrift leicht übertragen läßt, die wichtigeren Faktoren Talent und Charakter aber nicht. Da die Wissenschaft als Grundlage ihres ganzen Berufes die Formung und Ordnung der Gedanken hat und sie durch andauernde Übung und Vervollkommnung im sprachlichen und schriftlichen Ausdruck am besten und gewandtesten beherrscht, und da sie anderseits eine Fülle übersichtlich geordneten Stoffes stets zur Verfügung hat — selbst da, wo jede Eigenerfahrung fehlt —, so ist es nur zu natürlich, daß sie überall in Wort und Schrift dominierend auftritt und bewußt oder unbewußt bei jeder Gelegenheit den Eindruck hervorruft, daß sie die eigentliche Führerin jeder höheren Lebensbetätigung sei. Die bloßen Inhaber von Talent und Charakter aber, sofern sie nicht der Wissenschaft selbst angehören, formen die Resultate ihrer Lebensarbeit viel seltener in das geschriebene Wort der Literatur und Presse um. Denn ihr Beruf in Kunst und Technik, in Handel und Gewerbe führt sie zur Ausbildung ganz anderer Ausdrucksmittel und Lebensformen. Auch verschließt sich gerade das Beste, was sie andern mitteilen und womit sie in Wort und Sprache imponieren könnten, häufig überhaupt der begrifflichen Abstraktion oder dem allgemeinen Interesse. Initiative, glückliche Intuitionen, schöpferische Phantasie, Talent, Energie, Takt — alle diese notwendigen Ingredienzen des praktischen Erfolges, für die das Wissen nur eine Vorstufe ist, lassen sich schwer analysieren, am allerwenigsten von dem Betreffenden selbst, während jeder wissenschaftliche Forscher seine Lebensarbeit in formklarer Sprache wiederzugeben gewohnt ist. — Ein Künstler z. B., der viel über seine Kunst schreibt, ist in den meisten Fällen nicht sehr produktiv oder schafft zu sehr nach Prinzipien und mit dem Verstande, statt mit talentvoller Intuition. Auch von industriellen und kaufmännischen Kreisen hört man dasselbe Urteil und hat — oft mit Recht — gegen viel schreibende Herren den Verdacht mangelnder praktischer Leistung, schon weil der aufreibende Konkurrenzkampf kaum Zeit zu schriftstellerischer Tätigkeit läßt. Vielleicht liegt aber die Scheu besonders tüchtiger Praktiker, publizistisch aufklärend über ihr Fach zu wirken oder wissenschaftliche Resultate daraus festzustellen, darin: daß die Fortschritte so schnell aufeinander folgen, und man täglich erfährt, wie sehr jeder einzelne Fall und Erfolg selbst innerhalb desselben Berufszweiges immer von einem ganzen Komplex einzigartiger lokaler und persönlicher Verhältnisse abhängt, so daß jede darauf basierende Abstraktion, Verallgemeinerung und wissenschaftliche Formulierung wie eine direkte Abweichung von der Wahrheit erscheint. Gleichwohl sollte auch in diesen Kreisen die ungeheure Macht des gedruckten und gesprochenen Wortes in der Öffentlichkeit nicht unterschätzt werden, wo der streng logische Aufbau von Gedanken oft eine so faszinierende Wirkung ausübt — man denke an Marx —, daß man darüber ganz vergißt, die Voraussetzungen und das Fundament solchen Gedankenaufbaues auf ihre Wahrheit und Übereinstimmung mit der Wirklichkeit zu prüfen.

Interessant ist übrigens in dieser Richtung, daß die Freunde der Ecole polytechnique in Paris, die einen besonderen Verein bilden, für das Reformprogramm dieser alten Hochschule eine bessere Vorbildung und stärkere Betätigung der Eleven für schriftstellerische Leistungen fordern. Für Deutschland kann man erfreulicherweise schon jetzt eine viel größere Gewandtheit der jüngeren Generationen mit der Feder feststellen.

Nach dieser Abschweifung sei wiederholt, daß jeder wesentliche Fortschritt und Erfolg im Leben in erster Linie von Talent und Charakter abhängt. Das wird nur zu oft in Wort und Schrift vergessen, beweist aber am deutlichsten die Wissenschaft selbst. Denn unsere großen Forscher besitzen das Talent immer, und gerade bei bahnbrechenden wissenschaftlichen Arbeiten fehlt auch selten der bedeutende und zähe Charakter. Unsere großen Forscher sind überwiegend auch große Menschen, und meist schufen sie erst die Grundlagen der Spezialwissenschaft, der sie ihre Berühmtheit verdanken. Das frühere Wissen war für sie nur eine Grundlage, auf der erst Genie und Charakter den Fortschritt herbeiführten.

Und so ist es überall, innerhalb wie außerhalb der Sphäre der Wissenschaft: Initiative, Energie und Talent bahnen den Weg aufwärts, und für sie ist das von Dritten mitgeteilte „schulmäßige", nicht selbst erlebte Wissen nur eine Vorstufe des Erfolges!

Jeder, der einen großen Beamtenkörper heranzubilden Gelegenheit hat, macht gar schnell die Erfahrung, daß angeborene scharfe Beobachtungsgabe, schnelle intuitive Erfassung des Wesentlichen, Initiative und Energie alles rein schulmäßige Wissen schnell überholen. Er macht ferner die Erfahrung, daß führende Stellungen trotz vielen Wissens nur Männern von Zuverlässigkeit und Takt übertragen werden können — alles Eigenschaften, die sich nicht lehren und lernen lassen. Das Dogma von der führenden Stellung der Wissenschaft im Lebenserfolg ist daher ein gefährliches Trugbild! Die „Forderungen des Tages", die doch für die überwältigende Mehrzahl der Menschen die Hauptaufgabe bedeuten, erfordern aber noch ganz andere Eigenschaften und verlangen auch mit der täglich steigenden Menschenzahl und dem sich dadurch auch täglich steigernden Konkurrenzkampf eine so schnelle Konzentrierung der Arbeitsenergie, daß für manche Berufe eine akademische Ausbildung nur ein kostspieliger Bildungsumweg, wenn nicht gelegentlich auch ein Abweg sein würde.

2.

Aus Vorstehendem dürfte sich ohne weiteres ergeben, daß ich dem in Ihrer zweiten Frage berührten Streben, auch die sog. „praktischen und liberalen Berufe mehr und mehr zu akademisieren", durchaus unsympathisch gegenüberstehe.

Bei den Befürwortern dieser Ideen wird meines Erachtens außer den oben schon angedeuteten Gesichtspunkten noch übersehen, daß gerade für diese Berufe das vielgestaltige, beständig wechselnde Leben selbst die beste Schule ist, und daß jeder in diesen Berufen erfolgreich und führend gewordene Mann ganz von selbst schon „Schule macht". Denn was wirkt mehr als Beispiel und Mitarbeit?

Jedes bedeutende, in seinem Fach bahnbrechende Fabrikunternehmen, jedes erfolgreiche Bankinstitut, jedes groß angelegte Zeitungsunternehmen in seiner vielseitigen und schwierigen modernen Organisation, jede hervorragende Schauspiel- oder Opernbühne bildet für sich und für jeden denkenden und talentierten Mitarbeiter eine „hohe Schule", ein „Meisteratelier". Und gerade diese Meisterateliers und Laboratorien sind ja auch an den vorhandenen Kunstakademien, technischen Hochschulen und Universitäten anerkannt die für die Praxis wirksamsten Bildungsstätten. Deshalb stellen auch die vielgenannten „Industriekapitäne" und „königlichen Kaufleute" (übrigens wenig geschmackvolle Bezeichnungen) ebenso wie hervorragende, vielseitig gebildete Chefredakteure oder bedeutende darstellende Künstler eo ipso die besten Lehrmeister, auch ohne offiziellen Lehrauftrag, dar. Oder sollte nicht, um ein Beispiel herauszugreifen, ein genialer Schauspieler, wie der leider zu früh verstorbene Kainz, tatsächlich der beste Professor der Sprechkunst für den jüngeren Nachwuchs und für alle seine Mitspieler gewesen sein, — besser als wenn seine Sprechkunst und seine dramatischen Schöpfungen abstrakt in einer Theaterakademie zergliedert und durch Dritte gelehrt worden wären?!

Wenn Sie die neu gegründeten Handelshochschulen erwähnen, so muß ich für sie aus dem Grunde eine Ausnahme gelten lassen — obwohl ihre Zahl schon reichlich groß ist —; weil die jetzt die ganze Welt umfassende kaufmännische und technische Praxis es für den einzelnen, auch wenn er in einem sehr großen Musterbetriebe steht, sehr schwer macht, die wirtschaftlichen Zusammenhänge

der verschiedenen Länder aus eigenem Studium und eigener Erfahrung zu
erfassen. Hier tritt die übersichtlich ordnende und systematisch erfassende Tätigkeit der Wissenschaft in der Tat zeitsparend und vielseitiger orientierend auf.
Auch dürfte es für unsere täglich an Bedeutung wachsende Volkswirtschaftslehre
sehr nützlich und notwendig sein, hier möglichst vielseitige und voraussetzungs-
lose Fühlung mit dem schnell vorwärtsschreitenden Leben der Kaufmanns- und
Industriewelt zu gewinnen. Immer aber bleiben auch in dieser Welt Initiative
und Energie, Talent und Charakter die hauptsächlich für das Lebensschicksal
maßgebenden Faktoren.

Wie wäre es sonst auch erklärlich, daß so viele, die auf der Schule, ja selbst
noch auf der Hochschule, höchst Mittelmäßiges geleistet haben, gleichwohl Bahnbrecher auf den verschiedensten Gebieten der menschlichen Zivilisation und Kultur werden! Es darf aber dabei nicht — wie gewöhnlich — übersehen werden,
daß die Begabung für ein abstraktes, rein wissenschaftliches, z. B. auch sprach-
liches Studium nur e i n e Begabung unter vielen anderen, mindestens ebenso
wertvollen, ist. Die Hauptkräfte aber aller irgendwie bedeutenden Leistungen in Leben und Wissenschaft bleiben Energie und Charakter. Wie manches-
mal hat mich im Wandelgang des alten Reichstagsgebäudes das in goldenen
Lettern unter der Büste von Ernst Moritz Arndt stehende Wort erfreut: „Energie
ist die Tugend des Mannes". Und das gilt für die heutige Zeit noch viel mehr
als für die Zeit, in der es geprägt wurde. Auch ein anderes bekanntes Wort
sollte immer wiederholt werden: „Alle großen Gedanken stammen aus dem
Herzen." Mit der alleinigen und noch dazu rein schulmäßigen
Bildung des Geistes ist es also nach keiner Richtung getan!

Je mehr jede Tüchtiges schaffende Kraft um ihres eigenen inneren Wertes
und ihres äußeren Erfolges willen an beliebiger Stelle des Staates, im wirtschaftlichen oder wissenschaftlichen Leben, frei von alt eingewurzelten Vorurteilen, aber auch frei von der bloßen Anbetung des goldenen Kalbes, anerkannt, geschätzt und geehrt und je mehr neben der rein geistigen und wissenschaftlichen Ausbildung auch die ethische, insbesondere auch die Ausbildung
des Charakters gepflegt wird, um so mehr schaffensfreudige, opferbereite und
tatkräftige Männer wird der Staat für Friedens- und Kriegszeiten zur Verfügung haben, um so besser wird der soziale Friede der Stände ohne gegenseitige Mißgunst gefördert werden! Statt des bei jeder Gelegenheit gehörten
Rufes nach dem „Nürnberger Trichter" hieße es also für die Berufe, die in
heutiger Zeit noch Verlangen nach Akademisierung tragen, vielmehr: Vorwärts in der Schule des Lebens, mit offenen Augen, warmem Herzen und tatkräftiger Energie!

Zweiter Teil

Technisches

7
Die elektrische Zentrale Dessau.

Bericht über die Betriebsperiode 1886—1891.

Die phänomenale Entwicklung der Elektrizitätswirtschaft, insbesondere der elektrischen Zentralen, kann heute kaum besser veranschaulicht werden, als wenn man sich in die achtziger Jahre des vorigen Jahrhunderts mit dem nachfolgenden Aufsatz zurückversetzt.

Die kleine, von mir in Verbindung mit Oskar von Miller, dem damaligen Direktor der Edison-Gesellschaft in Berlin, projektierte **Dessauer elektrische Zentrale** war damals der Zielpunkt zahlreicher Interessenten aus aller Herren Länder. Sie war der Zeit nach die erste nach der ebenfalls noch kleinen Berliner Dampfzentrale der Allgemeinen Elektrizitäts-Gesellschaft und gekennzeichnet durch zwei Neuerungen: die alleinige Verwendung von Gasmotoren als Krafterzeugern und die Verwendung von Tudor-Akkumulatoren, die später fast ausschließlich zur Herrschaft gelangten.

Da die Anlage mitten in der Residenzstadt Dessau, unmittelbar neben dem Herzoglichen Hoftheater als Hauptkonsumenten lag, so war die Beseitigung des Auspuffgeräusches der Gasmotoren eine conditio sine qua non. Nach längeren mühseligen Versuchen, bei denen eines Tages sogar die Station in Brand geriet, gelang die Beseitigung des Auspuffgeräusches vollkommen. Wieviel hätten die Erbauer der modernen Flugfahrzeuge während des Weltkrieges darum gegeben, wenn sie dieselbe Geräuschlosigkeit für ihre Motoren beim Fahren durch die Luft hätten erreichen können. Die großen und schweren Expansionsgefäße, die indes dazu erforderlich sind, finden im Flugzeug nicht Raum genug und würden die Tragfähigkeit zu erheblich herabmindern.

Die am Schlusse des nachstehenden Berichtes ausgesprochene Hoffnung, daß an Stelle der gegenseitigen Befehdung von Gas und Elektrizität ihre Gemeinschaftsarbeit treten möchte, hat sich in weitestem Maße erfüllt. Die Gasgesellschaften und ihre Vereine nahmen die Elektrizitätswerke in ihren Geschäftsbereich auf und die städtischen Kommunen in gemeinsame Verwaltung.

Für mich persönlich ist diese kleine Zentrale die Anregung gewesen, den Bau von Großgasmotoren auf eigenes Risiko in langjähriger Arbeit durchzusetzen (vgl. den ausführlichen Bericht hierüber „Ein Beitrag zur Geschichte der Großgasmotoren", S. 201 u. ff.).

Nachdem die Deutsche Continental-Gas-Gesellschaft durch einen Statutennachtrag vom 12. März 1879 ihren Wirkungskreis auch auf Einrichtung und Betrieb der elektrischen Beleuchtung ausgedehnt hatte, wurde die erste Zentrale der Gesellschaft am 13. September 1886 in Dessau eröffnet[1]).

Dem Projekt lag einerseits der Gedanke zugrunde, daß der Gasmotorenbetrieb bei elektrischen Zentralen mittlerer Größe das natürliche Bindeglied zwischen Gas und Elektrizität sei —, indem alsdann das elektrische Licht nur als eine Umwandlungsform, als eine mechanische Umsetzung der Verbrennungswärme des Gases erscheint —, und anderseits die Er-

---

[1]) Nächst Berlin die älteste Zentrale in Deutschland.

wägung, daß nach allen wärmetheoretischen Untersuchungen und praktischen
Erfahrungen des letzten Jahrzehnts der gasförmige Brennstoff, und zwar
vorzugsweise das Steinkohlengas, für die Kraftentwicklung gerade in großen
Maschinen noch eine sehr bedeutende Zukunft vor sich habe.

I. Beschreibung der Anlage.

Der elektrotechnische Teil wurde von der Allgemeinen Elektrizitäts-
gesellschaft und Siemens & Halske in Berlin, die Motorenanlage und
Transmission von der Berlin-Anhaltischen Maschinenbau-Aktien-
gesellschaft ausgeführt. Der Betrieb steht seit Eröffnung unter Leitung des
Ingenieurs Herrn H. Roscher.

Die Motorenanlage, welche zurzeit einer wesentlichen Veränderung
unterzogen wird (s. w. unten), bestand bisher aus:

2 zweizylindrigen Gasmotoren (Ottos System) von
je 60 PS = ... 120 PS
1 zweizylindrigen Gasmotor (Ottos System) von . 30 „
1 einzylindrigen Gasmotor (Ottos System) von . 8 „

158 PS ∾ 160 PS eff.

Die Gasmotoren waren durch Transmission und ausrückbare Kuppelungen
mit den vier Dynamomaschinen entsprechender Größe verbunden. Der 8pferd.
Motor, gewöhnlich mit 10 PSe beansprucht, wurde zur Tagesbeleuchtung und
zum Antriebe der größeren Motoren benutzt.

Zur Kühlung der Gasmotoren dienen drei untereinander und mit sämtlichen Gasmotoren verbundene schmiedeeiserne Luftkühlgefäße von insgesamt
100 qm Kühlfläche. Um die beträchtlichen Reibungswiderstände in den Kühl-
leitungen zu überwinden und die Zirkulation sowie die Temperatur beliebig
regeln zu können, ist ein Injektor zwischen den Kühlgefäßen und Motoren
eingeschaltet, welcher durch Wasser aus der städtischen Wasserleitung betrieben
wird.

Als Reserve für die Wasserversorgung dient eine kleine Pumpe mit einem
1 pferd. Elektromotor.

Durch die Luftkühler wird der Wasserverbrauch der Motoren im Jahresdurchschnitt auf 23 bis 24 l pro PS herabgemindert, während man mit neueren
und besseren Kühlanlagen (z. B. mit Gradierwerken von Klein, Schanz-
lin & Becker) sicherlich noch weit ökonomischer arbeiten wird. Wir wollen
übrigens hierbei bemerken, daß in der angegebenen Wassermenge der nicht
unbedeutende Wasserverbrauch der Lager der Dynamowellen mit einbegriffen ist.

Der Auspuff der Gasmotoren ist nach mehrfachen Versuchen in Dessau
durch eine einfache Vorrichtung vollständig geräuschlos gemacht, so daß
man, außerhalb des Maschinengebäudes stehend, kaum nach dem Gehör unterscheiden kann, ob die großen Gasmotoren in Betrieb sind oder nicht; nur eine
weiße, geruchlose Dampfwolke zeigt den Betrieb der Gasmotoren an.

Die Dynamomaschinen.

Bei Eröffnung der Zentrale waren montiert:

2 Nebenschluß-Edison-Dynamos von je 35000 Watt
   Leistung = ... 70000 Watt
1 Nebenschluß-Edison-Dynamo von . . . . 23000 „
1 Nebenschluß-Edison-Dynamo von . . . . 5000 „

                       Summa 98000 Watt.

Die Dynamos arbeiten mit 110 Volt Spannung. Nach Aufstellung einer größeren Akkumulatorenbatterie im Jahre 1889 mußte eine der beiden größeren Dynamomaschinen gegen eine mit höherer Spannung (140 Volt) arbeitende ausgewechselt werden. Die Mehrleistung dieser neuen Dynamo mit 45000 Watt gegenüber 35000 Watt des älteren Modells entspricht ungefähr dem Verlust in den Akkumulatoren. Die Leistung sämtlicher Dynamos beträgt sonach zurzeit 108000 Watt.

Verteilung der Elektrizität.

Das Schaltbrett für die Dynamos und Kabelleitungen ist nach dem damaligen Schema der Allgemeinen Elektrizitätsgesellschaft eingerichtet und für das Zweileitersystem ausgeführt, während später auch ein Dreileitersystem angeschlossen werden kann.

Es sind zurzeit verlegt: 3451 m Doppelleitung, und zwar eisenbandarmierte Bleikabel von Siemens & Halske.

Die Akkumulatorenanlage.

Nachdem bereits im Jahre 1887 eine kleine Batterie für 100 Lampen in Betrieb gekommen war, welche durch den kleinen 8pferd. Gasmotor gespeist wurde, hatte dieselbe trotz ihres geringen Wirkungsgrades von nur ca. 50% und trotz ihrer schnellen Zerstörung gleichwohl die Vorzüge der Akkumulatoren nach den verschiedensten Richtungen so deutlich erkennen lassen, daß im Sommer 1889 die alte kleine Batterie durch eine größere Tudor-Akkumulatoren-Batterie (Müller & Einbeck in Hagen i. W.) von 1700 Amperestunden Kapazität ersetzt wurde.

Die neue Batterie nimmt zur Ladung die volle Kraft eines der beiden 60pferd. Motoren in Anspruch, kann 600 Lampen auf 5 bis 6 Stunden mit Strom versorgen und ist parallel zu den Dynamomaschinen geschaltet.

Die Aufstellung dieser Akkumulatorenbatterie vermehrte das gesamte Anlagekapital der Zentrale um 15% und erhöhte ihre Leistungsfähigkeit um ca. 38%.

Seit Aufstellung derselben können wir den Betrieb der Zentrale erst als einen normalen, ökonomischen und sicheren ansehen.

Der ökonomische Wirkungsgrad der Batterie (durch zwei Aronsche Wattmesser sorgfältig festgestellt) betrug im Jahre 1890 im

Januar . . . . 75% Mai . . . . . 74% September . 77,5%
Februar . . . 86% Juni . . . . . 79% Oktober . . 92,8%[1])
März . . . . . 70% Juli . . . . . 76% November . 79,2%
April . . . . 80% August . . . 70% Dezember . 77%

Jahresdurchschnitt: 78,9%.

Die Fortschritte des Wirkungsgrades der früheren und gegenwärtigen Anlage stellen sich wie folgt dar:

	1887	1888	1889	1890
Kleine Akkumulatoren-Batterie . . .	40%	52%	—	—
Größere „ „ . . .	—	—	78,87%	78,9%

Es wird indessen bei Benutzung dieser Zahlen gewöhnlich der Irrtum begangen, die gesamte Jahresproduktion einer solchen Zentrale mit dem Energieverlust der Akkumulatoren von 20 bis 25% zu belasten. Dies ist keineswegs richtig, und hängt vielmehr der prozentuale Jahresverlust auch von dem Verhältnis ab, in welchem die Größe der Akkumulatorenanlage zur gesamten Maschinenleistung steht. In Dessau z. B. wurde den Akkumulatoren im Jahre 1890 52% des Gesamtjahresverbrauches entnommen: also auch nur für diesen Prozentsatz kommt der ökonomische Verlust von ca. 21% in Betracht, so daß der Verlust durch die Akkumulatoren nur 10 bis 11% vom Gesamtjahresverbrauch ausmacht.

Die neue Batterie ist jetzt nahezu zwei Jahre ununterbrochen ohne jede Störung in Betrieb; sie wurde zu verschiedenen Malen mit 20 bis 25% höherer Kapazität beansprucht, ohne irgendwie Schaden zu leiden.

Die bekannten Vorteile von Akkumulatorenanlagen haben sich nach den Dessauer Erfahrungen wie folgt bestätigt:

1. Die plötzlichen Licht- und Spannungsschwankungen infolge von Konsumveränderungen — welche gerade bei kleinen und mittelgroßen Betrieben wegen der geringen Gesamtzahl brennender Lampen verhältnismäßig viel stärker und plötzlicher auftreten als bei großen Zentralen — fallen fort, desgleichen die kleinen Pulsationen des Maschinenbetriebes.

2. Bei plötzlichem Versagen der Betriebsmaschinen kann ein Teil des Konsums (z. B. der eines Theaters usw.) längere Zeit aus den Akkumulatoren gedeckt werden.

3. Durch günstigere Ausnutzung (Belastung) der Motoren verminderte sich pro 1 PS:

a) der Gasverbrauch der Motoren von 920 l im Jahresdurchschnitt 1888 auf 750 l im Jahre 1890,

b) der Kühlwasserverbrauch[2]) von 62,6 l auf 23,7 l,

c) der Ölverbrauch[2]) von 19,9 g auf 9,8 g.

---

[1]) Wahrscheinlich ein Ablesungsfehler.
[2]) Weil auch die Betriebsstundenzahl der Motoren durch die stets volle Belastung wesentlich geringer wurde.

4. Da die großen Motoren durch den aus den Akkumulatoren entnommenen
und durch die Dynamos geſchickten Strom in ihrer normalen Drehrichtung
angetrieben werden können (ſ. w. unten), ſo fällt die Anlage und der Betrieb
des Antriebsgasmotors und der Antriebstransmiſſion fort.

5. Da der elektriſche Strom zu jeder Zeit, Tag und Nacht, abgegeben
wird, ſo wird die Nachtſchicht der Arbeitskräfte geſpart.

II. Betriebsreſultate.

Das Perſonal beſteht zurzeit aus

         dem leitenden Ingenieur,

         einem Aſſiſtenten,

         zwei Maſchiniſten,

         einem Inſtallateur und

         einem Arbeitsmann.

Das Anlagekapital ſteigerte ſich, bei erheblichen Abſchreibungen, von

         M. 219952 am 31. Dezember 1886,

     auf „ 240661 „   „   „   1890,

ſo daß dasſelbe Ende 1890 bei 3689 inſtallierten Lampen ca. M. 65 pro inſtal-
lierte Lampe beträgt. Von dieſen 3689 inſtallierten Glühlampen hat aber nur
ein ganz ausnahmsweiſe niedriger Prozentſatz gleichzeitig gebrannt,
nämlich 60%. Das Anlagekapital würde indeſſen bei den Preiſen der jetzt zur
Verfügung ſtehenden Gasmotoren von über 100 PS und bei den in Zukunft
zu treffenden vorteilhafteren Dispoſitionen der Maſchinenanlage (ſ. w. unten)
ganz weſentlich geringer ſein können.

Die Abſchreibungen ſind folgendermaßen feſtgeſetzt:

für Gebäude 1,0%

 „ Motoren und Dynamos 12,5%

 „ Akkumulatoren 10,0%

 „ Schaltbrett, Kabel, Gas- und Waſſerleitungen . . . 3,0%.

Die beſte ökonomiſche Leiſtung der Gasmotoren war bisher
die, daß zur Ladung der Akkumulatoren für 1 Glühlampenſtunde
von 16 NK = 55 VA 68 l Gas gebraucht wurden, während nach nach-
ſtehender Tabelle, einſchließlich der Verluſte in den Akkumulatoren und dem
Verteilungsnetz, 100,52 l für eine Lampenbrennſtunde im Jahresdurchſchnitt
erforderlich waren. Beide Zahlen laſſen ſich indeſſen nicht direkt vergleichen,
um daraus etwa den Geſamtverluſt der Anlage uſw. zu berechnen, weil die
erſtere Zahl nicht, wie die letztere, den Jahresdurchſchnitt darſtellt.

Die durchſchnittliche Brennſtundenzahl ſämtlicher inſtallierten Lampen
beträgt infolge einer verhältnismäßig großen Anzahl ſehr ſelten brennender
Lampen (im herzoglichen Schloß zu Deſſau) nur 181, dagegen bei den Privaten
264 pro Jahr. Die Brennſtundenzahl iſt hierbei in der Weiſe ermittelt, daß
der geſamte Jahreskonſum in Ampereſtunden durch den ſtündlichen Konſum
ſämtlicher inſtallierten Lampen, bzw. derjenigen bei Privaten, dividiert

Übersicht einiger Betriebsverhältnisse.

	1886 (3 Monate)	1887	1888	1889	1890
1. Zahl der installierten Lampen:					
a) Glühlampen verschiedener Größe .	1 014	2 027	2 064	3 094	3 194
b) Bogenlampen	4	27	48	56	59
a und b auf 16kerzige Glühlampen reduziert	1 076	2 400	2 544	3 565	3 689
2. Stromverbrauch in Amperestunden	62 827	195 547	243 670	333 380	367 135
3. Jahresverbrauch an Gas . cbm	27 754	54 189	60 020	68 783	67 099
4. Eine Pferdekraftstunde verbrauchte im Jahresdurchschnitt					
an Gas l	—	953	920,6	800	750
an Wasser (inkl. Kühlung der Lager der Dynamos) l	—	—	62,6	33,7	23,7
an Schmiermaterial . . . . g	—	43,6	19,9	13,5	9,8
5. Eine Glühlampenbrennstunde von 16 NK à 55 Watt verbrauchte an Gas (inkl. sämtlicher Verluste der Produktion und elektrischen Verteilung). l	—	152,4	131,37	113,39	100,52

wird. Die durchschnittliche Brennstundenzahl der Gasflammen — in derselben Weise wie für die elektrische Beleuchtung ermittelt — beträgt in Dessau 437 bzw. 524 Stunden, je nachdem man eine Gasflamme von 16 NK zu 180 oder 150 l Konsum pro Stunde rechnet. Die geringe Brennstundenzahl der elektrischen Flammen bei Privaten von 264 gegenüber 437 bzw. 524 bei Gas erklärt sich u. a. daraus, daß die Mehrzahl der Privatkonsumenten Gas- und elektrisches Licht brennt, daß in kleineren Städten auch die besten Konsumenten (Ladengeschäfte und Restaurants) nicht so lange Licht brennen wie in großen und eine besonders gute Klasse von Abnehmern der Elektrizität, die Bank- und großen Handlungshäuser, in vielen kleineren Städten nur wenig in Betracht kommen. Endlich trägt die Bequemlichkeit des Ein- und Ausschaltens der elektrischen Beleuchtung sowie im Winter die mangelnde Wärme zur Verringerung der Brennstundenzahl bei.

Diese geringe durchschnittliche jährliche Brennstundenzahl der Flammen, welche sich indessen für eine ganze Reihe kleinerer und mittlerer Städte bei elektrischem Licht nicht viel höher stellen dürfte, trägt die Hauptschuld an dem bisherigen schlechten finanziellen Resultat der Dessauer Anlage. Die Brennstundenzahl ist aber einer der Hauptfaktoren für die Rentabilität, so daß sich unter Annahme einer hohen Brennstundenzahl auch entsprechend höhere Rentabilität herausrechnen läßt.

III. Umbau der Zentrale.

Nachdem die Einführung der Akkumulatoren als vollständig bewährt für Dessau gelten konnte, hat sich im Betriebe dieser Zentrale das Bedürfnis nach einer veränderten Maschinendisposition herausgestellt, welche auch sonst für ähnliche Neuanlagen in erster Linie in Betracht kommen dürfte.

Man mußte früher darauf bedacht sein, die Motoren in ihrer Größe so abzustufen, daß einem großen Konsum ein großer, einem kleinen Konsum ein kleiner Motor so weit als möglich mit voller Belastung (ohne Akkumulatoren) entsprechen konnte, denn die schwache Belastung eines großen Motors erwies sich, wie zu erwarten war, von vornherein als sehr unökonomisch im Gasverbrauch usw. Während also die ursprüngliche Dessauer Anlage deshalb auch Abstufungen von 10, 30 und 60 PS in Motoren und Dynamos besaß, fällt die Notwendigkeit kleinerer und mittlerer Maschinengrößen bei Akkumulatoren ganz fort, indem ein geringer Konsum vorteilhafter entweder ganz aus den Akkumulatoren gedeckt wird, ohne daß ein Motor in Betrieb ist, oder indem die für den großen Motor bei direktem Betrieb fehlende volle Belastung durch gleichzeitige Ladung der Batterie herbeigeführt wird. Denn trotz des Verlustes in den Akkumulatoren von ca. 21% arbeiten die großen Motoren in Parallelschaltung mit denselben günstiger als kleinere Motoren ohne Akkumulatoren direkt in das Kabelnetz, weil erstens große Motoren an sich schon 25 bis 30% weniger Gas pro PSe gebrauchen als kleine, und dieselben zweitens wegen der Parallelschaltung mit den Akkumulatoren stets voll belastet laufen, während die kleineren Motoren trotz der Abstufung in ihrer Größe nur selten bei direktem Betrieb voll ausgenutzt werden können. Die Größe der Motoren und ihre stets volle Belastung ersetzen also nicht nur den Verlust der Akkumulatoren, sondern führen, wie die oben mitgeteilte Statistik beweist, sogar eine vergrößerte Betriebsökonomie nach den verschiedensten Richtungen und noch vielfach andere Vorteile herbei.

Wie wichtig aber die stets volle Belastung der Motoren ist, und zwar ebenso sehr für Dampf- als Gasmaschinen, dürfte sich in Zukunft gerade aus dem Betriebe von elektrischen Zentralen noch weit schlagender als aus anderen Fabrikbetrieben ergeben. Denn in den letzteren ist man bei wechselnder Inanspruchnahme der Maschinen selten in der Lage, die jeweilige wirkliche Belastung der Betriebsmaschine festzustellen und mit dem jeweiligen Brennstoffverbrauch zu vergleichen, während in Zentralen genaue elektrische Meßinstrumente jederzeit über die Beanspruchung der in Betrieb befindlichen Maschinen Aufschluß geben können. In dieser Erkenntnis, und weil in der Tat diese Beobachtungen in Zukunft noch weit mehr Beachtung finden müssen, haben die Engländer, auf Vorschlag von Crompton, sogar ein besonderes Wort hierfür in dem „Belastungsfaktor" (load factor) eingeführt.

Es ergab sich also bei der Dessauer Zentrale im praktischen Betriebe gleichsam von selbst, daß nach Anlage der Akkumulatoren der 8pferd. und 30pferd. Motor nur noch selten in Betrieb kamen, und zwar nicht wie früher in den Perioden mit geringem Konsum, sondern im Gegenteil dann, wenn in einzelnen Stunden des Maximalkonsums die 60pferd. Motoren mit den Akkumulatoren zusammen den Konsum nicht decken konnten. Es mußten alsdann vier Motoren gleichzeitig mit den Akkumulatoren arbeiten.

Während man nun im Jahre 1886 überhaupt nur Gasmotoren mit einer größten Leistung von 60 PS kannte, werden heute solche Zwillingsmotoren schon mit 120 bis 140 PSe gebaut, so daß man also an Stelle dreier Motoren von 60, 30 und 10 PS einen einzigen Motor von 120 PS aufstellen kann, welcher, noch 20 PS mehr leistend, bedeutend weniger Raum und pro 1 PS abermals weniger Gas, Wasser, Schmiermaterial und Bedienung erfordert. Da man ferner inzwischen bei den Gasmotoren außer der Größe auch einen solchen Gleichförmigkeitsgrad erreicht hat, daß sogar einzylindrige Maschinen direkt mit den Dynamos gekuppelt werden können, so fällt hiernach, außer der sonstigen Gewinnung an Raum, in Zukunft auch die Transmission mit den Riemen, Seilen, komplizierten Kuppelungen und Betriebsverlusten fort.

Endlich kommt in Betracht, daß man beim Vorhandensein von Akkumulatoren einen Antriebsmotor für die großen Gasmotoren nicht mehr braucht, indem die letzteren durch den Akkumulatorenstrom und die Dynamos in ihrer normalen Umdrehungsrichtung angetrieben werden können. Der Dirigent der Zentrale, Herr Roscher, hat diese Einrichtung seit dem Jahre 1890 mittels eines parallel zum Ankerstromkreis geschalteten, leicht regulierbaren Flüssigkeitswiderstandes in einfachster Weise ausgeführt. Hierdurch kommt also außer dem Antriebsmotor auch die ganze Antriebstransmission der großen Gasmotoren in Wegfall.

Aus den vorgedachten Gründen wird im laufenden Jahr der Umbau der Zentrale derart ausgeführt, daß an Stelle des 8-, 30- und eines 60pferdigen Motors ein neuer Deutzer Motor von 120 PS mit einer direkt gekuppelten neuen Dynamo der Firma Fritsche & Pischon und einer Leistung von in Max. 84000 Watt aufgestellt wird. Es bedarf indessen wohl kaum der Erwähnung, daß die unregelmäßige Form des Grundrisses von lokalen Bedingungen abhängig war.

Die Akkumulatorenanlage, welche erst später mit wachsendem Bedürfnis so vergrößert werden soll, daß sie beim Laden die volle Kraft des neuen 120pferd. Motors aufnimmt, wird vorläufig nach wie vor bei Tage von dem 60pferd. Motor geladen, während in den Abendstunden der 120pferd. neue Motor gleichzeitig in die Akkumulatoren und direkt in das Kabelnetz arbeiten soll, so daß also statt 3 nur 1 voll belastete Maschine, ev. statt 4 Motoren nur 2 in Betrieb kommen.

Es hat sich übrigens inzwischen herausgestellt, daß die Ladefähigkeit der vorhandenen Batterie wesentlich größer als 60 PS ist, so daß auch der 120pferd. Motor bereits ca. 75 PS an den Akkumulator abgeben kann. Je nach der Gasersparnis, welche ev. der 120pferd. Motor bei Ladung der Akkumulatoren mit Belastung von nur ca. 75 PS gegenüber dem voll belasteten 60pferd. Motor zeigt, wird ev. der 120pferd. Motor auch allein zum Laden der Akkumulatoren bei Tage benutzt werden.

Dieser vollständige Umbau, welcher namentlich auch im Hinblick auf andere größere Zentralen der Gesellschaft mit Gasmotoren unternommen wird, läßt demnach außer einer bedeutenden Raumersparnis bzw. der Möglichkeit einer weiteren bedeutenden Vergrößerung auf demselben sehr günstig gelegenen Grundstück (mitten in der Stadt und unmittelbar neben dem elektrisch beleuchteten Herzogl. Hoftheater) auch noch wesentlich bessere Betriebsresultate für die Zukunft erwarten.

IV. Resultate aus der fünfjährigen Praxis der Dessauer Zentrale.

Der Gasmotorenbetrieb hat sich nach jeder Richtung hin vorteilhaft erwiesen und ist unter der Voraussetzung, daß das Gas nicht gekauft werden muß, sondern Gas- und elektrische Anlage sich in einer Hand befinden, für mittelgroße und kleine Städte in vielen Fällen empfehlenswert.

Die Vorteile, welche solche Zentralen bieten, sind:

1. geringer Raumbedarf, also kleines Grundstück;
2. geringer Wasserbedarf: 23 bis 24 l pro Pferdekraftstunde, bzw. bei besseren neueren Kühlanlagen noch erheblich weniger;
3. Unabhängigkeit vom Eisenbahnanschluß bzw. Vermeidung des Kohlentransportes in die Stadt;
4. keine Rauchbelästigung;
5. keine Explosionsgefahr;
6. geringere Anlagekosten als bei gleich großen Dampfmaschinenanlagen:
   a) weil das Grundstück wesentlich kleiner,
   b) weil das Kabelnetz wesentlich billiger wird, sofern man mitten in der Stadt im Schwerpunkt des Elektrizitätsbedarfs, aus den Gründen sub 1 bis 5, leichter ein Grundstück für Gasmotorenbetrieb als für Dampfbetrieb, finden und benutzen kann;
   c) weil die Kosten der Gasmotorenanlagen über 100 PS wesentlich billiger werden als die gleich großer Dampfmaschinen-Anlagen, inkl. Reservekessel, Kesselhaus und Schornstein (s. w. u.);
7. geringer Spannungsverlust im Leitungsnetz infolge günstiger Lage der Zentrale;
8. kleines Betriebspersonal;
9. jederzeitige leichte und genaue Kontrolle des Brennmaterialverbrauchs (Gas) für jede einzelne Maschine durch Gasuhren;
10. sicherer und bequemer Betrieb, gerade für Anlagen mittlerer Größe, wo die Schwankungen bei dem geringen Gesamtkonsum gewöhnlich viel plötzlicher auftreten und die Betriebszeit oft nur eine sehr kurze ist. Bei unerwartet auftretendem größeren Konsum lassen sich außerdem die Gasmotoren viel schneller in Betrieb setzen als Dampfkessel.

Was nun die Betriebskosten, insbesondere den Selbstkostenpreis des Gases anbetrifft, so muß als selbstverständliche Voraussetzung für einen richtigen Vergleich mit den Kosten des Dampfmaschinenbetriebes gelten:

daß die Selbstkosten des Gases so berechnet werden, wie sie sich **tatsächlich** stellen, und daß der auf die elektrische Zentrale entfallende Verbrauch nicht mit Faktoren belastet wird, welche lediglich für die Aufspeicherung, Verteilung und den Absatz von **Leucht**gas in der Stadt in Betracht kommen.

Denn wenn eine Gasanstalt ein großes Quantum Gas, z. B. 500000 cbm, an einen einzigen großen Konsumenten: die Zentrale abgibt, so erhöhen sich dadurch die allgemeinen Verwaltungskosten gar nicht; es kommen nur die bei der Produktion des Gases verausgabten Löhne, Reparaturen, Erneuerungen usw., also die eigentlichen Fabrikationskosten im engeren Sinne, in Betracht. Die nicht unerhebliche Quote der Verwaltungskosten und Beamtensaläre fällt demnach fort; ebenso kommen die Unkosten nicht in Betracht, welche vielen Gasanstalten durch die öffentliche Beleuchtung und den Verlust im Rohrsystem erwachsen, indem die Erweiterung des Privatkonsums durch eine gleiche Gasmenge, wie sie die elektrische Zentrale verbraucht, sonst regelmäßig auch mit einer Vermehrung der öffentlichen Beleuchtung und Erweiterung des Rohrsystems, Aufstellung zahlreicher Gasuhren und anderen Verlustquellen Hand in Hand zu gehen pflegt. Liegt die Zentrale auf der Gasanstalt selbst, so kann selbstverständlich von einem Anteil am Gesamtverlust der Anstalt keine Rede sein, ebenso wenig, wenn die Zentrale mit der Gasanstalt durch einen besonderen Röhrenzug verbunden wird, der, ohne alle Abzweigungen, erfahrungsmäßig fast absolut dicht verlegt werden kann.

Dementsprechend scheidet auch bei Verzinsung des Anlagekapitals der Gasanstalt das Straßenrohrsystem aus, bzw. kann nur mit dem Mehrkapital in Rechnung gestellt werden, welches die elektrische Anlage tatsächlich veranlaßt. Ferner ist der Wert der Gasometer abzusetzen, da die Akkumulatoren bei Tage geladen werden oder durch einen Betrieb von 20 Stunden in der Maximalkonsumzeit die Entnahme von Gas aus der Anstalt keine Mehrkosten in der Gasometeranlage verursacht.

Es bleiben sonach von den Selbstkosten des Gases für die elektrische Zentrale außer einer wesentlich geringeren Zinsbelastung in den meisten Fällen nur die Kosten des Roh- und Feuerungsmaterials, abzüglich der Nebenprodukte, sowie die eigentlichen Fabrikationskosten, inkl. der Reparaturen und Erneuerungen, übrig.

Nächst dem Vergleich der Betriebskosten von Gas- und Dampfanlagen kommen aber auch die Anlagekosten der Zentralen mit ihrer Verzinsung ganz wesentlich in Betracht. Die drei Hauptgründe, welche ein geringeres Anlagekapital für Gasmotoren-Zentralen ermöglichen, sind oben sub 6 unter den Vorteilen solcher Betriebe schon angegeben. Besonders hervorgehoben sei hier nur, daß sich neuerdings das Verhältnis der Kosten einer Betriebsanlage mit Gasmotoren im Vergleich zu einer solchen mit Dampfmaschinen ganz wesentlich zugunsten der Gasmotoren verschoben hat. Denn während bisher die Anlagekosten der größten Gasmotoren stets ungefähr gleich waren denen gleich starker Dampfmaschinen, so betragen zurzeit schon die Ausgaben für einen 120pferd. Gasmotor inkl. Aufstellung nur ca. die

Hälfte wie bei einer Dampfmaschinenanlage mit Reservekessel, Dampfkessel-
gebäude und Schornstein.

Ein zweizylindriger 120pferd. Gasmotor kostet heute nicht
mehr wie ein 60pferd. Motor im Jahre 1886.

Nun ist aber mit der größten Wahrscheinlichkeit anzunehmen,
daß im Laufe der nächsten Jahre noch größere Gasmotoren mit
höherer Ökonomie gebaut werden, nachdem sich ihre Größe in
den letzten fünf Jahren mehr als verdoppelt hat, so daß man also
auch im Hinblick auf spätere Vergrößerung von Zentralen nicht
nur auf größere, sondern auch auf Gasmotoren mit wesentlich
geringerem Gasverbrauch rechnen kann.

Wenn demnach für Städte oder Gasgesellschaften eine erste Leistungsfähigkeit der elektrischen Anlagen bis zu 7500 gleichzeitig brennenden, also
ca. 10000 installierten Lampen erforderlich ist, sollte man doch zunächst einmal
eine vergleichende Berechnung zwischen Dampf- und Gasmotorenanlagen
anstellen, aber dabei nicht allein die reinen Kosten des Motoren-
betriebes, sondern die oben angedeuteten mindestens ebenso
wichtigen anderweitigen Vorteile der Gasmotorenanlagen mit
berücksichtigen.

Selbstverständlich gehen wir nicht so weit — und wir betonen dies ausdrücklich —, den Gasmotorenbetrieb für elektrische Zentralen in dem vorgedachten Umfange unter allen Umständen zu empfehlen; nur scheint es
uns, als wenn die oben mitgeteilten Erfahrungen und Resultate einer nahezu
fünfjährigen statitisch genau festgestellten Praxis wenigstens dazu führen könnten:
1. der gänzlichen Nichtbeachtung der Gasmotoren für elektrische Zentralen
entgegenzutreten, nachdem sich diese Motoren schon in Tausenden von Einzelanlagen für elektrischen Betrieb so ausgezeichnet bewährt haben; 2. den Vergleich mit Dampfmaschinenanlagen wirklich rationell, d. h. nach den verschiedenen hierbei in Betracht kommenden Gesichtspunkten durchzuführen,
und 3. im Auge zu behalten, daß nach der bisherigen Entwicklung des Gasmotoren-
baues, insbesondere nach der Verdoppelung der Größe der Motoren innerhalb
fünf Jahren, für spätere Vergrößerungen aller Voraussicht nach
auch noch weit größere und im Gasverbrauch wesentlich spar-
samere Gasmotoren zur Verfügung stehen werden.

Bekannt ist der Ausspruch von William Siemens:

„Es ist nur noch eine Frage der Zeit, daß die festen Brenn-
stoffe durch luftförmige und namentlich durch **Steinkohlengas**
verdrängt werden müssen, damit der jetzt so kolossalen Verschwendung an Feuerungsmaterial ein Ziel gesetzt wird" — — —
und endlich auch ein Anfang mit Beseitigung der Rauchplage
gemacht werde — so könnte man wohl gerade im Hinblick auf elektrische Zentralen noch hinzufügen.

Nach den wärmetheoretischen Untersuchungen der neueren Zeit stellt sich
die Ausnutzung des Brennmaterials wie folgt:

	bei Dampfmaschinen- anlagen	bei Gasmotoren mit Steinkohlengasbetrieb
nach Slaby (Journ. f. Gasbel. 1883, S. 552 u. 567)	8,0 %	16,5 %
nach Clerk (The Gas engine 1886, S. 263 u. 267)	11,1 %	21,0 %.

Vielleicht wird mancher städtischen Verwaltung und mancher Gasgesellschaft der Übergang zu elektrischen Zentralanlagen leichter werden, wenn sich
nach einer genauen, vorstehend nur angedeuteten Prüfung der Betrieb mit
Gasmotoren vorteilhafter als mit Dampf erweisen sollte. Dies wird u. a.
namentlich auch dann der Fall sein können, wenn neue Gasanstalten vorhanden sind bzw. erbaut werden müssen, welche den Gasverbrauch der elektrischen
Zentrale ohne wesentlichen Mehraufwand an Kapital zu decken vermögen.

Auf alle Fälle aber empfiehlt es sich, mag man sich nun für
Dampf- oder Gasbetrieb entscheiden, die Gas- und Elektrizitätswerke
gemeinschaftlich verwalten zu lassen, damit sich einerseits der kaufmännische
und technische Betrieb einheitlicher und billiger gestalte, und anderseits das Licht,
Wärme und Kraft gebrauchende Publikum in die Lage versetzt werde, ohne einseitige Konkurrenzbestrebungen Gas und Elektrizität im Haus und Gewerbe-
betrieb in zweckmäßigster Weise zu vereinigen.

Es wird sich dann wieder einmal das bekannte Schillersche Wort erfüllen:

„Sieh, da entbrennen in feurigem Kampf die eifernden Kräfte,
    Großes wirket ihr Streit, Größeres wirket ihr Bund!"

8

Die Steinkohlengasanstalten als Licht-, Wärme- und Kraftzentralen.

Vortrag in der Sitzung des Vereins zur Beförderung des Gewerbfleißes zu Berlin am 7. November 1892.

Der nachfolgende Vortrag wurde im **Verein zur Beförderung des Gewerbfleißes in Preußen zur Säkularfeier des Gasfaches** gehalten. Er fiel in ein sehr heftiges Stadium des Kampfes zwischen Gas und Elektrizität. Die erste Form des später so berühmt gewordenen von Auerschen Gasglühlichtes, die schon 6 Jahre vor dem Vortrag, und zwar 1886, eingeführt war, hatte sich als ein technisches und wirtschaftliches Fiasko erwiesen. Der Gewinn an Leuchtkraft war nicht groß genug gewesen, um die Mängel der zerbrechlichen Glühstrümpfe und leicht springenden Glaszylinder auszugleichen. Es stand zur Zeit des Vortrages in der öffentlichen Meinung vielmehr fest, daß das elektrische Glühlicht mit seiner Kohlenfadenlampe unzweifelhaft den Vorzug verdiene. Diese Ansicht konnte ich auf Grund einwandfreier Dauerversuche beider Lichtarten, die ich in meiner Gesellschaft hatte anstellen lassen und in dieser Versammlung zum ersten Male mitteilte, in bezug auf die damalige Leuchtkraft wesentlich erschüttern. Es wurde mir eine offene Kampfansage der Elektriker und die Festsetzung eines besonderen Diskussionsabends im Verein zuteil. Dieser Diskussionsabend verlief aber bald darauf ganz schweigsam bezüglich aller Hauptfragen. Lediglich die Zukunft der Gasmotoren wurde erörtert. Auch in der Folge blieben jene Versuche nicht nur unwiderlegt, sondern wurden durch viele Nachprüfungen bestätigt.

Ich traf zu jener Zeit aber nicht nur auf die Opposition der Elektriker, sondern merkwürdigerweise auch auf kurzsichtige Fachgenossen, die in der bedeutenden Gasersparnis der neuen Auerbrenner den Ruin der Gasindustrie voraussetzen zu müssen glaubten. Die Folgezeit hat noch weit über mein Erwarten die Tatsache bestätigt, daß die Gasindustrie mit der Einführung des neuen verbesserten Auerlichtes in eine neue Phase ihrer Entwicklung eingetreten war. Sie hatte damit nicht nur im Wettbewerb mit dem elektrischen Glühlicht, sondern sogar mit der Petroleumbeleuchtung einen erheblichen wirtschaftlichen Rekord erreicht.

Es wurde in diesem Vortrage auch zum ersten Male die dreiteilige Leistungsfähigkeit der Gasanstalten als Licht-, Wärme- und Kraftzentralen nachgewiesen. Meine Behauptung, daß die schon so oft totgesagte Gasindustrie nicht auf 2, sondern auf 3 kerngesunden Beinen stehe (Licht, Wärme und Kraft), blieb mehr als fünfzehn Jahre wahr und unbeanstandet: eine außergewöhnlich lange Zeit für eine technische Behauptung und Voraussage. Seither verschob sich das Arbeitsgebiet des Gases und der Elektrizität nach manchen Richtungen gegenseitig. Doch hat gerade der Weltkrieg die Gasindustrie wieder von neuem als einen der „lebensnotwendigsten Betriebe" und ihre Nebenprodukte als unentbehrlich für unser wirtschaftliches Leben und die Landesverteidigung erwiesen.

Meine Herren! Die Gasindustrie begeht in diesem Jahre in aller Stille ihre Säkularfeier. Es sind jetzt gerade 100 Jahre her, daß jener geniale Schotte, den wir als Erfinder der praktischen Gasbeleuchtung ansehen, Wilhelm Murdoch, sein Wohnhaus und seine Bureaus in Redruth in Cornwall mit Gas beleuchtete, das er in einer Retorte im Hofe darstellte und mit Röhren überall hinleitete, wo Licht gebraucht wurde. Vor einigen

Monaten hat der berühmte britische Elektriker Lord Kelvin — bekannter als Sir William Thomson — die Büste Murdochs in jenem monumentalen Bau enthüllt, welcher nahe bei Schloß Stirling dem Nationalhelden Schottlands, König Wallace, geweiht ist. Dort in einem turmartigen Raum steht jetzt die Büste Murdochs neben seinen berühmten Landsleuten James Watt, Walter Scott und Robert Burns.

Es ist hier nicht Ort und Zeit, die vielseitige Genialität Murdochs zu schildern; es verdient indessen immer wieder der Vergessenheit entrissen zu werden, daß Murdoch mit seinem Genie und seinen praktischen Leistungen fast ebenbürtig neben seinen berühmteren Landsmann und Mitarbeiter James Watt gestellt werden darf. Dies wird u. a. durch eine biographische Skizze bestätigt, die aus Anlaß der 100jährigen Gedenkfeier in Edinburg von einem seiner Nachkommen verfaßt wurde und unter dem Titel: „Licht ohne Docht" erschienen ist[1]). Der Titel dieses kleinen Buches bezieht sich auf die zweifelnde Frage, die das Mitglied eines Parlamentsausschusses an Murdoch mit den Worten richtete: „Herr Murdoch, wollen Sie uns wirklich glauben machen, daß man Licht ohne Docht haben kann?" — Merkwürdigerweise sind wir übrigens heute wieder auf das Licht mit Docht: das Auerlicht, zurückgekommen. — Aus diesem kleinen interessanten Buch erfahren wir u. a. folgenden Ausspruch, den kein Geringerer als James Nasmyth bei Gelegenheit eines Besuches tat, den er 1830 der großen neuen, von Murdoch in Soho angelegten Fabrik machte: „Nicht weniger interessant für mich", schreibt er, „war die Erinnerung an jenen unvergleichlichen Mechaniker, Wilhelm Murdoch, einen Mann von unbezähmbarer Energie und Watts rechte Hand im höchsten praktischen Sinne des Wortes. Murdoch war der Erfinder der ersten Lokomotive und der Erfinder des Leuchtgases. Die bewunderungswürdige Erfindungskraft und das gesunde Menschenverstandsgenie von Wilhelm Murdoch ließ mich empfinden, daß ich in der Tat auf klassischem Boden war in bezug auf alles, was mit der Dampfmaschine zusammenhing. Mein Interesse wurde in nicht geringerem Maße gesteigert, als ich immer wieder auf irgendeine Maschine stieß, die in jeder Beziehung historischen Anspruch darauf hatte, als das Urbild mancher unserer Werkzeugmaschinen zu gelten. Alle diese Maschinen trugen das Gepräge von Murdochs Genie und bewiesen, daß er einer von jenen bahnbrechenden Denkern war, die den Mut hatten, die Fesseln überlieferter Methoden abzustreifen und auf dem kürzesten Wege und mit einfachen Mitteln ihr Ziel zu erreichen."

Und wenn jener neuere Biograph Murdochs Recht hat, so war es die unüberwindliche Abneigung Watts gegen jede Hochdruckdampfmaschine, welche die Weiterbildung jenes Dampfwagens, mit dem Murdoch von Bergwerk zu Bergwerk fuhr, unmöglich machte. Die fixe Idee Watts war, daß die Ortsveränderung durch Dampf eine Halluzination wäre und jede Zeit, die darauf verwendet würde, „einem Schatten nachjagen" hieße. Ohne Watts Einspruch wäre also die Lokomotive wohl 50 Jahre früher erfunden. Ferner rühren der bekannte D-Schieber der Dampfmaschinen und der oszillierende Zylinder der Schiffsmaschinen von Murdoch her. Die Anwendung komprimierter Luft

---

[1]) Light without a wick. Glasgow. Printed by Robert Maclehose, 153 West Nile Street.

als treibende Kraft war eine seiner Lieblingsaufgaben: er führte u. a. schon einen mit komprimierter Luft betriebenen Fahrstuhl in seiner Fabrik aus, ebenso auch die Verteilung von Kraft mittels luftverdünnter Röhren und kleiner Vakuummaschinen, wie sie jetzt in Paris ausgeführt ist. Kurz, wenn man die Fülle nicht nur originaler, seinerzeit weit vorauseilender Gedanken, sondern tatsächlich und praktisch ausgeführter Erfindungen liest, so findet man das schwerwiegende Anerkenntnis seines Genies aus dem Munde eines Nasmith voll begründet.

Dies sei hier in Kürze erwähnt, einmal um heute nach 100 Jahren jenes großen schottischen Erfinders auch als Deutsche dankbar zu gedenken, dann aber auch, um darzutun, daß der Erfinder der Gasbeleuchtung in der Tat ein Genie solcher Art war, um einer Industrie gleichsam die Urtypen jener Apparate zu geben, die sie heute noch mit Vorteil verwendet. Und ebenso wie die Dampfmaschinen noch heute mit Zylinder, Kolbenstange und vielfach noch mit dem D-Schieber oder dem oszillierenden Zylinder Murdochs arbeiten, gleichwohl aber einen Riesenfortschritt vollzogen haben, ebenso besitzt auch heute noch die Gasindustrie ihre Retortenöfen, Reinigungsapparate und Gasometer, die auch bis heute noch durch nichts Besseres haben ersetzt werden können und zu jener großartigen Leistungsfähigkeit herangewachsen sind, die ich Ihnen in flüchtigen Umrissen schildern darf. Wer aber durch die neuen Gasanstalten großer Städte mit technischem Verständnis wandelt und damit die Anlagen eines Murdoch vergleicht, der wird den Abstand zwischen beiden sicherlich ebenso groß empfinden als zwischen unseren heutigen dreizylindrigen Dampfmaschinen und der ersten Maschine Watts. Gleichwohl stehen wir heute der Legende gegenüber, die sogar in wissenschaftlichen Fachblättern bereits als Tatsache gilt: die Gasindustrie habe einen längeren Schlaf hinter sich, aus dem sie erst durch die großartige Entwicklung der Elektrotechnik aufgerüttelt sei; außerdem aber habe sie ihren Beruf verfehlt und dürfe sich zunächst zwar noch eine Zeitlang mit der Lieferung von lichtlosem Heizgas beschäftigen, dann aber müsse sie auch dieses Gebiet der Elektrotechnik abtreten, und es heiße dann auf ihrem Grabstein: „hic jacet“. So, meine Herren, ist ungefähr der stehende Ideengang in solchen Betrachtungen, die wir heute an der Hand der Tatsachen etwas näher beleuchten wollen.

Um zunächst die Meinung zu widerlegen, als habe es die Gastechnik vor Einführung der Elektrizität an der nötigen Fortentwicklung fehlen lassen, weise ich auf die sehr bedeutende Arbeit hin, welche die Gasingenieure in unaufhörlicher Vergrößerung ihrer Betriebe, und zwar ohne Betriebsunterbrechung zu leisten hatten, und welche in 7 bis 10 Jahren gewöhnlich einer Verdoppelung der Leistungsfähigkeit entsprach. Daß bei dieser sehr großen Arbeit die Leiter der Gasanstalten nicht neben ihren Verwaltungsgeschäften zugleich Erfinder sein konnten, ist erklärlich, ebenso wie auch voraussichtlich die Leiter der Elektrizitätswerke nicht immer die Zeit und Mittel finden werden, um neue Dynamomaschinen, Drehstromsysteme usw. zu erfinden. Ferner zitiere ich den Schlußpassus eines Vortrages, der im Jahre 1878 in diesem Verein über den damaligen Stand der Leuchtgasfabrikation gehalten wurde; derselbe stellte fest, nachdem in jeder Beziehung des Faches, insbesondere auch in den kurz vorher eingeführten Regenerativgasöfen, die wichtigsten Fortschritte beschrieben waren: „daß die innere Entwicklung des Faches der äußeren nicht nachsteht, und daß die Gasindustrie Deutschlands gerade jetzt in einem erfreulichen Fortschreiten begriffen ist."

Dies war am 6. Mai 1878, wo von einer tatsächlichen Konkurrenz des elektrischen Lichts noch nicht die Rede sein konnte.

Und ein Jahr später, am 9. Juni 1879, trat vor diesem Verein Friedrich Siemens aus Dresden auf, um uns seine ersten Regenerativgasbrenner vorzuführen, indem er schon an ältere Versuche nach dieser Richtung anknüpfte. Wenn also einerseits feststeht, daß die Gasindustrie schon vor Erscheinen des noch ungeteilten elektrischen Lichtes auf der Pariser Ausstellung im Jahre 1878 nach allen Richtungen in lebhaftem Fortschreiten begriffen war, so konnte sie anderseits wohl schwerlich eine größere Lebendigkeit und Rührigkeit an den Tag legen, als daß acht Monate nach Schluß jener Ausstellung schon die ersten Regenerativgasbrenner in unserem damaligen Vereinslokal brannten.

Es hatten sich nun in den nächsten Jahren so wertvolle Verbesserungen in der Verwertung des Gases vollzogen, insbesondere in den Intensivbrennern von Siemens, Wenham, Butzke, Schülke u. a., daß das Bedürfnis nach mehr Licht überall hätte befriedigt werden können, wenn man nur die Kosten dafür aufwenden wollte. Allein alle durch neue Verträge mit den Städten vereinbarten Gaspreisherabsetzungen und alle neuen Brennerkonstruktionen sowie alle Geldüberschüsse der ja zum größten Teil von den Städten selbst verwalteten Gasanstalten, konnten es nicht zuwege bringen, die öffentliche Beleuchtung in der Mehrzahl der Städte wesentlich zu verbessern und zu hindern, daß tatsächlich noch heute eine Anzahl von Städten dieselbe öffentliche Beleuchtung hat wie vor 30 Jahren, wenigstens was die Helligkeit der einzelnen Flammen anbetrifft. Hieran sind aber wahrlich nicht die Gasfachmänner schuld, die ja gern in jede Laterne statt eines zwei und beliebig viele oder Intensivbrenner gesetzt und damit die schönen und gut verteilten Lichteffekte dargeboten hätten, die noch heute viele unserer Hauptstraßen zieren! Nein, es bedurfte erst eines mächtigen Anstoßes von außen, um sowohl Magistrate als Publikum an größere Ausgaben für dieses „Mehr Licht" zu gewöhnen, und wir haben unserer elektrischen Bundesgenossin und ihrer geradezu großartigen schriftstellerischen Vertretung bei jeder Gelegenheit unseren Dank hierfür ausgesprochen. Und doch hat selbst dieser Anstoß nicht einmal ausgereicht, die Straßen solcher Städte, welche heute ihr elektrisches Licht selbst erzeugen, auch nur zu einem kleinen Teile mit Bogenlicht zu versehen. Derselbe Kostenpunkt, der die Städte Jahrzehnte abgehalten hat, die Straßen in eine Überfülle von Licht zu tauchen, der hält sie auch jetzt noch ab, die elektrische Beleuchtung umfangreicher einzuführen, und es wird vielleicht doch wieder die viel geschmähte Gasbeleuchtung mit ihrem Auerlicht einspringen müssen, um den ersehnten Fortschritt in größerem Maßstabe und mit der nötigen Billigkeit herbeizuführen. Daß im übrigen eine so glänzende technische Entwicklung, wie sie unsere Nachbarindustrie, die Elektrotechnik, nach der Vorarbeit und unter dem Beistande der hervorragendsten

Männer der Wissenschaft in allen Ländern gefunden hat, daß diese Entwicklung auch die Entfaltung unserer Hilfsquellen noch schneller steigern mußte, versteht sich von selbst und soll mit Freuden zugestanden werden.

In jeder Legendenbildung über das Gasfach spielt ferner der Vorwurf noch eine Hauptrolle: die Gasindustrie sei zu träge oder zu sehr monopolisiert, um sich billigeren Methoden der Erzeugung des Gases zuzuwenden; insbesondere habe sie versäumt, schon längst Wassergas zu machen und neben dem Leuchtgas in besonderen Leitungen ein billiges Heizgas abzugeben. Dieser oft gehörte Vorwurf bedarf in der Tat noch einer kurzen Entgegnung.

Die Wassergasfrage hat nicht erst seit dem Erscheinen einiger tüchtigen wissenschaftlichen Arbeiten hierüber, sondern nachweislich schon zu einer Zeit die Gasfachmänner mit Reisen nach Amerika und Versuchen beschäftigt, als darüber noch nichts in unserer Literatur zu finden war.

Und was hätte es schließlich, rein technisch betrachtet, Einfacheres für uns geben können, als durch tüchtige deutsche oder amerikanische Unternehmer — mit denen wir längst Fühlung genommen und gemeinschaftliche Rechnung angestellt hatten — irgendeinen der tatsächlich erprobten Wassergasapparate unter Garantie der Leistung erbauen zu lassen, mit einer geringeren Arbeiterzahl, auf kleiner Grundfläche karburiertes Wassergas zu erzeugen und es unserem Steinkohlengase mit beliebiger Leuchtkraft beizumischen oder allein zu verkaufen! Der Wassergasbetrieb ist technisch so gründlich durchgearbeitet, daß jeder von uns mit Freuden diese interessante Fabrikation in die Hand nehmen und weiter entwickeln würde. Allein in Amerika, das uns immer als Beispiel vorgehalten wird, liegen die Verhältnisse fast genau umgekehrt wie bei uns: dort sind gute Gaskohlen wie bei uns nicht vorhanden, wohl aber eine Kohle, Anthrazit, die sich vorzüglich zur Wassergaserzeugung eignet. Die in den unermeßlichen Petroleumvorräten Amerikas vorhandenen Karburierungsmittel, welche das Wassergas auf eine beliebige Leuchtkraft bringen und allein das Wassergas für Deutschland konkurrenzfähig machen könnten, sind bei uns mit einem hohen Zoll (M. 6 pro 100 kg) belegt, der jede Rentabilitätsberechnung, zwar nicht für Einzelanlagen, jedoch für eine zentrale Verteilung mit ihren hohen Anlage- und Verwaltungskosten illusorisch macht.

Es ist deshalb auch bei den eifrigsten Verfechtern des Wassergases die Erkenntnis schon durchgedrungen, daß, so lange diese fundamentalen Verhältnisse sich bei uns nicht ändern, auch an eine Erzeugung von karburiertem Wassergas für zentrale Verteilung nicht gedacht werden kann.

Nun aber wird uns weiter angeraten: Wir möchten wegen der Aussichtslosigkeit unserer Lichtkonkurrenz kein Leuchtgas mehr fabrizieren, sondern nur nichtleuchtendes Heizgas zu einem minimalen Preise durch unsere Röhren schicken.

Allein bei näherer Prüfung und soweit die tatsächlichen Verhältnisse wirklich umgestaltet werden können, dürfte es schwer sein:

Erstens, die Fabrikation eines Heizgases wirtschaftlich durchzuführen, welches nur etwas mehr wie den halben Heizwert des Steinkohlengases hat und, nachdem es durch ein Rohrsystem von wesentlich größerem Querschnitt wie das für Leuchtgas mit einem großen Verwaltungsapparat vertrieben ist, so billig wäre, daß es die Stubenheizung, Zentralheizungen einzelner Häuser oder gar industrieller Werke verdrängen könnte.

Zweitens dürfte es schwer sein, das ungeheure Kapital, welches in den zahllosen Einzelanlagen, Öfen, Herden, Zentralanlagen steckt, ohne einen langen Kampf zu vernichten. Denn so viel hat die bisherige Erfahrung mit Gasfeuerung schon gelehrt, daß zu einer sparsamen Gasfeuerung auch ganz besonders konstruierte Gasapparate gehören und die Beibehaltung und Umänderung der alten Feuerstellen in den weitaus meisten Fällen eine Gasverschwendung herbeiführt, die unmöglich mit selbständigen Heizungen und festem Brennmaterial konkurrieren kann.

Drittens scheint es ganz aussichtslos, daß irgendein Unternehmer von irgendeinem Magistrat die Erlaubnis zur Einlegung eines zweiten Röhrensystems erhält, wo sich täglich mehr die Überzeugung aufdrängen muß, daß Licht, Wärme und Kraft durch ein einziges Röhrensystem geleitet werden können, soweit überhaupt eine zentrale Verteilung rationell ist. Zu diesem Beweise tragen die nachfolgenden Erörterungen vielleicht von neuem bei.

Sehr lehrreich sind in dieser Beziehung die Verhandlungen gewesen, die auf einer Gasfachmänner-Versammlung in Amerika (in Detroit, Mich.) im Mai dieses Jahres stattgefunden haben[1].

Auch aus diesen Mitteilungen und Debatten geht zur Genüge hervor, daß jedes Heizgas, welches wirklich alle anderen Feuerungen verdrängen und sich nicht wie bei der Heizung mit Leuchtgas auf besondere Fälle und besonders sparsam konstruierte Apparate beschränken soll, einen ganz erheblich niedrigeren Verkaufspreis, natürlich nicht für gleiche Volumina, sondern für gleiche Heizwerte haben muß als das Steinkohlengas. Alle Gesellschaften, die aber solches in Amerika bisher versucht haben, u. a. in St. Louis, in Savannah (Georgia) usw., sind von diesen Versuchen zurückgekommen, insbesondere auch — was wohl zu beachten ist — die großen Wassergasgesellschaften, so daß zurzeit, so viel mir bekannt, nur eine einzige Gesellschaft, welche drei Anstalten, u. a. in Hyde Park in Chicago, betreibt, noch weiter damit vorgeht. Dort können wir ja bei Gelegenheit der Weltausstellung die weiteren Versuche in der Nähe studieren und die Ergebnisse mit unseren wirtschaftlichen Verhältnissen von neuem vergleichen.

Abgesehen übrigens von den wirtschaftlichen Mißerfolgen aller älteren Heizgasunternehmungen, hat sich für die zentrale Erzeugung, Aufspeicherung und Verteilung von Heizgas die große Schwierigkeit herausgestellt, daß nach den Erfahrungen in Amerika die Verschiedenheit dieser ganz von den Schwankungen der Temperatur abhängigen Gaslieferung eine so große ist, daß z. B. der Tagesverbrauch an Heizgas im Winter durchschnittlich etwa viermal so groß wie im Sommer war und bei plötzlich steigender Kälte ebenso plötzlich noch über das Doppelte in 24 Stunden stieg. Wie enorm groß alsdann die Gasbehälter oder die in Reserve befindlichen Anlagen sein müssen, ergibt sich sofort, wenn man ernstlich den Gedanken verfolgt, wirklich alle Heizanlagen zentral mit Gas versorgen zu wollen.

[1] The American Gas-Light-Journal. Vom 13. Juni 1892.

Der ungünstige Einfluß, den ein zu großer Anteil von Ofenheizgas auf die Gasproduktion und Gasaufspeicherung ausübt, hat sich in England bereits an mehreren Orten fühlbar gemacht und macht die Anlage größerer Gasometer nötig, während anderseits, nach der langjährigen Statistik der Deutschen Continental-Gasgesellschaft, der außerordentlich gleichmäßige Konsum von Koch- und Kraftgas, nach besonderen Gasuhren gemessen, feststeht.

Wir kommen also nicht infolge eines Trägheitsmomentes der Gasindustrie oder aus Monopolrücksichten, sondern an der Hand der bisherigen technischen und wirtschaftlichen Erfahrungen zu der Schlußfolgerung, daß:

erstens eine Verdrängung aller Feuerstellen durch Gasverteilung ein Unding ist, und

zweitens, daß es auf alle Fälle geraten ist, erst die wirtschaftlichen Erfolge der neuesten Versuche in Amerika abzuwarten, ehe man neben dem Leuchtgas von hohem Heizwert ein minderwertiges, nicht leuchtendes Heizgas produziert.

A. Wärmezentrale.

Das Steinkohlengas hat nun aber tatsächlich die Versorgung derjenigen Feuerstellen, wo eine zentrale Versorgung rationell ist und außer dem bloßen Preise noch ganz besondere sonstige Vorteile in Betracht kommen, bereits so kräftig in die Hand genommen, daß eine Erhebung, welche vor einiger Zeit unser deutscher Gasfachmänner-Verein anstellte, bereits so viele Verwendungsarten — in über 135 Gewerben und Industrien — ergab, daß eine Aufzählung an dieser Stelle kaum möglich ist. Ein Abdruck der Übersicht, welche eine Kommission dieses Vereins im Jahre 1890 auf Grund eines Fragebogens vorläufig zusammenstellte, steht hier zu Ihrer Verfügung. Oft erwähnt ist schon, daß es in Dänemark viele Städte gibt, wo mehr Heiz- als Leuchtgas aus demselben Rohrsystem verbraucht wird, und in Deutschland ist dasselbe annähernd z. B. in Tilsit der Fall.

Überall aber hat sich bei der Einführung gezeigt, daß es ein großer Irrtum ist, zu glauben, der Preis des Gases allein sei die Hauptsache. Mindestens ebenso wichtig ist und auf viel größere Schwierigkeiten stößt die Anschaffung ganz neuer Heiz- und Kochapparate sowie ihre vernunftgemäße, sparsame Benutzung. Ohne diese Sparsamkeit im Gasverbrauch ist, wie aus den Verhandlungen der genannten Gasfachmänner-Versammlung in Amerika hervorgeht, nicht einmal dann auszukommen, wenn man Naturgas wie in Pittsburg zur Verfügung hat. Hier muß überall eine mühsame Belehrung allerlei alte Vorurteile erst verdrängen, was bei uns in Deutschland noch viel mehr durch öffentliche Vorträge, insbesondere von Frauen, gefördert werden könnte, und worin uns England und Frankreich ein gutes Beispiel geben. „Last not least" ist die energische, zähe Tätigkeit der Gasanstalten mindestens ebenso erforderlich wie ein ermäßigter Gaspreis. Der Gaspreis ist also nur ein Faktor unter verschiedenen gleichberechtigten.

Da übrigens das Dogma festzustehen scheint, daß derartige zentrale Versorgungen von Licht, Wärme und Kraft weitaus am besten von städtischen

Verwaltungen übernommen und dabei die Interessen des Publikums am zeit-
gemäßesten vertreten würden, so möge es gestattet sein, in einem eklatanten,
besonders gemeinnützigen Fall auch einmal für die Aktiengesellschaften eine
Lanze zu brechen und pro domo der von mir vertretenen Gesellschaft zu sprechen,
was ich um so eher tun kann, als mir dabei keinerlei persönliches Verdienst
zukommt. So wurde die große Bedeutung der Verwendung des Gases zum
Heizen und Kochen von der Deutschen Continental-Gas-Gesellschaft schon im
Jahre 1868, also vor 24 Jahren, dadurch anerkannt, daß den mit uns im Vertragsverhältnis stehenden Städten Rabatte für Heiz- und Kraftgas von 25
bis 30% freiwillig eingeräumt wurden, welche allmählich Heizgaspreise von
14 bis 9 Pf. pro cbm herbeiführten. In unseren Zirkularen wurde schon damals, u. a. auch bei Einführung der Gasmotoren, neben unserem eigenen
wohlverstandenen Interesse ausdrücklich die Absicht der Förderung
des Kleingewerbes und seiner Konkurrenzfähigkeit gegenüber
der Großindustrie betont, und fanden neben der Preisermäßigung
allerlei Erleichterungen in Anschaffung und Einrichtung der
Apparate und Maschinen statt. Erst später gelang es den in ihrer Initiative
so vielfach gehemmten städtischen Gasdirektionen, ähnliche Preisermäßigungen
für Heiz- und Kraftgas durchzusetzen, und schließlich bedurfte es 18 Jahre später
(1886) noch einer von der Düsseldorfer Regierung gegebenen kräftigen Anregung
— welche von anderen Regierungen aufgenommen wurde —, um jene Maß-
regel im Interesse der Gewerbetreibenden endlich allgemeiner durchzuführen.

Mit Freuden zu begrüßen ist es daher auch, daß unser Herr Handelsminister,
welcher seinerzeit als Regierungspräsident zu Düsseldorf jene energische Anregung gegeben hatte, nun auch — wie verlautet — die Frage der Rauchbelästigung unserer Städte in die Hand genommen hat und Aussicht vorhanden
ist, daß auch diese Frage aus der akademischen Erörterung endlich in die Wirklichkeit übersetzt werde, damit unsere großen Städte nicht allmählich Bekanntschaft mit dem berühmten Londoner Nebel machen.

Wir Gasfachleute sind aber in dieser Frage keineswegs der Ansicht, daß
nun alles Heil nur von der zentralen Gasversorgung zu erwarten sei; wohl
aber glauben wir, daß bei energischer Unterstützung seitens der Behörden nicht
nur die hygienischen Verhältnisse der Einwohner durch Kochen, Plätten und
teilweises Heizen mit Gas verbessert würden, sondern daß auch eine größere
Verwendung unseres Nebenproduktes Koks, welcher absolut ohne Rauch
verbrennt, den Städten eine große Erleichterung schaffen könnte, während jetzt
ein erheblicher Teil an Fabriken außerhalb der Städte abgesetzt werden muß.

Denn wie es niemand einfallen wird, Petroleum erst in Gasform zu verwandeln und dann durch Röhren in die Häuser zur Verbrennung zu leiten,
weil eben jeder in seiner Petroleumlampe den einfachsten Vergasungsapparat
selbst besitzt, ebensowenig wird eine Vergasung von Koks in einer Zentrale mit
jenem einfachen Vergasungsapparat konkurrieren können, den jeder in den vorzüglichen Schüttöfen für Kleinkoks zur Verfügung hat, die in vielen Tausenden
in Deutschland z. B. als irische Öfen oder unter anderen Namen verbreitet
sind. So lange man Öfen noch stündlich bedienen und das Brennmaterial im

Keller aufspeichern mußte, konnte von bequemer Heizung in den Häusern
nicht die Rede sein; wenn aber jetzt das Heizmaterial in plombierten Säcken
oder abgemessenen Körben von den Gasanstaltsverwaltungen selbst oder von
Unternehmern nach den Häusern gefahren wird und jene Öfen Tag und Nacht
mit gleichmäßigem Feuer und infolgedessen großer Ökonomie weiterbrennen,
so ist auch damit die Rauchfrage nicht gelöst, aber ein wesentlicher Beitrag dazu
geliefert, ebenso wie mit der teilweisen Heizung durch Leuchtgas.

Es kann nicht meine Aufgabe sein, die in allen Prospekten zu lesenden
besonderen Vorzüge der Gasfeuerung für Küche und Haus hier zu wiederholen;
nur eine erfreuliche Tatsache möchte ich aus unserer langen und vielseitigen
Praxis hervorheben: daß gerade der minder wohlhabende Mittelstand sich die Wohltaten der Gasfeuerung am schnellsten zunutze
gemacht hat. Gerade da, wo eine Hausfrau noch selbst in der Küche tätig ist
und nicht viel Bedienung hat, gerade da wird nicht bloß der Preis des Gases
mit dem für gewöhnliches Brennmaterial verglichen, sondern man weiß in
solchen Häusern die Ersparnis an Zeit und Arbeitskraft für Transport von Kohle
und Asche in hohe Stockwerke, an Platz in Küche und Keller, an Hitze in engen
Küchen im Sommer und endlich die Annehmlichkeit zu schätzen, das Feuer in
einer großen Familie jeden Augenblick bereit zu haben und genau und sparsam
regulieren zu können. Es gibt keinen größeren Irrtum, als zu glauben,
die Gasfeuerung sei nur für die Reichen da; im Gegenteil: —
von niemand wird sie besser verstanden und mehr angewendet
als vom sparsamen Mittelstand. Dies könnten wir mit den zahlreichsten Beispielen belegen.

Übrigens haben sich auch die Gasöfen — also abgesehen von den Koch-
vorrichtungen — mehr, als wir es selbst erwarten konnten, eingeführt, während
wir sie im allgemeinen nur als Ergänzungsheizungen oder in solchen
Räumen empfehlen zu müssen glaubten, wo selten, dann aber schnell geheizt
werden muß.

In Industrie und Gewerbe ist das Gas, wie bereits erwähnt, weit mehr
angewendet, als gewöhnlich angenommen wird. Doch werden gerade An-
wendungen in größerem Maßstabe oft geheim gehalten, so daß selbst die Gasanstaltsverwaltungen keine genauere Kenntnis von der Art der Anwendung
haben. Hier kommt es in der Tat in erster Linie auf den Unternehmungsgeist
und die Intelligenz der Gewerbetreibenden an, um sich die großen Vorzüge
der Gasfeuerung zu den heutigen ermäßigten Preisen nutzbar zu machen.

Mehrere verschiedene Gewerbe benutzen z. B. einen mit Gas geheizten
Doppel-Muffelofen, mit welchem z. B. beim Einbrennen von Emailfarben usw.
eine ganz bestimmte Temperatur innegehalten werden kann. Die Kautabak-
industrie benutzt eine dreifache Kesselanlage mit großen Bunsenbrennern, um
ihre Tabaksaucen auf einer bestimmten Temperatur halten zu können.

Letternmetall wird in Kesseln, welche ca. 6 Ztr. fassen, mit Gas schnell
geschmolzen.

Zum Aufziehen der Bandagen für Eisenbahnwagenräder sind Gasfeuer
bei der Niederschlesisch-Märkischen Bahn in Gebrauch.

Auf eine Anregung hin, welche die physikalisch-technische Reichsanstalt mit ihren interessanten Versuchen zur Herstellung der Anlauffarben des
Stahls durch Gas gab, konstruierte die Zentralwerkstatt der Deutschen Continental-Gas-Gesellschaft Anlaßöfen für Werkzeuge usw.

In Arbeiterküchen werden Apparate mit beliebig vielen Gaskochstellen
benutzt, in welchen das im Topf mitgebrachte Essen während der Arbeit gekocht
oder warm gestellt werden kann.

Die allgemeine Anwendung zum Plätten in Haus und Großindustrie
ist bekannt und ein Beispiel unter vielen, wo das Gas — auch abgesehen
von seinen sonstigen Vorzügen — absolut billiger ist als jedes andere Brennmaterial.

Kurz überall da, wo das Bedürfnis vorliegt, die Temperatur der Erwär-
mung genau in der Hand zu haben: beim Erwärmen, Härten, Trocknen, Pressen,
Glühen, Einbrennen, oder das Feuer zu teilen und auf ganz bestimmte Punkte
zu lenken, ferner beim Löten, Schweißen, Sengen, Appretieren usw., oder wo
man Hitze und Rauch vermeiden und einen bequemen, allzeit bereiten, rein-
lichen Feuerbetrieb haben will, da sind die Steinkohlengasanstalten
schon bei den jetzigen Gaspreisen völlig ausreichende Wärmezentralen. Denn für große Industrien das Feuer liefern zu wollen, maßen wir
uns nicht an. Allein, ebenso wie bei den Kosten des elektrischen Lichtes mit Recht
besondere Vorzüge desselben mit in die Wagschale fallen, ebenso sollte es wenigstens in der Heiztechnik sein, wo das Leuchtgas der Aristokrat unter den Heiz-
stoffen ist.

B. Kraftzentrale.

Wenden wir uns nun zur Betrachtung der Gasanstalten als Kraftzentralen, so fällt zunächst auf, daß bei den theoretischen Erörterungen über
Kraftverteilungssysteme die Steinkohlengasverteilung bisher nicht die ihr
gebührende Würdigung gefunden hat. Denn es würde doch lediglich eine
Wortfechterei sein, wollte man die Verteilung des Gases als Brennstoff
für Maschinen nicht auch als Kraftverteilung gelten lassen. Denn auch die
Elektrizität und Druckluft setzen zur Umdrehung der Kraftwelle jedesmal einen
besonderen Motor voraus, wie das Gas den Gasmotor. Wir müssen deshalb
daran erinnern, daß die Gasanstalten ihre Existenzberechtigung als Kraftzentralen aus einer jetzt nahezu 25jährigen Praxis beweisen können.

Nach einer von mir vor zwei Jahren gehaltenen Umfrage bei 46 Firmen,
welche Gasmotoren in ihren Prospekten anführen, erhielt ich von 20 Fabriken
die gewünschten Angaben über Zahl und Größe der gelieferten Gasmaschinen.
Hiernach waren in Deutschland allein abgesetzt: ca. 18000 Stück Gasmotoren
(exklusive Petroleummotoren) mit rund 60000 PS oder 3½ PS durchschnitt-
licher Leistung. Seit dieser Zeit, also seit nur zwei Jahren, haben allein die
beiden größten Gasmotorenfabriken noch 1950 Stück Gasmotoren mit 8830 PS
oder im Durchschnitt 4,5 PS pro Motor abgeliefert, so daß zurzeit allein
in Deutschland mindestens 70000 PS aus Steinkohlengasanstalten
mit Brennstoff versorgt werden.

7*

Interessant ist es, diese Zahl zu vergleichen mit den Dampfpferdestärken, welche zum Betriebe von Dynamomaschinen zurzeit verwendet werden. Hier steht uns für das Königreich Preußen eine genaue Angabe in den Ermittelungen des Statistischen Bureaus zur Verfügung. Danach wurden Anfang 1892 in Preußen 69087 Dampfpferdestärken zum Betriebe von Dynamos verwendet[1]), so daß also die von den Gasanstalten in Deutschland gespeisten Gasmotoren von mindestens 70000 PS den ganzen Elektrizitätsbedarf Preußens decken könnten, soweit er bisher durch Dampf erzeugt ist.

Hierbei darf nicht vergessen werden, daß die Möglichkeit der schnelleren Einführung der Gasmotoren von einer großen Anzahl von Städten erst in den letzten Jahren durch billigere Gaspreise geschaffen worden ist.

Die Gasindustrie hat also ein volles Recht darauf, im Gedenkjahre ihrer 100jährigen Begründung auf die nur etwa 25 Jahre alte Entwicklung ihrer Gasmotorentechnik stolz zu sein, und die deutsche Gasindustrie hat hierauf ein ganz besonderes Anrecht. Denn erst das Genie und die Tatkraft von Langen und Otto in Deutz schufen für diese Technik eine lebensfähige, praktisch brauchbare Grundlage und lieferten mit einem Male in Ottos neuem Motor eine so vollendet durchkonstruierte Maschine, daß ihre eigenartige, solide und elegante Bauart vorbildlich für die ganze Gasmotorentechnik geworden ist. Und so ist es gekommen, daß sich nicht nur die Größe der Gasmotoren allein in den letzten sechs Jahren von 60 auf 120 PS erhöht, also verdoppelt hat, sondern daß es jetzt eine ganze Reihe guter Konstruktionen und Fabrikanten gibt und die beste Empfehlung für die Gasmotorentechnik die ist: daß nach unseren Erfahrungen gewöhnlich jeder Motorenbesitzer gerade mit seinem System am meisten zufrieden ist.

In Güte, Ökonomie und Billigkeit macht die Fabrikation der Gasmotoren schnelle Fortschritte.

Tresca fand bei der älteren Lenoirmaschine 1861 einen Gasverbrauch von 3,5 cbm pro PS, und während man sich noch vor mehreren Jahren mit der bequemen Rechnung begnügen konnte: 1 cbm Gas pro Stunde erzeugt 1 PS, so darf man selbst für kleine Motoren von 2 PS ab schon heute eine Ökonomie von etwa 800 l pro PSe rechnen, während die größeren Motoren bei normalem 16 Kerzengas mit 650 l garantiert werden[2]).

---

[1]) Außerdem bestehen zahlreiche elektrische Einzelanlagen mit Gasmotoren. Allein die Deutzer Gasmotorenfabrik gibt an, daß 1000 elektrische Lichtanlagen mit 12000 PS durch Ottos neuen Gasmotor betrieben werden. Wie zweckmäßig der Gasmotor unter Umständen auch für kleine und mittelgroße elektrische Zentralen Verwendung finden und die Interessen der Gasanstalten mit denen elektrischer Werke vereinigen kann, ist in dem „Bericht über den Betrieb der elektrischen Zentrale Dessau in den Jahren 1886—91", welcher in der von F. Uppenborn herausgegebenen Festschrift für die deutschen Städteverwaltungen bei Gelegenheit der elektrotechnischen Ausstellung in Frankfurt a. M. erschienen ist, ausführlich dargelegt. Daß der Gasdynamo auch für zentrale Wechselstromanlagen besondere Vorteile bieten kann — mit und ohne Dampfdynamos — soll bei einer anderen Gelegenheit erörtert werden.

[2]) Die elektrische Zentrale Dessau verbrauchte bei einem Betriebe mit 160 bis 180 PS in Ottoschen Gasmotoren im Jahresdurchschnitt i. J. 1887 noch 953 l Gas, i. J. 1891 nur 730 l pro PSe. Der Deutzer Gasdynamo dieser Zentrale von 120 PS (mit Radanker von Fritsche) erzeugt bei 145 Touren mit 1 cbm Gas 905 Watt, speist also mit 60,7 l Gas 1 Glühlampe von 16 Kerzen (zu 55 Watt). Die Firma Gebr. Körting, Hannover, gibt für ihre als Spezialität gebauten Gasdynamos an, „daß bei größeren Maschinen für eine Glühlampe von 16 Kerzen der Gasverbrauch bis auf ungefähr 60 l in der Stunde sinkt".

Wenn man also bei vergleichenden Berechnungen, die bei Dampfmaschinen und Elektromotoren auch gewöhnlich nur für volle Belastung angegeben werden, in Zukunft gewissenhaft zu Werke gehen will, so muß man mit der bequemen Zahl: 1 cbm pro 1 PS-Std. brechen und statt dessen 700 bis 800 l einsetzen. Diese Zahl wird, wie mit Bestimmtheit vorausgesehen werden kann, bald nicht nur den Konsum bei voller Belastung, sondern den Durchschnittsverbrauch bei beliebiger Belastung aller größeren Motoren darstellen. Außerdem kann mit aller Wahrscheinlichkeit schon für die nächsten Jahre eine Steigerung der Leistung der Gasmaschinen bis 500 PS in einem oder zwei Arbeitszylindern und eine Ökonomie von 500 l Gas pro PSe bei gewöhnlichem sog. 16 Kerzengas (5200 bis 5600 Kal.) angenommen werden.

Die Ansichten, welche Slaby und Schöttler in Deutschland, Witz und Tresca in Frankreich, Clerk, Jenkin und Robinson in England über die glänzende Zukunft der Gasmotoren ausgesprochen haben, und zwar auf Grund eingehendster theoretischer Untersuchungen und klassischer praktischer Versuche, diese Ansichten werden noch schneller, als man annehmen konnte, tatsächliche Wahrheit, und liegt hier eines der interessantesten und erfolgreichsten Beispiele vor, wie sich Theorie und Praxis helfend ergänzen.

Wenn aber der Gasmotor an sich schon sehr verbreitet ist — allein das Ottosche System in mehr als 150000 PS —, also schon seine sehr reelle Gegenwart besitzt, wie steht es nun aber mit dem Röhrensystem der Gasanstalten? Können Gasanstalten überhaupt geeignete Kraftzentralen sein?

Hier handelt es sich erstens um die technische und dann um die wirtschaftliche Möglichkeit.

Die größeren Gasanstalten Deutschlands versorgen Röhrensysteme von je 200 bis 1000 km Gesamtlänge und haben zum Transport des Gases darin höchstens ein Druckgefälle von etwa $80 - 25 = 55$ mm WS oder ungefähr $1/_{180}$ Atm. nötig. Mit einem wahrscheinlich geringeren Druckverlust bzw. Kraftverbrauch transportieren z. B. die städtischen Gasanstalten Berlins (exkl. der englischen) ca. 65000 cbm Gas in einer Stunde. Rechnet man aus den vorher angegebenen Gründen auf eine effekt. an der Gasmotorwelle gebremste Pferdekraft 0,7 cbm Gasverbrauch in der Stunde, so würden also die städtischen Anstalten Berlins allein ca. 93000 PS verteilen können, also etwa $1/_3$ mehr, als alle Dampfdynamos in Preußen zurzeit an elektrischer Kraft verbrauchen.

Auch eine Gaskraftfernleitung wird Berlin nächstens besitzen, nämlich in den beiden Röhrenzügen von 845 mm Durchmesser und 4,7 km Länge, welche die neue große Berliner Gasanstalt in Schmargendorf mit der Gasometerstation in der Augsburgerstraße verbinden sollen. Diese beiden Rohre werden zusammen stündlich 18000 cbm Gas oder mindestens 25000 PS übertragen können und dafür nur eine Kraft von etwa 5 PS netto nötig haben, um mit Exhaustoren einen etwas höheren Anfangsdruck — von etwa $1/_{40}$ Atm. — zu erzeugen. Also wird die ganze Übertragung von

25000 PS auf 4,7 km Länge mit einem ungefähren Kraftverbrauch von $^1/_{5000}$ bewirkt[1]).

Um das größte Beispiel dieser Art aus der Praxis zu erwähnen, so transportieren zwei gußeiserne Röhren von je 48″ engl. Durchmesser (1,22 m) von Beckton nach London auf eine Entfernung bis ca. 13 km ca. 85000 cbm Gas in einer Stunde, welche ungefähr 120000 PS hervorbringen können.

Dieser Riesentransport von Gas wird mit einem Druckgefälle von ca. $600 - 150 = 450$ mm WS oder nur ca. $^1/_{22}$ Atm. und mit Exhaustoren von zusammen ca. 120 PS bewirkt. Also erfordert dieser Transport ca. $^1/_{1000}$ der übertragenen Kraft.

Die Übertragungsleistungen der Gasröhren steigern sich also noch bedeutender, wenn man nur Anfangsdrucke von 600 mm WS $= ^1/_{16}$ Atm. anwendet, die man jederzeit auch z. B. zur Verstärkung älterer Röhrensysteme — bei Anlage von direkten Röhren ohne Abzweigungen usw. — anwenden kann. Und es steht nach den bisherigen Erfahrungen nichts im Wege, um auf größere Entfernungen die Röhrendurchmesser noch kleiner zu erhalten, einen Anfangsdruck für Leuchtgas bis auf 1 Atm. zu geben, da u. a. nach den Untersuchungen von E. C. Riley im April d. J. Steinkohlengas bei etwa $1^1/_3$ Atm. (20 Pfd. pro Quadratzoll engl.) Druck nur 0,37% an Leuchtkraft einbüßte[2]).

Wenn sonach die vorhandenen Gasröhrensysteme eine Leistungsfähigkeit für Kraftübertragung in einem Maße besitzen, wie sie in der Praxis bisher kein anderes Kraftverteilungssystem erwiesen hat, so haben die Gasanstalten vor allen übrigen Systemen noch einen ganz besonderen Vorzug: nämlich den der großartigsten und billigsten Aufspeicherung von Kraft. Dies ist bekanntlich für die gleichmäßige Ausnutzung der erzeugenden Kraftanlagen in den 24 Stunden eines Tages von großem Vorteil und wird um so wichtiger werden, je mehr große und intermittierende Motoranlagen an das Verteilungssystem angeschlossen werden.

Ja für die Verwendung des Gases zu Heizzwecken ist diese Möglichkeit einer großartigen Aufspeicherung des Gases sogar noch von einer größeren Bedeutung als für Kraftverteilung, da, wie wir gesehen haben, die Temperaturschwankungen so plötzliche und weitgehende sind, wie sie in der bloßen Licht und Kraftversorgung kaum vorkommen. Ein Zentralsystem, welches aber Wärme und Kraft nicht billig und in großem Maßstabe aufspeichern kann, ist überhaupt ein technischer Angstbetrieb oder wirtschaftlich wegen der Notwendigkeit großer Maschinen- und Kesselreserven von dem Augenblick an kaum durchführbar, wo Wärme und Kraft anfangen, einen erheblichen Faktor der Energieverteilung zu bilden.

Um auch hier wieder Berlin als Beispiel zu nehmen, so haben sämtliche Gasometer zurzeit etwa 650000 cbm Inhalt, können also die Kraft für etwa

---

[1]) Rechnet man den Nutzeffekt der Exhaustoren — da die Maschinenanlage im Projekt noch nicht fertig bearbeitet ist — nur zu 25%, so werden dieselben zirka 20 PS verbrauchen, und würde dann der Kraftverbrauch $^1/_{1250}$ sein und damit in direkten Vergleich mit der ausgeführten Anlage in Beckton gestellt werden können.

[2]) Journal of Gas-Lighting, April 1892, S. 749 u. f.

93000 PS 10 Stunden lang aufspeichern. Und wenn dies noch nicht genügen sollte, so sei wiederum auf London hingewiesen, wo sämtliche Gasometer mit einem Inhalt von pp. 4 Millionen cbm ein Kraftreservoir für mehr als ½ Million Pferdestärken darstellen, welche ebenfalls 10 Stunden lang aus demselben gespeist werden können.

Wie billig aber diese Licht-, Wärme- und Kraft-Aufspeicherung ist, geht aus folgendem Vergleich hervor:

Eine elektrische Akkumulatorenbatterie, welche 140 PS etwa vier Stunden lang, also 560 Pferdekraftstunden abzugeben imstande ist und zurzeit eine der größten Typen darstellt, kostet ungefähr 70000 M. Anlagekapital, d. i. ca. M. 125 pro Pferdekraftstunde.

Der Gasometerraum für 560 PS-Std. beträgt ca. 400 cbm und kostet bei kleinen städtischen Gasometern ca. M. 10000, also M. 17,8 pro Pferdekraftstunde, und bei dem neuesten Londoner Gasometer[1]) nur ca. M. 1400 Anlagekapital, also M. 2,5 pro Pferdekraftstunde. Es ist demnach die elektrische Kraftaufspeicherung bei der gegenwärtigen Größe der Akkumulatoren und je nach der Größe städtischer Gasometer etwa 7 bis 50mal teurer. Der Verlust bei den Gasometern muß als „Null" in Beziehung auf Dichtigkeit angesehen werden, und nur im strengsten Winter findet bei nicht umbauten Gasometern eine geringe Kondensation statt gegenüber etwa 20% Verlust im Akkumulatorenbetriebe. Und trotz dieser zurzeit noch hohen Anlagekosten und Verluste im elektrischen Akkumulator erweist sich derselbe für den Gleichstrombetrieb schon als ein großer Betriebsvorteil[2]).

Zu der Billigkeit der Licht-, Wärme- und Kraft-Aufspeicherung kommen die relativ geringen

Kosten und Verluste der Leitungen.

Die Kosten städtischer Leitungen, inkl. Hausanschlüsse, betragen bei der Deutschen Continental-Gas-Gesellschaft für eine installierte Gasflamme im Durchschnitt von 12 Rohrsystemen, welche sich in weiter Ausdehnung über 32 Städte und Ortschaften erstrecken und wo auf je 1 m nur ½ Flamme installiert ist, ca. M. 16 Anlagekapital nach den heutigen Preisen.

Für das Kabelnetz von Elektrizitätswerken nimmt Uppenborn[3]) M. 50 für eine installierte Flamme an. Hiernach betragen also die Anlagekosten der Gasröhrensysteme in den angezogenen Fällen nur etwa $\frac{1}{3}$ der Dreileiter-Lichtkabelsysteme. Für Wechselstromanlagen sollen sich die Anlagekosten ausgebauter Zentralen auf etwa M. 30 für eine installierte Flamme (z. B.

---

[1]) Der neue sechsteilige Gasmotor der London South Metropolitan Co. in East-Greenwich — aus dem sich die beiden obersten „lifts" ohne Führungsgerüst erheben — hat als äußersten Durchmesser 300′ engl. = 91,4 m, als Gesamthöhe aller 6 lifts ca. 175′ engl. = 53,3 m und als Inhalt 12 Millionen cbf engl. = 340000 cbm. Die Kosten betragen nach Mitteilung von Frank Livesey (Journal of Gaslighting 1892, S. 912) ungefähr 5 Pfd. Sterl. für 1000 cbf engl. oder M. 350 pro 100 cbm.

[2]) Vgl. den Bericht über den Betrieb der elektrischen Zentrale Dessau (1886—1891).

[3]) „Der gegenwärtige Stand der Elektrotechnik" von F. Uppenborn, S. 18. Verlag von Leonhard Simion, Berlin 1892.

in Köln) stellen; es würde auch in diesem Falle das Gasröhrensystem noch etwa halb so billig sein wie das Wechselstromsystem.

Will man nun die Röhren- und Kabelnetze als bloße Kraftübertragungs-systeme ansehen, so fehlen leider bisher nähere statistische Daten aus der Praxis der Elektromotoren und elektrischen Kraftzentralen. Um indes wenigstens einen annähernden Vergleich machen zu können und nicht absolute Kosten-preise, sondern nur Vergleichszahlen aufzustellen, sei die Annahme gemacht: daß die Kosten der Röhrensysteme und Kabelnetze bei zunehmender Leistung in gleichem Maße steigen — was im großen Durchschnitt der verschiedenen Dimensionen nicht unwahrscheinlich ist —, und zwar direkt proportional der Mehrleistung —, was natürlich für beide Systeme den absoluten Kosten nach viel zu hoch wäre.

Für die oben gedachten Röhrensysteme der Deutschen Continental-Gas-Gesellschaft beträgt der Verbrauch einer installierten Flamme am Tage des Maximalkonsums in der stärksten Stunde im Durchschnitt ca. 70 l stündlich und der einer installierten Pferdekraft ca. 400 l. Demnach würde unter den gemachten Voraussetzungen die Vergleichszahl für das Kraftverteilungssystem $\frac{400}{70} \cdot 16$, also ungefähr 90 für eine übertragene effektive Pferdekraft sein.

Nimmt man als Grundlage der Berechnung des Kraftkabelsystems den Ver-brauch einer installierten Glühlampe am Tage des Maximalkonsums in der stärksten Stunde zu 60% von 55 Watts, also ca. 33 Watts an, und analog dem Gasmotor den Verbrauch einer installierten Pferdekraft zu 400 Watts (die Liter- und Wattzahlen entsprechen sich seinerzeit zufällig), so ergibt sich die Vergleichszahl als $\frac{400}{33} \cdot 50$, also ungefähr 600. Für das Dreileitersystem würden also die Anlagekosten der Kraftverteilung unter den gemachten Vor-behalten etwa das 6,7fache derjenigen des Gasröhrensystems betragen.

Für das Wechselstromsystem würde die Vergleichszahl unter denselben Verhältnissen und Voraussetzungen $\frac{400}{33} \cdot 30$, also ungefähr 360 betragen, also viermal höher sein als für das Gasröhrensystem.

In allen Fällen ist aber hier angenommen, daß Licht und Kraft aus demselben System verteilt werden. Bei bloßen Kraftübertragungen oder Fernleitungen lassen sich sowohl für Gas als Elektrizität noch wesentlich bessere Resultate erzielen.

Sobald es sich um Fernleitungen in oder zwischen Städten handelt, so sei hier beispielsweise bemerkt, daß die vorher erwähnten beiden Gasrohrleitungen zwischen Schmargendorf und Berlin nur M. 30 für jede übertragene Pferde-kraft kosten.

Ebenso vorteilhaft, wie also bei den Gasanstalten die Verhältnisse für die gleichzeitige Versorgung von Licht und Kraft aus demselben Verteilungs-system sind, ebenso günstig stellen sich die Gesamtverluste bei Übertragung der Kraft, und ich muß hier kurz bemerken, daß über die Verluste in den Gas-röhren meistens ganz falsche Vorstellungen herrschen. Der gesamte Verlust in den Gasrohrsystemen setzt sich aus etwa fünf Faktoren zusammen, unter denen der Verlust durch Undichtigkeit nur ein Bruchteil ist. Der Gesamtverlust betrug bei einer größeren Anzahl von Städten, deren Resultate als maßgebend gelten dürfen und deren Rohrsysteme zum größten Teil seit über 30 Jahren in der Erde liegen, nach der Statistik des Deutschen Vereins von Gas- und Wasserfachmännern 1890/91 zwischen 2,5 und 7% und bei den 13 Rohrsystemen der Deutschen Continental-Gas-Gesellschaft 4,4%. Von diesen Verlusten können auf Undichtigkeit der Röhren im Durchschnitt nur etwa 2 bis 3% kommen, da sich Röhrenzüge ohne spätere Abzweigungen fast absolut dicht herstellen lassen. So haben wir z. B. mehrere Fernleitungen zur Verbindung der Gasometer in Nachbarstädten, welche unter weit höherem als dem gewöhnlichen Druck im Verteilungsnetz der Städte stehen, bis 4 km lang sind und nach mehrjähriger Betriebszeit einen kaum meßbaren Gasverlust ergeben.

Außer Undichtigkeit in den Rohrmuffen und Abzweigungen und gelegentlichen Rohrbrüchen liegen Verlustquellen zweitens darin vor, daß ein Teil des im Gase enthaltenen Wasserdampfes, Naphthalins usw. in den Röhren kondensiert wird. Drittens stehen die Gasuhren bei den Gasabnehmern meist in kälteren Räumen als die Stationsuhren auf der Gasanstalt, so daß also die Verkaufsuhren infolge der Temperaturdifferenz ein geringeres Quantum Gas angeben, als auf der Gasanstalt notiert wird. Viertens werden die Flammen der öffentlichen Beleuchtung nicht durch besondere Gasuhren gemessen, sondern der Konsum rechnungsmäßig festgestellt. Da man dieselben bei soliden Verwaltungen lieber höher einstellt, als vorgeschrieben ist — um Konflikten vorzubeugen —, so ist hier eine fünfte Verlustquelle vorhanden. Eine Diffusion der Luft und des Gases durch die Gußröhren hindurch ist, so viel mir bekannt, niemals festgestellt worden und braucht deshalb auch angesichts der sonst genügend bekannten Verlustquellen nicht als Hypothese herangezogen zu werden.

Übrigens verdient noch besonders hervorgehoben zu werden, daß, je größer die Rohrdurchmesser sind, je größer also die übertragene Kraft wird, um so geringer prozentualisch derjenige Teil des Verlustes ausfällt, der aus Undichtigkeit stammt, da die transportierte Gasmenge annähernd mit dem Querschnitt, die Undichtigkeiten nur proportional mit dem Umfange wachsen. Dasselbe günstige Verhältnis ergibt sich annähernd auch für die Anlagekosten.

Die Gesamtverluste darf man also für sorgfältig in Stand gehaltene Röhrensysteme mit höchstens 6 bis 7% in Anschlag bringen und für einzelne Fernleitungen nur mit 0 bis 1%, und dazu käme noch der geringe Transportverlust von etwa $1/_{180}$ Atm. (55 mm WS), der, abgesehen von seinem minimalen Betrage im Vergleich zur übertragenen Kraft, schon aus dem Grunde ganz außer Ansatz bleiben kann, weil dieser nötige Druck gewöhnlich bereits in den Erzeugungskosten des im Gasometer aufgepumpten Gases einbegriffen ist.

Ein solcher Nutzeffekt der Kraftverteilung von der Zentrale bis zur getriebenen Kraftwelle (also inkl. der Verluste im Gasmotor) von 97 bis 93% und von mindestens 99% bei Fernleitungen — und noch dazu in alten Anlagen, welche mehr als 30 Jahre in Betrieb sind — dürfte in der Praxis der Licht-, Wärme- und Kraft-Verteilung bisher unerreicht dastehen.

Angaben über die tatsächlichen Jahresdurchschnittsverluste von Zentralen mit allen Dichtigkeits-, Isolierungs- und Messungsverlusten sind bisher leider weder bei Druckluft noch Elektrizität bekannt geworden und wohl überhaupt schwer festzustellen. Die Möglichkeit dieser regelmäßigen Feststellung ist bei den Gasanstalten ein großer Betriebsvorteil.

Wir dürfen sonach wohl als erwiesen ansehen, daß die Gaskraftübertragung innerhalb der Städte nicht nur jeder Leistung, die von ihr verlangt wird, selbst auf weite, wirtschaftlich noch vernünftige Entfernungen hin technisch gerecht werden kann, sondern daß der wirtschaftliche Erfolg dabei mit sehr niedrigen Anlage- und Betriebskosten erreicht wird. Und selbst da, wo für neu anzulegende Gasmotoren von großer Kraft, z. B. über 100 PS, die Neulegung von Gasröhren unter Umständen unrentabel sein könnte oder die Gaspreise zu hohe wären, da stehen den Gasanstalten die Dowson-Gasapparate oder ähnliche Systeme zur Verfügung, für welche sie als ausgezeichnetes Brennmaterial zerkleinerten und gewaschenen Koks liefern können. Aus dem in England durchgeführten großen praktischen Versuch[1] mit einer Anlage von Gasmotoren mit insgesamt 280 PSe steht fest, daß bei einer durchschnittlichen Ausnutzung derselben mit nur 190 PS verbraucht wurden für 1 PSe: 0,558 kg Anthrazit oder 0,785 kg Koks — eine Ausnutzung des Brennstoffs in Motoren, welche schon jetzt den Leistungen der größten dreizylindrigen Dampfmaschinen gleichkommt bzw. dieselben übertrifft.

Aber auch beim Gasmotor wachsen die Bäume nicht in den Himmel. Denn erstens gibt es nicht überall Gas; dann gibt es Gasanstalten, die noch hohe Kraftgaspreise halten, und endlich eignen sich andere Kleinmotoren, u. a. der Luftdruckmotor und Elektromotor, für eine ganze Reihe von Zwecken aus betriebstechnischen Gründen besser als der Gasmotor. Diese Verwendungsarten sind für den Elektromotor noch kürzlich in dem Vortrag des Herrn C. Hartmann[2] interessant beschrieben. Und endlich kann selbstverständlich von einer Verdrängung der Dampfmaschine aus einer ganzen Reihe von Gründen nicht die Rede sein.

Bevor wir indes das Gebiet der Kraftverteilung durch Steinkohlengasanstalten verlassen, sei kurz darauf hingewiesen, daß es Herrn Zivilingenieur Junkers in Dessau gelungen ist, ein Kalorimeter zu konstruieren, welches gestattet, den Heizwert brennbarer Gasarten nicht nur in äußerst kurzer Zeit, sondern auch mit einer Genauigkeit zu ermitteln, welche für die Praxis vollkommen ausreicht. Ich übergehe hier eine nähere Beschreibung dieses sinnreichen und einfachen Apparates, weil demnächst eingehendere Veröffentlichungen über denselben zu erwarten sind.

Es ist also in Zukunft möglich, daß Gasmotorenfabrikanten den Wärmebedarf ihrer Motoren genau nach Kalorien angeben, statt nach Kubikmetern. Denn der Kubikmeterbedarf ist eben immer nur eine Raumzahl, keine Wertzahl, und da der Heizwert der verschiedenen Steinkohlengase an manchen Orten sehr bedeutend voneinander abweicht, so mußten aus diesem Grunde gerade die

---

[1] Auf den Cambrian Mills in Newton (vgl. Journal of Gaslighting, Januar 1892, S. 20).
[2] Zeitschrift des Vereins deutscher Ingenieure 1892, S. 1113 u. f.

solidesten Fabrikanten es ablehnen, bindende Verpflichtungen über den Konsum eines in seinem Heizwert nicht bestimmbaren Gases abzugeben.

Also auch die Messung des Heizwertes des Gases ist nunmehr erreicht und wird in viel objektiverer Weise von Stadt zu Stadt verglichen werden können, als die des Lichtes mit dem Photometer, wenn wir auch in dem ausgezeichneten, von unserer Physikalisch-Technischen Reichsanstalt neuerdings hergestellten Instrument ein Photometer besitzen, das an Genauigkeit und in der Möglichkeit, Licht von verschiedener Farbe zu vergleichen, unerreicht dastehen dürfte. Immerhin bleibt aber hier das Auge des Beobachters ein subjektiver, vergleichender Faktor, während bei dem neuen Kalorimeter nur zwei einfache Temperaturablesungen, eine Wasserwägung und eine Gasmessung nötig sind. Die Multiplikation der Temperaturdifferenz und Wassermenge, dividiert durch die Gasmenge, geben dann direkt die Kalorien des untersuchten Gases an.

Wenn somit die Gasanstalten dem wachsenden Kraftbedarf nach jeder technischen und wirtschaftlichen Seite vollkommen gewachsen sind, so beweist doch anderseits gerade unsere mehr als 20jährige Praxis in dieser Gasverteilung, daß das Bedürfnis nach Kleinmotoren für das Handwerk ganz bedeutend überschätzt oder zum mindesten übersehen wird, daß hierfür nicht nur der Preis der Betriebskraft allein maßgebend ist, der in der überwiegenden Mehrzahl der Fälle aus den vorangeführten Gründen bei zentraler Kraftverteilung zugunsten der Gasmotoren spricht, sondern daß mit Anwendung der Maschinenkraft gewöhnlich eine ganze Umänderung der Betriebswerkzeuge und Betriebsweise stattfinden muß. Und hierbei sprechen weitere Anlagekosten und vor allen Dingen auch der Unternehmungsgeist mit, welche sich nicht so schnell wie auf dem Papier in der Wirklichkeit entwickeln lassen, ganz abgesehen davon, wie weit das Bedürfnis nur in sozialpolitischen Phantasien zu suchen ist. Beweisend hierfür ist die mühsame Arbeit, welche die Gasanstaltsverwaltungen bei Unterbringung von Gasmotoren in 20jähriger Tätigkeit haben entfalten müssen, und hierfür spricht die verschwindend geringe Anzahl von Elektromotoren, welche trotz mehrjähriger Agitation im Handwerk bisher abgesetzt sind.

C. Lichtzentrale.

Wenn somit die Steinkohlengasanstalten nicht nur die technische Möglichkeit besitzen, an der Wärme- und Kraftversorgung der Städte mitzuarbeiten, und hierfür sogar eine hervorragend günstige wirtschaftliche Basis haben, so ist in Beziehung auf die Lichtversorgung allen Ernstes und wiederholt die Frage aufgeworfen worden: ob die Gasanstalten als Lichtzentralen in Zukunft neben dem elektrischen Licht überhaupt noch eine Existenzberechtigung hätten. Nun, meine Herren, ich denke, schon die Erfahrungen der letzten Jahre haben die Frage dahin erledigt, daß eine ruhig fortschreitende Entwicklung für alle Beleuchtungsarten nebeneinander nachgewiesen ist, und wenn schließlich bezüglich der Gasbeleuchtung noch ein Rest von Zweifeln geblieben sein sollte, dann wird binnen kurzem die Praxis des neuen Auerlichts den letzten Boden auch hierfür entzogen haben.

Die Gasbeleuchtung ist mit der Erfindung des Dr. Auer von Welsbach aus Wien in eine ganz neue Epoche ihrer Entwicklung praktisch eingetreten, und zwar ist gewissermaßen der Wunsch derer bereits teilweise erfüllt worden, welche den selbstlosen Rat gaben, uns auf die Lieferung von Heizgas zu beschränken. Denn der ganz entleuchtete und nur heizende Bunsenbrenner, welcher in den meisten Heiz- und Kochapparaten verwandt wird, ist auch die Grundlage der neuen Gasbeleuchtung. An Stelle des Selbsterglühens ist das Glühendmachen eines fremden Körpers, eines neuen Dochtes, getreten.

Auf die frühere Geschichte der Inkandeszenzbrenner mit Gas können wir hier nicht näher eingehen, ebensowenig auf die bereits in mehreren öffentlichen Vorträgen erörterte Konstruktion und Herstellungsweise. Hervorgehoben sei nur, daß dieser erste verheißungsvolle Schritt auf einem neuen Wege ganz in der Richtung der bekannten wissenschaftlichen Untersuchungen liegt, welche Wiedemann, Robert v. Helmholtz, die Amerikaner Langley, Very u. a. über die Licht- und Wärmestrahlung gemacht haben. Hiernach mußte es darauf ankommen, so viel als möglich Wärmeenergie in Licht umzusetzen und die Erzeugung unsichtbarer, belästigender Wärmestrahlen zu vermeiden. Licht ohne Wärme, oder möglichst ohne Wärme, ist also die neue Bahn, welche die Gasindustrie mit Erfolg betreten hat. Und wie aussichtsvoll diese Bahn für uns ist, mag daraus hervorgehen, daß nach Berechnungen von Langley in den bisherigen alten Gasflammen bis 99% der vorhandenen Energie für die Lichtentwicklung verloren ging. Der Leuchtkäfer mit seinem grünlich hellen Licht ist in diesem Sinne gewissermaßen das Ideal jeder Beleuchtung; denn er stellt nach Langley das billigste Licht ohne Wärme in der Natur dar, und zwar mit etwa einem 400. Teil der Kosten an Energie, die in der Kerzenflamme verbraucht wird. Wenn daher die ganz weiße oder etwas grünliche Farbe des Auerlichtes manchem auch nicht gefällt, so erinnert sie uns doch schon durch ihre Farbe an den richtigen Weg, auf dem wir uns zum Licht des Johanniskäfers befinden: dem Licht ohne Wärme.

Ohne hier also näher auf die Konstruktion des Brenners und Glühkörpers einzugehen, lassen Sie uns von dem Erfinder selbst das Wesen seiner Erfindung bezeichnen, wie er es in einem, allerdings schon vor sechs Jahren in Wien gehaltenen Vortrag[1]) u. a. in folgenden Stellen seiner Rede getan hat:

„Bei allen Inkandeszenzsystemen war man genötigt, infolge des geringen Emissionsvermögens der angewandten Substanzen viel heißere Substanzen zu wählen, als die Flamme des Bunsenbrenners ist, und das hatte das Mißliche zur Folge, daß eine derartige Anlage mit vielen Nebenapparaten ausgerüstet werden mußte und die große Einfachheit der bisherigen Gasbeleuchtung durch ein derartig kompliziertes System nicht ersetzt werden konnte.

Man mußte also entweder die Luft selbst unter Druck einpressen oder aber Luft und Gas vorwärmen, d. h. aber, meine Herren, vom technischen Standpunkt genommen, sehr beträchtlich erhitzen, um die Flammenhitze so zu steigern, daß Körper von so geringem Emissionsvermögen wie Zirkon oder Magnesia intensives Licht auszustrahlen vermochten. Durch die Anwendung des in der

---

[1]) Gehalten im Niederösterreichischen Gewerbeverein 1886.

jüngsten Zeit aufgetauchten Wassergases lag eine Gasart vor, die bei geeigneter
Verbrennung ohne diese Hilfsmittel eine genügend heiße Flamme gibt, um die
erwähnten Körper in intensives Glühen zu versetzen. Alle diese Systeme, mit
Ausnahme desjenigen Systems, das sich des Wassergases bedient, über welches
die Versuche noch nicht geschlossen sind, waren aber — und das ist ein Hauptmoment — nicht ökonomisch genug, um die gewöhnliche Steinkohlengasbeleuchtung auch nur zeitweise verdrängen zu können. Viele Übelstände dieser Systeme
kann ich in meinen Ausführungen nicht besprechen. Aus dem bisher Mitgeteilten
werden Sie, meine Herren, entnehmen können, daß die Hauptsache, ein großes
Emissionsvermögen und eine große Widerstandsfähigkeit beim Glühen
in der Flamme erhitzter Glühkörper, bisher fehlte. Großes Emissionsvermögen
deshalb, damit der Körper in einer weniger heißen Flamme, als es die Ge-
bläseflamme ist (das ist in der Ihnen früher kurz geschilderten Bunsenflamme)
zur Weißglut gebracht werden kann, und große Widerstandsfähigkeit, damit
er in diesem Zustand viele hundert Stunden zu verbleiben vermag. Ich komme
damit auf den wichtigsten Teil meiner Erfindung zu sprechen.

. . . Von der Anwendung der in den Glühkörpern als Hauptbestandteile
fungierenden Körper hat man sich bisher in der Technik wohl nichts träumen
lassen. Sie sind die charakteristischen Bestandteile gewisser, meist im hohen
Norden vorkommender Mineralien. Trotz der exakten Entwicklung der Tren-
nungsmethoden, welche ich im Laufe meiner wissenschaftlichen Arbeiten auf
diesem Gebiete fand, müssen sie mehrhundertfältig ihre Gestalt ändern, bevor
sie in reinem Zustande vorliegen, in welchem sie als Glühkörper allein Verwendung finden können. Als ich vor mehreren Jahren diese Untersuchungen
im chemischen Universitätslaboratorium in Wien begann, ahnte ich nicht, daß
eines der Resultate dieser Arbeiten jene Erfindung sein würde, die ich die Ehre
habe, Ihnen eben zu demonstrieren."

Beiläufig sei hiermit festgestellt, daß das Auerlicht seine Entstehung nicht
der Konkurrenz des elektrischen Lichtes verdankt, sondern zufälligen Entdeckungen
bei rein wissenschaftlichen Studien, die ursprünglich sogar für das Wassergas
in erster Linie ausgenutzt werden sollten. Es hat sich indes die Tatsache herausgestellt, daß die Auerschen Glühkörper sich nicht für Wassergas eignen, indem
ihre Lichtemissionsfähigkeit durch chemische Verbindungen sehr schnell beein-
trächtigt wird.

Es ist nun von vornherein seitens aller Gastechniker betont worden, daß
die neue Erfindung noch eine ganze Zahl praktischer Mängel auf-
weise, und zwar sind diese auf der diesjährigen Gasfachmännerversammlung
in Kiel[1]) mit einer solchen Objektivität von dem bekannten österreichischen Gas-
ingenieur, Herrn Generaldirektor Fähndrich, und auch sonst so ausführlich
aufgezählt worden, daß nach dieser Richtung fast nichts zu tun mehr übrigbleibt. Allein die Tatsache, daß sich das neue Licht trotz dieser Mängel selbst
in den kleinsten Städten, wo die hohen Kosten der ersten Installation sehr wohl
erwogen werden, und trotz der jetzt allerorts bestehenden schlechten Geschäfts-
lage so schnell Bahn bricht, beweist am besten, daß die Mängel schon jetzt von den

---

[1]) Journal für Gasbeleuchtung und Wasserversorgung 1892, S. 527.

Vorzügen des neuen Lichtes übertroffen sein müssen und man insbesondere dabei sparen kann.

Die drei wichtigsten Vorzüge des neuen Lichtes: größere Helligkeit, Verminderung des Gasverbrauchs und erhebliche Verminderung der Wärme, stehen in innigster Wechselwirkung zueinander. Die Verringerung der Wärme ist schon allein infolge des geringeren Gasverbrauchs eine sehr große und läßt sich hiernach ungefähr wie folgt berechnen: Das gewöhnliche sog. 16 Kerzen-Leuchtgas ergibt pro 1 cbm durchschnittlich 5400 Kal., folglich erzeugen durchschnittlich 100 l, im Auerlicht verbrannt, durchschnittlich 540 Kal. Nun ist aber anzunehmen, daß infolge des höheren Lichteffektes eine größere Wärmemenge in Licht umgesetzt wird, also eine noch größere Wärmemenge verschwinden muß, als sie dem Minderkonsum an Gas entspricht; hierüber liegen aber bisher noch keine Zahlen vor. Da nun eine gewöhnliche Gasflamme von 16 Kerzen etwa 900 Kal. erzeugte, so kann ein Auerlicht von durchschnittlich 50 Kerzen mit ca. 540 Kal. nur etwa ²/₃ der Wärme eines alten Gaslichts von 16 Kerzen geben, oder wenn man diese Helligkeit von 16 Kerzen zugrunde legt, nur etwa 170 Kal., also ungefähr ¹/₅ der früheren Wärme des 16 Kerzenlichtes erzeugen. Eine elektrische Glühlampe von 16 Kerzen entwickelt nach Renk 46 Kal. Es geben alsdann 16 Kerzen im Auerlicht nur etwa die 3½ fache Wärme wie das elektrische Glühlicht, während bisher eine Gasflamme von 16 Kerzen nahezu die 20 fache Wärme von sich gab. Eine Verminderung der Wärme gegenüber dem elektrischen Licht vom 20 fachen bis auf das 3½ fache ist aber für die Praxis gleichbedeutend mit Licht ohne Wärme. So ist auch in Zimmern in einer Entfernung von 50 bis 70 cm von der Auerlampe eine Temperaturerhöhung durch Strahlung überhaupt nicht mehr wahrzunehmen.

Mit der Wärmemenge sind naturgemäß auch die Verbrennungsprodukte auf etwa ¹/₃ für die gleiche Helligkeit wie früher gesunken, und ist außerdem die Verbrennung des Gases eine so vollkommene, daß z. B. ein Rußen ganz ausgeschlossen ist.

Ein Märchen ist es, wenn man in Zeitungen liest, daß beim Auerlicht die zerstäubenden Magnesiumteilchen sehr unangenehm auf die Atmungsorgane wirkten und Spiegel und Fensterscheiben matt machten. Denn im Auerlicht ist keine Spur von Magnesium enthalten; — es mag dies eine Verwechslung mit dem Fahnehjelmschen Wassergasglühlicht sein. Über die Verflüchtigung der Glühkörper sagt Dr. Auer in seinem Vortrage:

„Obwohl nun der Glühkörper selbst durch das Glühen in der Flamme keinerlei Veränderung erfährt, sich also keiner der Bestandteile verflüchtigt, der Glühkörper selbst nicht schmelzbar ist, tritt doch nach vielhundertstündigem Glühen eine kleine Abnahme des Lichtes ein, welche davon herrührt, daß die in gewöhnlicher atmosphärischer Luft suspendierten feuerfesten Partikelchen an den Glühkörper anfritten und so den Leuchteffekt, wenn auch nicht stark, so doch beeinflussen."

Dies hat sich auch in jeder Beziehung bestätigt, und es hat sich im Gegensatz zu jenen Behauptungen die interessante und für die Gastechnik sehr angenehme Tatsache herausgestellt, daß die Glaszylinder viel weniger beschlagen, also viel länger klar bleiben wie früher. Ja sogar die Marienglaszylinder, welche sonst schnell blind werden, halten sich beim Auerlicht in der Höhe der Lichtzone ganz klar, und da die guten Qualitäten des Marienglases wenig Licht absorbieren, können dieselben überall da mit großem Vorteil angewendet werden, wo man ein gelegentliches Springen der Glaszylinder fürchtet.

Was nun die Farbe der Auerlichtes anbetrifft, so sagt hierüber der Erfinder:

„In bezug auf die Art des Lichtes, das diese Glühkörper zu geben imstande sind, ist hervorzuheben, daß es gleich leicht vom blendenden Weiß des Tageslichtes bis zu dem goldgelben Glanz des elektrischen Glühlichts herzustellen ist, und braucht zu diesem Behufe die Zusammensetzung der Glühkörper durch überaus kleine Beimischungen anderer Körper nur ein wenig modifiziert zu werden.“

Solches gelbes Auerlicht ist zurzeit in Wien schon teilweise in Gebrauch; da aber dort die Fabrikation des „Fluid“ dem in so vielen Ländern steigenden Bedarf kaum Schritt halten kann, so werden wir in Deutschland auch auf diese Verbesserung wohl noch etwas warten müssen. Inzwischen aber geben schon mattrosa (lachsfarbene) Zylinder oder auch weiße mattierte Kugelschalen den gewünschten wärmeren Lichtton.

Was nun die Wirkung dieser großen Lichtquelle auf das Auge anbetrifft, so haben die Glühkörper zurzeit etwa 2000 qmm glühende Fläche, und wenn man dafür 60 Kerzen als größte Helligkeit annimmt, so kommt auf 1 Kerze Helligkeit etwa 33 qmm Leuchtfläche und bei der elektrischen Glühlampe nach Bernstein etwa 4 qmm[1]) des glühenden dünnen Kohlenbügels, so daß also das Auge beim Auerlicht dieselbe Helligkeit von einer etwa achtmal größeren Fläche empfängt und deshalb den Lichteffekt leichter aufnehmen kann. Man hat deshalb auch in vielen Restaurants und Cafés eine Fülle von Licht mit ganz ungeschützten Auerbrennern hervorgebracht. Auf alle Fälle aber ist es nicht nötig, das Auerlicht mehr abzublenden als ein elektrisches Glühlicht.

Ohne nun weiter hier auf die zurzeit noch vorhandene leichte Zerbrechlichkeit des Glühkörpers einzugehen, seien hier kurz die Resultate zusammengestellt, welche einige Versuche der Deutschen Continental-Gas-Gesellschaft in Dessau bisher ergeben haben und die sich in erster Linie auf die Dauerhaftigkeit und Lichtbeständigkeit der Glühkörper erstreckten.

Es wurden zunächst Versuche gemacht, um den günstigsten Lichteffekt für Dessauer Gas bei verschiedenem Druck festzustellen; denn zwischen Druck, Gaskonsum und Leuchtkraft besteht ein natürliches Verhältnis, welches für jede Stadt mit seinem Gasheizwert besonders ermittelt werden muß, und kann insbesondere ein zu hoher Gasverbrauch sogar eine Verminderung der Helligkeit herbeiführen. Diese kleine Mühe belohnt sich für jede Gasanstalt sehr. Man kann zu diesem Zweck für jeden zu untersuchenden Druck, z. B. für 20, 25, 30 und 40 mm, je vier verschiedene Düsen einstellen, von denen jede einem bestimmten Konsum entspricht, also z. B. von 100, 110, 120 und 130 l, so daß

---

[1]) Vgl. A. Bernstein, „Über die Umwandlung des elektrischen Stromes in Licht“. Hamburg 1891, S. 20 und Anmerkung.

man also im ganzen 16 verschiedene Auerbrenner zu photometrieren hat, um
für jeden Druck und Konsum eine Durchschnittszahl (aus vier Messungen) zu
gewinnen. Diese ergab für Dessauer Gas mit 5200 bis 5600 Kal. Heizeffekt
bei 110 l Konsum und 40 mm Druck den besten Effekt, und zwar 74 Lichtstärken,
während ein gewöhnlicher Schnittbrenner von 150 l Konsum durchschnittlich
13,5 Hefnerlichte ergab. Folglich findet nach Dessauer Gas in dem neuen
Auerlicht und bei Berliner Brennern eine für den Anfang mehr als fünffache
Verwertung des Gases statt.

Um die Qualität der Glühkörper in bezug auf ihre Dauerhaftigkeit und
Lichtbeständigkeit näher zu prüfen, wurde ein erster Dauerversuch mit 6 Auerbrennern gemacht, von denen drei aus Wien und drei aus Berlin bezogen wurden.

Der Versuch wurde in der Weise ausgeführt, daß je ein Brenner aus Berlin
und Wien unter demselben Druck brannte, und zwar mit 40, 30 und 20 mm
Druck, alle Brenner aber mit 110 l Konsum. Unter 20 mm Druck wird die Ausnutzung des Gases schlecht, obwohl der Wiener Brenner selbst bei 10 mm Druck
noch 45 Kerzen ergab. Für jede photometrische Messung wurden die auf einer
gemeinschaftlichen Rampe angebrachten Brennerköpfe von den Düsen abge-
hoben, in die Photometerkammer getragen und dort auf Düsen von gleicher
Aufbohrung und gleichem Konsum mit dem neuen Photometer der Physikalisch-Technischen Reichsanstalt nach Hefnerlichten gemessen. Es fand also
für die bisher stattgefundenen 30 Messungen jedesmal ein zweimaliges Auslöschen
und Wiederanzünden jedes Brenners statt, also für jeden Brenner mindestens
60 mal. Außerdem wurden die Brenner wiederholt anderweitig transportiert.
Dieses 60 malige Abnehmen und Wiederaufsetzen des Brenners sowie der
Transport desselben von einem Zimmer ins andere zeigte, daß die neueren
Glühkörper schon etwas widerstandsfähiger als die früheren sind, und anderseits konnte keinerlei Einfluß auf die Abnahme der Lichtstärke durch das
60 malige Auslöschen und Wiederanzünden festgestellt werden. Natürlich sind
damit noch nicht die Bedingungen der Praxis erreicht; indes kam es uns
zunächst nur auf Beobachtung der Qualität des die Lichtemission
bewirkenden Stoffes, des sog. „Fluids", an.

Die Form, welche die Glühkörper bei dem Abbrennen auf
den Gasanstalten erhalten, ist sehr von Einfluß auf den Lichteffekt, und scheint es unbedingt vorteilhaft, wenn der Glühstrumpf am Brenner ringsherum fest anliegt und so weit als möglich nach oben
zylindrisch bleibt, also sich nicht gleich konisch nach der oberen Zusammen-
schnürung verjüngt und dadurch hinter die scharfe Verbrennungszone zurück-
tritt. Ferner ist, abgesehen von den sonstigen seitens der Gasglühlichtgesellschaft in Berlin gegebenen Vorschriften, wichtig, daß der Brenner oben nach
beiden Seiten eine freie Öffnung von ungefähr Erbsengröße hat, damit die
Verbrennungsgase sich nicht im Strumpf zu sehr stauen. Erwähnt muß noch
werden, daß die Wiener und Berliner Glühstrümpfe alle auf den ausgezeichneten
Bunsenbrennern von Julius Pintsch-Berlin montiert waren, welche auch in
Wien als die besten angesehen werden. Es fand also tatsächlich ein Vergleich
aller Glühstrümpfe auf denselben Brennern und mit demselben Gas statt.

Nachdem diese sechs Brenner bereits 1500 Stunden gebrannt hatten, wurden aus der letzten gewöhnlichen Lieferung der Gasglühlichtgesellschaft an die Dessauer Gasanstalt (vom Ende September d. J.) noch $2 \cdot 4 = 8$ Stück beliebig herausgegriffen und brannten bei Veröffentlichung dieser Versuche 900, bzw. 500 Stunden. Diese neue Versuchsreihe ergab einen überraschend günstigen Effekt in Beziehung auf Konstanz der Leuchtkraft, wovon weiter unten die Rede ist.

Um ein Zerstören der Glühkörper durch ein ev. Platzen der Zylinder zu verhindern, wurden Marienglaszylinder aufgesteckt, jedoch beim Photometrieren durch gewöhnliche Glaszylinder ersetzt. Ebenso wurden mit Vorteil dünne Drahtgewebe von etwa 17 cm Höhe über die Glaszylinder geschoben.

Die Messungen sind in nachfolgender Tabelle zusammengestellt:

Brenndauer	Elektrisches Glühlicht Spannung 110 Volt					Gasglühlicht Konsum 110 Liter pro Stunde					
	I. Gruppe	II. Gruppe	III. Gruppe	Mittelwerte (Lichtstärke in Hefnerlichten / H L.-N.K.)	Abnahme d. Lichtstärke	Wiener Druck 20—40 mm	Berliner I. 40 mm	Berliner II.	Mittelwerte Berliner I. und II. (Lichtstärke in Hefnerlichten / H L.-N.K.)	Abnahme der Lichtstärke	Berliner II. 40 mm
Anfängliche Lichtstärke	17	18,5	16,8	17,4 = 15,0	—	74,8	55	61,6	58,3 = 50,2	—	—
Durchschnitt von 500 Stb.	15,3	15,5	13,7	14,8 = 12,7	—	62,6	43,8	57,1	50,4 = 43,4	—	—
Nach 500 Stb.	13,6	13,0	10,6	12,4 = 10,7	28,7%	48	36,3	54	45,2 = 38,9	22,4%	12,4%
Durchschnitt von 800 Stb.	13,5	13,9	12,5	13,3 = 11,4	—	56,3	40,5	—	41,0 = 35,3	—	—
Nach 800 Stb.	12,5	10,2	9,5	10,7 = 9,2	38,5%	43,3	32,7	—	32,7 = 28,1	43,9%	16,3%

Der Energieverbrauch der elektrischen Glühlampen betrug im Anfang durchschnittlich 48,4, nach 800 Stunden 46,2 Watt.

1 deutsche Vereinskerze (1 NK) = 1,162 Hefner-Einheiten (HE).

Die Resultate dieser Versuche sind u. a. folgende:

1. Überraschend war bei allen sechs Brennern der ersten Versuchsreihe die lange Brenndauer, welche nach 2400 Stunden Beobachtung noch nicht beendet war.

2. Die Abnahme der Leuchtkraft erfolgte nach 500 Stunden viel langsamer, als bisher angenommen wurde; die Leuchtkraft steigerte sich sogar nach 1300 Stunden bei den Berliner Brennern der ersten Versuchsreihe wieder.

Ja, es wurde sogar bei anderen, ganz alten und zerfallenen Glühkörpern beobachtet, daß, wenn Teile desselben nach außen in die schärfere Luftbewegung am Zylinder gerieten, diese Teile alsdann wieder von neuem hell erglühten:

ein Beweis mehr, wie fast unerschöpflich die Leuchtkraft des Auerschen Fluids an sich ist.

3. Wie vorauszusehen war, ergab der höhere Druck auch eine höhere Lichtstärke, so daß es für alle Angaben über die Lichtstärke des Gasglühlichts unerläßlich ist, neben Konsum und Heizkraft stets den Druck des Gases mit anzugeben, ebenso wie man beim elektrischen Glühlicht die Spannung nach Volt beifügt. Die anfängliche Lichtstärke nahm bei einer Drucksteigerung von 20 auf 40 mm bei den Berliner Brennern um 26%, bei den Wienern um 30% zu, so daß für jeden Millimeter Druckzunahme die Leuchtkraft um ca. 1 Kerze stieg.

4. Während hingegen bis jetzt angenommen wurde, daß ein höherer Druck die Lebensdauer der Lampen verkürze, zeigte sich für gleichen Gasverbrauch (110 l) und innerhalb der für die Praxis geeigneten Druckgrenzen von 20 bis 40 mm Druck im Gegenteil bei höherem Druck ein langsameres Abnehmen der Leuchtkraft. Es kann also der höhere Druck zu einer Erhöhung der Leuchtkraft ausgenutzt werden, ohne die Lebensdauer der Glühkörper zu verkürzen, so daß die nach dieser Richtung von sachverständiger Seite geäußerten Bedenken hier nicht bestätigt wurden. Steigert man indes den Druck über die in der Praxis schon als hoch geltenden 40 mm WS, so ist es wohl möglich und sogar wahrscheinlich, daß die Brenndauer sich verkürzt.

5. Aus dem Unterschied der Wiener und Berliner Brenner, sowie insbesondere aus der Versuchsreihe der acht letzten Berliner Brenner geht klar hervor, daß die Fabrikation der Glühkörper schnelle Fortschritte macht und sich in der letzten Versuchsreihe (auf der Tafel Berliner Brenner II) bereits eine geradezu überraschend geringe Abnahme der Leuchtkraft zeigt.

6. Das ökonomische Hauptresultat für den Gasverbrauch ergibt sich nun aus der vorstehenden Tabelle, wonach sich als mittlere Lichtstärke der Berliner Brenner aus 500 Stunden Dauer 50,4 Hefnerlichte mit Dessauer Gas ergeben haben. Da nun 110 l im offenen Schnittbrenner nur 10 Hefnerlichte mit demselben Gas ergeben, so ist also die Ausnutzung des Gases beim Auerlicht im Durchschnitt von 500 Stunden eine fünffach bessere als im offenen Schnittbrenner, während man bisher in den ausgezeichneten Regenerativbrennern nur etwa eine 2 bis 2½fache Ausnutzung erzielte.

Wenn gleichwohl die Gasfabriken ohne Besorgnis für die Zukunft auf diese in Tausenden von Fällen aus der Praxis nachweisbare Verringerung des Gaskonsums blicken, so erklärt sich dies daraus, daß 16 Kerzen des Auerlichts z. B. bei den Berliner Preisen für 16 Kerzen Helligkeit nur etwa 1 Pf. inklusive aller Unterhaltungsgebühren kosten, also nicht nur jeder elektrischen Glühlichtkonkurrenz aus Zentralen mit durchschnittlich etwa ¼ der Kosten gewachsen sind, sondern sogar die Billigkeit der Petroleumbeleuchtung erreicht bzw. noch übertroffen haben. Denn 16 Kerzen Licht im besten Petroleumbrenner kosten zurzeit je nach dem Petroleumpreise 1 bis 1,4 Pf. exklusive Unterhaltungskosten. Und da das Petroleum dem Gase stets eine viel mächtigere

Konkurrenz war als die Elektrizität, so dürfen wir auch auf Ersatz von dieser Seite rechnen.

Das Bedürfnis nach „mehr Licht" kann also in Zukunft durch Gas auf die billigste Weise befriedigt werden. —

Es lag nun für uns nahe, in unserer elektrischen Zentrale zu Dessau gleichzeitig die Lebensdauer und Abnahme der Leuchtkraft von elektrischen Glühlampen in derselben Weise wie bei den Auerbrennern zu untersuchen, um so mehr, als es längst im Publikum kein Geheimnis mehr war, daß die elektrischen Glühlampen mit der Zeit erheblich an Leuchtkraft verlieren. Ich würde indes gleichwohl von einer vergleichenden Publikation hier Abstand genommen haben, wenn nicht in verschiedenen Zeitschriften neuerdings mehrere ähnliche Versuche mitgeteilt und von anderer Seite in Aussicht gestellt worden wären. Ich glaubte deshalb auf diesen direkten Vergleich vor Ihnen nicht verzichten zu dürfen.

Der Vergleich der elektrischen und Gasglühlichtlampen hat bei uns folgende Resultate ergeben:

1. Alle elektrischen und Gasglühlichtlampen sind auch bei derselben Spannung (Volts) bzw. demselben Druck verschieden untereinander. Diese Verschiedenheit ist beim Auerlicht im Verhältnis zur Leuchtkraft nicht größer als bei den elektrischen Glühlampen[1]).

.2. Von 14 Auerbrennern verunglückten während einer Versuchszeit von bis jetzt etwa 2400 bzw. 800 und 500 Stunden 3 Glühkörper nach 1170, 1950 und 2340 Stunden. Von 20 elektrischen Glühlampen brannten 8 Stück in der Zeit von 59 bis 533 Brennstunden durch. Außerdem brannten durch Kurzschluß in der Lampe selbst bei 10 Lampen 4 Stück sofort beim Einschalten durch und wurden sofort ersetzt. Wir mußten aus diesen Gründen die 5 Lampen einer Fabrik, welche innerhalb 150 Stunden durchgebrannt waren, ganz aus der Bestimmung der Mittelwerte herauslassen.

Das Zerspringen der Glaszylinder der Glühkörper wird zwar in der Praxis der Auerlichtbeleuchtung jedenfalls größer sein als bei unseren Versuchen, scheint aber eine gewisse Kompensation im Durchbrennen und Kurzschluß der Glühlampen zu finden.

3. Die Dauerhaftigkeit der elektrischen Glühfäden und der Auerglühkörper konnte zurzeit noch nicht über 800 Stunden verglichen werden, da der Versuch mit den elektrischen Glühlampen erst später begonnen wurde; jedenfalls haben von 6 Auerbrennern 4 eine Brennstundenzahl von über 2400 Stunden erreicht, und die später bezogenen Berliner Auerlampen haben bis jetzt eine solche von 800 bzw. 500 Stunden, die elektrischen Lampen bis jetzt 800 Brennstunden.

---

[1]) Nach Versuchen von Ch. Haubtmann (L'Electricien, 24. September 1892) betrug von 10 Lampensorten verschiedener Nationen, welche bei 102 Volt 16 Kerzen nominell haben sollten:

Die anfängliche Lichtstärke . . . . 15—21 Kerzen
Die minimale Lichtstärke nach 1000 Stunden . . . . . 5,08—14,98 „
Der Durchschnitt von 1000 Stunden . . . . 8,50—16,00 „
Die durchschnittliche Lebensdauer . . . . 600—1800 Stunden.

4. Die Abnahme der Leuchtkraft von Auerlicht und elektrischem Glühlicht ist nicht wesentlich voneinander verschieden, wenn man den Mittelwert beider Versuchsreihen in Betracht zieht. Nach 500 Stunden war dieselbe beim Auerlicht um 6,3% geringer, nach 800 Stunden um 4,5% höher. Wenn man indes die letzten Berliner Lieferungen von Ende September d. J. in Betracht zieht, so nehmen die Glühkörper des Auerlichts nur halb so schnell prozentisch an Leuchtkraft ab, wie die Fäden des elektrischen Glühlichts.

Die durchschnittliche Lichtstärke während 500 Brennstunden betrug:

beim elektrischen Glühlicht . . . . 14,8 HL = 12,7 NK

„ Auerlicht . . . . 50,4 HL = 43,4 NK

„   „   (neueste Lieferungen) . . . . 57,1 HL = 50,0 NK.

Das Auerlicht ist also bei Dessauer Gas im Durchschnitt von 500 Stunden 3 bis 4mal so hell als gute, seinerzeit im Handel als 16kerzig bezeichnete elektrische Glühlampen.

Übrigens scheint sich das Auerlicht in der von Julius Pintsch konstruierten wind- und staubsicheren Laterne schon jetzt auch für die öffentliche Beleuchtung gut zu eignen, indem durch eine einfache Drehung des Brennerhahnes das Gas sich an der permanent brennenden kleinen Flamme entzündet und wieder ausgelöscht werden kann. Die Glaszylinder halten sich hierbei auffallend rein. Ehe wir indes mit Einführung derselben in größerem Maßstabe vorgehen können, warten wir zunächst die bei der genannten Firma bereits in der Ausführung begriffene Laterne von ca. 100 Lichtstärken in einer Flamme ab und bedienen uns im übrigen bis 400 Kerzen gern nach wie vor der Intensivbrenner, die von Siemens, Wenham, Butzke, Schülke u. a. in guten Konstruktionen so vielfache Anwendung gefunden haben.

Jedenfalls ist es nur noch „eine Frage der Zeit" — wie Herr Generaldirektor Fähnrich auf der Gasfachmännerversammlung in Kiel bereits aussprach —, daß „der Auerbrenner auch berufen ist, als Lichtquelle für sehr hohe Leuchtkraft von 300, 500 und noch mehr Kerzen zu dienen", und werden wir dann erst Vergleiche mit dem elektrischen Bogenlicht anstellen können.

Einen Kostenvergleich über Gas und elektrische Beleuchtung im allgemeinen hier anzustellen, hätte keinen Zweck; doch ergibt sich nach den Berliner Preisen, unter Berücksichtigung der nach unseren Dessauer Versuchen gefundenen Durchschnittszahlen: daß, wenn man die Anfangslichtstärke eines 50kerzigen elektrischen Glühlichtes, ohne eine Abnahme der Leuchtkraft anzunehmen, mit der 500stündigen Durchschnittslichtstärke eines Auerlichtes vergleicht und beim Auerlicht die Unterhaltungskosten der Gasglühlichtgesellschaft sowie die hiesige Brennstundenzahl von 700 Stunden zugrunde legt, in Berlin das elektrische Glühlicht zurzeit ungefähr viermal so teuer als Auerlicht ist.

Die Gasindustrie steht somit auch in Beziehung auf Lichtabgabe im Beginn einer ganz neuen Entwicklung. Es hat mit dem Auerlicht außerdem noch eine Frage ihre einfachste Lösung gefunden, die noch auf der vorjährigen Gasfachmännerversammlung in Straßburg von verschiedenen Seiten als eine „brennende Tagesfrage" bezeichnet wurde, nämlich die Erhöhung der Leuchtkraft des Gases durch Zusatz von schweren Kohlenwasserstoffen, die sog. „Karburierung" desselben.

Denn ein noch besseres Heizgas zu fabrizieren, als aus guten Gaskohlen hergestellt werden kann, würde für die Verbrennung in Auerbrennern, Heizapparaten und Motoren wahrscheinlich nur eine Schwierigkeit bedeuten und unrationell sein. Im Gegenteil wäre es eher zu erwarten, daß diejenigen Gasanstalten, welche jetzt noch Gas von besonders hoher Leuchtkraft fabrizieren, zu dem normalen Leucht-, Heiz- und Kraftgas von 5200 bis 5600 Kal. pro cbm übergehen werden. Bezeichnend hierfür ist, daß die größte Londoner Gasgesellschaft jetzt, wo sie infolge eines Versuches mit Wassergas sehr wohl und technisch sehr leicht ein Gas von beliebiger Lichtstärke produzieren könnte, eben jetzt die höhere Leuchtkraft in dem Stadtteile Londons, wo sie ein solches bisher lieferte, aufgibt und überall jetzt nur gewöhnliches 16 candles-Gas verteilt.

Da indes selbst dieses Gas von 16 engl. Lichtstärken nicht ohne Zusatz von reicheren, teueren und immer seltener werdenden Kohlensorten (Kannelkohlen usw.) hergestellt werden kann, so befürwortete kürzlich Professor Vivian B. Lewes in London in seiner ausgezeichneten „Murdochvorlesung[1])" mit Recht die Herstellung des ohne solche Zusatzkohlen sich ergebenden Gases von nur 14 engl. Lichtstärken, dessen Leuchtkraft durch entsprechende Wahl der Brenner ja vielfach erhöht und dessen Grundpreis alsdann noch niedriger werden kann.

Auch hier gibt also die Macht der wirtschaftlichen Tatsachen und der Erfolg den Gasingenieuren recht, welche, soweit nicht besondere lokale Verhältnisse eine höhere Leuchtkraft wünschenswert machten, an einer Lichtstärke festgehalten haben, die auf der natürlichen Basis — der gewöhnlichen Gaskohle —, nicht der seltenen und teueren Kannelkohle oder noch teureren Karburierungsmitteln beruht.

Die flüchtige Umschau, welche wir so über das weite Gebiet der Steinkohlengasindustrie gehalten haben, dürfte meines Erachtens zu folgenden Ergebnissen geführt haben:

1. Es ist eine an der Hand der Tatsachen widerlegte Legende, als habe es die Gasindustrie bis zum Auftreten der elektrischen Beleuchtung an bedeutenden Fortschritten fehlen lassen.

2. Die Leuchtgasindustrie hat die Einführung des Wassergases nicht aus Untätigkeit oder unter Mißbrauch eines vermeintlichen Monopols unterlassen oder verhindert, sondern aus gründlicher Sachkenntnis und notwendiger Berücksichtigung der hier in erster Linie in Frage kommenden wirtschaftlichen Verhältnisse. Sobald diese wirtschaftlichen Verhältnisse und andere Produktionsbedingungen, Zölle, Arbeiterverhältnisse usw. zugunsten der Wasser-

---

[1]) Journal of Gaslighting vom 21. Juni 1892 und Journal für Gasbeleuchtung und Wasserversorgung 1892, Nr. 31 und 32.

gaserzeugung sich ändern, wird die Steinkohlengasindustrie schon auf dem Platze sein.

3. Auch die Herstellung eines billigen, nicht leuchtenden Heizgases hat bisher nur Mißerfolge aufzuweisen und neben dem vorhandenen Steinkohlengas von hohem Heizwert zurzeit kaum Chancen für einen auch nur mäßigen wirtschaftlichen Erfolg in Deutschland. Die Verdrängung aller einzelnen Heizanlagen ist ein Phantom, das u. a. an den größeren Kosten der Verteilung eines Gases von geringerem Heizwert und den von großen Temperaturschwankungen abhängigen großen Kosten der Aufspeicherung scheitern müßte. Hierfür sprechen u. a. auch die bisherigen Erfahrungen in Amerika.

4. Das Steinkohlengas ist schon bei den jetzigen Preisen ein ökonomischer Brennstoff, auch für zentrale Wärmeversorgung. Die Anwendungsgebiete des Leuchtgases zum Heizen und Kochen sind sehr viel zahlreicher und ausgedehnter, als man gewöhnlich annimmt. Zum Heizen und Kochen in Küche und Haus sind gute und leistungsfähige Apparate in großer Zahl und der mannigfachsten Art jetzt von vielen tüchtigen Firmen zu haben.

5. Da, wo das Gas zum Heizen in größerem Maßstabe noch zu teuer ist und voraussichtlich stets bleiben wird — denn es scheint ganz ausgeschlossen, daß alle Wärme zentral verteilt wird —, ist in dem Koks der Gasanstalten ein Brennmaterial von hohem Heizwert gegeben, welches einen Teil der Rauchbelästigung der Städte heben kann und den Konsumenten billiger mit Wagen und Pferden als in Gasform zugestellt wird.

6. Das Steinkohlengas ist hervorragend zur zentralen Verteilung von Kraft geeignet. Beweis hierfür ist die Existenz von ca. 70000 PS in Gasmotoren allein in Deutschland. Seit zwei Jahren wurden mindestens 10000 PS an die Gasröhren angeschlossen.

7. Mittels der Gasröhren werden Stadtgebiete mit ihren Vororten und Nachbarstädten in beliebiger Ausdehnung leicht mit dem Brennstoff für ihre Kraft versorgt. Die innere Verbrennung in der Gasmaschine gegenüber der äußeren Heizung von Dampfkesseln sichert dem Gasmotor eine steigende Ökonomie für die Zukunft. Die Größe der Gasmotoren ist eine schnell wachsende und kann schon für die nächsten Jahre bis zu 500 PS in einem oder zwei Arbeitszylindern mit Bestimmtheit vorausgesehen werden, genügt also allen Erfordernissen einer Kraftverteilung.

8. Die Anlagekosten für die Aufspeicherung und Kraftverteilung mit Gas sind außerordentlich niedrig, desgleichen die Verluste im Rohrsystem und beim Gastransport.

9. Mit dem verbesserten Auerlicht ist die Gasindustrie in eine neue Phase ihrer Entwicklung getreten, mit welcher auch die Karburierungsfrage erledigt ist, soweit sie sich auf Erzeugung eines Gases von höherer Leuchtkraft als das sog. 16 Kerzen-Gas erstreckt.

10. Die Kosten des neuen Gasglühlichts machen dasselbe nicht nur im Wettbewerb mit elektrischem Glühlicht, sondern sogar mit der Petroleum-

beleuchtung zurzeit zu der billigsten aller Beleuchtungsarten für Einzelflammen bis vorläufig 65 bis 70 Lichtstärken.

Und nun noch ein Wort zum Schluß! Es scheint eine förmliche Modekrankheit in der technischen Literatur geworden zu sein, geniale Blicke, die so wenig als möglich durch wirtschaftliche Sachkenntnis getrübt sind, in eine ferne Zukunft zu tun, technische und wirtschaftliche Umwälzungen vorherzusagen und dabei mindestens eine der älteren Industrien dem sicheren Untergange zu weihen. Es wäre deshalb vielleicht auch in Deutschland an der Zeit, den Rat zu beherzigen, den kürzlich in Rücksicht auf diese Behandlung technischer Probleme der Präsident der chemischen Gesellschaft in London, Professor Emerson, mit den Worten erteilte: es sei an der Zeit, „to take short views", also den Blick lieber einmal auf das Näherliegende zu richten. Der Weitsichtige sieht bekanntlich in der Nähe schlecht!

Denn der Schritt, der vom technischen bis zum wirtschaftlichen Erfolg noch zu tun bleibt, ist, wie so oft, aber immer vergeblich betont wird, mindestens gerade so schwierig, wie der von der ersten Idee einer Erfindung bis zu ihrer technisch brauchbaren Gestaltung. Und wenn deshalb auch die hochinteressante Lauffen-Frankfurter Kraftübertragung von ca. 200 PS auf eine Entfernung von 175 km, zu deren Gelingen auch jeder Gasfachmann den beteiligten Personen und Firmen aufrichtig Glück gewünscht hat, unbedingt als ein technischer Erfolg zu betrachten ist, so ist sie doch an sich — d. h. bei den für diese übertragene Kraftmenge aufgewendeten Kosten — noch kein wirtschaftlicher Erfolg. Als solcher ist sie, soviel mir bekannt, auch von den Leitern dieses Unternehmens bisher nicht bezeichnet worden. Und daß auch unter anderen Verhältnissen die Kraftübertragung auf so große Entfernungen in großem Stil noch keine wirtschaftliche Lösung gefunden hat, beweisen die Mitteilungen, welche jüngst Professor Riedler in der Zeitschrift des Vereins deutscher Ingenieure[1]) über den Erfolg des Konkurrenzausschreibens für Ableitung von 125000 PS des Niagarafalles nach Buffalo gemacht hat. Diese Entfernung beträgt noch nicht den fünften Teil der Entfernung Lauffen—Frankfurt a. M. — nämlich nur 32 km. Die Anlage- und Betriebskosten der sog. billigen Naturkräfte, sobald sie auf erhebliche Entfernungen in wirklich erheblicher Stärke transportiert werden sollen, werden auch in diesem Falle so teuer, daß die Besitzerin jener Wasserkräfte, eine wirtschaftlich rechnende Gesellschaft, es in diesem Falle vorläufig vorgezogen hat, den Industrien, welche die Wasserkraft der Niagarafälle ausnutzen wollen, zu überlassen, sich lieber an den Niagarafällen anzusiedeln und das Wasser als Aufschlagwasser direkt zu beziehen, als sich diese Kraft durch xfache Transformierung und Fernleitung so verteuern zu lassen, daß sie in Buffalo niemand kaufen kann bzw. in Konkurrenz mit anderen Kraftquellen laufen wird.

Wenn eben der Berg nicht zum Propheten gehen will, geht der Prophet zum Berge! — Und in dieser projektierten Kataraktstadt soll nicht einmal eine

---

[1]) 1892, S. 1319 u. f.

Turbinenzentrale entstehen, sondern es wird nach Riedler „von der Unternehmung nicht Kraft, sondern Wasser verkauft und für die Krafterzeugung durch den Abflußkanal Gelegenheit geboten", so daß sich also jede Fabrik ihre Wasserkraftmaschine selbst beschafft.

„Von der Fernleitung nach Buffalo ist zunächst keine Rede. Erst im Laufe der Zeit wird der Versuch einer solchen Fernleitung nicht bloß technisch, sondern auch wirtschaftlich gemacht werden, aber keineswegs planmäßig in Verbindung mit der ersten großen Unternehmung und nicht in dem großen Maßstabe, welcher für die Ausarbeitung der ersten Entwürfe gegeben war. Hierin liegt eine richtige Erkenntnis der wirtschaftlichen und auch der technischen Verhältnisse, welche die maßgebenden Persönlichkeiten der Unternehmung als kluge Geschäftsleute und nicht als Enthusiasten irgendeines Fernleitungsproblems kennzeichnet. Der technischen Welt wird die Erfahrung mit einer planmäßig angelegten großartigen Fernleitung zunächst vorenthalten und die mächtige Unternehmung wird für diese interessanten Fragen der Fernleitung vorderhand kein Lehrgeld zahlen, aber eine großartige Wasserkraftanlage schaffen.... Jede Kraftübersetzung wäre ein interessanter, aber verlustreicher Umweg."

Ganz denselben einfachen und billigen Weg gehen wir auch in der Gasindustrie, indem wir in unseren Gaszuflußkanälen mit dem geringst-möglichen Druckgefälle und den denkbar billigsten Transportkosten den Konsumenten nicht Kraft, sondern den Brennstoff zur Kraft, und zwar in der zur Verbrennung geeignetsten Form — im gasförmigen Zustande — überliefern, und es jedem dann selbst überlassen, sich die beste Gaskraftmaschine mit innerer Verbrennung dafür auszuwählen.

In dieser einfachen, aber darum auch wenig interessanten Weise haben, wie wir sahen, die Gasingenieure bereits seit 22 Jahren in einer gußeisernen Doppelleitung das für ca. 120000 PS ausreichende Gas auf ca. 13 km Entfernung mit vollem wirtschaftlichen Erfolg fergeleitet und verteilt.

Gleichwohl verwahren wir uns ausdrücklich dagegen, als wollten wir die Generalpächter von Licht-, Wärme- und Kraftverteilung sein! Der Himmel bewahre uns vor Bewältigung einer solchen Riesenaufgabe! Wir stimmen vielmehr ganz mit den besonnenen Führern der elektrotechnischen Bewegung und unseren Freunden in dieser Industrie überein, welche wiederholt die Ansicht vertreten haben: daß Petroleum, Gas und Elektrizität auch in Zukunft nebeneinander ihre volle wirtschaftliche Berechtigung und jede dieser Industrien ihr charakteristisches Absatzgebiet behalten werden. Allein gegenüber jenen Heißspornen und Hellsehern, die nicht müde werden können, unserer Leuchtgasindustrie eine baldige Götterdämmerung zu prophezeien, stellen wir unter Hinweis auf die angeführten Tatsachen fest, daß die Gasindustrie nicht nur auf zwei, sondern sogar auf drei kerngesunden Beinen steht: nämlich Licht, Wärme und Kraft!

9

Die Gasindustrie der Vereinigten Staaten von Nordamerika 1893.

Vortrag auf der 34. Jahresversammlung des Deutschen Vereins von Gas- und Wasserfachmännern in Karlsruhe.

Eine Reise zum **Besuch der Weltausstellung von Chicago** (1893) benützte ich dazu, als Delegierter des Deutschen Vereins von Gas- und Wasserfachmännern, die damals brennende Frage der Wassergaserzeugung im Lande ihrer größten und ältesten Anwendung zu studieren. Gelehrte, Theoretiker und Laien aller Art hatten der deutschen Gasindustrie immer wieder von neuem den Vorwurf der Rückständigkeit gemacht, daß sie das Steinkohlengas nicht längst durch das viel billigere und auf viel kleinerem Raum erzeugbare Wassergas ersetzten. Ich fand, daß die Frage kein „autaut" war, sondern daß man Steinkohlen- und Wassergas in Amerika nebeneinander produzierte, und zwar ganz nach den jeweiligen lokalen Preisverhältnissen der Nebenprodukte bei den Steinkohlengaswerken und der Gasölkarburierung bei den Wassergasanstalten.

Auch konnte ich auf Grund eingehenden Studiums der kostenlos aus der Erde strömenden Naturgase nachweisen, daß selbst auf dieser Grundlage eine zentrale Wärmeverteilung mit Gas nie den Hausbrand, also die Einzelfeuerungen ersetzen könne, weil die Fortleitungskosten des Gases durch Röhren selbst bei hoher Kompression (bis 40 Atm.) zu teuer wurden. Das ist bis auf den heutigen Tag wahr geblieben. Die nach der Revolution so außerordentlich in die Höhe getriebenen Röhrenpreise machen zurzeit fast jede wirkliche Fernleitung unmöglich, obwohl sonst auch bei uns in dem Gas der Koksöfen ein sehr billiger Brennstoff zur Verfügung steht.

Die Riesenausdehnung, welche dem Gasabsatz in Amerika und England schon seit langen Jahren beschieden gewesen ist, bleibt für die deutsche Gastechnik immer noch ein unerreichbares Ideal. Sonst steht sie mit an erster Stelle aller Kulturstaaten in technisch-wirtschaftlichen Erfindungen der Gaserzeugung und Gasverwendung. Letzteres war insbesondere auch auf dem überaus wichtigen Gebiete der Großgasmotoren der Fall. Die deutschen Patente herrschten überall, insbesondere auch in Amerika.

Meine geehrten Herren! Die Fülle des Stoffes, die jeden Besucher Amerikas fast zu überwältigen droht, kommt dem Berichterstatter auch nachträglich noch so recht zum Bewußtsein, wenn er in den engen Rahmen eines Referates auch nur einen Teil des Bemerkenswertesten hineindrängen soll, das er drüben als Fachmann erlebt. Und selbst bei der Arbeitsteilung, welche Herr Hofrat Bunte und ich vorgenommen haben, bleibt so manche Hauptsache und so manche interessante technische Einzelheit übrig, daß ich wenigstens einiges davon bei der Drucklegung in einem Anhang wiedergeben möchte, damit ich die auf solchen Versammlungen doppelt kostbare Zeit nicht zu ungebührlich in Anspruch nehme. Auch wollen Sie es nicht mißdeuten und mir ebenfalls nur der Abkürzung wegen gestatten, bei Gelegenheit auf den Vortrag Bezug nehmen zu dürfen, den ich im November 1892 in Berlin im Verein für Gewerbfleiß hielt, da sich manche meiner amerikanischen Studien unmittelbar an die damaligen Ausführungen als Fortsetzung anschließen und ich alsdann frühere Gedankengänge nicht zu wiederholen brauche.

Wenn nun auch das Auge des Fachmannes bei einer solchen Reise in gewissen Richtungen schneller und schärfer sieht und er in der Fremdartigkeit mancher Erscheinungen den roten Faden leichter wiederfindet, der Erscheinung und Ursache überall miteinander verknüpft, so kann es sich doch auch bei Wiedergabe von Eindrücken einer bestimmten Industrie immer nur um sehr flüchtige „Momentbilder" handeln, die vor dem Auge des amerikanischen, gründlicher unterrichteten Fachgenossen sicherlich mancher Korrektur und Retusche bedürfen. Und nur mit diesem Vorbehalt gebe ich einige dieser Momentaufnahmen als rein persönliche Ansichten wieder; denn zu sorgfältigen „Zeitaufnahmen" — um in der Sprache der Photographen zu reden — fehlte eben das Notwendigste: die Zeit.

Wenn nun Herr Hofrat Bunte das Gas von seiner Gewinnung bis in die Gasometer begleitete und ich es von da bis in die Häuser der Konsumenten verfolgen soll, so ist diese Verteilung des Gases aus dem Grunde nicht minder wichtig als die Erzeugung desselben, weil gerade in der technischen und ökonomischen Verteilung von einer Betriebsstätte aus das Charakteristische eines Zentralbetriebes liegt. Und die Nichtbeachtung oder Unkenntnis der Kosten und Schwierigkeiten solcher Verteilung ist es, welche manche konkurrierende Industrie schwer büßen muß und manche Empfehlung eines neuen Systems scheitern läßt. Mit den Erzeugungskosten von Licht, Wärme und Kraft ist es eben nicht abgetan; die Verteilungskosten sind nahezu ebenso groß und größer. Dies lehrt gerade Amerika an tausend Stellen. Aus diesem Grunde unterscheiden auch Amerikaner wie Engländer stets ganz streng: die Kosten des Gases „into the holder", also bis zur Aufspeicherung im Gasometer, von denen „to the meter", d. h. bis zum Gasmesser der Konsumenten.

I. Die amerikanischen Gasanstalten als Wärmezentralen.

Eine der Fragen nun, welche ich beim Besuch der amerikanischen Gasanstalten immer im Auge behielt, war die in meinem Berliner Vortrag angeregte: wie weit sind die Gasanstalten imstande und wie weit sollen sie überhaupt danach streben, auch Heizzentralen zu sein? Und in dieser Beziehung ist nichts mehr geeignet, uns ein lehrreiches Bild zu zeigen, als die Verteilung und der Absatz des Naturgases in Amerika. Denn wenn wir auch diesen Naturschatz nicht selbst besitzen, so ist dieses Gas doch unzweifelhaft das billigste, welches Menschen überhaupt zur Verfügung haben können, da sie es nicht erst zu erzeugen, sondern nur zu erbohren und fortzuleiten haben. Es muß uns also die Verteilung und der Absatz des Naturgases am besten zeigen, wie weit überhaupt die aus dem Gas erhältliche Wärme zentral mit Anspruch auf Rentabilität verteilt werden kann!

Das erste Momentbild möge Ihnen nun eine der neuesten und best eingerichteten Naturgasanlagen flüchtig zeigen, welche Chicago aus den weit entlegenen Naturgasfeldern der Staates Indiana mit Heizgas versorgt. Die Besitzerin der um den Ort Greentown im Staate Indiana gelegenen Gasfelder ist die „Indiana Natural Gas & Oil Co." und die zugehörige Verteilungsgesellschaft in Chicago, die „Economic fuel Gas Co."

Man muß mehrere Stunden mit der Bahn und dem Wagen fahren, um nach Greentown im Staate Indiana zu gelangen, wo neben der hübschen kleinen Villenkolonie der Beamten — wie üblich aus einstöckigen Holzhäusern bestehend — die höchst interessanten Kompressionsanlagen der Indiana Natural Gas & Oil Co. liegen. Die Erfahrungen, welche man bisher mit dem schwankenden, allmählich abnehmenden Druck der Gasbrunnen auf anderen Gasfeldern gemacht hat, sind hier dahin benutzt, daß man eine großartige Kompressorenanlage unmittelbar an den Ausläufern der Gasfelder nach Chicago zu ausgeführt hat, welche die Möglichkeit gewährt, den natürlichen Gasdruck, welcher in den Brunnen etwa 300 lbs. = 21,1 Atm. beträgt, auf das Doppelte zu erhöhen, um dadurch der langen doppelten Röhrenleitung nach Chicago einen möglichst kleinen Durchmesser, nämlich von nur 8″ engl., geben zu können. Es waren zurzeit etwa 50 Gasbrunnen (von ca. 1000′ = 304,8 m Tiefe) in Betrieb. Ein sog. kleiner Brunnen hatte eine Leistung von (ca. 2 Millionen cbf engl. oder) ca. 57000 cbm in 24 Stunden, also ungefähr die Produktionsfähigkeit der Gasanstalt Chemnitz; der größte Brunnen ergab ca. das 4- bis 5fache, also (ca. 9700000 cbf engl. oder) ca. 275000 cbm, also mehr, wie die großen Gaswerke der Stadt Hamburg in 24 Stunden leisten können.

Man ließ in meiner Gegenwart einen solchen Gasbrunnen abblasen, indem man den eisernen Pfropfen, der das 3″ Brunnenrohr oben verschloß, abdrehte und eine Holzplanke aus der kleinen hölzernen Bude, die das Bohrloch umgibt, herausschlug. Vorher hatte man mich aber vorsichtigerweise ermahnt, anfangs nur ja die Finger dicht in die Ohren zu stopfen, da der Knall, mit dem ein Gas von ca. 40 Atm. Spannung ausbläst, dem einer scharfen Explosion gleichkommt. An jenes Ausblasen wurde ich kürzlich erinnert, als ich in einer amerikanischen Gaszeitung las, daß beim Erbohren eines der stärksten Brunnen in den Indianagasfeldern der Bohrer herausgeschleudert sei und das Getöse durch den riesigen Gasstrom wilde Aufregung in einem Umkreise von mehreren Meilen verursacht hätte.

Von der Kompressionsanlage in Greentown teile ich im Anhang noch Einzelheiten mit (s. Anhang Nr. 1).

Es genüge hier anzudeuten, daß dieselbe ein Kesselhaus umfaßt, in dem zurzeit 14 Dampfkessel für je 90 HP liegen[1]). Die Kessel werden mit Naturgas geheizt, und befinden sich die Kompressoren in einem ganz getrennt vom Kesselhaus liegenden Gebäude, und zwar zunächst erst 7 Kompressoren von je 200 HP. So technisch durchgebildet aber auch die ganze Anlage erschien, so mußte doch befremden, daß man das Naturgas erst unter 14 Dampfkesseln mit Hilfe eines

---

[1]) Die Amerikaner geben bekanntlich zweckmäßiger als wir die Größe der Kessel stets auf Pferdekraftleistungen bezogen an, so daß man also die Heizfläche, Verdampfung und Dampfdruck gleichsam in einer Zahl anschaulich vereinigt hat und sich die Anzahl der Pferdestärken der Dampfkessel ohne weiteres mit der Stärke der gespeisten Dampfmaschinen vergleichen läßt.

großen Schornsteins verbrennt, also erst die großen Wärmeverluste in der Kesselfeuerung herbeiführt und das Wasser als Kraftvehikel zu Hilfe ruft, statt die Umsetzung des Naturgases in Wärme und Kraft direkt in einem Gasmotor als Betriebsmaschine zu bewirken. Aber nicht nur des umständlichen Wärmeprozesses und der erheblichen Brennstoffverluste, sondern namentlich auch des höheren Anlagekapitals wegen fiel mir dies auf; denn es ist bekannt, daß man gerade in Amerika in erster Linie bestrebt ist, das Anlagekapital so niedrig als möglich zu halten. Und drittens wäre bei Anwendung von Gasmotoren mit elektrischer Zündung die Feuersgefahr eine wesentlich geringere als beim Dampfkesselbetriebe gewesen. Und gerade weil eine solche Feuersgefahr im vorliegenden Falle bei einem Gasbetriebsdruck von 40 Atm. in Kompressoren und Röhrenleitungen besonders stark vorhanden ist, hatte man ohnehin das Kesselhaus weil ab vom Maschinenhaus gelegt und auch im letzteren noch allerlei interessante Vorsichtsmaßregeln getroffen, über die im Anhang berichtet wird.

Gleichwohl kann die technischen Leiter dieses Unternehmens keinerlei Vorwurf treffen, weil Nordamerika überhaupt aus später noch näher zu erörternden Gründen in dem Bau und der Anwendung von Gasmotoren weit hinter Europa zurückgeblieben ist und deshalb bei den Erbauern überhaupt der Gedanke kaum auftauchen, geschweige zur Durchführung kommen konnte, an Stelle von 90pferd. Kesseln und je 200pferd. Dampfmaschinen direkt 90 bis 120pferdige Gasmotoren mit Naturgasbetrieb einzuführen.

Nicht minder interessant als die Kompressionsanlage war aber die Ausführung der ca. 115 engl. Meilen = ca. 185 km langen Hochdruckdoppelleitung nach Chicago. Dieselbe vereinigt alle Erfahrungen in sich, die man bisher bezüglich Material und Dichtung solcher Leitungen gemacht hat; denn manche der älteren, schlecht gelegten und noch schlechter unterhaltenen Röhrenleitungen sollen Verluste bis 30 und 40% haben. Jene neue Doppelleitung besteht also aus besten 8″ (203 mm) schmiedeeisernen Röhren mit konischem Schraubengewinde, die auf 1200 lbs. p. q.″ = 84,5 Atm. geprüft und ohne jedes weitere Dichtungsmaterial nur mit eingeöltem Gewinde ineinander gedreht sind (siehe Anhang). Die Dichtigkeit dieser Röhrenleitung hat sich bei der Probe als nahezu absolut herausgestellt. Bei einem Druck von ca. 42 Atm. (600 lbs.) war nach 3 bis 4 Tagen nur ein Druckverlust von 0,35 Atm. (5 lbs.) oder von ca. 0,83% des in der Röhrenleitung enthaltenen Gasquantums festzustellen. Im Betrieb wird der Verlust auf höchstens 1% geschätzt. Die größte Gasmenge soll durch die beiden Röhrenleitungen hindurchgepreßt werden können, wenn der Druck am Ende halb so groß wie der größte Anfangsdruck ist, also 20 Atm. beträgt. Hiernach würde jedes Rohr imstande sein, etwa 20000 cbm Gas in der Stunde zu transportieren, oder, da dieses Gas (1000 B. T. U. pro 1 cbf engl.) = 8500 Kal. pro cbm hat[1]) und ca. 20 cbf = 0,566 cbm davon im Gasmotor eine Pferdekraftstunde leisten, so kann eine Röhrenleitung etwa 35000, also die Doppelleitung ca. 70000 HP übertragen. Es ist dies ein interessantes Beispiel für die

---

[1]) Das künstliche Steinkohlenwassergas hat gewöhnlich nur etwa (700 B.T.U.) = 5850 Kal., nicht leuchtendes Wassergas nur etwa 2600 Kal.

großartige, auch in meinem Berliner Vortrag besonders betonte Kraftübertragungsfähigkeit der Gasleitungsröhren mit einem Verlust, der, abgesehen von der Kompression, in solchen Fällen nahezu Null sein kann[1]).

Wie mir Mr. Forbes, der bekannte englische Elektriker und zurzeit auch Konstrukteur der großartigen elektrischen Anlagen an den Niagarafällen, im Juli v. Js. an Ort und Stelle mitteilte, sollen von dieser Wasserkraft zunächst 10000 HP. (24,1 km) nach Buffalo auf eine Entfernung von 15 engl. Meilen übertragen werden (später 25000). Die Naturgasleitung von Indiana nach Chicago gewährt aber jetzt schon die Entnahme einer Kraftleistung, welche ca. 7mal größer und ca. 7mal weiter geleitet ist, als das Niagaraprojekt zunächst in Aussicht nimmt. Die Entfernung ist noch um 10 km größer als die von Lauffen nach Frankfurt a. M. Ihre Anlagekosten betrugen 1½ Mill. Doll., also nur M. 90 für jede bei voller Ausnutzung auf 187 km übertragene Pferdekraft[2]).

In Chicago angelangt, wird das Gas von der Verteilungsgesellschaft, der Economic fuel gas Co., in einem besonderen Niederdrucksystem von ca. 160 engl. Meilen = 257,4 Gesamtlänge verteilt. Der Preis dieses Naturgases ist in Chicago 50 Cts. pro 1000 cbf = 7,2 Pf. pro cbm, also halb so teuer wie das von den Steinkohlen-Wassergas-Anstalten Chicagos abgegebene Gas für Heiz- und Kraftzwecke. Gleichwohl, und das war mir für Beantwortung der früher gestellten Frage wichtig, gibt sich keiner der Leiter dieses Unternehmens der Illusion hin, bei diesen Preisen alle Heizanlagen, insbesondere die der Industrie in Chicago, verdrängen und zentral versorgen zu wollen. Ebensowenig hegte man u. a. diese Hoffnung in Detroit (Mich.), wo die dortige Gasgesellschaft auch Naturgas aus dem Staate Ohio bezieht, und zwar aus einer Entfernung von 92 engl. Meilen = 148 km und dasselbe zu einem Preise von 33 Cts. pro 1000 cbf = 4,90 Pf. pro cbm verkauft.

Am lehrreichsten aber, wie weit man mit dem Naturgas in der zentralen Versorgung größerer Heizanlagen der Industrie gehen kann, war der Geschäftsbetrieb einer großen Naturgasgesellschaft, welche, so viel mir bekannt, die niedrigsten Gaspreise hat und der Industrie von Fall zu Fall in der denkbar weitesten und geschicktesten Weise entgegenkommt — ich darf ihren Namen aus Diskretion nicht nennen. Von den mir zur Verfügung gestellten Einzelpreisen möge hier kurz nur folgendes ausgeführt sein. Für die gewöhnlichen Hausfeuerungen werden 25 Cts. = 3,71 Pf. und für technische Zwecke als Normalpreis 12,5 Cts. = 1,8 Pf. pro cbm berechnet. Bezeichnend aber ist,

---

[1]) Wenn hier auch, streng genommen, nicht von einer direkten Kraftübertragung, sondern nur von einem Brennstofftransport die Rede sein kann, so ist gleichwohl für die Praxis ein direkter Vergleich mit der Kraftübertragung, z. B. durch Elektrizität, Druckluft, Dampf und Wasser statthaft, weil auch diese nicht eine unmittelbar zum Gebrauch geeignete Kraftform übertragen, sondern zur Ausübung der Kraft an der rotierenden Welle ebenfalls erst eines besonderen Motors bedürfen, der zwar einfacher als der Gasmotor, aber ebenso wie dieser noch besondere erhebliche Umsetzungsverluste für die Kraft herbeiführt.

[2]) Bei geringeren Entfernungen sind natürlich auch die Anlagekosten pro Pferdekraft geringer; so kostet die Kraftübertragung von 25000 HP in der Doppelleitung von Schmargendorf nach Berlin auf eine Entfernung von nur 4,7 km nur ca. M. 30 pro PS.

daß selbst bei diesem überaus niedrigen Preise von 1,8 Pf., d. h. ⅛ des Leucht-
gaspreises in derselben Stadt, die lakonische Bemerkung in dem Briefe an mich
hinzugefügt war: „but few can pay this rate" — „aber nur wenige können
diesen Preis bezahlen"! Es müssen vielmehr stets Separatverträge von Fall
zu Fall abgeschlossen werden mit besonderen Berechnungsarten; denn für
so große Konsumenten wie in der Industrie konnte das Gas bisher nicht durch
Gasmesser gemessen werden, da sie zu kolossal und teuer wurden[1]); es blieb
daher nur übrig, ungefähre Beobachtungen des Gasverbrauchs anzustellen und
die bisherigen Kosten des festen Brennmaterials auch für Gas zu bewilligen.
So werden z. B. für Dampfkesselheizungen Pauschalsummen gezahlt,
unter Zugrundelegung bestimmter Arbeitsschichten und Kesselkonstruktionen.
Bei Glashütten wird per Tiegel und Monat bezahlt und ungefähr 1½ Pf.
pro cbm erzielt. Für Walzwerksprodukte und Gießereien wird das Naturgas
pro Tonne Eisen vergütet; doch hat man es schon aufgeben müssen, Naturgas für Puddelwerke zu liefern, da man dort noch nicht einmal bei
¾ Pf. pro cbm, also dem 20. Teil des Steinkohlengaspreises
jener Stadt, mit den Selbstkosten der Kohlenfeuerung konkurrieren konnte.

Meines Erachtens beweist also der Gasabsatz dieser und anderer Natur-
gasgesellschaften Amerikas, soweit ich mich darüber unterrichten konnte, daß
meine Berliner Behauptung: „Es scheint ganz ausgeschlossen, daß alle Wärme
zentral verteilt wird", selbst da zutreffend ist, wo man Naturgas zur Verfügung
hat, also ein Gas — im Gegensatz von nicht leuchtendem Wassergas — von sehr
hoher Heizkraft, dessen Erzeugungskosten gleich Null sind.

Eine zweite Frage war die: Sollen wir uns überhaupt eine solche
zentrale Wärmeversorgung für unsere Gasindustrie wünschen,
und wie weit ist es insbesondere vorteilhaft, sie auf die eigentlichen Ofenheizanlagen auszudehnen? Denn daß der Gasverbrauch
für Koch- und Kraftzwecke ein ziemlich gleichmäßiger durch das ganze Jahr
und daher sehr vorteilhafter für uns ist, wissen wir längst. Zur Beantwortung
dieser zweiten Frage stehen Ihnen hier zwei graphische Aufzeichnungen zur Verfügung, welche ich der Güte einer Naturgasgesellschaft, der Philadelphia Co.
in Pittsburg, und ihrer Tochtergesellschaft, der Alleghany Heating Co. ver-
danke. Die erste zeigt ohne weiteres, in welch empfindlichem und für den
Konsumenten vorteilhaftem Maße tatsächlich der Heizgasverbrauch im
Ofen mit der Außentemperatur steigt und fällt, wie ungünstig dies aber für
die Produktionsverhältnisse einer Gasanstalt sein würde, die künstliches
Gas erzeugen und verteilen muß. Auch von Mr. J. E. Baxter, dem Direktor
der Gaswerke in Detroit, wurde mir bestätigt, daß der Heizgaskonsum infolge von Temperaturveränderungen oft in wenigen Stunden um das Dreifache steige.

---

[1]) Nach den neuesten Nachrichten soll es Westinghouse gelungen sein, auch für große
Konsumenten billige Gasmesser zu konstruieren, und gibt man also auch bei diesen das verschwen-
derische System des Gasverkaufs ohne Gasuhren auf. Es werden dann aber vermutlich die Verkaufspreise des Gases überall steigen, wenn man die bisherige Verschwendung ihrem ganzen Umfange nach erst erkennt.

In der zweiten graphischen Darstellung liegen Beobachtungen des monatlichen Durchschnittskonsums von einem Jahre ebenfalls mit der entsprechenden Temperaturkurve vor, und zwar, was sehr interessant ist, von drei Gruppen von Heizgaskonsumenten: von großen, mittleren und kleineren. Es ergibt sich hieraus zur Evidenz, wie viel ungünstiger gerade die großen Heizgaskonsumenten für Gasproduktion und Gasabsatz sind, indem sie im Laufe des Jahres noch erheblichere Schwankungen zeigen und im Winter einen relativ noch höheren Konsum haben als die Leuchtgasabnehmer. Von einer Ausgleichung der Produktion im Sommer und Winter durch Vereinigung einer Licht- und bloßen Ofen-Heizgaszentrale kann demnach keine Rede sein. Nur die kleinsten Konsumenten zeigen günstigere Verhältnisse, und wahrscheinlich nur deshalb, weil bei ihnen der Kochgaskonsum den Ofen-Heizgaskonsum überwiegt.

Wir sind also aufs neue gewarnt, bei unseren Bestrebungen für Einführung von Heizgaskonsum über das Ziel hinauszuschießen und größere Heizanlagen an unser Rohrsystem anzuschließen, sofern nicht, wie für Kirchen und Schulen, besondere öffentliche Bedürfnisse vorliegen oder sofern sie nicht im Sommer einen annähernd gleichen Verbrauch wie im Winter haben. Eine ganz überraschende Bestätigung hat diese hier vertretene Ansicht in einem soeben veröffentlichten Bericht gefunden, den das geologische Bureau für die Vereinigten Staaten über den Verbrauch des Naturgases zusammengestellt hat. Die New Yorker Handelszeitung vom 19. Mai 1893 schreibt dazu: „Aus dem Bericht scheint jedoch hervorzugehen, daß die Verwendung des Naturgases sich mehr und mehr auf den Familienbedarf beschränkt, und ist Indiana der einzige Staat, in welchem der Verbrauch von Naturgas im Fabrikbetrieb während 1893 eine Steigerung erfahren hat." Auch dürften wir dabei vielleicht noch einen anderen Fingerzeig aus Amerika benutzen, um uns vor Überhandnehmen des Heizgaskonsums im Winter, wo wir zugleich die größte Lichtverteilung zu bewältigen haben, zu schützen. Jene zuerst erwähnte große Naturgasgesellschaft, welche mir die früher angeführten Zahlen zur Verfügung stellte, hat nämlich überall da, wo sie noch Extrarabatte für Heiz- und Kraftgas geben mußte, diese hauptsächlich auf die Sommermonate verlegt. So waren z. B. die Preise für alle mit Naturgas hergestellten Walzwerksprodukte und Gußsachen in den dortigen sieben Wintermonaten 25 bis 30% höher als in den fünf Sommermonaten. Und wenn sich in dieser Weise selbst eine Naturgasgesellschaft vor Anhäufung des Konsums im Winter schützt, welche doch keinerlei Gasproduktionsschwierigkeiten hat, sondern nur ihre Röhrenquerschnitte entlasten will, so dürfte dieser Wink für uns um so beherzigenswerter sein, als wir für jeden größeren Konsum im Winter, gleichviel ob er Heiz- oder Leuchtgas betrifft, doch immer die Zahl unserer Retorten nebst Apparaten bis zum Gasometer vergrößern müssen.

Es haben also, wie wir sehen, jene Naturgasanlagen für uns nicht nur ein geologisches oder rein technisches Interesse, sondern sie sind in wirtschaftlicher Beziehung, was die Verteilung und den Absatz des Gases anbetrifft, so lehrreich für uns, daß sie vielleicht der deutschen Gasindustrie gerade in der gegen-

wärtigen Entwicklung der Verbreitung des Gases zum Heizen manches Lehrgeld
für die Zukunft ersparen können!

Wenn nun schon Naturgasanlagen mit Preisen von weniger als 1 Pf.
pro cbm eine sehr zweifelhafte Rentabilität auf die Dauer haben, so dürfte
es nicht wundernehmen, daß künstlich erzeugtes Heizgas zurzeit noch un-
rentabler, wesentlich teurer, und der Grad seiner Verwendung infolgedessen
ein noch beschränkterer sein muß. „Alle Gesellschaften, die aber solches, d. h.
die Fabrikation eines nichtleuchtenden Heizgases, in Amerika bisher versucht
haben", so sagte ich in meinem Berliner Vortrag, „sind von diesen Versuchen
zurückgekommen, insbesondere auch die großen Wassergasgesellschaften, so
daß zurzeit, soviel mir bekannt, nur eine einzige Gesellschaft, welche drei Anstalten, u. a. in Hyde Park in Chicago betreibt, noch weiter damit vorgeht.
Dort können wir ja bei Gelegenheit der Weltausstellung die weiteren Versuche
in Ruhe studieren und die Resultate mit unseren wirtschaftlichen Ergebnissen
von neuem vergleichen". Nun, meine Herren, das haben wir getan, und als
ich die Mutual fuel gas Co. im alleräußersten Süden von Chicago — noch hinter
der Weltausstellung — besuchte, da hatte sie auch auf dieser letzten Station
den Versuch mit dem Vertrieb von nicht leuchtendem Heizgas tatsächlich ebenso
aufgegeben, wie in den Städten Jackson und St. Joseph. In Jackson hatte
die Gesellschaft auch bei 4,47 Pf. pro cbm (30 Cts.) gegen größere Kohlen-
feuerungen nicht konkurrieren können. Jetzt war man auf allen Stationen
zu leuchtendem Wassergas übergegangen, während man früher das nicht
leuchtende Heizgas durch die bekannten Fahnehjelmschen Magnesiakämme
auch für Lichtzwecke nutzbar zu machen gesucht hatte.

So wenig aber nach den bisherigen wirtschaftlichen und technischen Bedingungen die Verwendung eines nicht leuchtenden Heizgases rentabel sein
konnte, so ist, wie wir später sehen werden, nicht ausgeschlossen, daß man auf
Grund verbesserter Glühlichtbrenner hierauf gleichwohl in Zukunft noch einmal
zurückkommt.

Als Beweis, wie wenig jene Gesellschaft für künstliches Heizgas in Chicago,
selbst zu so niedrigen Preisen wie 7,42 Pf. (50 Cts.), die eigentlichen größeren
Heizfeuer hatte erobern können, sei nach den bisherigen Resultaten der Gesellschaft mitgeteilt, daß nur 600 bis 800 kleine Heizungen, dagegen 3000 bis
4000 Kochapparate und 12000 bis 15000 Wassererhitzer in Betrieb waren.
Es war also schließlich nur derselbe Konsumentenkreis für Heizgas vorhanden,
der auch von den Leuchtgasanstalten schon versorgt wird. Gerade weil aber
hierbei größere, von der Temperatur abhängige Heizungen eine so
geringe Rolle spielten — denn man hatte sie eben zu diesem Preise nicht erobern können —, war die Gasverteilung über das Jahr eine so günstige geworden, daß sie im Juli ca. $\frac{3}{4}$ des Gaskonsums im Dezember hatte, während
man sonst bei unseren Leuchtgasanstalten im Juli nur etwa $\frac{1}{4}$ des Dezember-
konsums rechnet. Also auch hier bei Verteilung des künstlichen Heizgases
zeigte sich, daß ich meine früher aufgestellte Behauptung: eine Verdrängung
aller Feuerstellen durch zentrale Verteilung von Gas sei ein Unding, wohl
aufrechterhalten kann.

Laſſen Sie uns nun bei Beſprechung der Gasanſtalten als Wärmezentralen noch gleich kurz hinzufügen, daß die Verwendung des Gaſes für alle Hauszwecke, insbeſondere zum Kochen, eine in Amerika ſchon ſehr ausgedehnte und in ſchneller Ausbreitung begriffene zu ſein ſcheint, daß auch die dortigen Gasanſtalten nach unſerem Beiſpiel für ſolche Zwecke meiſtens einen 25 bis 30% niedrigeren Preis als für Leuchtgas anrechnen, daß faſt alle Gasgeſellſchaften eigene Ausſtellungsräume mit den verſchiedenartigſten, ſpeziell für die amerikaniſchen Verhältniſſe konſtruierten Apparaten beſitzen und insbeſondere durch äußerſt geſchickt und kurz abgefaßte Zirkulare und Proſpekte das Publikum über die Anwendung des Gaſes aufklären. Es war für den Fachmann ein wahres Vergnügen, die intereſſanten und belehrenden kleinen Proſpekte zu leſen, welche z. B. C. J. R. Humphreys in Lawrence (Maſſachuſetts) oder Judſon, der Leiter der mehrfach erwähnten Naturgasgeſellſchaft (Economic fuel gas Co.) in Chicago, oder Alexander C. Humphreys in Philadelphia herausgegeben hatten, und die ſich bald an das große Publikum, bald in beſonders abgefaßten Zirkularen an Inſtallateure, Handwerker oder Hausfrauen richteten und immer wieder zum Beſuche der im Ausſtellungslokal in Betrieb vorgeführten Apparate einluden. Der Mangel an Zeit verbietet mir, hierauf, ſowie namentlich auch auf die Konſtruktion amerikaniſcher Gasapparate heute näher einzugehen.

II. Die amerikaniſchen Gasanſtalten als Lichtzentralen.

Gehen wir nun von den Wärme- zu den Lichtgaszentralen über, ſo konzentriert ſich hier naturgemäß das Hauptintereſſe des Europäers auf das Waſſergas, und wie wir dies nicht anders erwartet hatten und längſt wußten, iſt die Erzeugung eines gut karburierten Waſſergaſes techniſch, und in Amerika auch wirtſchaftlich als eine vollſtändig gelöſte Aufgabe zu betrachten. Nach dem, was Herr Hofrat Bunte hierüber bereits ausgeführt, möchte ich nur noch hinzufügen, daß mir perſönlich die beiden Syſteme, welche von Alexander C. Humphreys, dem bisherigen Generaldirektor der Gas Improvement Co. — in Verbindung mit G. A. Glasgow —, ſowie von Profeſſor Wilkinſon herrühren und in zahlreichen Anlagen im ganzen Lande vertreten ſind, ganz beſonders vertrauenerweckend ſchienen, und zwar erſchien das erſtere wegen ſeiner allgemeinen Verwendbarkeit für leichte und ſchwere Öle ganz beſonders vorteilhaft, unbeſchadet der guten Reſultate, die ohne Zweifel auch mit anderen Konſtruktionen erreichbar ſind. Ganz irrig würde es aber ſein, zu glauben, und hat ſchon Kollege Bunte dieſe Anſicht widerlegt, als ob eine weſentlich billigere Herſtellung des leuchtenden Waſſergaſes der Grund für ſeine in den letzten Jahren ſtattgehabte ſchnelle Verbreitung wäre; ich fand vielmehr auch in den meiſten Anſtalten, die Waſſer- und Steinkohlengas fabrizierten, daß die Koſten beider im Durchſchnitt der Jahre — je nach den Kohlen- und Ölpreiſen — ungefähr gleich waren. Und um noch ein ſchlagendes Beiſpiel hinzuzufügen, wie ſelbſt in Amerika die Wahl zwiſchen Waſſer- und Steinkohlengas ganz von lokalen Verhältniſſen abhängt, ſo ſei erwähnt, daß in Cleveland am Erieſee, wo eines der ſog. Hauptquartiere des großen Petroleumringes: der Standard Oil Co. ist, wo also die Karburierungsmittel für Wassergas, welche die Rentabilität in erster Linie beeinflussen, sicher in bezug auf Transport bis zur Verbrauchsstelle sehr billig sind, kein Kubikmeter Wassergas, sondern nur Steinkohlengas produziert wird, weil nämlich die Nebenprodukte des Steinkohlengases: Koks, Teer und Ammoniak, dort so gut im Preise stehen. Die Verkaufspreise des Leuchtgases schwankten in Nordamerika diesseits des Felsengebirges gewöhnlich zwischen 14 und 24 Pf.[1]) pro cbm, also ähnlich wie bei uns; sie waren aber noch vor wenigen Jahren ganz erheblich höher.

Ein sehr erfreuliches Bild gewährte im übrigen die Beobachtung: wie ausgezeichnet sich Steinkohlen- und Wassergas in denselben Anstalten und Rohrsystemen vertragen, wie sie sich in beliebigen Verhältnissen mischen lassen, und wie gerade diese Mischungsverhältnisse ganz besondere Vorzüge haben, nicht etwa nur für die Gaserzeugung, sondern auch für den Gasabsatz. Denn das Wassergas, allein für sich verbrannt, gibt eine kurze, sehr heiße Stichflamme, welche zum Beheizen von Kochgefäßen bekanntlich am wenigsten geeignet ist, während die auf den meisten Anstalten übliche Mischung von Steinkohlengas und Wassergas eine längere Flamme von etwas geringerer Temperatur gibt. Auch für die Verbrennung in Gasmotoren ist solche Mischung (das sog. „commercial gas") besser als reines Wassergas, welches zu rasch in der Maschine verbrennt und leicht zu Selbstzündungen neigt[2]). Schließlich wird auch durch Mischung des Steinkohlengases mit Wassergas die Gefahr der Geruchlosigkeit des Wassergases auf einfachste Weise beseitigt.

Die Gründe für die in den letzten Jahren in Amerika herbeigeführte Erhöhung der Leuchtkraft des Gases hat Herr Hofrat Bunte bereits entwickelt, und dürfte dabei auch der Umstand von Einfluß gewesen sein, daß alle Inkandeszenzbrenner, sowohl die älteren Fahnehjelmschen, als das ältere Auersche Gasglühlicht, drüben Fiasko gemacht haben.

Und dieser letzte Punkt ist von solchem Interesse, daß ich noch einen Augenblick dabei verweilen möchte. Jene beiden älteren Inkandeszenzbeleuchtungen waren nämlich in Amerika gleich nach ihrem Auftauchen mit solcher Vehemenz eingeführt worden, daß der Rückschlag, als sie sich praktisch nicht bewährten, ein so großer war, daß ich im vorigen Jahre in Nordamerika nicht eine einzige Stadt fand — New York und Boston als die Hauptkulturträger einbegriffen —, in denen das neue Auerlicht auch nur in nennenswertem Maße eingeführt gewesen wäre. Und in Chicago hatte man, wie schon erwähnt, soeben den letzten größeren Versuch mit den Fahnehjelmschen Magnesiakämmen aufgegeben. Nur die ersten Autoritäten des Faches, soweit ich sie kennenlernte, wie z. B. Eugene Vanderpool in Newark, hatten einige neue Auerglühkörper zur Probe in Benutzung.

---

[1]) Bezeichnend ist, daß gerade Cleveland, wo also z. Zt. kein Wassergas produziert wird, von den von uns besuchten Städten den billigsten Gaspreis hatte.

[2]) Beiläufig sei hier noch erwähnt, daß auch bei den mit Naturgas betriebenen Gasmotoren die Zündflamme durch Steinkohlengas gespeist werden muß, da das Naturgas leicht ausgeblasen wird und schwerer zündet.

Es hat sich demnach in Deutschland belohnt, daß unsere Gasfachmänner die Konsumenten vor der allzu schnellen Einführung jener älteren Inkandeszenzbrenner bewahrt haben und nun die verbesserten Glühkörper um so energischer einzuführen vermochten. Und es ist dies ein neuer Beweis mehr dafür, daß man einer Erfindung nicht mehr schaden kann als durch ihre zu frühe Einführung, sei es, daß die Erfindung selbst oder die wirtschaftlichen Verhältnisse dafür nicht reif sind. Daß aber auch in Amerika die Zukunft den Inkandeszenzbrennern gehören wird und nicht etwa besondere amerikanische Verhältnisse ihrer Einführung entgegenstehen, bewies mir die Hauptstadt Canadas, Montreal, wo eine intelligente und rührige Auerlichtgesellschaft (Incandescent Gas Light Co., unter Leitung von Granger und Professor Bell) seit nur 3½ Monaten ca. 12000 Glühlampen untergebracht hatte. Es dürfte also hiernach und aus anderen Gründen kaum einem Zweifel unterliegen, daß das Inkandeszenzlicht bald von neuem und diesmal einen siegreichen Einzug auch in Amerika halten und die Unnötigkeit so hoher Leuchtkraft des Gases dartun wird, die überhaupt nur noch für Schnitt- und Argandbrenner nötig ist.

Wie ausgezeichnet sich aber die Leuchtkraft und Dauerhaftigkeit der Auerbrenner schon jetzt in Deutschland bewährt haben — und zwar weit über unsere ersten Annahmen hinaus —, dazu werde ich im Anhang aus der Statistik der Deutschen Continental-Gas-Gesellschaft einen Beitrag liefern (s. Anhang Nr. 2).

Möge unsere erfindungsreiche Zeit nichtsdestoweniger die kühnen Wünsche, die wir für eine noch weitere Vervollkommnung der Glühkörper haben, in nicht zu ferner Zeit erfüllen, so daß wir ein an sich nicht leuchtendes billiges Heizgas gleichwohl an jeder Stelle hell erglühen lassen und einst das unsichere, subjektive und mit alten Gasbrennern arbeitende Photometer mit dem sicheren objektiven Kalorimeter vertauschen können[1]).

III. Die amerikanischen Gasanstalten als Kraftzentralen.

Gehen wir nun von den Gasanstalten als Wärme- und Lichtzentralen auf ihre Leistungen als Kraftzentralen über, so erlebten wir in Amerika damit eine ebensolche Enttäuschung wie mit dem Auerlicht; denn während wir bei letzterem höchstens einen Vorsprung von zwei Jahren haben, ist die Entwicklung, Wertschätzung und Anwendung der Gasmotoren fast um ein Dezennium zurück.

In einem Vortrage, den Fred. H. Shelton, Ingenieur des Gas Improvement Co. von Philadelphia, auf der letzten großen Gasfachmännerversamm-

---

[1]) Professor Dr. A. Slaby schreibt in seinen „Kalorimetrischen Untersuchungen über den Kreisprozeß der Gasmaschine", Verhandlungen des Vereins für Gewerbefleiß in Preußen 1894, S. 175: „Die in Kap. 1 beschriebene, etwas umständliche Ermittlung des Heizwertes des Leuchtgases aus der Analyse nach der densimetrischen Methode konnte bei der vorliegenden Arbeit erspart werden, da die Technik seit 1892 in dem Kalorimeter von H. Junkers einen Apparat besitzt, der die direkte Bestimmung des Heizwertes in überaus einfacher und zuverlässiger Weise gestattet." Dies Urteil ist um so bemerkenswerter, als die betreffenden kalorimetrischen Untersuchungen von Slaby mit dem höchsten Grad wissenschaftlicher Genauigkeit ausgeführt und kontrolliert wurden, also das genannte Kalorimeter die Heizwerte des Gases sogar für wissenschaftliche Untersuchungen, wie viel mehr noch für die Praxis genau genug angibt.

lung in Chicago über die Gasmaschinen in den Vereinigten Staaten hielt[1]),
sind die Gründe für diese auffallende Erscheinung ausführlich entwickelt, und
gehe ich deshalb nur ganz kurz darauf ein. Er stellt zunächst statistisch fest, daß
nach der von ihm gehaltenen Umfrage auf je 7500 Einwohner eine Gasmaschine
komme[2]), während in Deutschland nach den sorgfältigen Erhebungen des Herrn
Schäfer[3]) bereits auf je 940 bzw. 900 Einwohner eine Gasmaschine zu rechnen ist.
Die Verbreitung wäre also hiernach bei uns eine im Verhältnis achtmal größere:

Die Zahl der Gasmotorenfabrikanten gibt Shelton auf „wenigstens 20" an,
während wir in dem so vielmal kleineren Deutschland zurzeit 60 bis 70, also
mehr als dreimal so viel Gasmotorenfabrikanten haben, unter ihnen sogar
neuerdings auch Friedrich Krupp. Der Ottosche Gasmotor von der Firma
Schleicher & Schumm in Philadelphia behauptet in Amerika, wie in Deutschland,
noch den ersten Rang, und gehe ich hier auf die im einzelnen abweichenden
Konstruktionen anderer Firmen nicht ein, sondern verweise dafür auf den
Bericht in der Zeitschrift des Vereins deutscher Ingenieure von Fr. Freytag[4]),
sowie den oben erwähnten Vortrag von Fred. Shelton.

Als Hauptgrund jener auffallend mangelhaften Verbreitung des Gasmotors
wird allgemein der unverhältnismäßig hohe Preis der Gasmaschinen im Vergleich zu den drüben allerdings auch außergewöhnlich niedrigen Dampfmaschinen-
preisen angegeben. Während in Deutschland fast ausnahmslos die Gasmotoren
billiger als die Dampfmaschinen sind, zum mindesten wenn man die Kesselanlage
noch hinzurechnet, sind sie drüben 2 bis 4mal so teuer.

Wie übrigens Montreal die einzige Stadt war, in der ich bei meiner Reise
das neue Auerlicht energisch entwickelt fand, so war gerade im weitesten Westen
am Stillen Ozean San Franzisko die einzige Stadt, wo durch energische Be-
mühungen, namentlich des Präsidenten der San Francisco Gas Light Co.,
Mr. J. B. Crockett, und durch die Begründung einer billige Gasmotoren
bauenden Fabrik die Gasmaschinen eine ähnliche Verbreitung wie bei uns gefunden hatten.

Die Gaspreise für die Motoren liegen wie in Deutschland zwischen 12 und
15 Pf. pro cbm, und arbeiten dieselben auch in Amerika meistens wesentlich
billiger als die Elektromotoren.

Die Erkenntnis übrigens, daß der Gasmotor auch in Amerika zu einer viel
bedeutenderen Rolle für die Zukunft berufen ist, wurde von allen Fachleuten, die
ich besuchte, geteilt, und bezeichnend scheint mir dafür zu sein, daß sich jetzt
auch die berühmte Dynamomaschinenfabrik von Westinghouse in Pittsburgh mit aller Energie dem Bau von Gasmotoren zugewendet hat; sie baut
stehende Gasmotoren ganz nach Art ihrer Hammerdampfmaschinen[5]), direkt

---

[1]) Siehe American Gas Light Journal 1893, Vol. LIX, S. 686 u. ff. und Progressive Age
1893, S. 360.

[2]) 60 Städte mit Einwohnerzahlen von 8000 bis 555000 mit insgesamt 4000000 Einwohnern
hatten in Summa 540 Gasmaschinen.

[3]) Journal für Gasbel. 1894, Heft 16. Als Sonderabdruck: „Die Kraftversorgung der deutschen
Städte durch Leuchtgas" von Franz Schäfer. Verlag von R. Oldenbourg.

[4]) Zeitschr. d. Vereins deutscher Ingenieure 1893, S. 1227.

[5]) Siehe American Gas Light Journal 1893, Band LIX, S. 42.

mit der Dynamo gekuppelt, in der richtigen Erkenntnis, daß es für viele Fälle einfachere elektrische Stationen als mit Gasdynamos kaum gibt und die Raumersparnis gerade in den Geschäftsvierteln Amerikas mit ihren Turmhäusern von allergrößtem Wert ist.

Die Anwendung der Gasmotoren auf Straßenbahnen ist in Amerika ebensowohl wie bei uns und in England versucht, und fand ich an der Nordperipherie Chicagos eine Gaslokomotive nach dem wiederholt in den Fachblättern beschriebenen Connelly-System mit einem Anhängewagen auf einer Strecke von ca. 1 engl. Meile in versuchsweisem Betrieb.

Die Lokomotive war ursprünglich für Petroleum eingerichtet, wurde aber jetzt mit Ölgas, nicht mit Steinkohlengas gespeist, da man eine alte Ölgasanlage zur Verfügung hatte, und es billiger war, dieses Gas selbst zu erzeugen, als Steinkohlengas zu kaufen. Der im Betrieb befindliche Gasmotorwagen befriedigte zwar in der Konstruktion noch nicht; allein die Verbesserungen, welche ich in der Werkstatt des Chefingenieurs, Mr. Lynch, kennenlernte, scheinen auch diesem System selbständiger Gaslokomotiven mit Anhängewagen Erfolg für die Zukunft zu versprechen. Ich gebe im Anhang nähere Details hierüber (siehe Anhang Nr. 3).

Die Absicht der Straßenbahngesellschaft, welche die Connellypatente für den Staat Illinois angekauft hat (Connelly Motor Co. of Illinois) soll zunächst darin bestehen, die Pferdebahnlinien, welche die sog. „feeders“, d. h. in diesem Falle die Zufuhrlinien für den dichteren Innenverkehr der Stadt bilden, durch Gasmotorenbetrieb zu ersetzen. Und dieser Gedanke ist ein sehr gesunder und weist darauf hin, daß die Gasmotorwagen sich ebensogut mit Seil- als elektrischen und Pferdebahnen kombinieren lassen. Ebenso wurde die Absicht ausgesprochen, kleinere Städte, in denen elektrische Zentralanlagen oder Pferdebahnen wegen der zu geringen Dichte des Verkehrs nicht rentieren können, mit Gasmotorwagen zu betreiben.

Interessant war es, in Amerika zu beobachten, wie viele Straßenbahnsysteme sich oft miteinander in den Verkehr an einem und demselben Orte teilten: Pferdebahnen, Dampf-, elektrische und Seilbahnen. Allein trotz des großen Erfolges, den unzweifelhaft das sog. Trolleysystem, d. h. die elektrische Bahn mit oberirdischer Stromzuführung, in Amerika bisher gehabt hat, war gleichwohl die neueste Straßenbahn, welche während meiner Anwesenheit in der City von New York eröffnet wurde, eine Seilbahn, ebenso wie dieselbe auch den Hauptverkehr Chicagos bewältigte. Man hatte eben in New York die Leiden der vielfachen oberirdischen Leitungen vor noch nicht langer Zeit erst überwunden. Gleichwohl befriedigt auch das Seilbahnsystem noch nicht alle dortigen Bedürfnisse eines dichten Verkehrs, und als objektivsten Beweis dafür, daß alle bisherigen Straßenbahnsysteme Amerikas den maßgebendsten Personen, Behörden oder Ingenieuren noch nicht genügen[1]), führe ich folgende Stellen aus einem höchst interessanten Schreiben an, das von der großen Metropolitan Traction Co., d. h. der New Yorker Straßenbahngesellschaft, an den Board

---

[1]) Vgl. Riedler: „Licht- und Kraftanlagen in Boston“, Zeitschr. d. Vereins deutscher Ing. 1893, S. 580. Separatausgabe; S. 12.

of Railroad Commissioners, also das offizielle Eisenbahnamt in New York, gerichtet und in der „New York World" vom 15. Dezember v. J. veröffentlicht war.

Nachdem in dieser Zuschrift ausgeführt ist, daß auch das neuerdings eingerichtete Seilbahnsystem nur für möglichst gerade Strecken zu gebrauchen sei, heißt es daselbst:

„Welche Motorenkraft kann hier eintreten zu gegenseitigem Nutz und Frommen? Wir wünschen die Entwicklung und Vollendung eines solchen besseren Systems durch Aussetzen einer direkten Belohnung zu beschleunigen, welche zu einer solchen Konzentration von Energie ermutigen soll, daß schnelle Resultate entstehen.

Wir unterbreiten Ihnen daher folgende Propositionen:

Erstens. Wir setzen eine Summe von 50000 Dollars als Preis für jeden aus, der vor dem 1. März 1894 dem hohen Eisenbahnamt ein System von Motorwagen für Straßenbahnen in Betrieb zeigt, welches besser oder gleich dem Trolleysystem mit oberirdischer Stromzuführung ist.

Zweitens. Ihrer Entscheidung bleibt überlassen, die Bedingungen hierfür festzusetzen; doch muß bei dem gegenwärtigen Stande der Technik ein System, das den Preis gewinnen will, unbedingt sich den Betriebskosten des Trolleysystems, also der elektrischen Bahn mit oberirdischer Stromzuführung, nähern, ohne indes seine Nachteile für die Öffentlichkeit zu haben. —"

Nun, meine Herren, ich weiß nicht, ob sich das Connelly-Gasmotorsystem schon bis 1. März d. J. an dieser Konkurrenz hat beteiligen können, ja ob diese Konkurrenz überhaupt zustande gekommen ist; jedoch lassen die allgemeinen Anforderungen, welche die New Yorker Straßenbahngesellschaft in jenem Preisausschreiben stellt, sehr wohl die Gasmotorbahn als eine der verschiedenen möglichen Lösungen zu, und in dieser Meinung wurde mir auch jener Zeitungsausschnitt, der das Preisausschreiben enthielt, von einem liebenswürdigen amerikanischen Kollegen zugesandt. Diese mögliche Lösung kann sowohl in der Richtung der getrennten Gaslokomotive mit Anhängewagen (Système à la Connelly), als in der direkten Vereinigung von Motor- und Personenwagen liegen, wie sie in der durch die Gas Traction Co. in London verbesserten Form des Dresdener (Lührig) Wagens vorliegt. Und in letzterem haben Deutschland und England meines Erachtens einen erheblichen Vorsprung vor Amerika voraus[1]). Hoffentlich gelingt der erste Gasmotorbahnbetrieb innerhalb einer Stadt auf der 4 km langen Strecke, welche Ende 1894 in Dessau mit neun Motorwagen eröffnet werden soll.

Auf alle Fälle aber: mag nun dieses oder ein anderes Gasmotorsystem in Zukunft die Oberhand gewinnen, jedenfalls lassen die Urteile intelligenter amerikanischer Ingenieure sowie das vorher mitgeteilte Preisausschreiben

---

[1]) Vgl. Vortrag des Herrn Oberingenieur Kemper auf der Dresdener Versammlung des Deutschen Vereins von Gas- und Wasserfachmännern, Journ. f. Gasbel. 1893, S. 505, sowie den Aufsatz: „Neuere Ergebnisse des Probebetriebes mit dem Gasmotorwagen der Gas Traction Co." Zeitschrift für Kleinbahnen 1894, Heft 5.

darauf schließen, daß unter den Systemen, welche in Zukunft das so verschieden-
artige Bedürfnis nach Straßenbahnen befriedigen sollen, auch in Amerika,
ebenso wie bei uns, der Gasmotorenbetrieb nicht fehlen wird. Denn derselbe
vereinigt in geradezu idealer Weise in sich alle Vorteile einer Betriebszen-
tralisation und -Dezentralisation, indem die Erzeugung des Kraftmittels
im großen zentralisiert ist — in den bereits vorhandenen Gasanstalten und
ihrem Röhrensystem —, während der eigentliche Kraftbetrieb so dezen-
tralisiert ist, wie es auch das Ideal vieler Elektriker ist: nämlich daß jeder Wagen
das Kraftmittel leicht an verschiedenen Stellen der Stadt entnehmen, in leichten
Rezipienten (Akkumulatoren) aufspeichern und in selbständigen, von Leitungen
unabhängigen Motoren verarbeiten kann. Dabei wiegt — und das ist bekanntlich ein wichtiges Moment für die Straßenbahnen — der z. B. für Dessau zur
Anwendung kommende kleine Wagen des Dresdener Systems für 20 Personen
nur 4½ t und soll mit seinem Gasvorrat eine Strecke von ca. 8 km durchlaufen.

Wenn ich damit meine flüchtigen Momentbilder der amerikanischen Gasindustrie in der Verteilung von Wärme, Licht und Kraft schließe, so lassen Sie
uns in Erinnerung behalten, daß die Amerikaner auch auf diesem Gebiete ihre
durchaus eigenartige und nicht ohne weiteres auf unsere Verhältnisse zu über-
tragende Entwicklung gehabt haben, und wenn sie auch in Anwendung des Auerlichtes und einer allgemeineren Benutzung der Gasmotoren jetzt noch „behind
the time", also „hinter der Zeit" sind, wie der treffende englische Ausdruck
lautet, und wir in der deutschen Steinkohlengasfabrikation, insbesondere in den
Ofensystemen weiter vorgeschritten sind[1]), so wollen wir unseren amerikanischen
Kollegen um so dankbarer sein, daß sie uns in der Wassergasfabrikation mit
solchem Erfolge vorgearbeitet haben, so daß wir jederzeit, d. h. sobald die Karburierungsmittel, die Reinheit des Wassergases von Eisen, oder die Vervollkommnung der Glühlichtbrenner dies gestatten, zu einer teilweisen Wassergasfabrikation übergehen und auch ihre Systeme mit anderen, europäischen Wasser-
gassystemen sofort anwenden oder vergleichen können, ohne erst besonderes
Lehrgeld zahlen zu müssen. Und das ist in unserer heutigen, schnell vorwärts
strebenden Zeit für unsere Gasindustrie ein nicht hoch genug anzuschlagender
Gewinn!

Wenn ich nun zum Schluß noch einige allgemeine Bemerkungen über die
äußere Lage der Gasindustrie in Amerika machen darf, so ist dieselbe,
soweit ich mich belehren lassen konnte, eine so gesicherte und zukunftreiche
wie in allen europäischen Kulturstaaten, was für Amerika um so bemerkenswerter ist, als die Steinkohlengasindustrie daselbst zugleich mit Naturgas,
Erdöl und elektrischem Licht in scharfem Wettbewerb steht. Bezeichnend aber
für die neue Welt, wo sonst industrielle Anlagen so leicht einen riesenhaften Um-

---

[1]) Wir fanden nur ein einziges Generator-Ofensystem, und dies war aus Deutschland
importiert (System Klönne).

fang annehmen, ist es, daß es dort weder so große Gaswerke wie in England, noch so große und schöne elektrische Zentralen wie in Deutschland gibt. Der Hauptgrund hierfür dürfte der sein, daß gewöhnlich mehrere Gas- oder Elektrizitätsgesellschaften an einem und demselben Orte existieren[1]), während man bei uns und in England aus Rücksichten des Gemeinwohls, des Zustandes der Straßen usw. gewöhnlich nur je eine Gesellschaft oder die Stadtverwaltung sich selbst monopolisiert hat.

Bei den elektrischen Zentralen kommt aber noch ein Hauptmoment hinzu, welches diese in Amerika nicht so ins Riesenhafte wachsen läßt: die Konkurrenz mit den zahlreichen bedeutenden elektrischen Einzelanlagen, also die Konkurrenz innerhalb der eigenen Industrie, welche die großen und besten Konsumenten, die großen Hotels, die riesenhaften Geschäftsgebäude, Theater usw. von vornherein ausscheiden läßt. Privatwohnungen werden aber drüben noch verhältnismäßig ebensowenig mit elektrischem Licht aus Zentralen versorgt wie bei uns.

Die sonst gewohnte amerikanische Großartigkeit kommt also nicht in den elektrischen Zentralen, sondern in den elektrischen Einzelanlagen zur Erscheinung, und wer sich hierüber des näheren unterrichten will, der studiere das wertvolle Material, welches mit Zeichnungen und vielen Details in jenen schnellen und doch so gründlichen und kritischen Berichten von Gutermuth, Reichel und Riedler an die Zeitschrift des Vereins deutscher Ingenieure enthalten ist[2]). Als Beispiel solcher Rieseneinzelanlage sei die neue Licht- und Heizanlage des Auditoriumhotels in Chicago erwähnt, welche für 20000 Glühlampen eingerichtet ist und 1750 PS zur Verfügung hat. Die Anlage ist also ungefähr von der Größe des Düsseldorfer Elektrizitätswerkes. Nebenbei gesagt, haben bei derselben die Dynamos von Siemens & Halske den Sieg über die amerikanische Konkurrenz davongetragen.

Endlich glaube ich noch eine Frage nicht umgehen zu dürfen, die mir seit meiner Rückkehr so häufig von Laien und Fachmännern gestellt wurde: Wie steht es mit der Rentabilität der Gasanstalten in Amerika; können sie überhaupt noch neben der daselbst so hoch entwickelten Elektrotechnik bestehen?

Hierauf gebe ich eine kurze und bündige Antwort in der nachstehenden Tabelle; dieselbe ist aus den Berichten und statistischen Mitteilungen des Gas- und Elektrizitätsamtes (Board of Gas and Electric Light Commissioners) des Staates Massachusetts zusammengestellt. Dieser Staat umfaßt einen großen Teil des ältesten Kulturlandes von Nordamerika mit der zweitdichtesten Bevölkerung und hat das reiche Boston zur Hauptstadt. Aus diesen Gründen, und weil es sich um einen Vergleich von einer großen Anzahl von Gas- und Elektrizitätsgesellschaften nach amtlichen Quellen handelt, dürften die Zahlen dieser Tabelle einen besonders maßgebenden Wert haben. Es ergibt sich hieraus, daß die durchschnittliche Rentabilität der Gasgesellschaften vom Jahre

---

[1]) z. B. New York.
[2]) Vgl. Separatausgabe: „Maschinenarbeit und Ausnutzung der Naturkräfte in Amerika" von M. F. Gutermuth, E. Reichel und A. Riedler. Berlin, Verlag von J. Springer.

Tabelle über die Rentabilität der Gas- und Elektrizitätswerke im Staate Massachusetts.

Größe: 21 000 qkm; 2¼ Millionen Einwohner (= 104 Einwohner auf 1 qkm
[Deutschland 91,4 Einw. auf 1 qkm]). Hauptstadt: Boston (450 000 Einwohner).
(Nach amtlichen Berichten.)

	Jahr	Anzahl der Gesellschaften, deren finanzielle Ergebnisse im Bericht mitgeteilt sind	Hiervon verteilten keine Dividende	Höchste zur Verteilung gelangte Dividende %	Durchschnittsbetrag der Dividende, bezogen auf alle Gesellschaften %
Ausschließlich Gas liefernde Gesellschaften	1886	62	10	36	7,58
	1887	64	11	22	6,97
	1888	64	12	20	6,86
	1889	61	11	20	6,92
	1890	48	13	20	5,82
	1892	45	12	20	6,37
Ausschließlich Elektrizität liefernde Gesellschaften	1889	15	1	21	6,36
	1890	22	—	10	4,86
	1892	58	35	8	2,27
Gas und elektrisches Licht liefernde Gesellschaften	1889	18	2	18	7,2
	1890	23	7	10	5,0
	1892	25	8	10	4,54

Rentabilität der Edison Electric Illuminating Co., New York:
1891: 4%, 1892: 5%, 1893: 5¾%.

1886 — worüber der erste Bericht der Kommission existiert — bis 1892 (letzter Bericht, den ich erhielt) nur sehr geringe Schwankungen bei einem Durchschnitt der Dividenden von 6,75% aufweist, während bei den elektrischen Gesellschaften die Durchschnittsdividende von 6,36% im Jahre 1889 mit der steigenden Anzahl der Zentralen auf 2,27% im Jahre 1892, also fast auf ⅓ der Rentabilität der Gasanstalten, heruntergegangen ist. Diejenigen Gasgesellschaften aber, welche sich gleichzeitig mit elektrischen Betrieben befaßt haben, sind in ihrer Rentabilität wesentlich gesunken, nämlich von im Durchschnitt 7,2% im Jahre 1889 auf 4,54% im Jahre 1892.

In New York hingegen scheint bei den dort vorliegenden, besonders günstigen Verhältnissen die Rentabilität der Edisongesellschaft sich allmählich zu heben, und zwar von 4% im Jahre 1891 auf 5¾% im Jahre 1893.

Da aber, wie bereits erwähnt, die elektrische Beleuchtung sich nur zu einem Teil auf elektrische Gesellschaften und Zentralanlagen, sondern mehr noch auf Einzelanlagen stützt, so wird ihre Entwicklung wie bei uns von der mangelnden Rentabilität vieler Zentralen kaum beeinflußt, sondern geht lebendig fortschreitend weiter — daneben aber auch mit ungeschwächten Kräften die Gastechnik. Und als ein schlagender Beweis in letzterer Beziehung sei Minneapolis erwähnt, jene rührige, selbst für amerikanische Verhältnisse besonders rasch aufblühende Stadt, welche ihre ältere Schwesterstadt St. Paul bereits überflügelt hat. Dort zeigte das letzte Jahr eine Gaszu-

nahme von 37%, während vor Errichtung einer elektrischen Zentrale nur eine
Zunahme von 20% stattfand; in neun Jahren, und zwar von 1883 bis 1892,
hatte sich daselbst der Gaskonsum vervierfacht. Diese bedeutende Entwicklung
ist aber zu einem ganz hervorragenden Teil der Energie zuzuschreiben, mit der
die dortige Gasgesellschaft das Kochgas verbreitet hat. — Nach Angabe unserer
dortigen Kollegen werden übrigens in Minneapolis drei Viertel aller elektrischen
Glühlampen in der Stadt von Einzelanlagen gespeist, mit Ausnahme der
Bogenlampen, welche zentral betrieben werden.

Das Vertrauen in die Zukunft der Gastechnik bekundete sich ferner in den
zahlreichen Neubauten und Umbauten, die wir überall vorfanden — ich greife
u. a. die schönen Neuanlagen in Boston (Calf Pasture Station), Newark (N. J.),
Cleveland, Denver, San Franzisko heraus —, und kann sich dieses Vertrauen
schließlich wohl kaum großartiger betätigen, als bei der neu gegründeten East
River Gas Co., welche die erste wirklich riesenhafte Gasanlage in Amerika
gerade jetzt erbaut und ihre Massenfabrikation[1]) von leuchtendem Wassergas
in Long Island City durch einen tief unter dem Flußbett hergestellten besonderen großen Tunnel nach New York leitet. Sie will dort das Gas direkt
an die Konsumenten oder ev. später auch an die alten Gasgesellschaften verkaufen, sobald deren Terrains innerhalb der Stadt nicht mehr für die steigende Produktion ausreichen.

Und wenn man mit diesen Tatsachen eines großartigen Vertrauens in die
Zukunft der Gasindustrie trotz so vielfältiger Konkurrenz noch die Verhältnisse
vergleicht, wie sie nicht etwa nur in New York, sondern in fast allen größeren
amerikanischen Städten vorliegen, wo, wie z. B. in Pittsburgh, neben einer
großen Naturgasgesellschaft noch vier Gasgesellschaften existieren, welche
künstliches Gas produzieren, daneben noch mehrere elektrische Gesellschaften
bestehen können und endlich dabei noch das aus unmittelbarer Nähe gewonnene
Erdöl in großen Mengen verbraucht wird, — so muß man fast mitleidig
über die bei uns in Deutschland selbst in maßgebenden Kreisen
noch vielfach verbreitete engherzige Anschauung lächeln: als
könnten die so verschieden gearteten Bedürfnisse nach Licht,
Wärme und Kraft überhaupt von einer einzigen Industrie befriedigt werden, als müsse die eine die andere über kurz oder
lang verdrängen und eine einzige Industrie als Siegerin aus
dem vielseitigen Kampfe hervorgehen! Vielleicht tragen auch unsere
heutigen Referate ein Scherflein dazu bei, solchen beschränkten, fast spießbür-
gerlichen Gedanken, die bis in die jüngste Zeit immer wieder von neuem auftreten, allmählich ein wohlverdientes Ende zu bereiten!

Scheiden möchte ich aber auch heute nicht von Amerika, ohne unseren dortigen Kollegen von dieser Versammlung aus ein herzliches Wort des Dankes
nachzurufen für die große Liebenswürdigkeit, mit der sie uns nicht nur in die
besonderen Verhältnisse der amerikanischen Gasindustrie, sondern auch sonst
in ihr hochinteressantes und vielfach so schönes Land eingeführt haben. Denn

---

[1]) Gesamtdisposition 24 Mill. cbf engl. (= 680000 cbm) pro Tag; erster Ausbau auf
6 Mill. cbf engl. (= 170000 cbm) pro Tag.

diese Liebenswürdigkeit erstreckte sich überall da, wo wir überhaupt noch Zeit zur Verfügung hatten, nicht nur auf einen notdürftigen Rundgang durch die Gasanstalt, sondern auf persönliche Führung durch Stadt und Land, auf Einladungen in Klub und Familie, Empfehlungen von Ort zu Ort und eingehende Belehrungen nach allen Richtungen, nach denen wir Interesse zeigten. Und da ich, meine Herren, unsere deutsche Gastfreundschaft nicht minder hoch anschlage als diejenige diesseits und jenseits des Felsengebirges, so darf ich hier unter uns auch wohl der Hoffnung Raum geben, daß, wenn wir einmal die Freude haben sollten, amerikanische Kollegen bei uns zu begrüßen, sie alle Ursachen erhalten werden, ihre Referate über den Besuch in Deutschland einst mit einem ähnlichen Dank zu schließen wie wir! —

Anhang.

1. Anlage der Indiana Natural Gas & Oil Co. bei Greentown (Indiana).

a) Kessel- und Maschinenanlage.

Die zurzeit vorhandenen 14 Kessel (2 Stück in Reserve) à 90 HP wurden mit Naturgas unter 8″ engl. Druck geheizt. Die 7 liegenden Kompressoren zu je 200 HP waren von der Norwalk Iron Works Co. in Norwalk (Conn.) geliefert, und soll ein jeder mit 80 Touren pro Minute 5 Mill. cbf engl. (41265 cbm) in 24 Stunden von atmosphärischem Druck auf 600 lbs. (42,2 Atm.) bei ruhigem Gang komprimieren. Als Kompressoren sind der Billigkeit der ersten Anlage wegen „einfache" gewählt, und beabsichtigt man, eine Art „compound"-System später dadurch herzustellen, daß man zwischen je zwei einfache Kompressoren noch einen größeren legt, welchem das Naturgas aus den beiden ersten Kompressoren zugeführt wird.

Jeder Kompressor hat 5 Sauge- und 4 Druckventile und außerdem noch ein „check valve", d. h. eine Kammer von sechs Ventilen in der Druckleitung, deren Ventile sich selbsttätig durch den Druck der Hauptleitung nach Chicago schließen, wenn in der Maschine oder deren Rohrverbindungen ein plötzlicher Bruch eintreten sollte. Die große Zahl der Ventile ist angeordnet, um die Reibungsverluste beim gewöhnlichen Betriebe so gering als möglich zu machen. Die Sauge- und Druckleitungen, welche jede Maschine mit den Hauptsauge- und Druckleitungen verbinden, haben 4″ engl. Durchmesser. Die Druckleitungen liegen im Wasser. Je drei Maschinen sind mit einer Hauptsaugeleitung von 8″ engl. Durchmesser verbunden, von denen zurzeit zwei Hauptröhrenzüge vorhanden sind.

Das Dampfkesselventil der Kompressoren wird durch den Druck des komprimierten Gases reguliert.

Der Auspuff des Dampfes kann drei Wege nehmen:

1. in einen Kanal von 4′ Dtr. (1250 mm), durch welchen die Wasserspeiseröhren der Dampfkessel geführt sind;

2. direkt ins Freie;

3. in den Maschinenraum, um denselben im Falle von Naturgas-Aus-
strömungen vor Explosionsgefahr zu schützen.

Wegen eventueller Explosionsgefahr war der Maschinenraum mit elektrischem Glühlicht (in doppelten Glashülsen) erleuchtet.

Die Stopfbüchsen der Gaskompressoren haben Metallpackung und sind durch
ein kleines Metallröhrchen mit der Saugeleitung der Maschine verbunden, um
etwaige Gasundichtigkeiten innerhalb der Maschine zu belassen und eine Ausströmung in den Maschinenraum zu verhindern.

b) Druckleitung nach Chicago.

Die Entfernung von Greentown bis zur Stadtgrenze beträgt 115 engl.
Meilen = 185 km.

Die schmiedeeisernen Röhren für diese Doppelleitung von je 8″ engl. Dtr.
wurden von den National Tube Works in Middletown, Penns., geliefert und
kosteten pro lfd. Fuß engl. 85 Cents = M. 12,70 pro lfd. m; ihre Wandstärke
beträgt 5/16″ engl. (8 mm) und mußten die Röhren einem Probedruck von
1200 lbs. pro q″ engl. widerstehen. Der Betriebsdruck soll später von der Station
aus 600 lbs. = 42,2 Atm. betragen; im letzten Winter genügte indes noch der
natürliche Druck der Gasbrunnen von ca. 300 lbs. = 21,1 Atm. bei einer Abgabe
von zwei Millionen cbf in 24 Stunden. Für den Winter 1893/94 wurde eine
tägliche Abgabe von 12 bis 15 Millionen cbf erwartet.

Die Röhren sind mittels geölter konischer Gewinde ineinander geschraubt;
auf 1″ Länge kommen 8 Schraubengänge; Konizität 1 : 32.

Die Röhrenlegung wurde an drei Stellen in Kolonnen von je 10 Mann
gleichzeitig ausgeführt, und waren dabei sechs Lokomobilen im Betrieb, welche
mit einer Art Universalgelenk die 8″ schmiedeeisernen Röhren umklammerten
und eindrehten. Jede Nacht wurde die am Tage verlegte Strecke probiert und
bei undichten Muffen noch Bleidichtung angewendet. Die Röhren liegen 4′
tief im Boden.

Die angestellten Druckproben sowie der Maximalgasdurchlaß sind im Haupt-
text angegeben. Bei den Druckproben ergab sich u. a., daß bei einem Anfangsdruck von 600 lbs. der Enddruck bei Chicago 125 lbs. betrug, wenn man das Ende
der Röhrenleitung daselbst offen ließ.

Es ist für später beabsichtigt, die Leistungsfähigkeit der beiden Hauptdruck-
leitungen nach Chicago dadurch noch zu verdoppeln, bzw. entsprechend zu
erhöhen, daß ungefähr auf halbem Wege zwischen Greentown und Chicago
eine zweite Komprimierstation angelegt wird.

2. Connelly-Motorwagen in Chicago (Connelly Motor Co. of Illinois).

Die mit einem Anhängewagen in Betrieb befindliche Gaslokomotive kann
bei einem Anfangsbetriebsdruck von 13 Atm. 5 Stunden, bei 10 Atm. 3 Stunden
hintereinander laufen; sie hat zwei Gasrezipienten von ca. 3 bis 4′ Länge und
1 ½ bis 2′ Dtr., die zurzeit mit Ölgas gefüllt wurden. Größte Fahrgeschwindig-
keit 15 engl. Meilen in der Stunde. Die Wasserfüllung wurde täglich einmal

erneuert. Der kleine ſtehende Motor hat 10 HP und überträgt ſeine Kraft mittels einer durch Schraube verſtellbaren Friktionsſcheibe auf eine vertikale größere Friktionsſcheibe und von da auf das Triebwerk.

Dieſe variable Geſchwindigkeits- und Kraftübertragung, welche namentlich beim Anfahren und bei Steigungen eine größere Kraftentwicklung geſtattet, die aber mit erheblicher Abnutzung verbunden zu ſein ſcheint, iſt das Hauptelement der Connellypatente.

Die im Bau begriffene neue Gaslokomotive hatte einen ſtehenden Zweitaktmotor mit Glührohrzündung von 14 HP, 4 Gasrezipienten von je 2' Dtr. und 3' Länge für 14 Atm. Druck. Die Tourenzahl des Motors pro Minute ſollte 160 ſein und dabei 14 bis 16 engl. Meilen Fahrt pro Stunde ergeben. Für die Waſſerzirkulation war bei 18ſtündigem Betrieb eine kleine Pumpe vorgeſehen. Für jede Atmoſphäre Druckabnahme ſoll der Motorwagen 2 engl. Meilen, alſo im ganzen ca. 28 engl. Meilen ohne neue Gasfüllung laufen. Die Länge des neuen Wagens beträgt ca. 13', die Breite 7' 8'', das Geſamtgewicht 14000 lbs. Die neue Lokomotive ſoll einen Anhängewagen mit 60 Perſonen ziehen.

10

Über die Gasbahn.

Vortrag auf der 35. Jahres-Versammlung des Deutschen Vereins von Gas- und Wasserfachmännern in Köln am 19. Juni 1895.

Das Arbeitgeben ist für jeden Kenner des Wirtschaftslebens in der Praxis ein sehr schwieriges Ding, viel schwieriger als das Arbeitnehmen. Die geistigen und körperlichen Kräfte der Leiter industrieller Unternehmungen werden in erster Linie von der Notwendigkeit beherrscht, Arbeit zu schaffen durch neue Erfindungen in der Produktion und Gewinnung neuer Absatzgebiete. Ein neues großes Absatzgebiet hatte sich für das Steinkohlengas auf Dezennien hinaus in dem Betrieb kleiner elektrischer Zentralen und Blockstationen mit Gasmotoren ergeben (vgl. Vortrag 7, Die elektrische Zentrale Dessau).

Ein weiteres großes Absatzgebiet hoffte man in den Städten durch die **Gasbahn** zu gewinnen, die in dem nachfolgenden Vortrag behandelt wird.

Schon vor meiner Reise nach Amerika (1893) hatte ich in Dresden die mit komprimiertem Gas betriebenen Straßenbahnwagen des Systems Lührig studiert. In Amerika selbst kam ich gerade zu dem Zeitpunkt an, als man in New York, Boston und anderen Städten die oberirdischen Leitungen der elektrischen Straßenbahnen entfernt hatte, weil sie das Straßenbild selbst für die weniger auf Straßenschönheit sehenden Amerikaner zu sehr „verschandelt" hatten, abgesehen von den technischen Störungen der vielen Leitungen über der Erde. In Deutschland legte man auf die Schönheit des Straßenbildes gerade damals steigenden Wert. Ich hielt deshalb mit vielen anderen Fachleuten die Ausbreitung des oberirdischen sog. elektrischen Trambahnsystems für sehr zweifelhaft. Diesen Standpunkt teilten auch führende Elektriker, die zu gleicher Zeit in Berlin und Budapest Versuche mit unterirdischer Zuführung der Elektrizität und in Hannover mit elektrischen Akkumulatorenwagen machten. Ich glaubte an die Zukunft der Gasbahn, da die Entwicklung fahrbarer Gasmotoren unzweifelhaft viele Aussichten bot, wie sie sich in der Automobilindustrie bald darauf auch glänzend entwickelten.

Über die mit großen Mitteln unternommenen Versuche der Deutschen Continental-Gas-Gesellschaft, das Gas in den Dienst der städtischen Straßenbahnen zu stellen, berichtet der nebenstehende Vortrag. Sie scheiterten, weil die Hauptvoraussetzung für ihre wirtschaftliche Konkurrenzfähigkeit: das Verbot oberirdischer elektrischer Straßenleitungen, in der Folgezeit nicht bestehen blieb. Die oberirdischen Leitungen wurden in Deutschland immer mehr gestattet, trotz der Verunstaltung des Straßenbildes. Diese bemerkte man bald kaum mehr, so sehr hatte sich das Auge an die Masten und Seilgehänge gewöhnt. Man nahm gegen die große Bequemlichkeit der elektrischen Bahnen das Unschöne unwillkürlich gern in Kauf, und als selbst in dem sich so sehr verschönernden Leipzig ein längerer Vertrag über oberirdischen Trambahnbetrieb zustande kam, da waren die Tage des Gasbahnsystems gezählt, obwohl es bereits in mehreren Städten außer Dessau Eingang gefunden hatte. Die Gasbahn teilte damit das Schicksal der unterirdisch betriebenen elektrischen Bahnanlagen in Berlin und Budapest sowie des elektrischen Akkumulatorenbetriebes in Hannover. Sie mußte von der Bildfläche verschwinden, bevor ihr die großen technischen und wirtschaftlichen Fortschritte durch die Automobilindustrie in starken und zugleich sehr leichten Motoren geboten wurden. Das später auftretende Zeppelin-Luftschiff hingegen wurde hierdurch geradezu gerettet.

So hängt der Erfolg der besten Erfindungen einer Industrie oft von ganz anderen Faktoren ab, als sie in der Konkurrenz der eigenen Industrie vorausgesehen werden können. Solches Risiko können aber nur unabhängige, mit freier Initiative und großen Mitteln ausgestattete Privatunternehmungen übernehmen. Auch eine „Planwirtschaft", in der von den berufensten Sachverständigen alle Projekte mehrfach gesiebt würden, kann solche Momente nicht ausschalten, die z. B. vom Geschmack und der Bequemlichkeit des Publikums oder von der Entwicklung irgendwelcher anderen Industriezweige mit abhängen. Die vielseitige, ängstliche und oft kurzsichtige Vorprüfung bei staatlichen und kommunalen sowie sozialisierten Betrieben muß aber bei den verantwortlichen Leitern jeden Wagemut und damit auch manchen vom Glück begünstigten bahnbrechenden Fortschritt hemmen. Sie erzeugt nicht nur bureaukratische Schwerfälligkeit, sondern schließlich auch Interesselosigkeit an jedem riskanten Fortschritt.

Als vor zwei Jahren auf unserer Versammlung in Dresden Herr Oberingenieur Kemper die Verwendung der Gasmotoren für Straßenbahnbetrieb einem eingehenden Vergleich mit anderen Straßenbahnsystemen unterzog, da konnte er bereits darauf hinweisen, daß für Dessau der Bau einer ausschließlich mit Gasmotorwagen betriebenen Straßenbahn eine beschlossene Sache sei. Dieser Beschluß ist inzwischen durch die Deutsche Continental-Gasgesellschaft mit den nächstbeteiligten Interessenten zur Ausführung gelangt und die Bahn, wie Ihnen bekannt, seit November v. J. auf einer Gesamtstrecke von 4,4 km mit neun Gasmotorwagen in Betrieb. Schon vier Wochen nach der Betriebseröffnung wurde im Publikum, bei dem die Bahn schnell beliebt geworden war, der dringende Wunsch nach Erweiterung der Linien laut, und eine öffentliche Subskription auf Erhöhung des Aktienkapitals um M. 180000 fand in einer Überzeichnung der Aktien einen für das neue System empfehlenden Ausdruck. Seit Pfingsten d. J. sind die beiden Hauptstrecken bis zu den ursprünglich geplanten Endpunkten durchgeführt, und wird nach Eintreffen der weiter bestellten neuen Motorwagen binnen kurzem der Betrieb auf einer Gesamtstrecke von 6,2 km mit 9 siebenpferdigen, 4 zehnpferdigen, sowie 4 Anhängewagen, im ganzen also 17 Wagen, durchgeführt sein.

Die andauernd günstigen Betriebsergebnisse des neuen Systems sowie der Wunsch, dasselbe nach allen Richtungen zu vervollkommnen und weiter zu entwickeln, haben inzwischen zu einer Rückerwerbung der Lührigschen Patente geführt, die nach dem Tode des deutschen Erfinders an die englische Gas Traction Company in London übergegangen waren und nunmehr im Besitz der Deutschen Gasbahngesellschaft m. b. H. in Dessau sind. Diese Gesellschaft, welche übrigens von der Dessauer Straßenbahngesellschaft ebenso wie von der Deutschen Continental-Gasgesellschaft ganz unabhängig ist, erbaut zurzeit in Dessau große Werkstätten, um Gasmotorwagen verschiedener Größe, Gaslokomotiven, Komprimierstationen und allen Zubehör der Gasbahnen herzustellen.

Die nächsten Gasbahnen, welche zur Ausführung kommen sollen, sind von den Städten Hirschberg i. Schl. und Saarlouis, sofern ich recht unterrichtet bin, beschlossen, während mit einer größeren Anzahl von Städten Verhandlungen schweben.

Dies ist in kurzen Umrissen die Entwicklung, welche die Gasbahnfrage in Deutschland seit der Dresdener Versammlung genommen hat. Ich kann heute schon ganz davon absehen, das Gasmotorbahnsystem Lührig nochmals eingehend zu beschreiben und in Vergleich mit den zurzeit konkurrierenden Systemen zu bringen, indem ich auf die inzwischen im Journal für Gasbeleuchtung erschienenen Artikel sowie ein kleines Buch verweise: „Gasbetrieb für Straßenbahnen", welches soeben von der Deutschen Gasbahngesellschaft herausgegeben ist.

Zweck meiner heutigen kurzen Mitteilungen soll nur sein, auf Grund der bisherigen Dessauer Erfahrungen nochmals auf einige Hauptpunkte hinzuweisen, welche die Gaszugkraft kennzeichnen und beim Publikum oder Fachleuten noch gelegentlichen Bedenken begegnen; dann die Betriebsresultate und Erfahrungen zu erörtern, soweit sie in Dessau bisher vorliegen, und endlich den Zusammenhang kurz zu berühren, in dem die Gasbahnen zu den Gasanstalten stehen.

Die drei Hauptelemente des Gasmotorbahnbetriebes sind die Gasaufspeicherung, der Gasmotor und das Triebwerk, und von diesen pflegt das große Publikum an der Gasaufspeicherung das größte Interesse zu nehmen. Hier gilt es vor allen Dingen, ein Vorurteil zu beseitigen, nämlich dem Schreckgespenst einer vermeintlichen Explosionsgefahr so nahe auf den Leib zu rücken, daß wir es in der Tat als wesenlosen Schein erkennen.

Denn die Wirklichkeit lehrt uns, daß die Mitführung von Gas unter hohem Druck und seine Verbrennung während der Fahrt seit mehr als 25 Jahren und in mehr als 60000 Eisenbahn-Personenwagen des In- und Auslandes nach dem bekannten und so vortrefflich bewährten System Pintsch tatsächlich ohne eine einzige Explosion geschehen ist, und daß niemand, der diese Wagen befährt, an Explosionsgefahr denkt und die geringste Ursache hat, daran zu denken.

Sie aber, meine Herren, brauche ich als Fachleute nicht daran zu erinnern, daß in den Gasrezipienten und Rohrverbindungen stets Überdruck herrscht, also Luft unmöglich eindringen und eine explosible Mischung herstellen kann. Ein Undichtwerden der Rezipienten und Verbindungen ist aber bei den viel heftigeren und seit langen Jahren zahllos sich wiederholenden Stößen der Eisenbahnwagen niemals hervorgetreten, würde aber gerade wegen des großen Überdrucks dann um so leichter entdeckt. Außerdem sind alle Gasbehälter und Röhrenverbindungen bei den Gasbahnwagen an Stellen untergebracht, die entweder frei liegen oder freie Ventilation nach oben haben; eine offene Flamme existiert nirgends, da die Zündung des Gasmotors eine elektrische ist, also der Funken nur innerhalb des nach allen Seiten geschlossenen Arbeitszylinders überspringt. Der äußere Gasanschluß an die Rezipienten liegt ganz ebenso wie bei den neuen Personenwagen der D-Züge seitwärts und außerhalb der Wagen, so daß also auch eine nachlässige Verschraubung beim Füllen der Gasbehälter keinerlei Gefahr für die Insassen des Wagens hat.

Ebensowenig, wie also bisher jemand in einem Eisenbahncoupé durch das komprimierte und mitgeführte Pintschgas gefährdet war, ebenso wenig — ja, wenn es möglich wäre, in noch geringerem Maße — befindet sich das Publikum in einem Gasbahnwagen in Gefahr. Denn während auf der Eisenbahn das komprimierte und in seinem Druck reduzierte Gas im Innern des Wagens innerhalb einer Glasglocke an der Decke zur Verbrennung gelangt, findet die Verbrennung auf der Gasbahn innerhalb eines nach allen Seiten geschlossenen starken gußeisernen Zylinders statt, welcher durch den angegossenen Kühlmantel doppelt stark und so konstruiert ist, daß er jeden Verbrennungsdruck, den die stärkste Gas- und Luftmischung überhaupt nur erreichen kann, ohne Zweifel leicht aushält.

Uns Fachleuten ist ja ohnehin zur Genüge bekannt, daß in den Gasmotoren Gasexplosionen in dem Sinne plötzlicher unberechenbarer Drucksteigerungen gar nicht vorkommen können, daß die Maximaldruckhöhe für jede vorherige Kompression der Gas- und Luftmischung von vornherein theoretisch und praktisch feststeht, und daß es außerdem gerade die weittragende Bedeutung der hier in Deutz erfundenen Ottoschen Gasmotoren war: die sog. „langsame Verbrennung" des Gasgemisches eingeführt und über den ganzen Erdball verbreitet zu haben. Und so ist auch jederzeit an der Hand der Gasmotor-Diagramme nachzuweisen, daß die Drucksteigerung, welche durch das verhältnismäßig langsam im Totpunkt verpuffende Gas im Gasmotor entsteht, nicht schneller vor sich geht als beim Eintritt von hochgespanntem Dampf im Dampfzylinder.

Aber was sind schließlich die Druckhöhen, die im Gasmotor überhaupt erzeugt werden und bei den bisherigen Kompressionsgraden höchstens 20 bis 30 Atm. erreichen können, gegenüber dem Druck bis 100 Atm. und darüber, welchen jetzt etwa 150000 stählerne Gefäße — in Deutschland allein — aushalten müssen, in denen komprimierte Kohlensäure usw. fast in jede Bierwirtschaft getragen wird, ohne daß bisher ein Mensch am Schenktisch oder im Keller in die Luft geflogen wäre. Die Bahnverwaltungen gestatten bekanntlich die Versendung von Behältern, welche mit komprimierten Gasen bis zu 200 Atm. Druck gefüllt sind.

Und da sollte man im Gasmotorwagen bei einem Druck, den der beste Wille der Erfinder kaum über den zehnten Teil hiervon steigern konnte, und bei derselben Gasaufspeicherung wie in jedem Eisenbahn-Personenwagen wirklich auf einem Vulkan sitzen, wie ich allen Ernstes und wiederholt von recht gebildeten Laien habe befürchten hören! Und gerade, weil dies recht gebildete und sonst auch in technischen Dingen bewanderte Leute waren, so hielt ich ein wiederholtes Eingehen auf diese tatsächlich unbegründete Furcht selbst für geboten.

Ein zweiter Hauptpunkt, meine Herren, betrifft eine zunächst viel berechtigter erscheinende Frage:

Wird die Abnutzung der Gasmotoren im Betriebe der Gasbahn nicht zu groß werden?

Auf diese Frage kann selbstverständlich ein erst halbjähriger Betrieb, wie in Dessau, noch keine direkte Antwort aus der Praxis geben, und wir sind zurzeit noch auf den Weg indirekter Schlußfolgerung aus dem Betriebe stationärer Gasmaschinen angewiesen. Hierbei hat nun eine Umfrage der von mir vertretenen Gesellschaft bei allen Verwaltungen derselben und bei einigen größeren Gasmotoranlagen außerhalb unserer Gesellschaft ein so überaus günstiges Ergebnis geliefert, daß von den meisten Verwaltungen fast nur die stereotype Antwort einging, daß sich die Reparaturen in den weitaus meisten Fällen auf das Auswechseln von Kolbenringen nach einer längeren Betriebszeit, auf das Nachschaben von Schiebern der Motoren älterer Konstruktion — die neueren Motoren kennen fast nur Ventile — und auf Nachdichtungen, kurz auf Arbeiten beschränkten, die keinerlei großen Materialaufwand erforderten und von dem Bedienungspersonal nebenbei mit besorgt werden konnten. Namentlich auch lauten die Nachrichten von den Gasdynamos sehr günstig.

Als unbedingt zuverlässig dürfen die in ihren Händen befindlichen Aufzeichnungen unserer kleinen elektrischen Zentrale, Dessau gelten, welche sich
über einen Zeitraum von 8½ Jahren erstrecken (vom 1. Oktober 1886 bis 1. April
1895) und aus denen sich an Reparaturen der 10-, 30-, 60- und 120pferdigen
Motoren noch nicht $1/_{20}$ Pfennig pro Pferdekraftstunde oder durchschnittlich
0,12% ihres Anschaffungswertes pro Jahr ergibt.

Nach diesen Feststellungen und dem Urteile vieler Fachgenossen dürfte die
geringe Reparaturbedürftigkeit guter Gasmotoren bei guter Wartung
ebensowenig einem Zweifel unterliegen, wie bei guten Dampfmaschinen und
guter Wartung. Ja, es ist bekannt, daß selbst von den ältesten Langen- und
Ottoschen stehenden Motoren aus dem Jahre 1866 u. f., also seit 28 Jahren,
noch eine ganze Anzahl in Betrieb sind. Weshalb aber sollte schließlich der auf
Fahrräder gesetzte Gasmotor mehr Reparaturen erfordern als eine Dampfmaschine in der Lokomotive? Daß ein Gasmotor gegen Staub nicht mehr
empfindlich ist wie ein Dampfmotor, beweisen die auf unseren Anstalten mitten
in dem scharfen Koksstaub arbeitenden, zum Brechen der Koks benutzten oder die
sonst in schmutzigen kleinen Werkstätten arbeitenden Gasmaschinen. Dazu
kommt, daß die Dampfmaschine bei der Lokomotive frei nach außen, dagegen
die Gasmotoren im Lührigschen Wagen unter der Sitzbank ganz abgeschlossen
gegen Staub von außen und innen liegen. Außerdem haben die hier zur Anwendung kommenden Gasmotoren Ventilsteuerung mit elektrischer Zündung, arbeiten
also ohne den gegen Staub schon eher empfindlichen offenen Zündschieber.

An den Stößen während der Fahrt auf den Schienen oder in Weichen
werden beide Motorarten ebensoviel oder ebensowenig zu leiden haben. Jedenfalls kreuzen die Dresdener Gasmotorwagen jetzt seit nahezu einem Jahr
täglich 26mal fünf Gleise der Eisenbahn im Niveau, erhalten also an jeder
Achse täglich 260mal den heftigsten Stoß, ohne daß irgendeine besondere Abnutzung der Motoren hervorgetreten wäre.

Eine kürzliche Öffnung von Gasmotoren bei den Dessauer Wagen hat ergeben, daß die Arbeitszylinder im Innern spiegelblank waren und nach dem
Stichmaß keinerlei Veränderung der Dimensionen oder ungleiche Abnutzung
im vorderen oder hinteren Zylinderteil erkennen ließen, was immerhin trotz
des erst halbjährigen Betriebes bestätigt, daß wir von Staub nichts zu befürchten
haben; denn die Abnutzung würde sich in solchem Falle unbedingt sehr bald
bemerklich machen und schnell vorwärts schreiten.

Ebenso verhält es sich mit dem Triebwerk der Lührigschen Wagen, das
ebenfalls ganz geschützt gegen Staub aus dem Innern der Wagen und durch
einen besonderen Kasten gegen Schmutz von der Fahrbahn her gesichert ist.

Dagegen dürfte es angebracht sein, auf ein anderes, von manchem Fachgenossen geäußertes Bedenken noch näher einzugehen: ob nicht das Triebwerk an sich mit seinen beiden Übersetzungsverhältnissen und
dem Vorwärts- und Rückwärtsgang etwas kompliziert sei? Das-
selbe ist aber in der Tat einfacher, als es den Anschein hat, und besitzt nur infolge
der Mannigfaltigkeit der zu lösenden Aufgaben: langsamer oder schneller Gang
bei Vorwärts- und Rückwärtsbewegung, eine gewisse Vielheit der Teile,

die aber an sich für jeden einzelnen Fall, sobald der Steuerhebel in die richtige Stellung gebracht ist, ein verhältnismäßig einfaches und direktes Ineinandergreifen darstellt, also tatsächlich doch Einfachheit und nicht Kompliziertheit bedeutet[1]). Und eine ausgezeichnete Bestätigung dieser Ansicht fand ich zufällig in einer sehr lesenswerten Rede, die mir der in England wohlbekannte Ingenieur und Professor Alexander B. W. Kennedy bei seinem neulichen Besuche der Gasbahn in Dessau übergab. Diese Rede „Kritische Würdigung des mechanischen Erziehungsunterrichts" hielt er im Jahre 1894 als Präsident einer Sektion der British Association auf der Versammlung in Oxford und äußerte darin u. a.: „Eine Reihe von Erwägungen, die große kritische Bedeutung hat, ist in dem Worte „Einfachheit" (simplicity) enthalten. Einfachheit bedeutet nicht geringe Anzahl von Teilen. Reuleaux hat schon vor langer Zeit dargetan, daß bei jeder Maschine ein praktisches Minimum von Teilen nötig sei, deren Verringerung jedesmal von ernstlichen praktischen Nachteilen begleitet ist. Ebenso ist wirkliche Einfachheit keineswegs unverträglich mit scheinbar bedeutender Mehrgliedrigkeit. Der Zweck der Maschinen wird mehr und mehr vielartig, und Einfachheit darf nicht als etwas Absolutes angesehen werden, sondern nur in ihrer Beziehung zu einem bestimmten Zweck. Es gibt viele kompliziert aussehende Apparate, welche in Wirklichkeit ihre verschiedenen Zwecke so direkt erfüllen, daß sie in Wirklichkeit einfach sind."

Nun, meine Herren, das paßt wörtlich auf das Triebwerk der Gasmotorwagen und wird durch eine folgende Stelle aus derselben Rede Kennedys noch zutreffender auf unseren Fall:

„Mit der Einfachheit hängt sehr eng zusammen, was ich „Direktheit" (directness) nennen möchte. Denn bei fast allen mechanischen Vorgängen sind gewisse Umwandlungen unvermeidlich. Ich selbst kann mich der Anschauung nicht erwehren, daß wahrscheinlich eines der unterscheidendsten Merkmale praktischer Brauchbarkeit eine möglichst geringe Zahl von Umwandlungen der Kraft ist, das möglichst nahe Aufeinanderbringen der letzten und ersten Kraftform und das völlige Ausscheiden aller wertlosen Mittelprozesse."

Und daß Professor Kennedy diesen Vorzug auch gerade bei der Gaszugkraft voll würdigt, geht aus seiner als Präsident des Vereins der mechanischen Ingenieure gehaltenen Begrüßungsrede hervor und ist um so wertvoller und bemerkenswerter für uns, als Professor Kennedy auch ein durch gründliche und vielseitige Praxis bekannter Elektriker ist, der eine große Zahl elektrischer Anlagen in Großbritannien ausgeführt hat. Nachdem unser Gewährsmann festgestellt hat, daß bei der elektrischen Zugkraft mittels ober- oder unterirdischer Zuleitung nur ca. die Hälfte, nämlich nur 25% bis höchstens 47% der indizierten Pferdestärken stationärer Dampfmaschinen, statt 70% bei der Dampflokomotive nutzbar gemacht werden, fährt er fort:

„Überdies scheint es kaum wahrscheinlich, daß dieser geringe Prozentsatz wesentlich verbessert werden wird. Die Ursache des Verlustes ist die äußerste

---

[1]) Eine nachträgliche Bestätigung hat diese Auffassung von den Vorzügen des Triebwerkes dadurch erhalten, daß es noch jetzt i. J. 1919, also nach 24 Jahren, das vorherrschende bei den Automobilen ist.

„Indirektheit" des Prozesses, d. h. die große Zahl von Umwandlungen, welche
die Energie durchzumachen hat und bei deren jeder stets ein Verlust stattfindet."

Indem schließlich Professor Kennedy die Schwierigkeit der
Zuführung des elektrischen Stromes zu Straßenbahnwagen her-
vorhebt, führt er aus:

„In Amerika ist der Knoten mehr durchhauen als gelöst
durch Anwendung oberirdischer Leitungen, und in Landstädten
mag dies dort die beste Lösung des Problems sein. Aber für
unsere Städte bin ich konservativ genug, zu glauben und zu hoffen, daß dies möglich ist. Ohne daher den viel umstrittenen Fall
von Budapest zu vergessen, fürchte ich, daß die Einführung der
Elektrizität für Straßenbahnbetrieb in diesem Lande (England)
noch so lange sich verzögern wird, bis ein praktisches unterirdi-
sches Zuleitungssystem erfunden sein wird. Inzwischen wird es hart
bedrängt durch seine Rivalen, Seil- und Gasmotorbahnen. Von den beiden
halte ich den letzteren (also den Gasmotorenbetrieb), obwohl jünger, für weit
mehr zu fürchten. Er hat den Vorzug, selbst noch direkter zu wirken als eine
Dampfmaschine, indem der Dampfkessel fehlt. ... Er hat bis jetzt nur
eine kurze Versuchszeit hinter sich (die Rede ist vor mehr als zwei Jahren
gehalten); allein was ich davon gesehen habe, macht mich sangui-
nisch für eine schließliche Durchführbarkeit."

Nun, meine Herren, die Fortschritte des Systems in den letzten Jahren
und die bisherige Praxis bestätigen vollkommen die Ansichten des objektiv
urteilenden Elektrikers Kennedy; denn ebenso, wie sich die direkte Übertragung der Kraft der Gasmotorwagen auf die Triebwelle, ohne Umformung der Kraftart, im vorigen Sommerbetrieb in Dresden und im diesjährigen
in Dessau bewährt hat, ebenso ließ sich der im abgelaufenen Winter durch starke
Schneefälle und hohe Kälte doppelt erschwerte Straßenbahnbetrieb mit dem
Gasmotorwagen in Dessau vollkommen regelrecht durchführen. Auch der
letzte starke Pfingstverkehr, wo in vier Tagen ca. 20000 Personen mit 8 Motorwagen befördert wurden, ist in regelmäßigem Betrieb ohne Störung bewältigt.

Schließlich wollen wir auch noch zwei kleinere Bedenken nicht unerwähnt
lassen, die nicht ganz mit Unrecht in die Polemik gegen das neue System hinein-
gezogen worden sind, nämlich: Erstens ein gewisser Maschinengeruch,
der sich namentlich auf der Plattform mancher Wagen zeitweilig bemerkbar
gemacht hat, und zweitens das Rütteln, welches manche Wagen, aber lediglich beim Stillstand, zeigen. Ebenso wie dies von einem Teil der Besucher der Gasbahn in Dessau ohne Zweifel mit Recht behauptet werden
kann, ebenso fest steht, daß eine ganze Anzahl Besucher, obwohl sie ausdrücklich darauf aufmerksam gemacht waren, weder irgendwelchen Geruch, noch
das mindeste Rütteln beim Stillstand wahrnehmen konnten. Letztere Tatsache beweist also klar, daß es überhaupt möglich ist, die Übelstände, die
infolge besonderer Umstände — namentlich infolge eines noch nicht genügend geschulten Personals — mitunter hervortreten, in der Tat ganz bei
allen Wagen zu beseitigen. Ebenso wie jetzt bereits Schmiervorrichtungen

erprobt werden, welche ein unnötig vieles Schmieren des Arbeitszylinders
der Gasmotoren unabhängig vom Willen des Wagenführers machen sollen
— denn nur bei zu reichlicher Schmierung wird der Geruch bemerkbar —,
ebenso wird eine vollkommenere Ausbalanzierung der Massen und eine genauere Regulierung des Gaszuflusses im Leergang, welche das Rütteln auch
bei ungeschickter Handhabung der Ausrückvorrichtung durch den Wagenführer
beseitigt, ohne allen Zweifel erreicht werden. Hiervon dürften namentlich
diejenigen Fachgenossen leicht zu überzeugen sein, welche noch vor zwei Jahren
das starke Rütteln aller Wagen in Dresden beim Stillstand erlebt haben und
jetzt in Dessau einzelne Wagen schon absolut ruhig einreguliert fanden. Wer
Gelegenheit hat, zu beobachten und in der technischen Literatur sowie den
Zeitungen zu verfolgen, welche große Mängel und wie viele Quellen der Störung
bei anderen motorischen Systemen noch zu überwinden sind, die sich gleichwohl schon in großer Zahl in Betrieb befinden, der wird objektiverweise zu-
geben müssen, daß auch das neueste System schon ebenbürtig in die Schran-
ken treten kann, zumal wenn die Fortschritte in der Detailausbildung nur annähernd ebenso schnell vor sich gehen wie in den letzten beiden Jahren[1]. Selbstverständlich wollen wir das neue System nicht als das einzige und unfehlbar
beste für alle Fälle hinstellen, sondern man wird in jedem einzelnen Falle die
lokalen Verhältnisse sachverständig zu Rate ziehen. Jedenfalls kann aber das
neue System mit Ruhe der Bewährung in der Zukunft, also in einer längeren
Praxis, entgegensehen, ohne daß aus demselben nachteilige Folgen für andere
Kapitalwerte der Städte (Gas- und Wasserleitungen) und für wissenschaftliche
sowie andere öffentliche Interessen (Telegraphen- und Telephonleitungen,
Feuerlöschwesen usw.) zu befürchten wären.

In welchem Maße übrigens das komprimierte gewöhnliche Steinkohlengas noch berufen ist, als Betriebskraft eine Rolle zu spielen, dafür
gibt die Tatsache einen interessanten Beleg, daß sich im vorigen Jahr in Frankreich, und zwar in Havre, eine Gesellschaft „La Seine Maritime" gebildet hat,
welche zwischen Havre, Rouen und Paris kleine Frachtschiffe verkehren lassen
will, von denen jedes seinen eigenen Gasmotor hat und Steinkohlengas in
schmiedeeisernen Zylindern mit sich führt, welches bis auf 100 Atm. kompri-
miert ist. Das erste Schiff dieser Art heißt „L'Idé", hat 30 m Länge und 5½ m
Breite und wird durch einen stehenden Gasmotor von 40 PSè betrieben; es
hat u. a. eine Reise von 72 km mit einer Last von 145 t bei einer und derselben Gasfüllung gemacht[2].

Es verdient hierbei noch hervorgehoben zu werden, daß die Arbeit, welche
zur Kompression des Gases erforderlich ist, keineswegs mit dem gewünschten
Kompressionsdruck proportional steigt, sondern bei den höheren Kompressionsgraden verhältnismäßig viel geringer wird. So ist z. B. für eine Steigerung der Kompression des Gases von 10 auf 100 Atm., also um das Zehnfache,
nur ein etwa 2½facher Kraftbedarf nötig.

---

[1] Es ist interessant zu vergleichen, wie die vorstehend erwähnten kleinen Übelstände bei den
Automobilen wiedergekehrt sind und doch ihre riesenhafte Verbreitung nicht gehindert haben.
[2] Siehe The Engineer 1895, Nr. 2044, S. 175.

Es ist hiernach Aussicht vorhanden, ebenso wie die Schiffe, so auch die Gasmotorwagen noch auf viel größere Entfernungen als bisher (10 bis 12 km) mit einer Gasladung ohne Neufüllung unterwegs laufen zu lassen und somit den Gasmotorbetrieb von den Straßenbahnen auch für die Kleinbahnen zwischen benachbarten Orten zu übertragen.

An die Anwendung von flüssigem oder gasförmigem Azetylen als Krafterzeuger ist hierbei aus zwei Gründen schwerlich zu denken. Erstens weil sich dasselbe, als Heizkraft betrachtet, ganz erheblich ungünstiger wie für Leuchtzwecke im Preise stellt, indem 1 cbm reines Azetylengas zwar die 15fache Leuchtkraft wie das Steinkohlengas im Schnittbrenner, aber nur die 2½fache Heizkraft besitzt. Wenn also der Preis schon für diesen günstigen Leuchteffekt voraussichtlich für längere Zeit noch zu hoch ist, abgesehen von den Fällen, wo, wie z. B. in den Eisenbahnwagen, das Gas auf weite Strecken transportiert werden soll, so kann an eine ökonomische Benutzung der Heizkraft dieses Gases für Motoren überhaupt noch gar nicht gedacht werden. Dazu kommt ferner der Übelstand, daß alle sehr reichen Gasarten im Gasmotor nur schwer ohne Rußbildung und Verschmierungen zu verbrennen sind. Es bleibt also auch hier unser gewöhnliches Leuchtgas mit seinem mittleren Heizeffekt für eine absehbare Zeit das ökonomisch und technisch Beste.

Wenn wir sonach die bisher gegen die Gasmotorwagen ins Feld geführten Hauptbedenken in bezug auf Explosionsgefahr, zu starke Reparaturen des Gasmotors und Kompliziertheit des Triebwerks an der Hand von Tatsachen und Analogien zu widerlegen versucht haben, so gehen wir zum zweiten Punkte der Tagesordnung dieser Mitteilungen über und fragen:

Welches sind nun die bisherigen Betriebserfahrungen und Resultate der Gasbahn?

Erwähnt haben wir schon, daß der letzte, von starken Schneefällen und großer Kälte begleitete Winterbetrieb in Dessau sowie der bisherige Sommerbetrieb daselbst ganz regelmäßig durchgeführt worden sind. Und gerade bei den gelegentlichen kleineren Betriebsstörungen, die bei jedem motorischen Betriebe unvermeidlich sind, hat sich das System als solches vortrefflich bewährt, indem jede solche Störung auf den einzelnen Wagen beschränkt blieb und der nächstfolgende Wagen mit seinem stets vorhandenen Kraftüberschuß jederzeit in der Lage war, den Patienten nach dem Depot zurückzuführen. Eine zentrale Störung sämtlicher Wagen auf der Strecke ist also gänzlich ausgeschlossen.

Alle etwa noch vorhandenen kleinen konstruktiven Mängel werden in den neuen Werkstätten der Deutschen Gasbahngesellschaft in Verbindung mit der Gasmotorenfabrik Deutz ihre vollkommene Abhilfe finden, und wird selbstverständlich ebenso wie bei den elektrisch betriebenen Straßenbahnwagen eine unaufhörliche Weiterbildung und Vervollkommnung der Gasmotorwagen eintreten. Das System als solches hat sich vortrefflich bewährt und bedarf keiner prinzipiellen Änderungen.

Was nun die finanziellen Ergebnisse anbetrifft, so ist für jeden Ingenieur und für jeden Straßenbahnfachmann einleuchtend, daß man nach einem kaum mehr als halbjährigen Betriebe, der außerdem die ungünstigsten Monate des Jahres umfaßt, noch keine maßgebenden Betriebszahlen aufstellen kann, zumal jede Einrichtung eines motorischen Betriebes unweigerlich eine Reihe von einmaligen Ausgaben mit sich bringt, u. a. Veränderungen an Bauten, Gleisanlagen und Konstruktionseinzelheiten, die bei späteren Anlagen von vornherein in Wegfall kommen. Anderseits kann wegen Kürze der Zeit der Faktor Reparaturkosten nicht festgestellt werden. Die Ausgaben für Wagenführer und Schaffner sind dieselben wie bei anderen Straßenbahnsystemen, und es bleibt deshalb als wichtigster, das neue System am meisten kennzeichnender Faktor zurzeit der Gasverbrauch übrig. Dieser ist nun in der Tat nicht nur für ein halbes Jahr, sondern leicht von jedem Betriebstag festzustellen, und wir betrachten diese leichte Betriebskontrolle des einen Hauptfaktors aller Betriebsausgaben: der Kraftkosten, als einen besonderen und alleinigen Vorzug des neuen Systems.

Zunächst geben die beiden Gasuhren in der Komprimierstation genau an, einerseits wieviel Gas für die Arbeit des Komprimierens, anderseits wieviel komprimiertes Gas in den Rezipienten zum Betrieb der Wagen verbraucht worden ist. Außerdem steht aber der Inhalt der Rezipienten jedes Wagens durch eichamtliche Messung fest, und jeder Wagen hat sein Druckmanometer — ebenso wie die neuen Eisenbahn-Personenwagen der Durchgangszüge —, so daß also jede Druckverminderung des Gasvorrats während der Fahrt um 1 Atm. einmal dem Inhalt der Gasbehälter des Wagens entspricht, also z. B. bei einem 7pferd. Wagen dem Rauminhalt von 800 l Gas unter gewöhnlichem Atmosphärendruck. In dieser Weise wird von jedem Wagenführer täglich die Anzahl der Füllungen und die Gesamtmenge des an jedem Wagen verbrauchten Gases im Betriebsbureau mitgeteilt und dort gebucht. Findet nun der betreffende kontrollierende Beamte, daß der Gasverbrauch eines Wagens an einem Tage auffällig hoch und nicht genügend durch schlechte Beschaffenheit der Gleise, Schneefall, bei Neupflasterungen durch Sand oder durch besondere Aufenthalte, starke Besetzung, Schleppen von Anhängewagen usw. erklärt ist, so wird sofort im Depot der betreffende Wagen besonders revidiert und dadurch gleichzeitig einer möglichen Betriebsstörung rechtzeitig vorgebeugt. Außer dem finanziellen Vorteil, den jede leichte und schnelle Kontrolle mit sich bringt, liegt hier also auch eine weitere Vergrößerung der Betriebssicherheit jedes einzelnen Wagens vor.

Der in den ersten fünf Monaten dieses Jahres tatsächlich stattgefundene Gasverbrauch der Straßenbahn in Dessau ist in der in Ihren Händen befindlichen Tabelle zusammengestellt. Es ergibt sich für den eigentlichen Gasverbrauch der Wagen, abgesehen von dem zur Kompression gebrauchten Gas, durchschnittlich 470 l pro Motor-Wagenkilometer und 549 l einschließlich Kompression, was gegen unsere früheren Voraussetzungen (600 l + 8% Kompressionsarbeit = 648 l) um so günstiger erscheint, wenn man dabei berücksichtigt, daß in diesem Verbrauch alle quantitativen und qualitativen Verluste, alle Versuchsfahrten, das Schieben des Schneepflugs, Salzstreuwagen und der Anhängewagen einbegriffen sind. Denn die Wagenkilometer sind hier nur als Nutzkilometer berechnet. Dagegen erweist sich der Gasverbrauch in den beiden 8pferd. Motoren der Komprimierstationen mit 791 pro Wagenkilometer oder 16,8% des zu komprimierenden Gases noch als zu hoch. Es ist indes hierbei zu bemerken, daß der eine dieser Motoren gleichzeitig die kleine Reparaturwerkstatt des Wagendepots mit treibt. Außerdem steht durch Veränderung der Konstruktion dieser stationären 8pferd. Motoren und Kompressoren noch eine wesentliche Verminderung des Gasverbrauchs nach dieser Richtung bevor[1]). Nach unseren Berechnungen dürfte der Gasverbrauch in dem Motor, welcher das Komprimieren des Gases besorgt, nur ca. 8% des letzteren betragen, während wir im April in der Komprimierstation der Gasanstalt noch 11,9% zum Komprimieren verbrauchten.

Unsere auf der Dresdener Versammlung gemachten Voraussetzungen über den Gasverbrauch sind also im günstigsten Sinne noch übertroffen worden, und weitere Fortschritte stehen bei Übergang zu intensiverem Betrieb, also bei kürzeren Betriebspausen an den Endpunkten der Bahn, zu erwarten, da die bisherigen Dessauer Resultate auf durchschnittlich 10 Minutenverkehr basieren. Ein wichtiger Umstand darf indes sowohl für den Gasverbrauch, als für alle übrigen Hauptfaktoren eines sparsamen Betriebes nicht außer acht gelassen werden — weil derselbe die ganze Rentabilität der Bahn mindestens in demselben Maße beeinflußt wie die Wahl des motorischen Systems —, und das ist die Anlage der Gleise, und zwar sowohl was den Plan, als die Ausführung anbetrifft. Es kann daher allen Interessenten nicht dringend genug empfohlen werden, beides nur tüchtigen und darin ganz besonders erfahrenen Sachverständigen anzuvertrauen; denn die Gleisanlage steht mit der gewählten Betriebsart in direktem Zusammenhang, und eine falsche Anlage von Kurven und Weichen kann mehr Betriebsstörungen und größere Reparaturen verursachen, als an dem ganzen motorischen System vielleicht sonst vorkommen. Für den Kraftverbrauch ist dies ebenfalls von höchster Wichtigkeit. In Ihren Händen befindet sich übrigens eine Skizze, welche das Gerippe der Dessauer Straßenbahn mit ihren Kurven und Steigungen angibt. Die Gleise liegen, was ihre Stärke und Unterlage anbetrifft, sehr gut, meistens, wo nicht Holzpflaster liegt, direkt auf dem Kies und tragen das Gewicht der Motorwagen leicht, ohne die geringsten Senkungen oder außergewöhnliche Abnutzung.

Können wir nach dem vorher Mitgeteilten die Ergebnisse des Gasbahnsystems Lührig, soweit sie bisher in technischer und ökonomischer Beziehung zu beurteilen sind, nur als durchaus erfolgreich ansehen, so entsteht für alle Fachgenossen, welche gleichzeitig Leiter von Gas- und Elektrizitätswerken sind, die Frage:

An welche dieser beiden Zentralen läßt sich ein motorischer Straßenbahnbetrieb am naturgemäßesten anschließen?

Auch für uns in Dessau lag diese Frage seinerzeit vor, da die ersten Anreger der Idee einer Straßenbahn daselbst lediglich elektrischen Betrieb ins Auge gefaßt hatten. Auch wir hätten unsere kleine elektrische Zentrale, in der immerhin

---

[1]) Diese Veränderung ist inzwischen erfolgt und hat den Verbrauch des Motors zur Kompression auf 9½% des komprimierten Gasquantums herabgemindert.

ein Kapital von über einer Viertelmillion angelegt ist, durch den Straßenbahnbetrieb gern besser ausgenutzt; allein eine nähere Erwägung ergab, daß
wir mit unseren Gleichstrommaschinen nur die üblichen 110 Volt Spannung
der Lichtversorgung leisten konnten, während die Straßenbahn einen Gleich-
strom von mehr als vierfacher Spannung (ca. 500 Volts) nötig hat. Da an eine
Transformierung der Spannung wegen der alsdann entstehenden weiteren
elektrischen Verluste nicht zu denken war, so hätten wir also in unserer elektrischen Station neue Motoren und Dynamos aufstellen müssen, ohne die
alten wesentlich besser ausnutzen zu können, zumal unser größter Motor von
120 Pferden direkt und fest mit der Dynamomaschine gekuppelt ist (Gasdynamo).

Außerdem war aber das an sich größere Anlagekapital für die elektrische
Bahn ohnehin nicht in Dessau aufzutreiben, und hatten wir bei der ersten Zeich-
nung schon Mühe genug, die wesentlich geringeren Baukosten der Gasbahn
zusammenzubringen.

Bei elektrischen Zentralen mit Wechselstrom ist der Anschluß des Straßenbahnbetriebes ohnehin bisher fraglich, da es noch nicht gelungen ist, Wechsel-
strommotoren für diesen Betrieb anzuwenden.

Ganz anders, wesentlich günstiger und naturgemäßer liegt
der Anschluß des Straßenbahnbetriebes an die Gasanstalt und
ihr Rohrnetz. In dem Gasrohrnetz ist die unbestritten billigste unterirdische
Kraftleitung für die meisten Städte und größeren Ortschaften längst vorhanden, und braucht also das Kapital der Kraftleitung nicht doppelt ausgegeben
zu werden. Eine höhere Spannung des Gases ist ebenfalls nicht nötig; denn
die Komprimierstationen der Gasbahn können das Gas überall aus dem Rohrnetz unter dem normalen, für die Beleuchtung nötigen Druck entnehmen. Und
da mehr als zwei Drittel der Betriebszeit im Winter nicht mit der Beleuchtung
zusammenfällt und die Straßenbahnlinien gewöhnlich auch die Hauptver-
kehrsstraßen der Stadt sind, wo ohnehin starke, auf Zunahme berechnete Gasröhren liegen, so werden nur in seltenen Fällen Rohrverstärkungen notwendig
werden. Außerdem kann man jederzeit eine Komprimierstation etwas entfernter von einem Endpunkt oder sonstigen Aufenthaltspunkt der Bahn, also
z. B. an ein stärkeres Gasrohr, und dann eine Druckleitung nach den Füllständern
der Wagen legen. Also auch nach dieser Richtung bleibt viel freie Wahl.

Alle Vorzüge, die von den Gasfachmännern seit Jahren
für die Verbreitung des Verbrauches von Heiz- und Kraftgas
geltend gemacht worden sind, scheinen in dem Konsum der Gasbahn ihren Höhepunkt zu finden. Ungefähr $\frac{2}{3}$ des Konsums innerhalb
24 Stunden findet bei Tage statt, und da der Straßenverkehr im Sommer
meistens um ca. 25% größer ist als im Winter, so kommt also hier ein
für die Gasanstalten noch günstigerer Konsum in Betracht, als wenn der Verbrauch gleichmäßig über alle Tage und Monate des Jahres verteilt wäre.

Unter den allen Gastechnikern hinlänglich bekannten Vorteilen einer
solchen Gasversorgung erinnere ich nur kurz daran, daß außer einer besseren
Ausnutzung aller Öfen und Apparate die Gaskohlen neuerdings im Sommer
um 5% billiger vom Syndikat verkauft werden und der größere Konsum im

Sommer die Beibehaltung eines größeren Stammes gut geschulter Arbeiter ermöglicht.

Für die Verwaltung der Gasanstalt besteht die ganze Arbeit des Gasabsatzes an die Straßenbahn in Ausstellung einer einzigen Rechnung. Welche Mühe und Arbeit macht es aber sonst den Dirigenten von Gasanstalten, ehe sie einen gleich großen Konsum in Heiz- und Kochapparaten untergebracht haben!

Dazu kommt, daß der anteilige Kapitalaufwand, welcher auf den Straßenbahnkonsum entfällt, für den Tag des stärksten Winterbetriebes höchstens $1/400$ des Jahreskonsums beträgt, also um mehr als die Hälfte geringer ist als für Leuchtgas. Demgemäß können für die Erzeugungskosten dieses Gasverbrauchs, abgesehen von direkten Betriebsersparnissen, die anteiligen Verwaltungskosten ganz in Wegfall kommen und für Zinsen und Amortisation höchstens die Hälfte als bei dem gleichen Konsum für Leuchtgas in Anrechnung gebracht werden.

Wenn aber in der Tat nicht der gewöhnliche Verkaufspreis des Gases, sondern bei Städten, denen die Herstellung einer motorischen Straßenbahn Lebensbedürfnis ist, nur die wirklichen Selbstkosten in Anrechnung gebracht werden, dann wird sich der wirtschaftliche Erfolg des Gasbahnsystems gegen alle bisher bekannten Systeme nur um so offenbarer zeigen.

Um einen ungefähren Überblick über den Gasverbrauch zu geben, den die Gastechnik von diesem neuen Felde ihrer Tätigkeit erwarten kann, so wollen Sie aus der folgenden Zusammenstellung ersehen, daß ein einziger Gasmotorwagen je nach der Größe und dem Verkehr der Städte, 23000 bis 30000 cbm Gas inkl. Kompression verbraucht, so daß z. B. bei Umwandlung des derzeitigen Kölner Straßenbahnverkehrs in Gasmotorenbetrieb eine Konsumsteigerung der städtischen Gasanstalt von 2 Millionen cbm zu erwarten stände, wofür also noch nicht die Hälfte des Anlagekapitals zu rechnen wäre als für den gleichen Jahresverbrauch an Leuchtgas.

Die gemachten Angaben mögen für heute genügen, um über die Dessauer Gasbahn, soweit dies zurzeit möglich ist, zuverlässig zu orientieren und einen hoffnungsfreudigen Blick in die Zukunft unserer Industrie tun zu lassen. Denn wenn der Auerglühkörper die unverwüstlich guten Eigenschaften der Steinkohlengasbeleuchtung in einer Überfülle von billigem Licht vor aller Welt unwiderleglich von neuem dargetan hat, ohne indes damit den weiteren Fortschritt zur Transportierung des Gaslichtes tun zu können — wie dies bisher nur mit Ölgas bei der Eisenbahnbeleuchtung gelungen ist —, so geht jetzt unsere Industrie mit der Gaskraft auch diesen Schritt weiter, indem sie die bisher zwar glänzend bewährten, aber immerhin nur stationären Gasmaschinen mobil macht und damit eine neue Richtung unseres Faches von weittragender Bedeutung eröffnet!

11

Die fünfzigjährige Entwicklung der Deutschen Continental=Gas=Gesellschaft 1855—1905.

Die **Deutsche Continental-Gas-Gesellschaft** stellt ein Aktienunternehmen dar, das zurzeit in Gas- und Elektrizitätszentralen des In- und Auslandes ca. 66 Mill. M. umfaßt und außerdem in Tochtergesellschaften ca. 20 Mill. Der Sitz ihrer Zentralverwaltung ist Dessau.

Sie steht seit dem Rücktritt des Verfassers als Generaldirektor (1912) unter Leitung des Baurats Heck und stellt das Beispiel einer monopolisierten Privatgesellschaft dar, die bei ihrem fünfzigjährigen Jubiläum (1905), laut nachfolgendem Bericht, den Nachweis erbringen zu können glaubte, daß sie bei Entwicklung der Gasindustrie in neuen Erfindungen und Fortschritten nach den verschiedensten Richtungen mit führend war und dabei gleichzeitig ihre sozialen Pflichten von Anfang an, noch vor Beginn der sozialen Gesetzgebung und trotz ihrer durch Verträge gesicherten Monopolstellung, zu erfüllen bestrebt war (siehe S. 167 u. ff.).

Die Gasindustrie ist jetzt etwa 110 bis 129 Jahre alt. England, Frankreich und neuerdings auch Holland streiten um die Ehre, den ersten Erfinder auf diesem Gebiete geboren zu haben. 1826 wurde das Gaslicht in Deutschland (zuerst in Berlin und Hannover) durch eine englische Gesellschaft, die noch heute in Deutschland arbeitende Imperial Continental Gas Association, eingeführt, und seit nunmehr 50 Jahren beteiligt sich unsere Gesellschaft an dem Bau und Betrieb von Gaszentralen für Licht, Wärme und Kraft. Im Jahre 1881 erschien ein ausführlicher Bericht über „die Entwicklung der Deutschen Continental-Gas-Gesellschaft in den ersten 25 Jahren ihres Bestehens", welcher dem damaligen Jahresbericht beigefügt war, und verweisen wir auf ihn, indem wir daraus nur dasjenige wiederholen, was auch heute noch besonderes Interesse zu beanspruchen vermag.

Im Jahre 1855 ging von dem damaligen Bankpräsidenten Nulandt in Dessau die Idee aus, nach dem Muster der vorgenannten englischen Gesellschaft eine deutsche Gesellschaft zu begründen, welche die neue Gasbeleuchtung in einer ganzen Reihe von Städten des In- und Auslandes einführen und betreiben sollte. Für den Abschluß der zahlreichen Verträge und den Bau der bezüglichen Gasanstalten gelang es, den als Fachmann und Politiker sehr bekannt gewordenen Regierungs- und Baurat v. Unruh zu gewinnen. Die Konzessionierung unserer Gesellschaft wurde in Dessau am 1. März 1855 bei

Sr. Hoheit dem Herzog Leopold Friedrich von Anhalt nachgesucht, weil der Niederlassung der Gesellschaft in Preußen wegen der politischen Stellung des Herrn v. Unruh Schwierigkeiten entgegenstanden. Bereits nach 12 Tagen, am 12. März 1855, war die Genehmigung des der Industrie wohlgesinnten anhaltischen Fürsten erlangt, und am 7. Mai fand die konstituierende General-versammlung der Deutschen Continental-Gas-Gesellschaft in Dessau statt.

Herr v. Unruh trat bereits nach etwa zwei Jahren aus der Direktion der Gesellschaft aus, um die Leitung einer größeren Aktiengesellschaft in Berlin zu übernehmen, nachdem es seiner Energie gelungen war, in dieser verhältnis-mäßig kurzen Zeit die Verträge und Konzessionen für eine größere Anzahl von Gasanstalten zu erwerben, sowie sieben Gasanstalten zu erbauen und ihren Betrieb zu eröffnen. Durch Herrn v. Unruh war schon am 14. November 1856 Herr Wilhelm Oechelhaeuser, der frühzeitig mit Technik und Verwaltung vertraut war und sich durch volkswirtschaftliche Schriften ausgezeichnet hatte, in die Direktion der Gesellschaft berufen; er führte die Gesellschaft vom 1. Januar 1857 an als alleiniger Direktor und vom 15. März 1858 an als Generaldirektor weiter. In energischer, zielbewußter, das ganze technische und kaufmännische Gebiet umfassender Tätigkeit gelang es ihm, der Gesellschaft eine heute noch als mustergültig angesehene und immer weiter vervollkommnete Organisation zu geben und sie in den technischen Fortschritten stets auf der Höhe der Zeit zu erhalten. So vermochte er nicht nur die Interessen der Aktionäre in hohem Maße zu befriedigen, sondern auch den Gaskonsumenten alle Fortschritte der Gasbeleuchtungstechnik in schnellster und liberalster Weise zuzuführen und ein ausgezeichnetes, zuverlässiges Beamtenpersonal heranzubilden, so daß seine langjährige Tätigkeit im Dienste der Gesellschaft nach jeder Richtung mit vollstem Erfolge gekrönt war.

Am 1. Januar 1890 folgte ihm in der Stellung als Generaldirektor sein ältester Sohn, Wilhelm v. Oechelhaeuser, der bereits 1881 als Oberinge-nieur in die Gesellschaft eingetreten war.

Herr v. Unruh behielt den Vorsitz in dem damaligen sog. Gesamtdirek-torium (ungefähr dem heutigen Aufsichtsrat entsprechend) bis zu seinem im Jahre 1886 erfolgten Tode; nach ihm hatte diese Stellung der frühere General-direktor, Geheime Kommerzienrat Dr. Wilhelm Oechelhaeuser, bis zum Jahre 1902 inne. Am 25. September 1902 verschied er zur größten Trauer seiner zahlreichen Freunde, insbesondere auch aller seiner früheren Beamten. Ihm folgte im Vorsitz Herr Geheimer Kommerzienrat Offent, und seit dessen Tode (16. März 1903) hat Herr Generaldirektor a. D. Bethe diese Stellung inne.

Organisation.

In der Organisation der Deutschen Continental-Gas-Gesellschaft suchen sich Zentralisation und Dezentralisation das Gleichgewicht zu halten. Die Selbständigkeit der einzelnen, unter besonderen Direktoren stehenden Ver-waltungen ist mit weitgehenden Vollmachten gewahrt, so daß die lokalen Be-hörden niemals über schleppenden Geschäftsgang zu klagen haben oder die

Anstaltsdirektoren nach außen abhängig erscheinen, während die Zentralisation durch eine straffe kaufmännische, technische und chemische Kontrolle und durch Anregung mit neuen eigenen oder fremden Erfindungen von der Hauptverwaltung in Dessau aus geschieht.

Die Gesellschaft besteht zurzeit aus 14 Verwaltungen, und zwar aus 11 Gasbeleuchtungsbezirken, welche sich nach der Höhe ihrer Gasproduktion wie folgt ordnen:

1. Warschau	Direktor: Herr	O. Alberti,
2. Potsdam-Neuendorf	„	„ Dr. G. Mohr,
3. Erfurt	„	„ G. Martin,
4. Ruhrort	„	„ C. Leymanns,
5. Rheydt-Odenkirchen	„	„ A. Müller,
6. Dessau	„	„ H. Tusche,
7. Frankfurt a. O.	„	„ Dr. A. Hipper,
8. Nordhausen	„	„ O. Brückner,
9. Gotha	„	„ Dr. L. Lang,
10. Luckenwalde	„	„ Dr. W. Kniep,
11. Hagen-Eckesey	„	„ C. Seeliger.

Ferner:

12. Elektrizitätswerk in Dessau	Direktor: Herr H. Roscher,
13. Chem. Fabriken in Warschau	Direktoren: Herren A. Sauer und Dr. O. Zielke,
14. Zentralwerkstatt in Dessau	Direktor: Herr Funcke.

Die 11 Beleuchtungsbezirke enthalten 19 Gasanstalten und versorgen zurzeit 44 Städte und Ortschaften mit Gas. In Verbindung mit vorhandenen Beleuchtungsbezirken wurden erbaut eine zweite Gasanstalt in Warschau (1887 und 1888), eine zweite Gasanstalt in Erfurt (1890), eine Gasanstalt in Eckesey-Hagen (1895), eine Gasanstalt in Rheindahlen bei Rheydt (1901) und eine in Bornim bei Potsdam (1903). Gekauft wurde außerdem die kleine, zum Beleuchtungsbezirk Rheydt-Odenkirchen gehörige Gasanstalt in Wickrath (1900).

Mit Beginn des neuen Jahrhunderts wurde das alte Statut der Gesellschaft vom Jahre 1855 mit seinen sieben Nachträgen durch einen neuen, den veränderten Gesetzen entsprechenden „Gesellschaftsvertrag" ersetzt, welcher in der Generalversammlung vom 14. November 1899 beschlossen wurde. Nach diesem trat an Stelle des alten Gesamtdirektoriums von neun Mitgliedern, zu welchem auch der Generaldirektor gehörte, der jetzige Aufsichtsrat, der aus 7 bis 9 Mitgliedern bestehen soll, während der seitherige Generaldirektor Dr.-Ing. h. c. Wilhelm v. Oechelhaeuser zum alleinigen Vorstand gewählt wurde.

Der gegenwärtige Aufsichtsrat besteht aus den Herren: Generaldirektor a. D. A. Bethe als Vorsitzender, Geh. Kommerzienrat Th. Brumme als stellvertr. Vorsitzender, Geh. Justizrat Generalkonsul M. Winterfeldt, Bankier A. Neubauer, Generaldirektor J. Nolte, Kgl. Baurat M. Krause, Kommerzienrat R. Koch, R. Borchardt.

Die Gesellschaft zählte nach 25jährigem Bestehen im Jahre 1880 105 Beamte, 716 Arbeiter, Summa 821, und hat zurzeit nach 50jährigem Bestehen 373 Beamte, 2869 Arbeiter, Summa 3242, vermehrte sich sonach in den letzten 25 Jahren um 268 Beamte und 2153 Arbeiter, also um 2421 Personen, oder erfuhr ungefähr eine Verdreifachung ihres Personals.

Von den sechs Prokuristen der Gesellschaft fungieren als kaufmännische Oberbeamte die Herren Ed. Ackermann und Fr. Geier, als technische Oberbeamte die Herren Oberingenieure A. Kemper, M. Niemann, G. Faehndrich, und als Leiter sämtlicher chemischen Anlagen Herr Chefchemiker Dr. J. Bueb.

Herr Ed. Ackermann gehört unserer Gesellschaft seit ihrem Gründungsjahre in verdienstvoller Tätigkeit an und feiert demnach sein 50jähriges Dienstjubiläum zusammen mit ihr. Wir drücken ihm wie allen treuen Mitarbeitern unsere tiefgefühlte Anerkennung aus für den nach allen Richtungen hin bewährten Pflichteifer und für ihre große Geschäftstreue. Diesen Dank bewahren wir auch über das Grab hinaus in treuem Gedenken unseren seit 1880 dahingeschiedenen Oberingenieuren und Prokuristen Alfred und Otto Mohr und Andreas Buhe, sowie den ehemaligen Anstaltsdirektoren C. J. Progasky (Frankfurt a. O.), C. Blume (Potsdam), P. Mudra (Luckenwalde), A. Reichardt (M.-Gladbach), B. Arland (Hagen), C. v. Rein und Dr. G. Stein (Warschau), E. Pritzschow (Erfurt), F. Schulz (Nordhausen), G. Peters, G. Buch und C. Voß (Lemberg), R. Schlegel (Gotha) und R. Beckmann (Zentralwerkstatt).

Nicht minder gedenken wir im Rückblick auf die letzten 25 Jahre unserer hochverdienten verstorbenen Aufsichtsratsmitglieder: Regierungs- und Baurat v. Unruh, Generaldirektor Nolte sen., Geh. Kommerzienrat Ziegler, Regierungsrat a. D. Krütli (unseres langjährigen Syndikus), Geh. Kommerzienrat Schwartzkopff, Bankier Rauff, Oberingenieur O. Mohr, Geh. Kommerzienräte Conrad und Neubauer, Kommerzienrat Gebhard, Geh. Justizrat Lezius (Syndikus), Geh. Kommerzienrat Dr. W. Oechelhaeuser und Geh. Kommerzienrat Ossent. Möge die Erinnerung an alle diese tüchtigen Männer die gegenwärtige und zukünftige Generation unserer Gesellschaft zu immer neuen und höheren Leistungen anspornen!

Wirtschaftliche Entwicklung.

Die Gesellschaft wurde mit einem Kapital von 500000 Talern begründet, wovon in der konstituierenden Generalversammlung 400000 Taler gezeichnet wurden; zurzeit betragen die in ihr angelegten Kapitalien M. 18000000 in Aktien und M. 14190500 in Obligationen, während der Buchwert sämtlicher Anlagen rund M. 50000000 ist. Fig. 1 zeigt die allmähliche Entwicklung dieses Kapitalbedürfnisses und der Reserven. Ein Vergleich mit den ersten 25 Jahren läßt sich bezüglich der letzteren ohne weitläufigen Kommentar nicht ziehen, da damals je nach den Verträgen für einzelne Anstalten besondere Amortisationsfonds usw. existierten, welche auf Grund neuerer Verträge entfielen.

Die wirtschaftliche Grundlage unserer Gesellschaft beruht in ihren Verträgen, und zwar mit gegenwärtig 44 Städten und Gemeinden, deren allmähliche Erneuerung den Fortbestand unserer Gesellschaft noch auf Jahrzehnte hinaus gesichert hat. In den letzten 25 Jahren wurden sämtliche heute noch gültigen Verträge erneuert . und überhaupt 59 Verträge neu abgeschlossen. Der im abgelaufenen Jahre mit der Stadt Warschau abgeschlossene neue Vertrag lautet auf 35½ Jahre (bis 1. Juli 1941).

Die Grundsätze der Geschäftsleitung gingen stets dahin, bei ausreichenden Reservestellungen möglichst gleichbleibende Dividenden zu verteilen. Die Reserven sowie die Amortisationsquoten hängen dabei wesentlich von den derzeitig bestehenden Vertragsbestimmungen ab, und wurden die ersteren in den letzten Dezennien bedeutend erhöht, nachdem das schnelle Auftreten neuer Erfindungen häufigere Auswechslungen von Maschinen und Apparaten als früher nötig machte und auch die Bedingungen neuerer Verträge stärkere Rücklagen erforderten. Im Jahre 1885 wurde ein besonderer Erneuerungsfonds, welcher die normalen Abschreibungen mit enthält, und 1890 noch ein besonderer Ergänzungsfonds zur Ausgleichung der Dividende in besonders ungünstigen Jahren gebildet. Die Bewegungen der Dividende in den abgelaufenen 50 Jahren sind in Fig. 1 mit zur Darstellung gebracht.

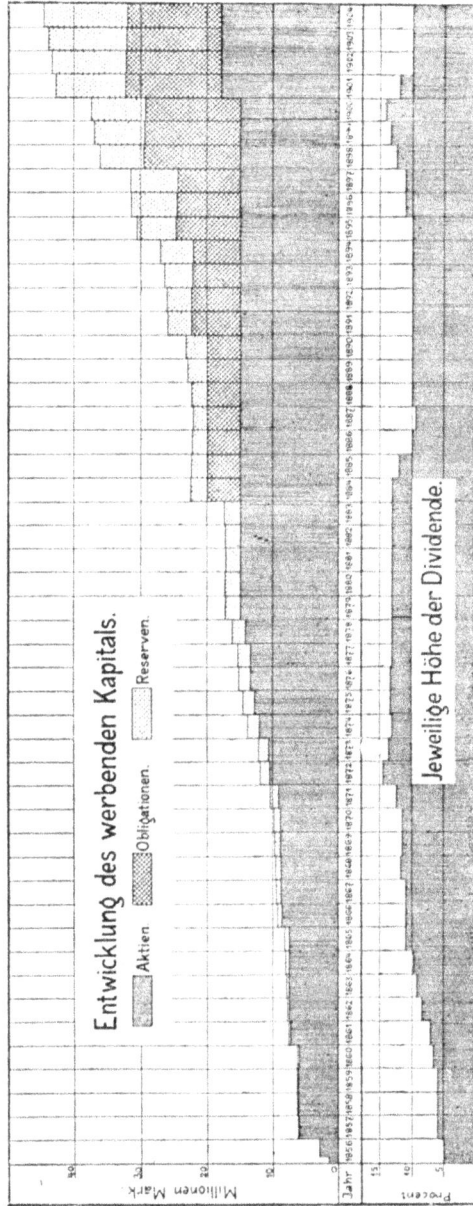

Fig. 1.

Bei dem großen Geldumsatz, welchen wir in unseren Warschauer Betrieben haben, lag innerhalb der letzten 16 Jahre ein besonders günstiges Moment in der großen Stetigkeit des Rubelkurses vor, im Vergleich zu seinen großen Schwankungen in den ersten Dezennien. Im übrigen hing die wirtschaftliche Entwicklung unserer Gesellschaft hauptsächlich von den Fortschritten der Gastechnik ab, soweit wir diese selbst oder durch Erfindungen anderer zu fördern imstande gewesen sind.

Technische Entwicklung.

Die ersten 25 Jahre unserer Gesellschaft kennzeichnen sich durch deren monopolistischen Charakter, während die zweite 25jährige Periode zwar nominell d. h. nach dem Wortlaut der Verträge, noch Monopole gewährte, in Wirklichkeit aber unter dem Zeichen einer energischen Konkurrenz stand, und zwar sowohl in der Lichtversorgung, als auch im Verkauf der Nebenprodukte Koks, Teer, Ammoniak, Zyan usw. Während ferner die ersten 25 Jahre eine verhältnismäßig langsame technische Entwicklung zeigten, waren die Fortschritte in den letzten 25 Jahren, insbesondere seit dem Auftreten der Intensiv-Gasbrenner, der elektrischen Konkurrenz und des Auerlichts, sehr erheblich und dauern glücklicherweise auch heute noch lebendig an, insbesondere auch innerhalb unserer Gesellschaft selbst.

Die Entwicklung der Gasbeleuchtung von den früher allein herrschenden sog. Schnitt- und Argandbrennern bis zu den neuesten Formen des Gasglühlichtes ist in der oberen Hälfte der Fig. 2 dargestellt, die erkennen läßt, daß aus derselben Gasmenge heute eine acht- bis neunmal so große Lichtausbeute erzielt wird als vor 50 Jahren.

Durch den Einfluß der wiederholten Leuchtgaspreis-Ermäßigungen von durchschnittlich 30 auf durchschnittlich 16 Pfennig pro cbm sind, wie aus der unteren Hälfte der Fig. 2 ersichtlich, die Kosten des Gaslichtes in noch stärkerem Grade ermäßigt worden als durch die Brennerverbesserungen allein, nämlich auf ein Fünfzehntel des vor 50 Jahren für dieselbe Lichtmenge aufzuwendenden Betrages.

Den Fortschritt in der Gesamtproduktion unserer Gasanstalten haben wir in Fig. 3 zur Darstellung gebracht, wobei zu bemerken ist, daß die Zahl der Anstalten durch Ankauf oder Abgang eine wechselnde war. Den Eintritt der elektrischen Konkurrenz haben wir in der Darstellung besonders vermerkt.

Der elektrischen Konkurrenz suchten wir ohne Voreingenommenheit dadurch zu begegnen, daß wir außer schneller Einführung der damals wesentlich verbesserten Regenerativlampen und energischer Hebung des Gasverbrauchs für Heiz- und Kraftzwecke die Erzeugung von Elektrizität anfangs selbst in die Hand nahmen. Wir bauten deshalb im Jahre 1886 die kleine elektrische Zentralstation in Dessau, welche nach der in Berlin errichteten die erste Zentrale in Deutschland überhaupt und außerdem die erste war, in welcher grundsätzlich die Dynamomaschinen nur mit Gasmotoren angetrieben wurden. Diese kleine Zentrale diente uns hauptsächlich zum Studium der Fortschritte in der elektrischen Beleuchtung, und wenn wir die eigene Erzeugung von Elektrizität in Verbindung mit Gasmotoren und die Erbauung anderer elektrischer Zentralen nicht weiter fortsetzten, wie das ursprünglich unsere Absicht und u. a. ein Hauptmotiv für die Ausgabe von M. 5000000 Obligationen im Jahre 1892 war, so trug hieran erfreulicherweise der Umstand schuld, daß in demselben Jahre die epochemachende Erfindung des Dr. Auer von Welsbach in so verbefferter Form auftrat, daß von da ab die Zukunft des Gasfaches auch für die Lichtversorgung hinreichend gesichert erschien. Auch durften wir bei dem alleinigen und einheitlichen Weiterbetrieb der Gasversorgung in unseren Städten

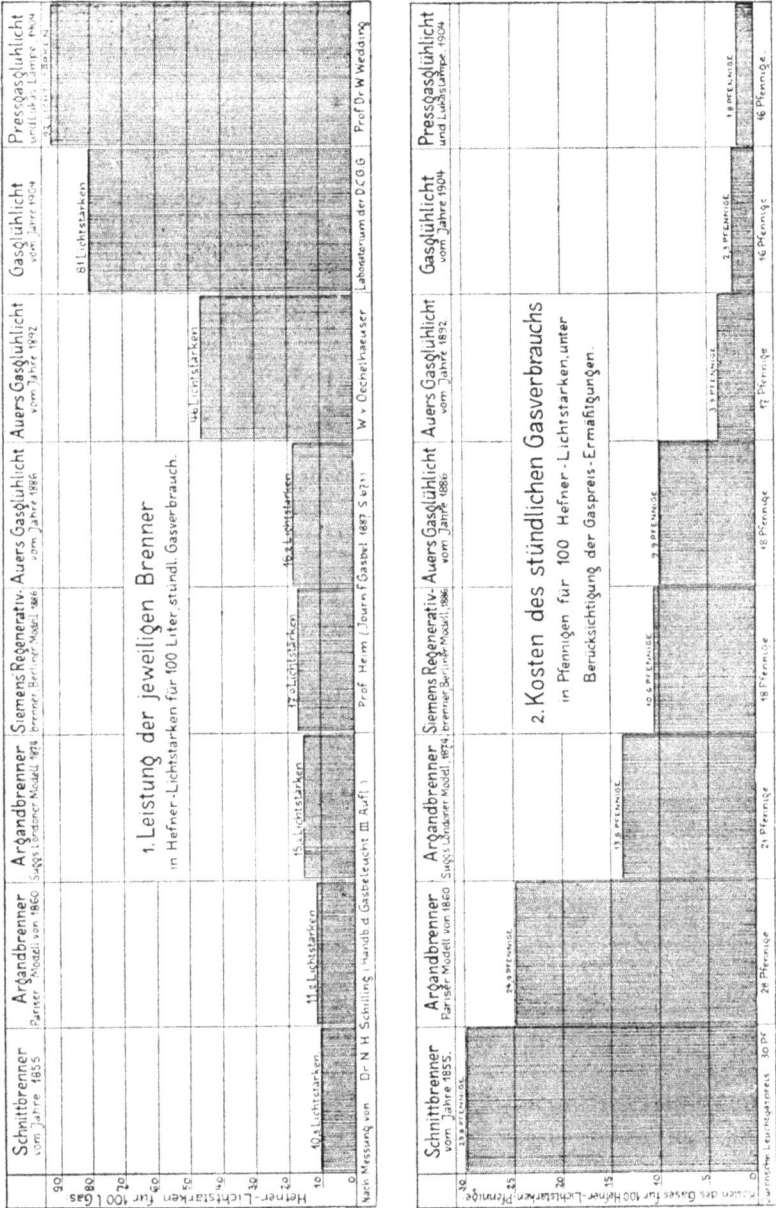

Fig. 2.

1. Leistung der jeweiligen Brenner
in Hefner-Lichtstarken für 100 Liter, stündl. Gasverbrauch.

2. Kosten des stündlichen Gasverbrauchs
in Pfennigen für 100 Hefner-Lichtstarken, unter Berücksichtigung der Gaspreis-Ermäßigungen.

beffere finanzielle Resultate erwarten als bei einer Spaltung unserer Interessen nach zwei Seiten: Gas und Elektrizität. Wir wandten uns deshalb nicht nur von vornherein der Verbreitung des Auerlichtes schon zu einer Zeit entschieden zu, als man in dessen großer Gasersparnis eine direkte Gefahr für die Gasindustrie erblickte, sondern gleichzeitig verfolgten wir den Absatz des Gases zu Heiz- und Kochzwecken mit aller Energie, und gedenken wir hierbei des hohen Verdienstes unseres verstorbenen Generaldirektors Oechelhaeuser, wel-

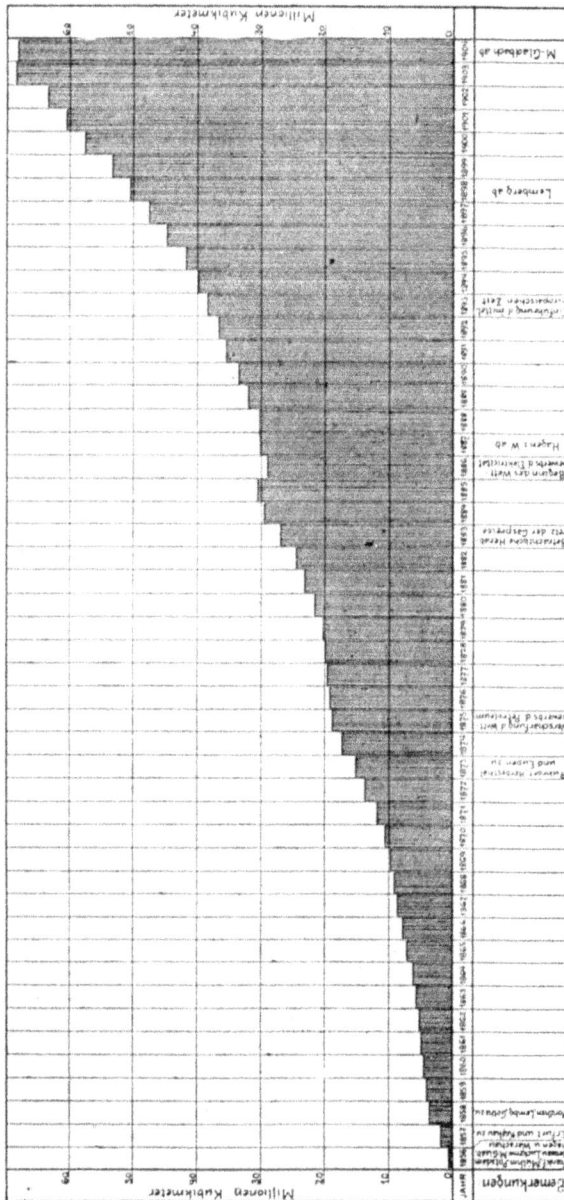

Fig. 3.

ches in seinem Bericht über die 25jährige Entwicklung der Gesellschaft nicht genügend zum Ausdruck gekommen ist: daß er zuerst in der ganzen Gasindustrie, bereits im Jahre 1862, in einem Zirkular an unsere Verwaltungen auf die große Bedeutung des Gases für technische Zwecke hinwies und diese Erkenntnis 1868 in die Praxis umsetzte, indem wir schon damals[1]) eine Preisermäßigung des Gases für Heiz- und Kraftzwecke um mehr als 25% eintreten ließen. Große deutsche Städte mit eigener Verwaltung ihrer Gaswerke sind zum Teil erst nach Dezennien diesem Beispiel gefolgt.

Da auch zu Beginn der zweiten 25jährigen Periode unserer Gesellschaft noch eine völlige Stagnation im Bau zeitgemäßer Gasapparate für technische Zwecke herrschte, so gliederten wir im Jahre 1886 an unsere Gasmesserwerkstatt in Dessau eine neue Abteilung an, durch welche wir neue, zweckmäßige Apparate nach dem Muster bewährter englischer und französischer Heiz- und Kochapparate einführten. Beide Abteilungen vereinigten wir unter dem Namen „Zentralwerkstatt Dessau", welche zurzeit mit eigener Metall- und Eisengießerei ca. 300 Arbeiter beschäftigt. Die jetzige hohe Entwicklung der Fabrikation von Gaskochapparaten in Deutschland dürfte unserer Zentralwerkstatt mit Einführung seither typisch gewordener Apparate und Brenner eine nicht unwesentliche Anregung verdanken. Der Verwendung von Gasmotoren haben wir ebenfalls schon sehr früh, und zwar auch schon seit dem Jahre 1862, unsere besondere Aufmerksamkeit zugewandt und deren Anschaffung dem Publikum auf jede Weise zu erleichtern gesucht.

Als die elektrische Konkurrenz in den Jahren 1885 und 1886 bedrohlicher zu werden anfing, suchte der derzeitige Generaldirektor den Konsum des Gases für Kraftzwecke, der durch Gasmotoren mit geringen Pferdestärken nicht schnell genug gefördert werden konnte, durch den Bau größerer Gasmotoren zu heben. Die Voraussetzung eines Erfolges von Großgasmaschinen mit Leuchtgasbetrieb war indes, daß der Gaspreis noch erheblich sinken würde, was im Jahre 1890 bei der damals in größeren Städten Deutschlands stark zunehmenden elektrischen Konkurrenz auch sehr wahrscheinlich war. Indes machte das Erscheinen des bereits erwähnten Auerschen Gasglühlichts im Oktober 1891 sowie die weitere Steigerung der Kohlenpreise der Preisbewegung des Gases nach unten ein schnelles Ende, so daß die bezüglichen, nur für Leuchtgas erfundenen großen Gasmaschinen[2]) erst auf dem Gebiete der Verwendung armer Gase (Hochofen-, Koksgase usw.) in neuer veränderter Konstruktion[3]) größere Verwendung fanden.

Zu den Maßnahmen, welche wir auch später noch für eine Verwendung des Leuchtgases in Gasmotoren in größerem Stile trafen, gehörte die im Jahre 1893 durch das im Verein mit der Gas Traction Company in London und der Gasmotorenfabrik Deutz erfolgte Begründung der Dessauer Straßenbahngesellschaft, welche auf der Erfindung der Lührigschen Gasmotorwagen beruhte. Der erste Erfolg dieser, im In- und Auslande das größte Interesse erweckenden Anwendung von Gasmotoren führte zur Errichtung einer besonderen Gesellschaft, der Deutschen Gasbahngesellschaft m. b. H., welche für die von allen Seiten aus dem In- und Auslande auftretende Nachfrage Gasmotorwagen und Gaslokomotiven in Dessau erbauen sollte und in den Jahren 1896 bis 1899 auch erbaut hat.

---

[1]) Zum Teil schon seit 1860.
[2]) System Oechelhaeuser & Junkers.
[3]) Oechelhaeuser-Motor.

Die Voraussetzungen, welche bei Begründung dieser Unternehmungen bestanden, waren die, daß es nach den damals überall in der Presse und in den Stadtvertretungen herrschenden Ansichten den elektrischen Straßenbahnen nicht gestattet werden würde, innerhalb der Städte elektrische Oberleitung anzuwenden, einerseits mit Rücksicht auf das Städtebild, andererseits wegen der damit verbundenen Gefahr, Beeinträchtigung der Telephonleitungen u. dgl. Man hatte kurz zuvor selbst in Amerika, u. a. in New York, sämtliche Drähte über den Straßen entfernt. Unter solchen Voraussetzungen kam gegenüber dem Gasmotorwagen nur der elektrische Akkumulatorwagen in Betracht, dessen Konkurrenz inzwischen aufgehört hat. Als indes die deutschen Städte immer mehr und mehr dazu übergingen, die elektrische Oberleitung zu gestatten, stellte sich die technische und wirtschaftliche Überlegenheit der elektrischen Straßenbahnen mit Oberleitung so entschieden heraus, daß wir von der Fortführung der beiden Unternehmungen in der bisherigen Weise absehen mußten[1]). Auf unserer Gasanstalt Warschau sind noch einige Gaslokomotiven in Betrieb, die sich dort im inneren Betrieb der neuen Gasanstalt zum Transport der zahlreichen Kohlen- und Kokswaggons ganz ausgezeichnet bewähren. Wären die ursprünglichen Voraussetzungen erfüllt geblieben, so hätten unzweifelhaft die Gasmotorwagen mit weiter zur Verfügung stehenden Kapitalien eine ähnliche technische Vervollkommnung erfahren, wie sie die mit ganz ähnlichen Motoren und Mechanismen arbeitenden Automobile seither gefunden haben. Letztere können in gewissem Sinne als eine Folgeerscheinung des Betriebes und der Konstruktion der Gasmotor-Straßenbahnwagen betrachtet werden.

Den nächsten Schritt in schneller und erleichterter Einführung des Gases führten wir erfolgreich mit der Anwendung der in England zuerst in großem Maßstabe benutzten Gasautomaten durch. Es gelang unserer Zentralwerkstatt schon im Jahre 1896, ein eigenes System herauszubilden, das seither in über 23000 Exemplaren zur Anwendung gekommen ist. Das Wesentliche in der „Wohltat" dieser Gasautomaten, deren Einführung ein bedeutendes Kapital erfordert, liegt nicht nur in ihrer für die Konsumenten kostenlosen Aufstellung, sondern auch in der gleichzeitigen Herstellung der dazu gehörigen Gaseinrichtung mit einfachen Beleuchtungsgegenständen, Gaskochern usw. Für diese gesamte Gaseinrichtung wird durch Einstecken der Einheitsmünze in den Gasmesser nicht nur das Gas, sondern auch ein entsprechender mäßiger Aufschlag für Miete des Automaten sowie der Zuleitung und der Einrichtung vorausbezahlt; deshalb heißen diese Automaten in England auch „prepayment meters". Jetzt sind in England etwa 600000 Automatengasmesser, und überhaupt mehr als gewöhnliche Gasmesser, in Benutzung, während bei uns in Deutschland die meisten städtischen Verwaltungen nur sehr zögernd an die Einführung solcher Automaten mit kostenlosen Einrichtungen herangetreten sind, weil sie, wie schon erwähnt, ein nicht unerhebliches Kapital erfordern. Unser zurzeit in derartigen Automateneinrichtungen angelegtes Kapital be-

---

[1]) Die Dessauer Straßenbahn wurde mit elektrischem Oberleitungsbetrieb versehen, und die Deutsche Gasbahn-Gesellschaft baut unter dem Namen „Dessauer Waggonfabrik, G. m. b. H." Eisenbahnwaggons aller Art, Güterwagen, Personenwagen usw.

trägt für ca. 16500 Automaten als Neuwert M. 2137335,18 (der auf Mark 1318913,26 amortisiert ist), und der damit bisher erzielte Gaskonsum ca. 5000000 cbm. Eine Hauptabsicht unserer Gesellschaft bei Einführung dieser Neuerung war, das Gas, ebenso wie in England, wenn möglich auch den unteren Schichten der Bevölkerung, insbesondere auch den Arbeiterkreisen, zugänglich zu machen. Dies ist indes bisher nur teilweise erreicht worden, da die Gewöhnung an das Petroleum und den gewöhnlichen Feuerherd hierbei hindernd im Wege steht, obwohl die Wirtschaftlichkeit in vielen Fällen unzweifelhaft auf Seite des Gaskonsums bei dem üblichen normalen Preise liegt, insbesondere dann, wenn man gleiche Lichtmengen, die Erleichterung der Arbeit und die Raumersparnis für das Kochen in Betracht zieht.

Daß wir im übrigen durch Schaffung besonderer Stadtinspektorstellen die Gasleitungen unserer Konsumenten kostenlos revidieren lassen, unter gewissen Voraussetzungen die Gasröhren bis in die oberste Etage kostenlos legen und die auch sonst vielfach verbreitete Vermietung von Heiz- und Kochapparaten seit längerer Zeit eingeführt haben, sei hier nur nebenbei bemerkt.

Eine weitere technische Entwicklung unseres Faches suchten wir in Verbindung mit dem Wassergas. Es war in den 80er Jahren geradezu Mode geworden, die deutschen Gasingenieure als rückständig zu bezeichnen, weil sie nicht schleunigst wie ihre amerikanischen Kollegen zur Erzeugung und Verteilung sog. „armer" Gase, insbesondere auch des Wassergases, übergingen. Unsere eigenen gründlichen Untersuchungen und namentlich eine Studienreise unseres Generaldirektors in Amerika, dem Lande des Wassergases, lehrten uns, daß die vielgerühmte Billigkeit dieser Produktion lediglich in den Köpfen theoretisierender Bücherschreiber bestand, während die an Ort und Stelle gewonnenen Betriebszahlen klar feststellten, daß die Preise des Leucht- und des Wassergases, für denselben Heiz- und Lichtwert berechnet, ungefähr balanzierten und die Kosten des Wassergases lediglich von den jeweiligen Preisen des Petroleumringes in Amerika abhingen. Dieser hatte aber weder in Amerika noch im Auslande ein Interesse daran, die Preise der hier in Betracht kommenden Petroleumrückstände wesentlich niedriger zu halten, als sie für eine Konkurrenz mit dem gewöhnlichen Steinkohlengase noch eben ausreichten. Diese Entwicklung hat sich bisher in Amerika trotz der dort vorhandenen technisch vorzüglichen Wassergasapparate (namentlich des damals schon von uns in Vergleich gezogenen Systems von Humphreys & Glasgow) so sehr wieder zugunsten des Steinkohlengases verschoben, daß u. a. die großartige neue Gaszentrale, welche zurzeit in New York unter dem Namen „Astoria-Gaswerke" erbaut wird, lediglich Steinkohlengas erzeugen soll.

Aus ähnlichen Gründen, insbesondere aber auch wegen des hohen Zolles auf die zur Karburation notwendigen Petroleumnebenprodukte und des entsprechend hoch gehaltenen Preises der inländischen Braunkohlendestillate, ist die seitherige Entwicklung in Deutschland und in unserer Gesellschaft darauf beschränkt geblieben, weniger die wirtschaftlichen, als die vorzüglichen technischen Eigenschaften der Wassergasapparate auszunutzen. Diese gewähren eine viel elastischere Anpassungsfähigkeit an die Schwankungen des Lichtverbrauchs und gestatten sonach, die gewöhnlichen Retortenöfen voll bzw. besser zu belasten, als wenn diese allein die Schwankungen der Produktion aufzunehmen hätten. Außerdem sind sie leicht und mit wenigen Arbeitern zu bedienen, was bei Arbeiterausständen von Bedeutung ist, und gestatten, das Gas aus Gaskoks herzustellen, so daß bei unzureichenden Kohlenvorräten die Produktionsfähigkeit der Gasanstalt besser gesichert ist. Deshalb haben wir seit dem Jahre 1899 in Erfurt eine Wassergasanlage nach dem System Dellwik in Betrieb, mit welcher wir, unter gleichzeitiger Karburation durch Benzol, ein Mischgas erzeugen, das bis zu 30% Wassergas enthält.

Auch die Vergleiche mit allen anderen, in neuerer Zeit im In- und Auslande aufgetauchten sog. „armen" Gasen haben unsere seit Jahren verteidigte Meinung bestätigt, daß nur ein hochwertiges Gas, wie Steinkohlengas, die hohen Kosten einer Verteilung durch Röhren von Zentralen aus wirtschaftlich verträgt. Auch hier behauptet das Steinkohlengas eine besonders günstige Stellung zwischen den armen und den sehr reichen Gasen (Ölgas, Azetylen usw.), indem die Verteilung und Verwendung noch reicherer Gase als Steinkohlengas weder zur Lichterzeugung im Glühkörper, noch zur Heizung Vorteile bietet.

Bei der Entwicklung der Retortenöfen haben wir von der kostspieligen Anlage schrägliegender Retorten abgesehen, einerseits weil wir in der letzten Zeit größere Neuanlagen nicht zu machen hatten, und anderseits weil wir sie von vornherein als ein Übergangsstadium ansahen, das entweder zu vertikalen Retorten oder zu weiter verbesserten, leistungsfähigeren horizontalen Retorten führen würde. Die in letzteren beiden Richtungen von uns in den Jahren 1902, 1903 und 1904 unter Leitung und nach den Konstruktionen unseres Chefchemikers, Herrn Dr. Bueb, durchgeführten Versuche haben ein günstiges Resultat für stehende Retorten ergeben, so daß wir auf ihre Einführung gute Hoffnungen für die Zukunft setzen.

Zur Verwertung der bezüglichen Patente und zur Entlastung unseres Geschäftsorganismus von den dafür nötigen besonderen Arbeiten sowie zur Weiterbildung des neuen Verfahrens haben wir mit befreundeten und hervorragenden Gasgesellschaften bzw. Gasfirmen eine besondere Gesellschaft, die „Dessauer Vertikalofen-Gesellschaft m. b. H.", mit dem Sitz in Berlin gebildet.

Neben der Entwicklung der eigentlichen Gaserzeugung haben wir, wie das schon im Bericht über das 25jährige Bestehen der Gesellschaft bezüglich des Ammoniaks zum Ausdruck gebracht wurde, unsere ganz besondere Aufmerksamkeit der Weiterverarbeitung unserer Nebenprodukte zugewendet. Infolgedessen hat sich unsere chemische Abteilung, die ihren Hauptstützpunkt in der 1892 in Betrieb gesetzten Teerdestillation in Warschau sowie in den überall auf unseren Gasanstalten vorhandenen Salmiakgeistfabriken hat, im letzten Jahrzehnt ganz bedeutend gehoben und ist unter Leitung des Herrn Dr. Bueb als selbständiges Ressort organisiert, mit Errichtung eines allen Anforderungen der Neuzeit entsprechenden Laboratoriums auf dem Terrain unserer Dessauer Gasanstalt.

Nächst der Gewinnung und Verarbeitung des Ammoniaks wurde der Ausscheidung des Zyans aus dem Gase von uns besondere Bedeutung beigemessen und auf Grund eines in unserer Dessauer Gasanstalt ausprobierten Verfahrens mit den Hauptinteressenten der Zyanindustrie, insbesondere der Deutschen Gold- und Silberscheideanstalt zu Frankfurt a. M., die Gesellschaft „Residua", G. m. b. H., gebildet. Diese hat mit einer großen Zahl anderer Gasanstalten Verträge für die Entfernung und Weiterverarbeitung des Zyans nach dem Dr. Buebschen Verfahren abgeschlossen und ist für die Wertbestimmung des Zyans auf dem Weltmarkt jetzt ein wesentlicher Faktor.

Außer den in erster Linie der wirtschaftlichen Verwertung dienenden Reinigungsmethoden des Gases gelang es uns anderseits, den alten und früher als unbesiegbar gehaltenen Feind des Steinkohlengases, das Naphthalin, größtenteils zu entfernen und das sog. „Einfrieren" des Gases mit seinen Wasserdämpfen im Winter durch eine besondere, im fertigen Gase erreichte Spiritusverdampfung wesentlich einzuschränken.

Endlich ist die Gasindustrie durch die allgemeine Einführung des Auerlichtes, welches nur die Heizkraft des Gases im Brenner ausnutzt, und durch Karburation des Leuchtgases mit Benzoldämpfen, die technisch und wirtwirtschaftlich leicht durchführbar ist, unabhängiger von der Qualität der Kohlen in Beziehung auf ihre (im alten Sinne) lichtgebenden Bestandteile geworden.

Die ganze Entwicklung des Gasfaches nach der chemischen Seite hin bedingte natürlich eine relativ starke Vermehrung unseres chemisch-technischen Beamtenpersonals nicht nur in den chemischen Fabriken zu Warschau, sondern auch auf den Gasanstalten und in unserer Zentralverwaltung. Wir verdanken es in erster Linie dem um die Gasindustrie überhaupt hochverdienten Professor an der Technischen Hochschule zu Karlsruhe, Herrn Geheimen Hofrat Dr. Bunte, daß wir die für diese schnelle und eigenartige Entwicklung nötigen wissenschaftlich geschulten Kräfte in drei Assistenten von ihm übernehmen und außerdem eine Anzahl begabter Abiturienten aus Dessau nach dem von ihm an jener Hochschule eingeführten Studienplan für Beleuchtungstechniker auf unsere Kosten ausbilden lassen konnten.

Soziale Entwicklung.

Der Anfang sozialer Fürsorge für das ihr unterstellte Beamten- und Arbeiterpersonal reicht bei unserer Gesellschaft bis in das Jahr 1874, also 31 Jahre zurück. Wir sind demnach schon sieben Jahre früher als die große staatliche soziale Gesetzgebung, die bekanntlich mit dem denkwürdigen Erlaß Kaiser Wilhelms I. am 17. November 1881 eingeleitet wurde, an die Erfüllung sozialer Bedürfnisse herangetreten.

Die erste derartige Schöpfung unserer Gesellschaft betraf eine umfassende Organisation der Fürsorge für Alter und Invalidität von Meistern und Arbeitern sowie für ihre beim Tode hinterlassenen Witwen und Waisen. Die der Gesellschaft aus dieser Einrichtung erwachsenen Kosten beliefen sich für das Jahr 1904 auf eine Summe von rd. M. 58000, die sich auf 67 Meister bzw. Arbeiterpensionäre und 100 Witwen verteilen. Vom Jahre 1874 bis 1904

wurden von der Gesellschaft insgesamt rd. M. 660000 zu dem gedachten
Zwecke ausgegeben. Um in dieser Fürsorge, welche in den erforderlichen Mitteln
schwankt, ganz frei und unabhängig zu sein, wurden dieselben ohne Gründung
eines bestimmten Fonds durch das General-Unterstützungskonto der Haupt-
kasse getragen.

Um die Zukunft der Beamten mit bestimmten Pensionsrechten sicherzustellen, wurde im Jahre 1880 unsere Beamten-Pensionskasse mit einem
von der Gesellschaft bei ihrem 25jährigen Jubiläum gestifteten Kapital von
M. 50000 begründet und in den Jahren 1896, 1899 und 1901 durch weitere
Zuwendungen im Gesamtbetrage von M. 250000 unterstützt, so daß ihr bis
jetzt außer den laufenden Beiträgen M. 300000 seitens der Gesellschaft zuge-
flossen sind. Die laufenden Beiträge der Gesellschaft betragen stets das Doppelte
der Einzahlungen der Kassenmitglieder und erreichten in den 25 Jahren des
Bestehens der Kasse ca. 436000, so daß die Gesamtleistungen der Gesellschaft
für diese Kasse, einschließlich der vorgedachten Kapitalzuwendungen, bis jetzt
ca. M. 736000 betragen. Das Kassenvermögen bezifferte sich Ende vorigen
Jahres auf M. 1111806 bei 172 Mitgliedern. Wiederholte versicherungstech-
nische Prüfungen haben die Solvenz der Kasse dargetan, die für unsere ganze
Beamtenschaft eine wertvolle Zukunftsicherheit darstellt.

Im Jahre 1902 wurde das Statut der Pensionskasse reorganisiert und im
letzten Jahre die Absonderung des Kassenvermögens vom Vermögen der Gesellschaft, infolge des Gesetzes über die privaten Versicherungsunternehmungen,
durch Beschluß der Generalversammlung von 1904 genehmigt. Von Anfang
des Jahres 1905 ab bildet die Kasse unter der Aufsicht des Kaiserlichen Auf-
sichtsamts für Privatversicherung in Charlottenburg einen „kleineren Ver-
sicherungsverein auf Gegenseitigkeit", mit einer Verwaltung durch Beamte der
Gesellschaft, wobei jedoch dem Gesellschaftsvorstande genügende Leitungs-
und Kontrollbefugnisse vorbehalten wurden.

Neben dieser Pensionskasse wurde für die Beamten im Jahre 1892 eine
Erleichterung zum Abschluß von Lebensversicherungen geschaffen, und
zwar durch Vereinbarung eines Sondervertrages mit einer der größten Le-
bensversicherungsgesellschaften. Danach genießen unsere Beamten, soweit sie
zu einer Versicherung geneigt und aufnahmefähig sind, eine einmalige Ab-
schluß- und jährliche Inkassoprovision. Außerdem zahlt die Gesellschaft die
Jahresprämien im voraus, zieht sie in monatlichen Raten von den Beamten
wieder ein und übernimmt in Todesfällen die Abrechnung zwischen der Ver-
sicherungsgesellschaft und den Hinterbliebenen. Gegenwärtig sind 41 Beamte
mit einem Gesamtkapital von M. 234000 versichert.

Gemeinsam für Beamte und Arbeiter ist die im Jahre 1896 getroffene
Spareinrichtung, nach welcher die Gesellschaft unter besonderen Bedingungen auf Spareinlagen, welche bei öffentlichen Sparkassen seitens der Angestellten gemacht worden sind, jährliche Zinszuschüsse zu den von jenen Kassen
bereits gezahlten Zinsen gewährt[1]). An dieser Einrichtung beteiligten sich

---

[1]) Bis zur Höhe des Sparguthabens von M. 3000 und darf die jährliche Einzahlung 10%
des Arbeitsverdienstes (Höchstgrenze M. 4500) nicht übersteigen.

bisher ca. 25% aller beschäftigten Beamten und Arbeiter. Die Zuschußzinsen der Kasse betrugen zumeist 7% und die gesamten Leistungen an Zuschußzinsen von 1896 bis 1904 rd. M. 80000.

Für die im aktiven Dienst befindlichen Arbeiter ist neben guten Löhnen und der Aussicht auf eine gewisse Altersunterstützung die Möglichkeit einer Vertretung ihrer Berufsinteressen von wesentlicher Bedeutung; diesem an sich berechtigten Wunsche sind wir vom Jahre 1888 ab durch Einführung von Arbeiterausschüssen entgegengekommen. Ihre Tätigkeit unter dem Vorsitz oder der Anwesenheit der betr. Betriebsleiter oder ihrer Stellvertreter war bisher durchaus ersprießlich und den beiderseitigen Interessen förderlich; doch muß die Zukunft lehren, ob sie das in sie gesetzte Vertrauen unter dem stetig wachsenden, von außen einwirkenden Druck der großen Arbeiterorganisationen auch fernerhin rechtfertigen werden. Die Erfahrungen aus mehrfachen Ausstandsversuchen innerhalb unserer Gesellschaft lehrten jedenfalls, daß unsere Arbeiter ihren Interessen weit besser nützten, wenn sie das den Verhältnissen nach Mögliche durch ruhiges und maßvolles Verhandeln ihrer Ausschüsse mit den Betriebsleitern ohne Vertragsbruch zu erreichen suchten, als wenn sie sich von außen in wochen- oder monatelange Ausstände hineintreiben ließen. Wenn es aber auch den Arbeitervertretungen der einzelnen Betriebe von Jahr zu Jahr schwieriger werden sollte, ihre Autorität den eigenen Wählern gegenüber zu behaupten und sich nicht durch die großen Berufsorganisationen ganz beiseite schieben zu lassen, so glauben wir immerhin, daß in „Friedenszeiten" die Arbeiterausschüsse gegenseitiges Verständnis fördern und für beide Teile segensreich wirken, auch manchen „Krieg" verhindern können. Allerdings werden dabei stets personale und lokale Verhältnisse sehr ausschlaggebend sein.

Zur Tätigkeit unserer Arbeiterausschüsse gehört auch die Teilnahme an der Verwaltung der Hilfskassen. Letztere sind zugleich mit den Arbeitervertretungen im Jahre 1888 ins Leben gerufen, beruhen auf gleichen Zuschüssen der Gesellschaft und der Arbeiter und ergänzen die Leistungen der Krankenkassen durch Hilfe in den Fällen, wo die gesetzlichen Leistungen nicht ausreichen. Die Hilfskassen erfreuen sich der Sympathie aller Mitglieder, und ihr jeweiliger Status wird mit regem Interesse von der Arbeiterschaft verfolgt.

Gut eingerichtete Arbeiterstuben, Speisesäle in den größeren Betrieben, saubere Wasch- und Badegelegenheiten, unentgeltliche Verabreichung von Kaffee, Fruchtsäften u. dgl., hauptsächlich während des Sommers, betrachten wir als kleinere und notwendige Veranstaltungen zum Wohle der Arbeiterschaft.

Um den Bedarf an tüchtigen Gas- und Installationsmeistern besser befriedigen zu können, eröffneten wir am 1. Oktober 1897 in Dessau eine Gasmeisterschule, in der wir geeignete Kräfte für diesen Beruf heranbilden und in welcher der Direktor unserer Dessauer Gasanstalt, Herr Tusche, und einige Ingenieure unseres Zentralbureaus als technische Lehrkräfte fungieren. Der Zuschuß der Gesellschaft zu den Unterhaltungskosten der Schule betrug bis Ende 1904 ca. M. 58000. Erfreulicherweise sind jetzt auch in anderen Teilen des Deutschen Reiches ähnliche Schulen in Tätigkeit getreten und im Entstehen begriffen.

Der vorstehende flüchtige Überblick über die wirtschaftliche, technische und soziale Entwicklung unserer Gesellschaft in den ersten 50 Jahren ihres Bestehens dürfte von neuem, wie bei vielen anderen industriellen Gesellschaften, Zeugnis davon ablegen, daß auch „monopolistische" Aktiengesellschaften nicht nur für die Dividende ihrer Aktionäre und für die Interessen ihrer Mitarbeiter, vom ersten Beamten bis zum Tagelöhner, zu sorgen verstehen, sondern dabei dem Publikum die Fortschritte einer Industrie mindestens ebenso schnell oder noch schneller und entgegenkommender zugänglich machen, als staatliche oder städtische Verwaltungen dies ihrem ganzen Organismus nach zu tun vermögen, und außerdem an die Stadtverwaltungen dabei noch besondere und reichliche Abgaben leisten.

Gern aber nehmen wir diese Gelegenheiten wahr, um den städtischen und gemeindlichen Verwaltungen, mit denen wir seit langen Jahren — zu einem großen Teil seit 1855/56/57 — im Vertragsverhältnis stehen, unseren besonderen Dank dafür abzustatten, daß sie unserer Gesellschaft in wiederholt erneuerten Verträgen das alte Vertrauen bewahrt haben und uns selbst an den Wohltaten ihrer eigenen, schnell fortschreitenden kommunalen Entwicklung haben teilnehmen lassen.

Der Rückblick auf unsere 50jährige Geschichte zeigt aber auch noch im besonderen, daß bei unserer Gesellschaft, wie überhaupt in der ganzen Gasindustrie, die letzten 25 Jahre infolge verschärfter Konkurrenz sich durch eine viel lebendigere und höher gehende technische Entwicklung ausgezeichnet haben wie die ersten 25 Jahre, so daß auch ein wirtschaftlicher Überblick über die Gegenwart unsere Industrie und unsere Gesellschaft allen neuesten Fortschritten der konkurrierenden Lichtindustrie durchaus gewachsen erscheinen läßt. Jene zahlreichen impressionistischen Unheilverkünder, welche die Gasindustrie in den letzten Dezennien so oft totgesagt haben, brachten ihr offenbar verlängertes und verstärktes Leben! Wie es aber unserer und aller Industrie in hohem Maße förderlich gewesen ist, daß unserem Volke in den letzten 25 Jahren der Frieden dauernd erhalten blieb — im Gegensatz zu den ersten 25 Jahren unseres Bestehens —, so mögen uns auch in Zukunft für zielbewußte wirtschaftliche, technische und wissenschaftliche Arbeit die Segnungen äußeren und inneren Friedens nicht fehlen!

Dessau, im März 1905.

12

Über Ballongas.

In den letzten Jahren vor dem Weltkriege wetteiferten alle berufenen und unberufenen Faktoren in Unterstützung der **Eroberung der Luft**. Auch die Steinkohlengas-Industrie wollte gegenüber der Wasserstoffgaserzeugung nicht zurückstehen. Nach Gründung des „Anhaltischen Vereins für Luftfahrt" veranlaßte ich die Deutsche Continental-Gas-Gesellschaft zur Überweisung eines Flugplatzes, zur Stiftung eines Ballons sowie einer Ballonhalle. Wir versuchten nach einem, schon länger aus dem Laboratorium bekannten Verfahren die Herstellung eines neuen Gases mit stärkerem Auftrieb aus dem fertigen Steinkohlengas in denselben Ofen, also eines Leichtgases aus dem Leuchtgas.

Das gelang nach kurzen Versuchen in der Praxis (1909), und im April 1910 konnte ich schon die erste Fahrt mit dem neuen Leichtgase im Ballon „Anhalt" von Dessau nach den Mecklenburgischen Seen in 6½ stündiger Fahrt, machen. Die Auftriebskraft war für einen solchen Ballon mittlerer Größe (1260 cbm) etwa um soviel größer, daß eine Person mehr wie bei Verwendung gewöhnlichen Steinkohlengases mitfahren konnte, also vier statt drei Personen. Irgendwelche Nachteile traten in der Verwendung des neuen Gases bei den folgenden zahlreichen Fahrten, zur Ausbildung von Ballonführern oder zu wissenschaftlichen Zwecken, nicht auf. Gleichwohl verlangte die Luftschiffahrt immer mehr nach dem besten und leichtesten Gase: dem Wasserstoff. Auch stellte sich die Herstellung des neuen Leichtgases im regulären Betrieb der Gasanstalten als zu wenig wirtschaftlich heraus.

Kurz vor Ausbruch des Krieges hatte der vorgedachte Verein in Verbindung mit dem Kriegsministerium und der Stadt Dessau einen Landungsplatz für Flugzeuge errichtet, der indessen glücklicherweise deshalb nicht in Benutzung kam, weil der Krieg außerhalb unseres Vaterlandes geführt werden konnte.

Auf dem deutschen Luftschiffertage in Frankfurt a. M. am 18. September 1909 habe ich eine vorläufige Mitteilung über das Resultat der Versuche gemacht, die wir in der Deutschen Continental-Gasgesellschaft zur Erzeugung eines Ballongases gemacht haben. Die Versuche haben ergeben, daß durch Zersetzung von fertigem, gewöhnlichem Steinkohlengas in stehenden Retorten ein Ballongas von ca. 0,225 spezifischem Gewicht in regelmäßigem Betrieb erzielt werden kann, so daß auf 1 cbm Ballongas rund 1 kg Auftrieb kommt[1].

Nach den Satzungen und Reglements des Internationalen Luftschifferverbandes berechnet man dort bisher offiziell den Auftrieb von 1 cbm Leuchtgas mit 0,700 kg und den von Wasserstoffgas mit 1,050 kg. Bei manchen Wasserstoffanlagen soll indes ein Wasserstoffgas mit einem Auftrieb von 1,185 kg zu erzielen sein, während ebenso der jener internationalen Vereinbarung zugrunde liegende Auftrieb des Leuchtgases von 0,700 kg für eine sehr große Anzahl von Gasanstalten zu niedrig ist, da er dem hohen spezifischen Gewicht von 0,44 entspricht.

---

[1] S. Journal f. Gasbel. vom 2. Okt. 1909.

Letzteres Gewicht dürfte nur bei Wassergaszusatz oder bei Verwendung
von ausschließlich jungen Gaskohlen, etwa schlesischer Kohle, in Frage kommen.
Beim Gordon-Bennett-Aufstieg der Ballons in Berlin kam ein Gas von 0,4
spez. Gewicht zur Verwendung, ebenso wie es in diesem Jahre in Zürich der Fall
sein wird. Dieses spezifische Gewicht entspricht einem Auftrieb von 0,776 kg
für 1 cbm.

Legt man aber einem Vergleich zunächst noch jene vorher mitgeteilten
offiziellen, international verabredeten Zahlen zugrunde, so verhält sich der
Auftrieb des neuen Ballongases zum Wasserstoff für 1000 cbm wie 1000:1050 kg.
Es könnten also in Zukunft mit einem Ballon dieses Rauminhalts (1000 cbm)
300 kg mehr getragen werden als mit dem gewöhnlichen Steinkohlengas,
oder die Größe der Ballons für denselben Auftrieb würde mit einem um 30%
geringeren Inhalt dasselbe wie bisher leisten.

Das „Ballongas" enthält über 80% Wasserstoff, und der Methangehalt,
der am schwierigsten zu zersetzen war, ist auf 5 bis 7% herabgemindert. Das
neue Ballongas hat nur sehr wenig Geruch, was bei dem Aufstieg von Freiballons mit offenem Füllansatz für die Mitfahrenden eine besondere Annehmlichkeit sein dürfte. Außerdem enthält es weder Benzol, noch andere, die Ballonhülle angreifende schwere Kohlenwasserstoffe.

Die wissenschaftlichen Tatsachen der Zersetzung von Steinkohlengas durch
hohe Hitze, welche dem Verfahren zugrunde liegen, sind längst bekannt, und,
soviel ich weiß, zuerst von Herrn Geh. Hofrat Bunte schon vor etwa 20 Jahren
mitgeteilt worden. Die Schwierigkeiten für eine praktische Herstellung eines
solchen leichteren Gases im regelrechten Großbetrieb sind indes größer, als
wir vorausgesetzt und als auch wissenschaftlich vermutet werden konnte. Es
kam und kommt uns vor allen Dingen darauf an, ein solches Ballongas im
Verlauf des gewöhnlichen Gasbetriebes und mit denselben Öfen herzustellen, mit denen unser Steinkohlengas sonst erzeugt wird. Deshalb — und
auch aus physikalisch-chemischen Gründen — haben wir die in Dessau vorhandenen Vertikalöfen dazu benutzt. Ob sich das Verfahren auch für Horizontal-
öfen und andere Ofenkonstruktionen wird durchführen lassen, werden wir nach
Beendigung der jetzigen Versuche festzustellen suchen.

Sobald die technischen Einzelheiten für Durchführung des Verfahrens ausprobiert sind — was in einigen Monaten der Fall sein dürfte —, behalte ich
mir eine ausführliche Mitteilung für die Herren Fachgenossen über das Verfahren selbst, über unsere Erfahrungen damit und eine Angabe der technischen
Einzelheiten vor, so daß eine schnelle Anwendung auf den Gasanstalten erfolgen
kann, welche der Luftschiffahrt ihre Dienste widmen wollen. Denn wir haben
diese Versuche unternommen, um der von unserem ganzen Volke jetzt so begünstigten neuen Technik auch von seiten unserer Industrie nach Möglichkeit
dienlich zu sein!

Ferner habe ich auf der oben gedachten Versammlung den Vorschlag gemacht,
für die Orientierung der Ballons und Luftschiffe die obere Decke der Gasbehälter
mit den Ortsnamen, oder wahrscheinlich noch besser mit bestimmten, international
verabredeten Nummern oder Zeichen zu versehen. Dazu sind die Gasbehälter

wegen ihrer großen, hochgelegenen und leicht unter Kontrolle zu haltenden Flächen ganz besonders geeignet; auch kann eine Beleuchtung dieser Zeichen dort am leichtesten erfolgen.

Dessau, den 20. September 1909.

Weitere Mitteilungen über das Dessauer Ballongas.[1]

Die Dessauer Versuche zur Erzeugung eines neuen Ballongases haben seit meiner ersten Mitteilung auf dem Deutschen Luftschiffertage in Frankfurt a. M. im September v. J. zu einer regulären Anwendung für den Freiballonbetrieb und zunächst zur Erprobung bei den Aufstiegen des Ballons „Anhalt" am 12. und 17. April d. J. geführt. Von diesen Aufstiegen wird weiter unten die Rede sein.

Zunächst ergab die Fortsetzung der Arbeiten die interessante und erfreuliche Tatsache, daß die Zersetzung des als Rohmaterial benutzten, gereinigten, gewöhnlichen Steinkohlengases in den alten Öfen der Gasanstalten mit horizontalen Retorten mindestens ebenso gut oder vielmehr noch besser gelingt als in den von uns zuerst angewandten neueren Vertikalöfen. Es läßt sich dies damit erklären, daß bei ersteren die Hitze in den Retorten ihrer ganzen Länge nach gleichmäßig hochgehalten werden kann, während die Konstruktion der vertikalen Retorten absichtlich eine Abnahme der Temperatur von unten nach oben herbeiführt. Die Höhe der Temperatur und möglichst ausgedehnte Erhitzungsflächen sind aber in erster Linie maßgebend für die Erzeugung eines leichten Gases. Jedenfalls befriedigt aber schon das Gas aus Vertikalöfen in weitgehendem Maße.

Anderseits stellte sich heraus, daß das aus dem Zersetzungsofen kommende Gas in einem Gasometer aufgesammelt werden muß, um eine schnelle Füllung der Freiballons zu ermöglichen. Denn wenn auch ein einziger Horizontalofen genügt, um 1200 cbm Ballongas in 24 Stunden zu erzeugen und ein Vertikalofen von 10 Retorten für 3600 cbm in 24 Stunden ausreicht, so ist gleichwohl die Produktion pro Stunde eine verhältnismäßig geringe, und fallen außerdem einige Stunden in der Produktion aus durch frisches Einfüllen von Koks in die Retorten und dessen Glühenmachen zur Zersetzung. Da nun kaum eine Gasanstalt zur Erbauung eines besonderen Gasbehälters für die verhältnismäßig geringe Anwendung des Ballongases schreiten dürfte, so können von vornherein nur solche Anstalten in Betracht kommen, welche mehrere Gasbehälter besitzen. Dies dürfte allerdings die Mehrzahl sein, und von diesen werden wiederum viele in der Zeit von etwa März bis September für ihren gewöhnlichen Steinkohlengasabsatz einen Gasbehälter entbehren und für Ballongas freihalten können.

In Dessau halten wir für die gedachte Zeit einen Gasbehälter von 3400 cbm zur Verfügung. Bei der Benutzung der Gasbehälter muß indes auf die Rein-

---

[1] Journal für Gasbeleuchtung und Wasserversorgung vom 23. Juli 1910.

heit des Absperrwassers Bedacht genommen werden, da sich sonst das leichte
Gas wieder mit schweren Kohlenwasserstoffen, z. B. Benzol, anreichern kann.
In Dessau haben wir eine dünne Ölschicht darüber ausgebreitet. Bei reinem
Wasser sättigt sich übrigens das Ballongas mit dem seiner Spannung und Temperatur entsprechenden Wasserdampf und bleibt alsdann konstant. Es findet
also anfangs nur eine minimale, in der Praxis kaum nachweisbare Gewichts-
vermehrung statt.

Die Versuche begannen im Sommer v. J. zunächst im Laboratorium,
und zwar sollte u. a. vorweg festgestellt werden, ob die Zersetzung des Steinkohlengases im hoch erhitzten Porzellanrohr etwa leichter und vollständiger
vor sich geht, wenn man den Druck des durchgeleiteten Gases steigert. Die Resultate mit Erhöhung des Druckes bis zu 545 mm Wassersäule verliefen negativ.
Dagegen zeigten die Versuche im Laboratorium und in der Praxis bald, daß
die Zersetzung des Leuchtgases nicht nur eine Funktion der Temperatur, sondern
insbesondere auch der Ausdehnung der erhitzten Flächen ist: je höher die Temperatur der Retorte und je größer die erhitzte Oberfläche, an der das Gas vorbei-
streichen muß, desto vollkommener ist die Zersetzung. Darum genügte auch das
Durchleiten durch eine leere, wenn auch hoch erhitzte Retorte noch nicht, sondern
es mußten Koks- bzw. Holzkohlefüllungen eingebracht und dadurch die Zer-
setzungsflächen vergrößert werden. Ferner erwies sich, im Gegensatz zu einer
Drucksteigerung, als notwendig, das Gas aus der Retorte aus 0 bis 5 mm
Wassersäuledruck abzusaugen, damit die ohnehin bei diesem Prozeß nicht leicht
dicht zu haltenden Retorten so wenig Gasverlust wie möglich nach außen in die
Feuerzüge des Ofens haben. Anderseits ist natürlich darauf zu achten, daß
nicht mit einem Minusdruck Rauchgase aus den Feuerzügen eingesaugt werden
und das Ballongas verschlechtern.

Während uns anfangs die Holzkohle als das geeignetere Füllmaterial
erschien, da sie sich nach dem festen Zusammenbacken mit dem bei der Zersetzung
ausgeschiedenen Graphit leichter zerschlagen und aus den Retorten wieder
entfernen ließ, so kommen wir jetzt mit kleinstückigem Koks, der auf jeder Anstalt ohnehin vorhanden und deshalb billiger ist, ebensogut aus. Dabei ergibt
sich für horizontale Öfen der Vorteil, daß man den glühenden Koks von der
vorhergegangenen gewöhnlichen Steinkohlendestillation gleich in der Retorte
lassen kann.

Der bei der Zersetzung des gereinigten Steinkohlengases sich ausscheidende
Kohlenstoff läßt sich in allen Stufen seiner Entwicklung in der Strömungs-
richtung des Gases verfolgen, vom feinsten flockigen Ruß bis zu den schönsten
silbergrauen kristallinischen Nadeln.

Die infolge der Zersetzung theoretisch zu erwartende Volumenvermehrung
wird insofern nicht ganz erreicht, als gerade bei diesem Prozeß, wie schon angedeutet, die Retorten schwerer dicht zu halten sind als bei der Leuchtgasfabrikation.
Denn bei letzterer setzen sich die Risse der Schamotteretorten, je länger die Vergasung dauert, um so mehr mit Teer und Graphit zu. Ersteres Bindemittel
fehlt aber bei der Zersetzung des gereinigten Steinkohlengases, so daß man
auch bei sorgfältiger Wartung der Öfen nur mit einer Volumenvermehrung

von 20% zu rechnen hat. Immerhin aber reduziert diese die Herstellungs-
kosten entsprechend.

Die Einrichtung der Retortenöfen für den Ballongasprozeß ist sowohl
für horizontale als vertikale Retorten eine einfache und wenig kostspielige,
indem das Gas aus den Gasometern mittels einer 40 mm-Leitung, bei den vertikalen Retorten von unten, bei den horizontalen Retorten von hinten eingeleitet
und von oben bzw. an der Vorderseite aus den gewöhnlichen Steigeleitungen
nach dem für das Ballongas reservierten Gasbehälter abgeführt wird. Um
das Gas abzukühlen und den feinen ausgeschiedenen Kohlenstoff sowie geringe Mengen neugebildeten Schwefelwasserstoffes zurückzuhalten (der letztere
bildet sich aus den Spuren von Schwefelkohlenstoff, die auch im gereinigten
Steinkohlengase noch enthalten sind), wird an den Ofen eine kleine Reinigungsanlage angeschlossen, die aus einem einfachen Luftkühler, einem Staubfilter und
einem Eisenoxydreiniger besteht. Letzterer erfordert 0,30 m Fläche für 100 cbm
Tagesleistung. Aus dieser Reinigungsanlage wird das Ballongas durch ein
Gebläse abgesaugt und in den für dieses Gas reservierten Gasometer gedrückt.

Die Leistungsfähigkeit einer einzelnen Vertikalofenretorte beträgt pro
Stunde 20 cbm, und da man bei 24stündigem Betrieb 6 Stunden auf Neufüllung und Neuanheizung des bei den Vertikalöfen kalt eingebrachten Kokses
rechnen muß, so kommen nur 18 Stunden Nutzleistung in Betracht, welche
360 cbm pro Retorte, also z. B. bei den häufig vorkommenden Ofenmodellen
von 10 Retorten 3600 cbm Leistungsfähigkeit ergeben. Das ist ungefähr dreimal
so viel, als wohl die meisten ad hoc angelegten Wasserstoffgasapparate täglich
leisten.

Bei den horizontalen Öfen können nur diejenigen Retorten benutzt
werden, die eine Temperatur von ca. 1200° erreichen, was bei den unteren
und Flügelretorten meistens nicht der Fall ist, so daß also von einem sogenannten
8er-Ofen nur die oberen 4 bis 6 Retorten für die Zersetzung des Gases in Frage
kommen. Die übrigen Retorten werden gleichzeitig mit Kohlen beschickt und
liefern das gewöhnliche Steinkohlenrohgas. Eine auf die richtige Temperatur
gebrachte Retorte von der üblichen Länge von 3 m leistet 10 cbm pro Stunde,
und bei den horizontalen Retorten von 24 Stunden kommen 20 Stunden Nutzleistung in Betracht; hiernach ist ihre Produktion 200 cbm und bei Benutzung
von 4 Retorten die Leistungsfähigkeit eines Horizontalofens 800 cbm, bei
6 Retorten 1200 cbm. In letzterem Falle wird also immer noch die größte
Leistungsfähigkeit von gesonderten Wasserstoffgasanlagen erreicht; abgesehen
von der Produktionsfähigkeit der chemischen Großindustrie.

Die Mehrkosten, welche die Bereitung von Ballongas aus gewöhnlichem
Steinkohlengas verursacht, stellen sich für einen Horizontalofen pro cbm wie
folgt zusammen:

Anteilige Unterfeuerung für 4 bis 6 Retorten . . 1,88 Pf.
    „   Löhne . . . . 0,54 „
    „   Ofenunterhaltung (Reparaturen usw.) . 0,30 „
    „   allgemeine Betriebsunkosten . . . . . . 0,45 „
                              Summe 3,17 Pf.

Unter Berücksichtigung der oben gedachten Volumenvermehrung von 20% reduzieren sich diese Mehrkosten auf 3,17 : 1,2 = 2,65 Pf.

Die Kosten der Einrichtung eines Horizontal- bzw. Vertikalofens für die Ballongaserzeugung betragen für beide Systeme inklusive Kühl- und Reinigungsvorrichtungen sowie Gebläseanlage nur ca. M. 3000 bis 4000, je nach den örtlichen Verhältnissen, so daß die Verzinsung und Amortisation dieser nur geringer Abnutzung unterworfenen Teile eine so minimale ist, daß man mit rd. 3 Pf. Mehrkosten für Erzeugung von 1 cbm Ballongas im großen Durchschnitt zu rechnen haben wird. Hierzu kommt, um die gesamten Kosten zu ermitteln, der Selbstkostenpreis des gewöhnlichen Leuchtgases, wie es in den Gasbehälter geliefert wird (also abzüglich der Verteilungskosten in der Stadt), dazu ferner die Verzinsung des anteiligen Anlagekapitals der Gasanstalt für 1 cbm. Da nun bei vielen Gasanstalten die Verteilungskosten des Gases in der Stadt ungefähr ebensoviel betragen wie die oben berechnete Zersetzung des Gases in Ballongas, so brauchte hiernach für das Dessauer Ballongas kein höherer Preis in Rechnung gesetzt zu werden als für das sonst zu gewerblichen Zwecken verkaufte Gas: also 10 bis 13 Pf. pro cbm, wie es bei einer großen Anzahl deutscher Anstalten der Fall ist.

Über die Zusammensetzung des Ballongases und seinen Auftrieb noch einige Worte. Das spezifische Gewicht des Steinkohlengases, welches als Rohmaterial dient, schwankt in Deutschland zwischen 0,36 und 0,53, auf Luft = 1 bezogen. Der Auftrieb von 100 cbm solchen Gases schwankt also zwischen 829 und 608 kg pro 1000 cbm. Auch das Ballongas hängt mehr oder weniger von der Schwere des Ursprungsgases ab. Die bisher in Dessau beobachteten Schwankungen des spez. Gewichtes von Ballongas liegen zwischen 0,225 und 0,3, also zwischen einem Auftrieb von 1000 kg und 900 kg pro 100 cbm. Man wird deshalb im großen Durchschnitt mit 950 kg Auftrieb, entsprechend 0,27 spez. Gewicht, für eine Füllung von 1000 cbm rechnen können, so daß bei den oben gedachten Gaspreisen 1000 kg Auftrieb etwa M. 105 bis 137 kosten.

Zu der oben erwähnten großen Differenz im spez. Gewicht des gewöhnlichen Steinkohlengases sei bemerkt, daß dieselbe ausschließlich von den verwendeten Kohlensorten und von der Art der Gaserzeugung abhängt. Dasjenige Gas, welches vom Luftschiffer meistens als „schlecht" oder „miserabel" bezeichnet wird, verdient gastechnisch als gut oder ausgezeichnet bezeichnet zu werden, da das schwerere Gas, sofern es nicht mit Wassergas gemischt ist, einen größeren Heizeffekt hat und deshalb für alle gewöhnlichen gastechnischen Zwecke wertvoller ist. Auch hat es ein Gasanstaltsleiter nur in seltenen Ausnahmefällen in der Hand, für einen bestimmten Tag und für einen einzelnen Ballon ein besonders leichtes Gas — also vom Standpunkt des Gastechnikers schlechtes Gas — herzustellen, weil die Beschaffenheit der auf Lager befindlichen Kohlensorten sich nach dieser Richtung nicht vorher genau feststellen läßt und auch die Gaserzeugungsmethode für eine einzelne Ballonfüllung nicht geändert werden kann. Selbst für große, längst vorher angesagte Wettfahrten trifft dies in den meisten Fällen zu.

Die chemische Zusammensetzung, wie sie sich aus einer Reihe von Beobachtungen als Durchschnitt feststellen ließ, ist in nachfolgender Tabelle enthalten, wobei reines Steinkohlengas ohne Wassergaszusatz vorausgesetzt ist.

	Spez. Gewicht (Luft = 1)	Volumenprozente	
		Dessauer Steinkohlengas	Dessauer Ballongas
Schwere Kohlenwasserstoffe . .	0,97—2,7	2,6	—
Kohlensäure	1,52	1,3	—
Sauerstoff	1,105	0,2	—
Stickstoff	0,97	6,3	5,1
Kohlenoxyd	0,967	5,3	7,3
Methan	0,553	24,7	6,9 (5—7)
Wasserstoff	0,069	59,6	80,7 (—84,1)

Spez. Gewicht des Steinkohlengases 0,41
    „   „   „ Ballongases . . . . . . 0,225—0,3
Auftrieb für 1000 cbm Steinkohlengas . . . . . 763 kg
    „   „ 1000   „ Ballongas . . . . 1000—900 „

Die physikalischen Eigenschaften des Ballongases kennzeichnen sich durch die Reinheit von Benzol und die Abwesenheit aller die Ballonhülle angreifenden schweren Kohlenwasserstoffe und sonstiger Verunreinigungen. Der Geruch ist wesentlich schwächer als beim gewöhnlichen Steinkohlengas, jedoch noch vollständig hinreichend, um beim Steigen des Ballons bei offenem Füllansatz den Austritt des Gases gut wahrzunehmen. Die Empfindlichkeit gegen Temperaturschwankungen wird sich nach obiger Analyse auf etwa die Hälfte des gewöhnlichen Leuchtgases berechnen lassen, was von den Luftschiffern mit besonderer Freude begrüßt werden dürfte. Auch bei längerem Aufbewahren in einem stehenden Gasometer verändert sich das spez. Gewicht nicht; so ergaben z. B. die letzten Messungen an dem jetzt gefüllten Gasometer in Dessau nach 14 Tagen noch dasselbe spez. Gewicht (0,27) wie bald nach dem Eintritt. Das ist für die Gasanstalten und die Luftschiffer gleich vorteilhaft, weil dadurch eine längere Aufbewahrung und Bereitstellung möglich ist. Die Füllung eines Ballons von 1260 cbm in der Ballonhalle zu Dessau erfordert ¾ Stunden.

Alle vorstehend angedeuteten Eigenschaften des Ballongases bewährten sich sowohl bei der 6½ stündigen Probefahrt des Ballons „Anhalt" am 12. April, als bei der Tauffahrt desselben Ballons am 17. April d. J., die leider wegen Gewitterbildung schnell abgebrochen werden mußte. Der 1200 bis 1260 cbm fassende Ballon wog mit Netz, Korb, Planen, Schlepptau usw. 393 kg und trug bei der Probefahrt am 12. April 3 Personen im Gesamtgewicht von 282 kg außer Proviant, Mäntel usw., außerdem 18 Säcke à 20 kg = 360 kg Ballast. Bei der Tauffahrt trug der Ballon 4 Personen von zusammen 307 kg Gewicht und Sandballast von 20 Sack à 15 kg = 300 kg. Der Verbrauch an Ballast bei der Probefahrt war über eine Strecke von 200 km und in Höhen bis 1800 m

10 Sack à 20 kg = 200 kg, hauptsächlich verursacht durch zweimal stark auftretenden vertikalen Winddruck nach unten.

Mit vorstehendem Resultat sind unsere Versuche in Dessau vorläufig
zum Abschluß gelangt, und steht das Gas den in Dessau aufsteigenden Freiballons zur Verfügung. Wieweit dasselbe auf anderen Anstalten der Deutschen
Continental-Gas-Gesellschaft zur Einführung gelangen wird, hängt von lokalen
Bedürfnissen und Verhältnissen ab.

Ich bin noch auf die geschichtliche Tatsache aufmerksam gemacht worden,
daß schon im Jahre 1869 in Dinglers Polytechnischem Journal ein Aufsatz des
Apothekers E. Vial aus Paris veröffentlicht wurde „über fabrikmäßige Darstellung des Wasserstoffgases für Beleuchtungs- und Heizungszwecke". In
diesem Aufsatz ist schon ganz klar auf die Zersetzungsmöglichkeit des gereinigten
Steinkohlengases und die dabei entstehende bedeutende Volumenvermehrung
hingewiesen; allein es handelte sich damals darum, dieses „entkohlte Wasserstoffgas" durch Erglühen des Platins zum Leuchten, ferner als Heizmittel
und zur Triebkraft bei Gasmotoren zu benutzen. Unmittelbar an diese Veröffentlichung anschließend, schreibt aber in derselben Nummer von Dinglers
Polytechnischem Journal schon E. Schinz unter der Überschrift „Die Umwälzung in der Gasbeleuchtung" folgendes:

„Ohne genaue Versuche anzustellen, läßt sich die Ökonomie der Darstellung von Wasserstoff durch Dissoziation (Zerfallen) oder durch Spaltung
(wie sich Vial ausdrückt) durchaus nicht feststellen, da Kohlenstoff und Wasserstoff sich direkt nicht miteinander verbinden lassen, und daher die bei solchen
Verbindungen frei werdenden Wärmemengen nicht bekannt sind, aus denen
sich auf die Wärmemenge schließen lassen würde, die zu deren Zersetzung
notwendig ist. Man kann indessen mit ziemlicher Sicherheit annehmen,
daß im günstigsten Falle die Darstellung von 44 cbm Wasserstoff pro 100 kg
Steinkohle statt 22 cbm Leuchtgas für dasselbe Kohlenquantum auch doppelt
so viel Brennstoff in Anspruch nehmen werde, als zum Leuchtgase erforderlich
ist, und folglich werden die 44 cbm Wasserstoff nicht wohlfeiler zu stehen
kommen als die 22 cbm Leuchtgas."

Bei dieser Kritik und bei Unterlassung bezüglicher Versuche war es bisher
geblieben. Wie wir oben sahen, würde namentlich die Undichtigkeit der Retorten bei einer solchen Wasserstoffgaserzeugung im großen eine sehr bedeutende Rolle gespielt haben. Auch wäre jenes Verfahren in der Tat wegen des
hohen Brennstoffverbrauchs für einen Absatz von Gas zu Leucht- und Heizzwecken wirtschaftlich unmöglich gewesen, und nur weil die hohen Verteilungskosten für den Absatz des Ballongases wegfallen, ist es in unserem Falle wirtschaftlich möglich geworden.

Jene literarische Reminiszenz bleibt indes dadurch interessant, daß sie
zeigt, wie hier wieder einmal eine vorzeitig ausgesprochene Idee wissenschaftlicher Möglichkeit auf einem ganz anderen Boden, unter ganz anderen Voraussetzungen und in ganz anderer Absicht Verwirklichung gefunden hat, als der
Urheber ahnte.

Ein Blick auf die Entwicklung
der Gastechnik.

Vortrag aus Anlaß der 6. Jahresversammlung des Deutschen Museums, gehalten im Wittelsbacher
Palais in München am 29. September 1909.

Bei Gelegenheit der **Hauptversammlungen der Mitglieder des „Deutschen Museums"** in
München lud sein hoher Protektor, der Prinz und nachmalige König Ludwig III. von
Bayern, regelmäßig zu einem Vortragsabend in sein Wittelsbacher Palais, später ins Residenzschloß
ein. Diese von der liebenswürdigsten Gastfreundschaft des hohen Gastgebers getragenen Veranstaltungen waren für die dauernde Anziehungskraft des Deutschen Museums von großer Bedeutung.
Die interessante zahlreiche Gesellschaft der Gäste setzte sich aus den Spitzen der bayerischen und
Reichsbehörden, der naturwissenschaftlichen Gelehrtenwelt und den Universitäten, den Vertretern der technischen Hochschulen sowie Führern der Großindustrie aus ganz Deutschland zusammen.

Nach einigen allgemein-wissenschaftlichen Vorträgen sollten die Fachwissenschaften an die Reihe
kommen und erging an mich die Aufforderung, mit einem „Überblick über die Gasindustrie"
zu beginnen, da diese trotz größeren Alters und weitester Verbreitung wissenschaftlich viel
weniger bekannt als die Elektrizitäts- und andere Großindustrien war. Da der Inhalt des Vortrags
bei der gebotenen Kürze ein stark konzentrierter und allgemein verständlicher sein mußte, so hielt
ich ihn für geeignet, hier wieder abgedruckt zu werden, um mehr Interesse für mein Berufsfach zu
erwecken, das der Weltkrieg von neuem in den Vordergrund gerückt hatte.

Zugleich aber sollte er hier ein dankbares Erinnerungsblatt an jene unvergeßlichen Abende
fürstlicher Gastfreundschaft und verständnisvollster Förderung moderner Naturwissenschaft und
Technik in München sein!

Wenn Sie mir die Ehre erweisen, heute unter meiner Führung einen
Blick auf die Entwicklung der Gastechnik zu tun, so kann dieser nur ein sehr
flüchtiger sein, und unser Gesichtsfeld muß von vornherein stark eingeschränkt
werden. Umfaßt doch die Gastechnik im weiteren Sinne nicht nur die Stein-
kohlengaszentralen sondern auch das große, mannigfaltig abgestufte Gebiet
der Einzelanlagen, die Stoffe wie Öl, Holz, Petroleum, Benzin, Azetylen
sowie zahlreiche Mischungen von Luft und flüchtigen Kohlenwasserstoffen als
Ausgangsmaterial benutzen und darauf zum Teil sehr bedeutende Sonder-
industrien aufgebaut haben. Man denke nur an die durch die Firma Julius
Pintsch zu so hoher Vollendung gebrachte Ölgastechnik, an die bedeutende Aze-
tylen-Gasindustrie, und erinnere sich, daß nach Pettenkofers Vorschlag auch zahlreiche Holzgasanstalten von der Firma Riedinger in kohlenarmen Gegenden,
namentlich hier in Süddeutschland, erbaut wurden. Die letzte Holzgasanstalt

bestand noch bis vor zehn Jahren in Bad Reichenhall und mußte erst dann dem Steinkohlengas weichen. Unsere Betrachtung soll sich deshalb nur diesem zuwenden, das seiner ganzen Natur nach vorzugsweise für eine zentrale Verteilung von Licht, Wärme und Kraft geeignet erscheint.

Beim Vergasen der Steinkohle findet ein weitgehender Veredelungsprozeß des Brennstoffes statt. Aus dem an der Luft sonst nur unter Ruß- und Rauchentwicklung brennenden Rohstoff werden in den Gasanstalten, die im wesentlichen als chemische Fabriken anzusehen sind, unter Abschluß der Luft — in sogenannter trockener Destillation — ruß- und rauchfrei brennende Erzeugnisse: Koks und Teer sowie wertvolle Nebenprodukte gewonnen. Das edelste Erzeugnis aber, die in Gasform gebrachte Energie, ermöglicht einen überaus leichten und billigen Transport unter der Erde durch ein Röhrensystem, das in einer Gesamtlänge von Hunderten von Kilometern mit einem überaus geringen Gasdruck von nur etwa $1/_{160}$ Atmosphäre (50—80 mm Wassersäule) betrieben werden kann. Dabei kommt dieser Gastransport mit einem durchschnittlichen Verluste von ca. 5% aus und besitzt in den Gasometern ein geradezu ideales Reservoir, das nahezu den ganzen Verbrauch eines Wintertages aufzuspeichern vermag. Mit diesen Gasbehältern, die jetzt die Silhouette jeder Stadt mitbeherrschen, ist nicht nur ein höchst wertvoller Ausgleich für den stark wechselnden Verbrauch sondern auch für die Gaserzeugung in gleichmäßiger Belastung der Retortenöfen geschaffen. Diese gleichmäßige Belastung ist aber für die Feuertechnik fast noch wichtiger und wertvoller als in der Maschinentechnik bei Dampfmaschinen, Turbinen und Motoren aller Art. Dazu arbeitet dieser große Akkumulator absolut verlustlos, weil der Druck, der zum Heben der Gasometer und dadurch zu ihrer Füllung erforderlich ist, eo ipso als Betriebsdruck für das ganze Rohrsystem dient. Diese eigenartigen und höchst wertvollen Kennzeichen der Gastechnik lassen von vornherein erkennen, in wie hohem Maße sie zu einer zentralen Versorgung technisch und wirtschaftlich geeignet ist!

Wenn wir nun von der Andeutung der Grundlagen der Gasindustrie zu einem historischen Rückblick auf ihre Entwicklung übergehen wollten, so würde dieser auch bei der schnellsten kinematographischen Abwicklung des Bildes in dem hier gegebenen Zeitraum nicht zu bewältigen sein. Dafür aber haben wir ja hier in München unser Deutsches Museum, das auch die Geschichte der Gastechnik in ihren Hauptperioden schon so reichhaltig darstellt, daß zwar immer noch für einzelne Entwicklungsstufen Ergänzungen wünschenswert sind, im übrigen aber der Vortragende schon davon entbunden werden kann, das dort so übersichtlich zur Schau Gebrachte hier abstrakt zu wiederholen. Im Gegenteil — wenn die Ausführungen an dieser Stelle irgendeinen Wert erlangen können, so würde er nur darin liegen, das Verständnis für unsere hiesige Spezialsammlung durch Hervorhebung einiger allgemeiner wissenschaftlicher Gesichtspunkte vorzubereiten, während die rein wirtschaftlichen außer Betracht bleiben müssen.

Wer sich aber tiefer in das Studium der Gastechnik versenken will, den müssen wir auch heute noch auf das alte klassische Handbuch der Steinkohlengasbeleuchtung des verstorbenen Müncheners Dr. N. H. Schilling[1]) verweisen, der damit zugleich ihr erster Geschichtschreiber wurde und in dem „Journal für Gasbeleuchtung" die bis auf den heutigen Tag lebende Fortsetzung ihrer Geschichte schuf. Der heutige Leiter dieses Journals von Weltruf, der seinerzeit jugendliche Freund und Mitarbeiter Schillings, Professor Dr. Bunte, hat nicht nur Geschichte mitgeschrieben, sondern auch mitgeschaffen. Es muß hier hervorgehoben werden, daß sich wohl selten in der Technik eine so innige, von Jahr zu Jahr steigende Wechselwirkung zwischen Praxis und Wissenschaft herausgebildet hat, als in dem Zusammenwirken des Deutschen Vereins von Gas- und Wasserfachmännern — der in diesem Jahr sein fünfzigjähriges Bestehen feierte — mit seinem bisherigen Generalsekretär, Professor Bunte. Die vom Verein begründete und an die Technische Hochschule in Karlsruhe angegliederte Lehr- und Versuchsgasanstalt stellt jenen Zusammenhang in schönster Verkörperung dar.

Die technische Entwicklung der Gaserzeugung beruht naturgemäß in erster Linie auf ihren Retortenöfen, und diese unterscheiden sich im wesentlichen nach der Retortenlage, weil diese für die Art der Bedienung und Inanspruchnahme der Arbeitskräfte entscheidend ist. In den ersten Dezennien der Gaszeit blieben die Öfen mit horizontalen Retorten, nach vergeblichen Versuchen mit vertikalen, allein herrschend. Die beiden wesentlichsten Momente ihrer Entwicklung waren die, daß sich in den siebziger Jahren des vergangenen Jahrhunderts die Regenerativ-Feuerung auch dieser Öfen bemächtigte, und daß man weiterhin versuchte, die immer höher steigenden Arbeitslöhne auf mechanische Weise mit Dampf, komprimierter Luft, Wasserdruck oder Elektrizität zu vermindern und die Schwere des Handbetriebes zu erleichtern. Allein schon die große Verschiedenheit dieser komplizierten maschinellen Vorrichtungen bewies objektiv, daß keine von ihnen voll und ganz befriedigte, und so kamen vor etwa zwei Dezennien die unter einem Winkel von ungefähr 30° geneigten Retorten des französischen Gasingenieurs Coze zur Einführung, die schon ein leichteres, mehr selbsttätiges Füllen und Entleeren der Öfen ermöglichten. Und erst seit wenigen Jahren (1905) werden diese wiederum durch die in der Deutschen Continental-Gas-Gesellschaft zu Dessau von ihrem damaligen Chefchemiker Dr. Bueb erfundenen und ausgebildeten Vertikalöfen ersetzt. Diese Öfen, die Ernst Körting in Berlin in den internationalen Großbetrieb einführte, erfordern nur etwa ein Viertel der bei horizontalen Öfen nötigen menschlichen Arbeitskräfte und erleichtern sie außerdem so sehr, daß auch in gesundheitlicher Beziehung der Betrieb der Gasanstalten jetzt allen modernen Anforderungen genügen dürfte.

Fast gleichzeitig trat in Süddeutschland ein paralleler, bedeutender Fortschritt der Gaserzeugung auf, indem aus den Konstruktionen des hiesigen städtischen Gasdirektors, Herrn Ries, die sog. Münchener Kammeröfen hervorgingen. Ihr Hauptziel ist, an Stelle der Retorten von kleinem Querschnitt die Massenherstellung von Gas in großen schmalen Kammern nach Art der Koksöfen zu erreichen, jedoch mit schrägliegendem Boden zu selbsttätiger Ent-

---

[1]) Nachtrag von Dr. Eugen Schilling. R. Oldenbourg, München 1892.

leerung. Sie führen ebenfalls eine sehr bedeutende Verminderung der menschlichen Arbeit herbei und stellen den zurzeit vollendetsten Typus der sog. Groß-
raumöfen dar. Von beiden Systemen wird unser Deutsches Museum binnen
kurzem Modelle besitzen. In England wird mit dem System Woodall-Duck-
ham der Versuch fortgesetzt, eine kontinuierliche Vergasung der Steinkohle in
den Retorten herbeizuführen; doch ist für die deutschen Fachmänner dieses so
verführerisch scheinende Prinzip längst seines schönen Scheins entkleidet.

  Im Gegensatz zur Verschiedenheit der Ofensysteme und Vergasungspro-
zesse ist die Reinigung des Steinkohlengases eine, wie man fast sagen kann,
schematische auf allen Gaswerken. Sie hat wohl eine Vervollkommnung in
Konstruktionen, weniger in grundlegenden Neuerungen erfahren. Denn einerseits war die Reinigung von Teer und Ammoniak durch Kondensation und Ab-
sorption von Anfang an mehr oder weniger gegeben, und anderseits fand die
Hauptreinigung, nämlich die von Schwefelwasserstoff, die auch den größten
Teil der Gebäudegrundfläche der Gasanstalten einnimmt, in den billigen Eisen-
oxyderzen ein so vorzügliches Material, — das sich nach Bindung von Schwefel
an der Luft wieder von selbst regeneriert —, daß dieser wesentlichste Teil der
Gasreinigung nicht nur seit langer Zeit chemisch vollständig seinen Zweck erfüllt sondern auch wirtschaftlich kaum zu übertreffen ist. In die Verwertung
der Nebenprodukte ist neben Koks, Teer und Ammoniak das Zyan eingetreten,
das plötzlich durch den Bedarf in den Goldminen zu einem wertvollen Neben-
produkt mit internationalem Markt wurde.

  Wenn wir nun auch in Deutschland in der technisch-wissenschaftlichen
Entwicklung des Gasfaches stets „in front" waren und es jetzt ganz besonders
mit unseren neuen Ofensystemen sind, so stehen wir gleichwohl in der Verwendung des Gases zu Licht- und Heizzwecken hinter England und Amerika
noch erheblich zurück. Die Großartigkeit der dortigen Anlagen wird am besten
dadurch charakterisiert, daß z. B. der neueste Gasbehälter der Astoriawerke in
New York in fünf ausziehbaren Etagen fast eine halbe Million Kubikmeter
aufspeichert, während der größte Berliner Behälter nur etwas mehr als ein
Drittel davon faßt. Die Gasbehälter stellen aber die natürlichsten Maßstäbe
für die Größe der Entwicklung dar. Der Mehrkonsum auf den Kopf der Bevölkerung ist zwar für Amerika schwer zu schätzen, beträgt aber für England absolut und relativ mehr als das Zweiundeinhalbfache wie in Deutschland, trotzdem auch bei uns seit Einführung des elektrischen Lichts eine größere Steigerung
des Gasverbrauchs eingetreten ist wie zu irgendeiner früheren Zeit.

  Jener Massenkonsum unserer angelsächsischen Vettern dürfte einerseits
mit der Möglichkeit einer billigeren Herstellung des Gases und anderseits
mit der viel energischeren Einführung der ausgezeichneten, alle Klassen der Bevölkerung zum Gasverbrauch führenden Gasautomaten zusammenhängen.
Vielleicht kommt aber auch ihr ganzer „standard of life" mit in Betracht, der
namentlich für die mittleren Klassen wohl anspruchsvoller als der deutsche ist.
Jedenfalls ist hier noch ein großes Feld der Betätigung für Deutschland gegeben!

  Beim Vergleich mit Amerika verdient aus der Geschichte der Gastechnik
noch daran erinnert zu werden, daß man in den achtziger und anfangs der neun-

ziger Jahre des vorigen Jahrhunderts der deutschen Gasindustrie, namentlich
auch von wissenschaftlicher Seite, den Vorwurf machte, sie sei rückständig, weil
sie nicht, wie in Amerika, zur Erzeugung und Verteilung des billigeren Wassergases überginge. Unsere Studien in Amerika selbst, zurzeit der Chicagoer
Ausstellung, bewiesen uns aber, daß die Kosten des Wassergases, das mit Petro-
leumrückständen karburiert werden muß, um die nötige Heizkraft zu geben,
vollständig mit denen des Steinkohlengases balanzierten. Denn der Petroleum-
ring sorgte schon dafür, daß die erhoffte größere Billigkeit nicht eintrat. Bei uns
in Deutschland liegen die Verhältnisse durch Zölle und durch die geringere
Petroleumproduktion ungünstig, so daß wir besondere Wassergasanlagen fast
nur als eine elastische und weniger Grundfläche einnehmende Ergänzung
bestehender Steinkohlengasanlagen benutzen.

Kehren wir zum Gasverbrauch zurück, so gliedert sich dieser naturgemäß
in den für Licht, Wärme und Kraft. Während aber die Gaserzeugung,
wie schon angedeutet, unter vollständigem Abschluß der Luft geschieht, beruht
umgekehrt die Verwendung des Gases nach den drei gedachten Hauptrichtungen auf einer möglichst innigen Vor- und Vermischung mit Luft.
Dadurch wird die höchstmögliche Temperatur mit der geringsten Menge von
Gas erreicht, und zwar gilt dies sowohl für Leucht- als für Heizkörper und
Motoren.

Von der Entwicklung des Steinkohlengases als Lichtbringer ist Ihnen
alle die große Revolution bekannt, die der Wiener Gelehrte Auer v. Welsbach auf diesem Gebiete hervorrief. Undankbar aber und allzu vergessen würde
es sein, wollte man nicht auch der erheblichen Fortschritte gedenken, welche
schon in dem unmittelbar vorhergegangenen Dezennium durch die Brennerkonstruktionen hervorgerufen waren, die eine wesentliche Steigerung des Lichteffektes durch Vorwärmung der Verbrennungsluft erreichten. Sie entsinnen
sich vielleicht noch aus der öffentlichen Beleuchtung von Plätzen her der mächtigen stehenden Friedrich Siemensschen Regenerativ-Lampen von mehr als
einem Meter Höhe! Trotz ihrer plumpen Form verkörperten sie gleichwohl
einen sehr wesentlichen Fortschritt in Ökonomie und Intensität. Bald gelang
die Umkehrung dieser stehenden Brenner in die zierlichen „invertierten", also
nach unten brennenden Lampen von Wenham, Siemens, Butzke u. a., die
neben dem hohen ökonomischen Effekt gleichzeitig eine bessere Lichtverteilung
und schönere Form schufen.

Durch einen Reisezufall konnte ich im Jahre 1885 der ersten Vorführung
des Gasglühlichtes durch Auer im Universitätslaboratorium zu Wien beiwohnen.
Der Eindruck war mehr ein interessanter als verblüffender; denn es handelte
sich zu jener Zeit um die erste Form des Auerlichtes, die zwar einen neuen,
ungewohnten Lichteffekt ergab, aber zunächst weder eine größere Lichtstärke,
noch eine größere Ökonomie herbeiführte. Erst sechs Jahre später (1891) kam
das sog. neue Auerlicht siegreich zur allgemeinen Einführung, indem es jene
ältere Form nahezu um das Vierfache an absoluter Helligkeit und Ökonomie
übertraf. Auer wurde mit diesem Erfolg der größte Wohltäter der Gasindustrie
seit ihrer Erfindung.

Es dürfte auch heute noch interessant sein, daran zu erinnern, wie dieser große und bescheidene Gelehrte seine Erfindung in einer Rede vor den deutschen Gasfachmännern in Wien im Jahre 1901 selbst erklärte. Er sagte damals — ich zitiere nur einige Hauptstellen —: „Durch meine Experimente war festgestellt, daß gewisse Oxyde in molekularen Mischungen sich beim Glühen zu eigenartigen Körpern zu verbinden vermögen. Ich nannte diese Substanzen Erdlegierungen, die ein überaus intensives und stetiges Licht ausstrahlen, sobald sie die Flamme als feinverteiltes Gebilde umhüllen... Die Erden sind gerade in dem Flammenmantel einmal mehr von oxydierenden, einmal mehr von den reduzierenden Gasen der Flamme umspült. Tritt nun die Reduktion ein, so trennen sich die Substanzen, tritt die Oxydation ein, so verbinden sie sich wieder. Diese Trennung und Verbindung mag in der Sekunde viele millionenmal erfolgen. Dadurch entstehen molekulare Stöße, die die Ätherwellen des Lichtes erregen, der Glühkörper leuchtet.“

Nach vielen Versuchen hatte sich für Auer eine Mischung von 99% Thoroxyd und 1% Ceroxyd als beste ergeben. Interessant war und bleibt, daß das Thoroxyd, das den überwältigenden Hauptbestandteil des Glühkörpers ausmacht, seltsamerweise fast gar nicht leuchtet, während die Anregung, die das eine Prozent Ceroxyd auf dasselbe ausübt, jene Eigenschaften hervorrief, die in ihrer Art „phänomenal“ sind: Auer sagte: „Man mißt sie, aber man kann ihr Entstehen nicht erklären.“

Seither sind durch die Experimente und Untersuchungen zahlreicher Forscher wenigstens nach gewissen Richtungen abschließende Resultate erzielt. Professor Rubens hält die Frage dahin für entschieden, daß es sich bei der Lichtwirkung des Auerstrumpfes um eine Temperaturstrahlung und nicht um molekulare oder um intramolekulare Umlagerungen handelt. Bunte wies darauf hin, daß für die Leuchtkraft das Flammenvolumen, also die Wärmekonzentration in der Flamme, wesentlich mit in Betracht kommt. Ein solches kleines Flammenvolumen ist auch tatsächlich bei der neuesten Form des nach unten gleichmäßig strahlenden Gasglühlichtes erreicht: im sog. Invertlicht, das zurzeit für eine Lichtstärke, die sog. Hefnerkerze, kaum ein Liter Gas verbraucht, also nur ein Fünftel der Gasmenge der beim Auftreten des Auerlichtes vor etwa 18 Jahren herrschenden älteren Brenner. Wie viele wissenschaftliche Geheimnisse und Fortschritte aber gleichwohl das Gasglühlicht noch in sich birgt, muß weitere Forschung ergeben!

Inzwischen begnügen wir uns mit den normalen Fortschritten, die das Gasglühlicht in der Form der Invertlampen und in den verschiedenen Systemen der Starklichtlampen — wie Pharos- und Milleniumlicht — neuerdings gezeigt hat. Bei den Starklichtbrennern wird gewöhnlich das Gas, seltener die Luft unter erhöhtem Druck zugeführt, so daß eine weit schärfere Verbrennung durch hohe Temperatur und Flammenkonzentration entsteht. Dieser erhöhte Druck bleibt aber auch hier immer noch in sehr bescheidenen Grenzen. So ist für die moderne Preßgasbeleuchtung nur eine Steigerung des Gasdruckes bis auf etwa ein Siebentel Atmosphäre nötig (1350 mm Wassersäule), um Lichtstärken von 300—3000, ja bis 4000 Hefnerkerzen in einem Brenner zu erzielen.

Der Aufsehen erregende Effekt, den die hiermit ausgerüstete öffentliche Beleuchtung in der Königgrätzer- und Potsdamerstraße zu Berlin machte — ein Verdienst des städtischen Beleuchtungstechnikers Professor Drehschmidt —, dürfte wohl darin zu suchen sein, daß hier das Gaslicht zum ersten Male auch die hohen Leuchtwerte des elektrischen Bogenlichtes erreichte und gleichzeitig seine höchste Ökonomie entfaltete.

Für die Lichtwirkung des Steinkohlengases an sich ist heute bekanntlich nur die Heizkraft maßgebend und diese kann durch das allgemein in der Gastechnik eingeführte Kalorimeter von Professor Junkers in zuverlässiger, objektiver Weise bestimmt werden, während die bisherige Lichtmessung auch mit den besten Photometern stets eine subjektive blieb, die von dem Auge und der Übung des Experimentators abhing.

Die zweite Hauptgruppe der Gasverwendungsarten: die Heizung, entzieht sich vollständig einer auch nur einigermaßen umfassenden Übersicht. Denn es handelt sich dabei nicht nur um die Anwendung des „kategorischen Imperativs": „Heize und koche mit Gas!", sondern um die überaus vielseitige Verwendung des Gases in Industrie und Handwerk. Sie entzieht sich schon deshalb jeder gründlichen Statistik, weil diese Anwendungsarten vielfach als Geschäftsgeheimnis behandelt werden. Solche Verwendung geschieht in großartigem Maßstab sowohl in den Werkstätten eines Krupp zum Härten von Panzerplatten, Anwärmen der Coquillen, der Geschützmäntel und -ringe als auch in der Kleineisenindustrie für die kleinsten Arbeitsstücke, die, wie Muttern, Zapfen, Lagerschalen, Uhrfedern, sogar in automatisch arbeitenden Gasöfen gehärtet werden. Die Ursachen dieser vielseitigen Verwendbarkeit des Steinkohlengases liegen vor allem in der Möglichkeit einer leichten Regulierung und Kontrolle des Hitzegrades, die, wie schon angedeutet, sogar automatische Einstellungen aller Art zulassen. Ferner schließt die Gasverbrennung Rauch oder Ruß aus und endlich bietet sie die Möglichkeit, den Brenner durch gebogene und gelochte Röhren oder durch Gußkörper verschiedenster Art so zu gestalten, daß er sich dem zu beheizenden Gegenstande so vollkommen als möglich in der Form anschmiegt.

Bei der dritten Hauptverwendungsart des Gases zur Erzeugung von Kraft müssen wir daran erinnern, daß die vielgenannten Großgasmotoren gar nicht durch Steinkohlengas, sondern nur durch sog. arme Gase aus Hoch- und Koksöfen oder aus besonderen Generatoren betrieben werden. Denn durch die Erfindung des Auerschen Glühlichtes ist das Steinkohlengas ein zu wertvoller Stoff für den Kraftverbrauch in großen Einheiten geblieben. Bei 100 bis 150 Pferdestärken in einem Zylinder dürfte wohl die Grenze liegen, bis zu der man Steinkohlengas bei entsprechendem Preis noch mit Vorteil in Gasmaschinen verwenden kann. Da übrigens auch die Krafterzeugung in Motoren ein reiner Verbrennungsvorgang wie bei der Lichtentwicklung und Heizung ist, so glaube ich auf Grund experimenteller Erfahrungen die Überzeugung aussprechen zu dürfen, daß die Ökonomie der großen Motoren, namentlich auch der mit armen Gasen gespeisten, noch in ähnlichem Maße gesteigert werden könnte wie beim Glühlicht, nämlich durch eine viel innigere

Vormischung des Gases mit Primärluft schon vor Eintritt in den Arbeitszylinder. —

Beim Rückblick auf die Geschichte der Gasmotoren haben wir noch eine
Pflicht der Dankbarkeit zu erfüllen, indem wir eines hier in München kürzlich
mit 91 Jahren verstorbenen Mannes gedenken, des Uhrmachers Christian
Reithmann, dessen natürlichem mechanischen Talent schon im Jahre 1856
ein Gasmotor und 1872, also noch vor der bahnbrechenden Otto-Maschine,
die Erbauung des ersten Viertaktmotors von dreiviertel Pferdestärken gelang.
Aus Mangel an Kapital kam damals leider die von Reithmann beabsichtigte
Gründung einer Gasmotorenfabrik hier nicht zustande.

Welch eine ungeheure und ganz eigenartige Entwicklung liegt zwischen
diesen unscheinbaren und wegen ihrer „Voreilung" nicht rechtzeitig gewürdig-
ten Anfängen eines kleinen Gasmotors und jenen Riesenmaschinen, die mit
Einheiten von mehreren tausend Pferdestärken jetzt unseren Hüttenwerken
Kraft geben! Und doch wiederum wie merkwürdig, daß wir gerade jetzt in der
Gasindustrie nicht auf die Steigerung der Größe der Motoren, sondern auf den
Fortschritt in den kleinsten Maschineneinheiten besonderen Wert legen. Denn
während die Fortschritte des Großgasmotorenbaues ohne Einfluß auf die
kleineren Gasmotoren bisher geblieben waren, ist eine solche vorteilhafte Rück-
wirkung hier, ebenso wie bei den Luftschiffmotoren, der Automobilindustrie
zu danken. Sie hat den Steinkohlengasmotoren zu ganz neuen Typen
kleiner und kleinster Maschinen verholfen, und zwar vorläufig von ein
fünftel bis zwölf Pferdestärken. Diese Schnelläufer, wie die Fafnir-, Cudell-,
Grade-, Gardner- und Thiers-Motoren, erreichen mit einer fünf- bis zehnmal
größeren Umdrehungszahl (600 bis 1250 pro Minute) als bei den älteren Gasmotoren und durch das zu ihrem Bau verwendete neuere, ausgezeichnete
Qualitätsmaterial nicht nur ein sehr viel geringeres Gewicht, sondern auch
trotz ihrer Kleinheit einen so sparsamen Betrieb, wie er früher kaum bei großen
Motoren zu erreichen war. Die Billigkeit der Anschaffung, Einfachheit der
Aufstellung sowie der geringe Raumbedarf vervollständigen das erfreuliche Bild,
das sich dem Handwerk, dem Mittelstand und der Landwirtschaft von neuem
darbietet.

Wenn wir hier die Landwirtschaft einschließen, so deutet dies schon darauf
hin, daß Licht, Wärme und Kraft aus Gaszentralen auch der Fernleitung
über Land fähig sind. Eigentlich ist dies technisch nichts Neues; denn die großartigen Fernleitungen des Naturgases in Amerika, aus denen z. B. Chicago
seit Dezennien auf eine Entfernung von 200 km gespeist wird, haben nicht nur
die technische, sondern auch die wirtschaftliche Möglichkeit einer solchen Fernleitung längst erwiesen.

Aber auch in Deutschland haben wir schon jetzt 32 Gas-Überlandzentralen,
die über 1½ Millionen Einwohner mit Gas versorgen. Die Druckhöhe, die hierbei in den Gasröhren meistens, wenn auch nicht immer, notwendig ist, beträgt
im Durchschnitt etwa ein zehntel bis eine halbe Atmosphäre.

Interessant dürfte es am Schlusse der Betrachtung der dreifachen Ver-
wendungsfähigkeit des Gases für Licht, Wärme und Kraft sein, die Leistungs-

fähigkeit von einem Kubikmeter Gas in der Stunde für den gegenwärtigen Zeitpunkt festzustellen. Hiernach leistet es 1000 bis 2000 Lichtstärken, je nach der Höhe des Gasdruckes; seine Kraftäquivalenz in Gasmotoren beträgt zwei Pferdestärken und die Wärmeentwicklung gibt nach wie vor im großen Durchschnitt 5200 Kalorien oberen Heizwert.

Wenn nun die Gastechnik mit der Fernversorgung schon den neuesten Anforderungen zentraler Betriebe zu entsprechen scheint, so ist sie in gewissem Sinne doch noch moderner geworden, indem sie in intime Beziehung zu unserer allerneuesten Technik, der Luftschiffahrt, getreten ist. Das Gasfach hat damit allerdings nur an seinen Ursprung wieder angeknüpft. Denn schon im gleichen Jahre, 1783, in dem die Gebrüder Montgolfier ihren Ballon mit Heißluft und der Physiker Charles mit Wasserstoffgas aufsteigen ließen, soll sich aus dem Park des Herzogs von Arenberg in Héverlé der erste Ballon mit Steinkohlengas erhoben haben. Dieses war von dem Physiker Jean Pierre Minckelers auf Veranlassung des Herzogs zu dem Zweck erfunden worden, um das teure Wasserstoffgas zu ersetzen. Auf Grund dieser ersten Anwendung des Steinkohlengases beanspruchen sogar unsere belgischen Nachbarn noch heute die Priorität auf die Erfindung des Steinkohlengases überhaupt, während wir Deutsche sie dem Engländer Murdoch zuzuschreiben pflegen und damit auch die Prioritätsansprüche der Franzosen — mit ihrem verdienstvollen Landsmann Lebon — ablehnen.

Seit jener Zeit hat das Steinkohlengas ununterbrochen der Luftschiffahrt gedient, und es ist die Tatsache noch besonders erwähnenswert, daß das erste deutsche lenkbare Luftschiff des aus Mainz gebürtigen Ingenieurs Paul Haenlein nicht nur mit Steinkohlengas gefüllt war sondern auch mit Gaskraft betrieben wurde, wobei das Gas dem Ballon selbst entnommen wurde. Der dadurch in ihm entstandene leere Raum wurde in ganz moderner Weise durch ein Luftballonet wieder ausgefüllt. Haenlein stieg mit diesem Ballon 1872 in Brünn an Fesselseilen auf. Die in der Gondel einander gegenüberliegenden vier Arbeitszylinder, die nach dem System Lenoir arbeiteten, erreichten jedoch noch nicht vier volle Pferdestärken bei einem Maschinengewicht von 95 kg für eine Pferdekraft — gegenüber 6—7 kg von heute. Kein Wunder, daß nur eine Geschwindigkeit von vier Fuß in der Sekunde erzielt wurde und im ganzen ein Mißerfolg. Gleichwohl verdienen die klaren und zielbewußten Berechnungen und der große Unternehmungsgeist dieses tüchtigen Ingenieurs, der 1905 im 70. Lebensjahr zu Mainz starb, daß sie der Vergessenheit entrissen werden.

Hat nun auch die lenkbare Luftschiffahrt die Benutzung des Steinkohlengases aufgegeben, da für sie das leichteste Gas unter allen Umständen auch das billigste ist, so sind gleichwohl die Freiballons der Mehrzahl nach noch auf Steinkohlengas angewiesen, und zwar nicht nur des Kostenpreises wegen, sondern weil das Steinkohlengas an ungefähr 1700 Stellen in Deutschland — denn soviel zentrale Gasanlagen besitzen wir jetzt ungefähr — ohne weiteres zu haben ist. Wenn nun auch vom geschäftlichen Standpunkt aus dieses neue sporadische Absatzgebiet des Steinkohlengases in des Wortes verwegenster Bedeutung noch sehr „in der Luft schwebt" und sich die Wasserstoffgaserzeugung mit höchster

Wahrscheinlichkeit binnen kurzem noch wesentlich vervollkommnen und verbilligen wird, so bliebe gleichwohl die Gasindustrie doch sehr hinter der Zeit zurück, wenn sie nicht jetzt, wo sich sogar die Metalle erleichtern[1]), für den volkstümlichsten Zweig der neuen Technik, die Luftschiffahrt, den Versuch machen wollte: aus Leuchtgas ein Leichtgas zu machen, also ein Ballongas von wesentlich geringerem spezifischen Gewicht. Dies ist auch Versuchen gelungen, die ich unter dem Eindruck der „Jla" in Frankfurt a. Main vor kurzem in der Deutschen Continental-Gasgesellschaft zu Dessau veranstaltete. Auf die wissenschaftliche Möglichkeit der Zersetzung der schweren Kohlenwasserstoffe im gewöhnlichen Steinkohlengas durch hohe Hitzegrade hatte Bunte schon vor etwa 20 Jahren hingewiesen, ohne daß inzwischen die praktische Möglichkeit hervorgetreten wäre. Da es für uns darauf ankam, ein Verfahren zu finden, das in denselben Öfen zur Durchführung kommen konnte, in denen die gewöhnliche Destillation der Steinkohle stattfindet, so schien uns erst die neuere vertikale Ofenform dafür geeignet. Trotzdem traten noch praktische Schwierigkeiten auf, die wissenschaftlich nicht vorherzusehen waren, jetzt aber als überwunden gelten können. Es gelang, die schweren Kohlenwasserstoffe vollständig und auch das viel renitentere Methan bis auf einen kleinen Rest zu ersetzen. Die Kohlensäure wurde ganz in das leichtere Kohlenoxyd übergeführt, so daß schließlich in dem neuen Ballongas der Wasserstoffgehalt mit ca. 80 Volumen-Prozenten dominiert und das spezifische Gewicht fast auf die Hälfte (von 0,41 auf etwa 0,225) vermindert worden ist. Das entspricht zufällig einem Auftrieb von rund ein Kilogramm für ein Kubikmeter Gas. Die Folgen hieraus lassen sich für die Luftschiffahrt am besten abschätzen, wenn man für den Auftrieb von Wasserstoff und Leuchtgas die praktischen Durchschnittszahlen zugrunde legt, die der Internationale Luftschifferverband für seine Berechnungen bei Wettbewerben annimmt. Hiernach verhält sich der Auftrieb des gewöhnlichen Leuchtgases zum Wasserstoffgas für einen Ballon von 1000 cbm Inhalt wie 700 zu 1050 Kilogramm, während sich für Ballongas das Verhältnis etwa wie 1000 zu 1050 stellen würde. Wichtig ist ferner, daß das neue Gas durch Zersetzung der schweren Kohlenwasserstoffe und Beseitigung der Schwefelverbindungen nahezu geruchlos geworden ist, was für Freiballonauffahrten mit offenem Füllansatz den Geruchsinn der Passagiere wesentlich schonen dürfte. Außerdem enthält es weder Benzol noch andere schwere Kohlenwasserstoffe oder die Ballonhülle angreifende Schwefelverbindungen mehr. — Als praktische Konsequenz ergibt sich also, daß mit einem solchen Ballon mittlerer Größe von 1000 cbm ein Mehrgewicht von etwa 300 kg, also z. B. schon drei recht schwere Personen mehr, in die Lüfte entführt werden können. Oder aber will man sich mit der bisherigen Passagierzahl begnügen, so können die Ballons um fast ein Drittel kleiner werden. Die Mehrkosten für Anlage und Betrieb der in den gewöhnlichen Gasanstaltsbetrieb eingeschalteten Ballongas-Erzeugung erscheinen nach den bisherigen Erfahrungen gering!

---

[1]) Das neue Metall „Elektron" der Chemischen Fabrik Griesheim-Elektron hat nur ein spez. Gewicht von 1,75 bis 2,0 gegenüber dem bisher leichtesten Metall Aluminium und seinen Legierungen von ungefähr 3,0 spez. Gewicht.

Dieser Exkurs auf ein ganz neues Anwendungsgebiet bestätigt wiederholt die Tatsache, daß das Steinkohlengas ganz eigenartige innere Vorzüge besitzt, die es immer wieder mit neugestaltender Energie auf dem viel umstrittenen Konkurrenzfeld des modernen Lebens erscheinen lassen. Diesmal, das heißt in Verbindung mit der Luftschiffahrt, zeigt sich, daß nicht die chemische Energieform des Gases als Brennstoff, sondern lediglich eine seiner physikalischen Eigenschaften, also seine geringe Dichte, ein neues Anwendungsgebiet erschließt.

Und so darf dieser flüchtige Blick auf die Gasindustrie und ihre eigenartigen, natürlich-günstigen Lebensbedingungen wohl die Hoffnung berechtigt erscheinen lassen, daß sie, in innigster Verbindung mit der Chemie, nach wie vor einen wesentlichen Anteil behält an der haushälterischen Umformung und Weiterleitung der Kraftquelle, welche längst vergangene Zeiten und Sonnen in den Schoß der Mutter Erde gelegt haben. Auch in Zukunft dürfte noch manche Stufe ihrer Entwicklung von Licht, Wärme und Kraft in unserem hiesigen Museum Aufnahme finden! Und wenn hierzu noch eine allgemeine Verwendung des Gasauftriebes gewissermaßen als „vierte Dimension" hinzukäme und auf allen Punkten der zivilisierten Erde, wo sich Steinkohlengasanlagen befinden, Menschen mit Ballongas ihre irdische Schwere vergessen könnten, dann dürfte es wohl kaum mehr einem Zweifel unterliegen, daß sich die Gastechnik trotz aller wirtschaftlichen Kämpfe nach wie vor in „steigender Richtung" bewegt!

14

Die Gründung der Zentrale für Gasverwertung 1910.

Eröffnungsansprache am 14. März 1910 zu Berlin.

In dem schon mehrfach genannten „Deutschen Verein von Gas- und Wasserfachmännern" war nicht nur das Gasfach, sondern von vornherein auch das Wasserfach und neben ihm später auch die Elektrizitätswissenschaft vertreten. Denn in den meisten Kommunalbetrieben war die Verwaltung dieser drei Betriebsfächer eine gemeinsame oder wenigstens in Personalunion geleitete. Es machte sich deshalb eine Sondervereinigung für das Gasfach, eine „**Zentrale für Gasverwertung**", in rein wirtschaftlicher Richtung notwendig, da sehr wirksame Organisationen dieser Art für die Elektrizität bereits bestanden.

Diese im Jahre 1910 begründete neue Zentrale hat während ihres zehnjährigen Bestehens unter Leitung ihres Direktors Lempelius eine so schnelle und zweckentsprechende Entwicklung genommen, daß man sie jetzt schon für die Gasindustrie nicht mehr fortdenken kann. Insbesondere hat sie sich auch während des Krieges als beste Beraterin aller in Betracht kommenden Behörden erwiesen, namentlich in allen Fragen der Vermehrung, Umgestaltung und Verwendung der Nebenprodukte: Koks, Teer, Ammoniak, Benzol usw. Die Gasindustrie stand während des Krieges in der Kohlenversorgung an erster Stelle der „lebensnotwendigen Betriebe", obwohl sie seit Jahrzehnten immer wieder totgesagt war.

Meine Herren! Dank der liebenswürdigen Gastfreundschaft der Nordöstlichen Eisen- und Stahl-Berufsgenossenschaft dürfen wir uns heute hier versammeln, und habe ich die Ehre, die hier erschienenen Herren im Namen der Unterzeichner des Zirkulars herzlich willkommen zu heißen.

Bei Auswahl der Firmen und Persönlichkeiten, an die wir dieses Zirkular richteten, kam es uns vor allen Dingen darauf an, zunächst einmal alle diejenigen Interessenten zu versammeln, die ganz entschieden und vorwiegend, wenn nicht ausschließlich Gasinteressen betreiben. Denn wenn es sich darum handeln würde, die Gastechnik nur technisch und wirtschaftlich zu vertreten, dann wären wir eine gänzlich überflüssige Institution — dann brauchten wir uns ja nur auf unseren ausgezeichnet florierenden Deutschen Verein von Gas- und Wasserfachmännern zu stützen. Allein dieser hat, wie Sie wissen, nicht nur zwei Seelen, sondern sogar drei Seelen in seiner Brust: er vertritt nicht nur Gas und Wasser, sondern ein großer Teil und gerade die einflußreichsten Mitglieder, nämlich die städtischen Direktoren, vertreten gleichzeitig in denselben Verwaltungen auch noch die Interessen der Elektrizität. Als ich vor 10 Jahren und früher Vorsitzender des Vereins war, habe ich damals schon im Ausschuß und Vorstand des Vereins die Anregung gegeben, ob wir nicht mehr zur Aufklärung des Publikums und zur Propaganda für das Gas tun könnten als bisher. Ich habe dann im Jahre 1904 nochmals offiziell seitens meiner Gesellschaft den Antrag gestellt, gewissermaßen eine Propagandaabteilung im Verein zu bilden, weil u. a. die Berichte über unsere Hauptversammlungen, die Berichte der Kommissionen und überhaupt die Mitteilungen über die Fortschritte unseres Faches eigentlich nur auf den verhältnismäßig kleinen Leserkreis unseres trefflichen Journals für Gasbeleuchtung und Wasserversorgung beschränkt blieben. Allein sowohl damals bei meinen mündlichen Anregungen, als bei der schriftlichen Anregung meiner Gesellschaft wurde mir mit vollem Recht entgegengehalten, daß wegen der vielseitigen im Deutschen Verein von Gas- und Wasserfachmännern vertretenen Interessen, namentlich auch der Elektrizität, die einseitige Betonung der Gasinteressen untunlich sei.

Deshalb haben wir es für richtiger gehalten, zur Mitgliedschaft in dem heute zu begründenden Verein zunächst erst die Industrien und die Herren Kollegen aufzufordern, die ausschließlich oder doch hauptsächlich Gasinteressenten sind. Aber der hohe Wert, den wir darauf legen, von vornherein wenigstens den Rat und die Unterstützung der städtischen Herren Kollegen zu erhalten, die zugleich Elektrizitätswerke verwalten, hat uns veranlaßt, eine Anzahl derselben einzuladen, die auch bisher schon ein ganz besonderes Interesse für die Gaspropaganda betätigt haben — natürlich ohne jedes Obligo für ihre Städte. Wir sahen voraus, daß, wenn wir dieses Zirkular gleich an die Kommunen gehen lassen würden, daß es dann zu lange Zeit gedauert haben würde, ehe wir die Beschlüsse der betreffenden Kollegien bekommen hätten, und wahrscheinlich hätten manche Städte den Beitritt und die Entsendung ihres Vertreters von der Erfüllung bestimmter Vorbedingungen abhängig gemacht. Und daran wäre das Unternehmen, wie die Einberufer glauben, vielleicht gescheitert, oder es wären jedenfalls bedeutende Schwierigkeiten, zum mindesten Verzögerungen entstanden. Ich möchte also sagen, daß, wenn es zur Begründung dieser Zentrale kommt und ihre Ziele einseitig klar wie in dem heute hier vorgelegten Statut bestimmt sind — ebenso wie es bei den elektrotechnischen Verbänden der Fall ist —, daß dann auch die städtischen Gasanstalten kein Bedenken tragen werden, sich uns anzuschließen. Unsere heutige Versammlung erstrebt ja nichts anderes, als was andere Industrien schon längst besitzen.

Es handelt sich nicht um eine Kampfesorganisation, wenn uns auch die Übergriffe unserer Kollegen von der Elektrizität, mit denen wir bisher auf paritätisch-gesetzlicher Grundlage fortgeschritten sind und die jetzt die Klinke der Gesetzgebung und den Einfluß der maßgebenden Behörden allein zu ihren Gunsten in Bewegung zu setzen suchen —, wenn uns auch diese sehr einflußreichen, von vier preußischen Ministerien unterstützten Bestrebungen vielleicht etwas schneller und einmütiger zusammengeführt haben. Eine dauernde Kampfesstellung würde gewissermaßen nur eine negative Basis sein.

Der Hauptgrund, der uns zusammenführt, ist vielmehr ein positiver. Denn die Wurzeln unserer Industrie sind so kerngesund, wie wir schon in unserem

Zirkular sagten, und die Aussichten unseres Wettbewerbs so vielseitig,
daß es in der Tat nur einer besseren Aufklärung der Behörden und des Publikums und einer besseren gegenseitigen Unterstützung unter uns selbst bedarf,
um unsere Industrie zu weiterer Blüte zu bringen. Es handelt sich also für uns
als Hauptziel um die Wahrnehmung der berechtigten Interessen der Gasindustrie.
Gerade so, wie es z. B. in der chemischen Industrie einen „Verein zur Wahrung
der Interessen der chemischen Industrie Deutschlands" gibt, genau so hätten
wir unsere Zentrale auch taufen können: „Verein zur Wahrung der Interessen
der Gasindustrie Deutschlands". Wir haben aber geglaubt, kürzer zu sagen:
„Zentrale für Gasverwertung", denn auch dieser Name hat schon ein Analogon
in der „Zentrale für Spiritusverwertung". Nur würde ein fundamentaler
Unterschied gegenüber diesem Verein darin bestehen, daß wir jeden wirtschaftlichen Geschäftsbetrieb ausschließen, daß wir uns also nicht damit befassen wollen,
Kohlen einzukaufen und Nebenprodukte zu vertreiben. In einem solchen Falle
würden wir uns zersplittern und würden die vorgenannten Hauptaufgaben
nicht energisch genug erfüllt werden können.

Was wir aber weiter anstreben, ist unsere gegenseitige Information.
Denn wenn irgend etwas dazu beigetragen hat, die Anregung zu diesem Vorgehen zu geben, so sind es die zahlreichen Schreiben gewesen, die bei den größeren Gasgesellschaften und Gasanstalten fast täglich eingingen, und worin sich
namentlich auch die Leiter kleinerer Gasanstalten an uns gewandt haben mit
der Bitte um Aufschluß über diese oder jene technische oder wirtschaftliche Frage
oder auch mit dem Wunsche, über gewisse rechtliche Fragen orientiert zu werden. Diesen Austausch von Erfahrungen soll die neue Zentrale vermitteln,
und wenn neben diese innere Aufklärungsarbeit diejenige nach außen tritt
und die gebildete Welt mehr als bisher mit den Errungenschaften der Gastechnik bekannt gemacht wird, dann haben wir eine agressive Politik gegen die Elektrizität nicht notwendig. Wie diese Interessen bisher so gut haben vereinigt
werden können in den großen Zweigvereinen unseres Gasfachmänner-Vereins,
z. B. in dem „Verein der Gas-, Elektrizitäts- und Wasserfachmänner Rheinlands und Westfalens", so braucht auch jetzt das allgemeine Verhältnis zur Elektrizität dadurch in keiner Weise in jenen Vereinen getrübt zu werden, ebenso
wenig wie wir uns durch den schon längst bestehenden Zusammenschluß der
nur elektrotechnischen Vereine und führenden Fabrikationsfirmen je beun-
ruhigt oder gar verletzt gefühlt haben. Wenn es sich aber um Übergriffe der
Elektrizität handelt, dann soll unser Motto lauten: „hands off!"

Es sind also positive Aufgaben, die wir uns gestellt haben, und daß
das Bedürfnis für Schaffung einer solchen Zentrale vorliegt, ja geradezu als
Notwendigkeit erkannt ist, wird durch das zahlreiche Erscheinen der Eingeladenen hinlänglich bewiesen. Denn es sind hier alle Interessenkreise vertreten,
und es werden nur wenige von denen fehlen, die direkt und ohne weiteres
gezeichnet haben. Ich kann aber weiter mitteilen, daß die Sympathiebeweise
auch von nicht hier erschienenen Firmen und Verwaltungen außerordentlich zahlreich sind und noch eine große Reihe von Zeichnungen in Aussicht
gestellt sind. Die bis jetzt gezeichneten Beiträge, über die wir später quittieren

werden, stellen bereits einen entschiedenen Erfolg dar, so daß die Möglichkeit, unsere Organisation in großem Rahmen zu begründen, außer Zweifel steht.

In unserem Zirkular hatten wir schon darauf hingewiesen, daß natürlich
der Haupterfolg, wie bei jedem geschäftlichen Unternehmen, durch die Person
des Leiters im wesentlichen bedingt ist. Es war deshalb unsere erste Sorge,
Umschau zu halten unter den Kollegen, wer sich wohl für die Leitung dieser
Zentrale eignet. Es mußte eine Persönlichkeit sein, die genügend sachkundig
und die notwendigen Errungenschaften für eine taktvolle Propaganda im Publikum und für die Information von Behörden besitzt. Der Vorsitzende des Vereins der Gas-, Elektrizitäts- und Wasserfachmänner Rheinlands und Westfalens und Direktor der städtischen Licht- und Wasserwerke in Barmen, Herr
Lempelius, dessen Bekanntschaft wir bei der letzten Versammlung jenes
Vereins in Köln gemacht, schien für diese Stellung geeignet und der vorbe-
reitende Ausschuß beschloß einstimmig, ihm diese Stellung anzutragen. Die
Abmachungen, die wir mit ihm getroffen, wird der geschäftsführende Ausschuß,
den Sie nachher zu wählen haben, nachprüfen.

Die Spitze wäre also gefunden, und ich hoffe, daß Ihnen die Wahl dieser
Persönlichkeit als einer innerhalb der verschiedenen Gasinteressenten-Kreise
gänzlich „neutralen" willkommen ist. Es ist eine Persönlichkeit, die schon als
derzeitiger Vorsitzender jenes Vereins das Vertrauen der Berufsgenossen in
weitem Maße besitzt und hoffen wir, daß unter seiner Leitung die neue Zentrale
bald das werden wird, was wir von ihr erwarten!

15

Aus der Technischen Kommission des Kolonial=Wirtschaftlichen Komitees.

Ansprache über den Zusammenschluß der Metall- und Maschinen-Industrie mit der Technischen Kommission am 13. November 1911.

Das **Kolonial-Wirtschaftliche Komitee** besteht seit 1896 und ist die erfolgreiche Schöpfung eines ursprünglich süddeutschen Industriellen Carl Supf, der leider im Anfang des Weltkrieges starb. Das Komitee umfaßt alle wirtschaftlich in den Kolonien erfahrenen Interessenten und Sachverständigen, die Vertreter von kolonialen Aktiengesellschaften, Handels-, Gewerbe- und Landwirtschaftskammern, kolonialen und industriellen Körperschaften. In vollkommener Unabhängigkeit wurde durch seine mobile Organisation die Verbindung mit dem Reichs-Kolonialamt und dem Reichsamt des Innern gepflegt. In Beschränkung auf rein wirtschaftliche Interessen hatte sich das Komitee der großen Deutschen Kolonialgesellschaft als „Wirtschafts-Ausschuß" angegliedert. In seinen Kommissionen für Baumwolle, koloniale Technik, Kautschuk, Ölrohstoffe und Wollschafzucht waren fast alle Autoritäten dieser Gebiete vereinigt. Es wurde nur praktische Politik in erfolgreichster Weise geleistet: Vorarbeiten aller Art daheim, Expeditionen und Versuchsanlagen draußen.

Um einen engeren Anschluß der Metall- und Maschinenindustrie an die kurz vorher gegründete Technische Kommission des Komitees handelt es sich in der nachfolgenden Ansprache. Insbesondere sollte „die Deckung unseres Rohstoffbedarfes für unsere Metallindustrie aus eigenen Kolonien in viel schärferer und energischer Weise gepflegt werden als bisher". Wie wichtig diese Bestrebungen waren, hat der Weltkrieg erwiesen. Als er ausbrach, sollte gerade die Eröffnung der Ausstellung in Daressalam sowie die Vollendung der großen bis zum Tanganjika-See führenden ostafrikanischen Zentralbahn gefeiert werden. Alle diese Pläne und Hoffnungen sind vorläufig zerstört. Aber die Notwendigkeit deutscher Kolonien ist selbst von den Engländern, u. a. dem bekannten englischen Kolonialpolitiker E. D. Morel noch im Frühjahr 1917 in seiner Denkschrift „Afrika und der europäische Friede", so glänzend und überzeugend dargelegt und von so vielen Seiten im neutralen Auslande anerkannt, daß sich der koloniale Gedanke und die Wiedergewinnung unserer Kolonien unzweifelhaft wieder durchsetzen muß. Seien wir in dieser Überzeugung und in diesem Willen so fest, zäh und konsequent wie Franzosen, Polen und alle die vielen kleinen Stämme, die ihre nationalen Wünsche, so hoffnungslos sie auch lange Zeit schienen, dennoch durchsetzten! Schon jetzt dämmert die Revision des Versailler Friedens als eine Naturnotwendigkeit auf.

Die leidige Marokko-Kongofrage hat, mag man sie betrachten, wie man will, jedenfalls das eine Gute gehabt: sie hat von neuem unsere Nation, und zwar in allen ihren Schichten, über die große und stetig wachsende Bedeutung kolonialen Besitzes für die Zukunft unseres Vaterlandes aufgeklärt. Dabei wurden nicht nur politische Perspektiven größter Tragweite, nicht nur neue Exportmöglichkeiten gezeigt, sondern auch die Wichtigkeit der Rohstoffversorgung unserer Nation aus eigenen Kolonien, namentlich auch für die Metallindustrie, auf die Tagesordnung unserer nationalen Wirtschaft und Politik gesetzt.

Immer wieder muß auf die Binsenwahrheit hingewiesen werden, daß der riesenhafte Zuwachs an motorischer Kraft, den unsere Nation mit ihrem jährlichen Bevölkerungszuwachs von bald 1 Million Menschen hat, nur dann in einer gesunden Betätigung erhalten werden kann, wenn dieser Volksmotor für seine unaufhörlich wachsende Stärke auch ein unaufhörlich wachsendes Arbeitsfeld findet. An intelligenten und unternehmenden Köpfen, welche diesen Motor immer vollkommener auszubilden und besser mit ihm zu wirtschaften suchen, fehlt es ja gottlob bei uns nicht, wenn die politischen und volkswirtschaftlichen Vorbedingungen von der Reichsleitung geschaffen sind. Unser Kolonial-Wirtschaftliches Komitee wenigstens hat solche Köpfe schon lange gehabt, bevor man in weiteren Kreisen und auch in unmittelbar beteiligten Industriekreisen die Notwendigkeit erkannte, die Rohstoffversorgung unserer Industrie soviel als möglich auf eigene Füße zu stellen und für ihre Produktion neue Absatzgebiete zu schaffen.

Mit unserem heutigen Vorschlag des Zusammenschlusses der Metall- und Maschinenindustrie mit der Technischen Kommission des Kolonial-Wirtschaftlichen Komitees soll eine neue Pionierarbeit in derselben Richtung geleistet werden, und hierfür dürfte kaum eine Zentrale im Deutschen Reich geeigneter sein als unser Komitee, das, völlig unabhängig nach allen Seiten, sich nur stützt auf koloniale Sachverständige und die sachkundigen Interessenten der Heimat, und das in seiner ganzen Organisation ein schnelles und praktisches Handeln ermöglicht. Ein solches schnelles Handeln ist jetzt doppelt geboten und doppelt aussichtsvoll, wo endlich auch in unseren Eisenbahnbau in den Kolonien ein flottes Tempo gekommen ist, dem unsere heimische Industrie nicht nur folgen, sondern, wenn möglich, in ihren Dispositionen vorauseilen sollte. Die erste Vorarbeit für diese Pionierarbeit ist von unserem Komitee schon geleistet worden, nicht nur in der demnächst bevorstehenden Einberufung von Sachverständigen und Interessenten aus den zunächst in Betracht kommenden Kreisen, sondern auch in der kurzen Denkschrift, welche hier soeben an Sie verteilt wurde und die darüber Aufschluß geben soll, was bisher auf diesem Gebiete von Deutschland geleistet wurde. Und da dürfte es überraschend und belehrend sein, festzustellen, daß von unserer Metall- und Maschinenindustrie, namentlich was Vielseitigkeit anbetrifft, schon mehr geleistet ist, als vielen von uns und wohl auch den meisten Spezialisten in der Metall- und Maschinenbranche bisher bekannt war.

Ich fasse diese Denkschrift hier nur kurz in einigen Merkmalen zusammen: Zunächst liefert die fortgesetzt wachsende Ein- und Ausfuhr den besten Beweis für die Entwicklungsfähigkeit unserer Kolonien. Nach dem amtlichen Deutschen Kolonialblatt hat die Einfuhr für die deutschen Kolonien in Afrika und der Südsee an Metallen und Metallwaren, Maschinen für Landwirtschaft, Industrie und Transport im Jahre 1910 etwa M. 40 Millionen erreicht. Ich schließe hier gleich die weiteren statistischen Zahlen der Denkschrift über Ein- und Ausfuhr an, wonach bei einer Gesamteinfuhr Deutschlands i. J. 1910 von etwa M. 9 Milliarden die Einfuhr an kolonialen Rohstoffen und Produkten, hinsichtlich deren wir auf das Ausland angewiesen sind, die Hälfte, nämlich etwa M. 4½ Milliarden, betrug. Dieser Gesamteinfuhr der kolonialen Rohstoffe und Produkte in Deutschland steht nur eine solche von M. 90 Millionen für die gleichen Produkte aus den deutschen Kolonien entgegen. Dieser Vergleich zeigt, daß unsere Kolonien vorläufig nur etwa 2 v. H. unseres Bedarfes an kolonialen Rohstoffen zu decken vermögen. Wenn dabei auch zu berücksichtigen ist, daß unsere Kolonialwirtschaft erst im Anfang der Entwicklung steht, so führt gleichwohl dieser minimale Prozentsatz zu sehr ernsten Betrachtungen und zu der Nötigung, für die Deckung des Rohstoffbedarfs für unsere Metallindustrie aus eigenen Kolonien in viel schärferem und energischerem Maße zu sorgen als bisher! Abgesehen von der größeren Unabhängigkeit vom Auslande, darf dabei nicht vergessen werden, daß jede Million Mark an Rohstoffen aus eigenen Kolonien einen entsprechenden Zuwachs unseres Nationalvermögens bedeutet! Neben der Rohstoffversorgung kommt es aber auch auf die Entwicklung unserer Industrie in und durch die Kolonien selbst an, und hier liegen erfreulicherweise schon Leistungen vor, die selten in diesem Zusammenhang betrachtet werden, namentlich wenn man zunächst einmal den gewaltigen transatlantischen Verkehrsapparat ins Auge faßt, der jetzt schon im wesentlichen durch unsere Kolonien hervorgerufen und geschaffen worden ist. Die Herstellung dieses Verkehrsapparates umfaßt allein im Schiffbau 86 Dampfer mit rund 370000 Registertons und bedingt damit die Beschäftigung einer großen Zahl von Industriezweigen Deutschlands in der Herstellung des Schiffsmaterials, im Bau der Schiffe und in ihrem Betrieb. Hierzu gesellt sich neuerdings der große Bedarf in Eisenbahnbau- und Betriebsmaterial aller Art: Schienen, Personen- und Güterwagen, Lokomotiven. Hierzu kommen die neuen Verkehrsmittel: Fahrräder, Automobile und Motorboote. Großartige Netze von Telephonen und von drahtloser Telegraphie sind in unseren Kolonien im Gegensatz zu Frankreich erst im Anfang der Entwicklung.

Hafenbau, Wasserbau und Bergbau versorgen schon jetzt eine ganze Reihe von Industrien mit Aufträgen. Insbesondere aber und ganz naturgemäß bedarf die Landwirtschaft in den Kolonien und die mit ihr verbundene Industrie der vielseitigsten Lieferungen aus der Heimat. Neben den ausgezeichneten deutschen Lokomotiven und Dampfmaschinen neuester Heißdampf-Konstruktion usw. gewinnen alle Arten von Kleinmotoren dort neue Anwendungsgebiete, und wie überaus mannigfaltig jetzt schon das technische Absatzgebiet für die Landwirtschaft geworden ist, dafür gibt die vom Kolonial-Wirtschaftlichen Komitee veranstaltete und am 10. Februar d. J. eröffnete ständige Maschinen- und Geräte-Ausstellung in Daressalam einen überraschenden Beweis. Es sind dort ausgestellt landwirtschaftliche Geräte aller Art, wie Pflüge der verschiedensten Systeme, Eggen, Kultivatoren, Hacken, Buschmesser, Äxte, Schaufeln, Plantagengeräte aller Art, Handwerkszeuge usw., Baumspritzen, Handspritzen, Filter verschiedenster Art, Baumwoll-Erntebereitungs-Maschinen, Ochsen- und Eselgeschirr nebst Zubehör, Maschinen und Geschirr für den Molkereibetrieb

usw. In Angliederung an die ständige Maschinen- und Geräte-Ausstellung hat
sich das Komitee entschlossen, in Daressalam die Musteranlage einer Baum-
wollsaataufbereitung zu errichten; sie befindet sich z. Z. im Bau und wird praktische Baumwoll-Erntebereitungsmaschinen in sich aufnehmen, die den Interessenten im Betrieb vorgeführt werden sollen. Die Firma R. Wolf in Magdeburg-Buckau hat der Ausstellung zum Betrieb dieses Saatwerks eine Heiß-
dampflokomobile von 21 PS kostenlos zur Verfügung gestellt. Die Anlage
findet in einer eigens vom Komitee dazu erbauten Wellblechhalle Unterkunft
und wird in dem Saatwerk die in der kommenden Pflanzungsperiode zur Aus-
saat gelangende einheimische Saat aufbereitet werden. Die Firma Ritters-
haus & Blecher, Unterbarmen, hat sich bereit erklärt, zu Demonstrationszwecken
und für die Erweiterung des Saatwerks eine weitere Baumwollentkörnungs-
maschine und eine Ballenpresse zur Verfügung zu stellen. Von der Firma
Friedr. Krupp, Aktiengesellschaft, Grusonwerk, Magdeburg-Buckau, befinden
sich bereits eine Kautschukwaschmaschine, ein Waschwalzwerk und Blockpresse
für Kautschuk, 2 Exzelsiormühlen und Kaffeeschälmaschinen in der Ausstellung.
Es würde zu weit führen, die Vielseitigkeit der Ausstellungsgegenstände hier
im Referat erschöpfen zu wollen; es genüge deshalb, hervorzuheben, daß außer
den genannten Firmen auf der Ausstellung in Daressalam vertreten sind:

Berkefeld-Filter-Gesellschaft, Celle,
Gebr. Eberhardt, Ulm a. D.,
Maschinenbau-Anstalt und Eisengießerei, vorm. Th. Flöther A.-G.,
      Gassen i. L.,
Dr. N. Gerbers Co. m. b. H., Leipzig,
Sächsische Maschinenfabrik, vorm. Rich. Hartmann, A.-G., Chemnitz,
H. Hauptner, Berlin,
C. Herm. Haußmann, Schrotmühlenfabrik, Großenhain i. S.,
Gebr. Holder, Metzingen i. Württ.,
W. Janke, Hamburg,
J. A. John, A.-G., Ilversgehofen b. Erfurt,
Kalisyndikat, G. m. b. H., Berlin,
Aug. Kluckhohn, Lage i. Lippe,
Ph. Mayfarth & Co., Frankfurt a. M.,
G. C. Pelizaeus, Bremen,
Ruberoid-Gesellschaft m. b. H., Hamburg,
Rudolf Sack, Leipzig-Plagwitz,
Karl Schlieper, Remscheid,
Wilhelm Schlüter, Magdeburg,
Ed. Schwartz & Sohn, Pflugfabrik bei Berlinchen,
Sucrofilter- und Wasserreinigungs-Gesellschaft, Berlin,
Maschinenfabrik A. Ventzki, A.-G., Graudenz,
Theodor Wilckens, G. m. b. H., Hamburg.

Diese kurze Aufzählung beweist, daß die Spezialfirmen sich über ganz
Deutschland verteilen, von Hamburg bis ins Herz von Westfalen und bis Ulm
an der Donau, und doch ist dies nur erst ein kleiner Teil der für den indu-

striellen Export nach unseren Kolonien tatsächlich schon arbeitenden deutschen Industrie.

Außerdem fördert aber das Kolonial-Wirtschaftliche Komitee den Absatz von Industrie-Erzeugnissen noch dadurch, daß es kleineren Pflanzern Geräte zum Selbstkostenpreise bei langfristigen Zahlungsbedingungen abgibt. Eingeborene, die z. B. beim Baumwollbau Hervorragendes geleistet haben, erhalten Geräte sogar kostenlos. Bezirksämtern werden Geräte zu Vorführungszwecken abgegeben. Mit Recht nennt daher die Deutsch-Ostafrikanische Zeitung die Ausstellung in Daressalam und die sich daran anknüpfenden Maßnahmen eine „in aller Stille zur Hebung der Landeskultur arrangierte neue Wohlfahrtseinrichtung".

Aber nicht nur die Ausfuhr bereits bekannter und vorhandener Erzeugnisse der Metall- und Maschinenindustrie gilt es zu heben und vielseitiger zu gestalten, sondern auch die Schaffung ganz neuer Maschinenindustriezweige kommt für Deutschland in Betracht, wie dies dem Kolonial-Wirtschaftlichen Komitee im Jahre 1910 schon durch Einführung und Erprobung von Baumwoll- und Ölfrucht-Erntebereitungsmaschinen gelungen ist. Auch die Hinaussendung des ersten Dampfpfluges nach dem tropischen Afrika 1906 war das Werk unseres Komitees. Und seiner Pionierarbeit war die Trassierung der ersten Innenlandbahn Lome —Palime zu verdanken. Auch die Ausrüstung der ersten Bohrkolonne für Südwestafrika und die wassertechnischen Vorarbeiten in der Mkattasteppe sowie im Süden des Viktoriasees wurde vom Komitee veranlaßt und organisiert.

Wenn ich hier diese technische Pionierarbeit so ausführlich erwähne, so geschieht es nicht aus Ruhmredigkeit für das Kolonial-Wirtschaftliche Komitee, sondern lediglich zu dem Zweck, um den neu in die technische Kommission eintretenden Mitarbeitern der Metall- und Maschinenindustrie aus der Vergangenheit zu beweisen, wie gründlich überlegte, schnell ausgeführte und nach allen Richtungen praktische Arbeit von dieser Organisation zum Segen unseres Vaterlandes geleistet worden ist.

Sie finden nun in der hier vorliegenden Denkschrift auf der letzten Seite die Vorschläge, nach denen wir uns den Zusammenschluß der Metall- und Maschinenindustrie mit unserer Technischen Kommission gedacht haben:

1. Die Vertreter der Metall- und Maschinenindustrie treten zu einer Konferenz in Berlin zusammen, begutachten den Voranschlag der Kolonial-Technischen Kommission für 1912 und beschließen über den Antrag der Kolonial-Technischen Kommission des Kolonial-Wirtschaftlichen Komitees: in ihren Verbänden dahin zu wirken, daß dem Komitee für gemeinnützige Bestrebungen und Vorarbeiten auf technischem Gebiete in den Kolonien in den Jahren 1912, 1913, 1914, 1915 und 1916 ein jährlicher Beitrag geleistet wird, der einem bestimmten Prozentsatz des Jahresbeitrages zur Berufsgenossenschaft entspricht.

2. Die Verbände beschließen den auf ihren Industriezweig fallenden Satz der Beitragsleistung. Auf Antrag der Verbände übernimmt die Kolonial-Technische Kommission kolonial-wirtschaftliche und kolonial-technische Referate in den Verbänden.

3. Die Verbände übernehmen die Sammlung der Beiträge und führen den Geſamtbeitrag des Verbandes abzüglich Unkoſten und Speſen jährlich an die Kolonial-Techniſche Kommiſſion ab. Der Vorſitzende eines jeden Verbandes wird der Kolonial-Techniſchen Kommiſſion zugewählt mit dem Rechte, einen Vertreter zu entſenden. Die Kommiſſion beſchließt über die Verwendung der Gelder, kontrolliert den Gang der techniſchen Vorarbeiten und Unternehmungen und prüft deren Ergebniſſe.

4. Verhandlungen der Kolonial-Techniſchen Kommiſſion finden im allgemeinen im Frühjahr und Herbſt jedes Jahres möglichſt im Anſchluß an die Sitzungen des Handelstages und der induſtriellen Vereinigungen ſtatt. An den Verhandlungen der Kommiſſion nehmen bisher teil: Vertreter des Miniſteriums für Handel und Induſtrie, des Reichsamts des Innern, des Reichs-Kolonialamts, des wiſſenſchaftlichen Kolonialinſtituts in Hamburg, des Zentralverbandes Deutſcher Induſtrieller und des Bundes der Induſtriellen. Zur Löſung beſtimmter Aufgaben in den Kolonien werden Sachverſtändige aus den Kolonien zugezogen.

5. Die jährliche Abrechnung an die Metall- und Maſchineninduſtrie erfolgt in ordnungsmäßiger Weiſe nach Prüfung durch die Treuhand-Vereinigung, Aktiengeſellſchaft, und durch die Finanzkommiſſion des Kolonial-Wirtſchaftlichen Komitees.

Wenn ſo vorläufig die neue Organiſation ohne beſondere Statuten ſkizziert iſt, ſo erübrigt noch, einen Blick auf die techniſchen Vorarbeiten zu werfen, die für die deutſchen Kolonien im Jahre 1912 geplant ſind:

Zunächſt ſoll ein gründlich durchgebildeter und in den Kolonien bereits erfahrener Ingenieur, vorläufig für Deutſch-Oſtafrika, mit einem Stabe von Maſchinenbau- und Waſſerbautechnikern hinausgeſandt werden. Die Vorarbeiten auf dem Gebiete des kolonialen Maſchinenbaues ſollen zunächſt umfaſſen: die Anſchaffung und Ausprobierung von ſolchen ausländiſchen kolonialen Erntebereitungsmaſchinen, die wir bis jetzt noch nicht in Deutſchland gebaut haben. Verſuche ſind in den Kolonien geplant, z. B. mit dem Motorpflug, mit Kultur- und Erntebereitungsmaſchinen und -geräten für Baumwolle (u. a. Baumwoll-Pflückmaſchinen), für Kapok, Hanf, Kautſchuk, Guttapercha, Kopra, Palmöl und Palmkerne, Erdnüſſe, Seſam, Zuckerrohr, Kaffee, Kakao, Reis, Mais u. a. m.

Die Vorarbeiten auf dem Gebiete des Waſſerbaues zur Erſchließung neuer Produktions- und Abſatzgebiete werden auf Anregung des Kaiſerl. Gouvernements für Deutſch-Oſtafrika ſich zunächſt erſtrecken auf waſſertechniſche Vorarbeiten am unteren Rufu im Intereſſengebiet der Oſtafrikaniſchen Zentralbahn, gleichartige Vorarbeiten am oberen Pangani im Intereſſengebiet der Oſtafrikaniſchen Nordbahn und die Entſendung von Waſſerbohrkolonnen.

Die allgemein techniſchen Vorarbeiten werden in Bereiſung, Begutachtung und Beratung der techniſchen Betriebe, zunächſt in Deutſch-Oſtafrika, beſtehen und ſonſt umfaſſen: Aufſtellung neuer techniſcher Projekte, u. a. für Waſſerverſorgung, Be- und Entwäſſerung und Waſſerkraftgewinnung; Propaganda für Eiſenbahnbau, Hafenbau, Motorſchiffahrt, Automobilverkehr,

Wasserbau, Bergbau und sonstige staatliche oder private industrielle Unternehmungen in den Kolonien, bei Verwendung von Fabrikaten deutschen Ur-
sprungs; endlich Maßnahmen zur Einführung neuer Maschinenindustriezweige, insbesondere für die tropische Landwirtschaft, analog
der in den Jahren 1909/10 eingeführten Baumwoll- und Ölpalmfrucht-Ernte-
bereitungsmaschinen.

Kurz, es liegt, wie Sie aus den vorhergehenden Andeutungen ersehen,
schon jetzt ein so umfangreiches Programm und so viel kolonialer Stoff zur Be-
arbeitung für die deutsche Metall- und Maschinenindustrie vor, daß es dringend
der Mitarbeit aller beteiligten Kreise bedarf, und zwar handelt es sich,
wie wiederholt hervorgehoben werden muß, nicht nur um die Unterstützung zahlreicher Spezialindustrien, sondern um eine energische
Förderung der eigenen Rohstoffgewinnung aus unseren Kolonien für die gesamte Industrie Deutschlands. Je umfassender,
schneller und praktischer die Technische Kommission nach den Traditionen des
Kolonial-Wirtschaftlichen Komitees vorzugehen beabsichtigt, um so mehr bedarf
sie aber auch nicht nur des Rates und der moralischen Unterstützung der deutschen
Industrie, sondern auch ganz besonders ihrer materiellen Beihilfe. Wird diese
in umfassendem Maße geleistet, dann glauben wir, nicht nur die bestimmte
Hoffnung äußern, sondern das bestimmte Versprechen abgeben zu können,
daß diese Beiträge für unsere deutsche Industrie ein sehr wohl angelegtes,
ihr Zinsen bringendes Kapital darstellen werden, das unsere Industrie von Jahr
zu Jahr unabhängiger von den Rohstoffen des Auslandes machen wird. Dadurch
wird zugleich unser an Menschenkräften so schnell wachsender Volksmotor —
um in dem eingangs gewählten Bilde zu bleiben — mit neuem Brennmaterial
und stetig wachsender Arbeit versehen werden! Die Organisation dazu ist in
unserem Kolonial-Wirtschaftlichen Komitee vorhanden; geben Sie, meine Herren,
dieser Organisation einen neuen Inhalt und ein neues Feld der Betätigung!

16

Ein Beitrag zur Geschichte der Groß= gasmotoren.

Vortrag auf der Versammlung der Göttinger Vereinigung für angewandte Physik und Mathematik in Dessau.

Der nachfolgende **Beitrag zur Geschichte der Großgasmotoren** behandelt eine Erfindungs- geschichte, die vielleicht deshalb für weitere Kreise einiges Interesse erweckt, weil sie ein modernes Beispiel dafür ist, wie überaus schwierig und mühevoll die Umsetzung wissenschaft- licher Erkenntnis in nützliche Maschinenarbeit ist, wie weit insbesondere noch der Weg von einer kleinen Maschine bis zu den großen Maschineneinheiten ist, die unsere heutigen Kraft- zentralen erfordern.

Auch dafür möchte diese Veröffentlichung ein Beispiel sein, wie die Fortschritte der Industrie aus den „Forderungen des Tages" selbständig herauswachsen und nicht etwa, wie gelehrte Laien glauben, nur vorbedachte „angewandte Wissenschaft" sind.

Eine Beschreibung der ersten elektrischen Zentrale in Dessau mit Gasmotoren (S. 78 u. ff.) stellte die Tatsache fest, daß damals (1886) nur 60-PS-Gasmotoren als größte Maschineneinheit zur Verfügung standen. Es mußten also unbedingt bedeutend größere Stärken geschaffen werden. Als echter Deutscher fing ich „ab ovo" mit wissenschaftlichen Vorversuchen an, um neue Grund- lagen zu gewinnen und erreichte nach mehrjähriger Arbeit an Versuchsmaschinen, in Verbindung mit dem damaligen Ingenieur Hugo Junkers, die dreifache Größe (180 PS) in einem neuen sog. Zweitaktsystem.

Aber während dieser Zeit (1886 bis 1892) hatten sich die wirtschaftlichen Voraussetzungen für elektrische Zentralen mit Gasmotorenbetrieb von Grund aus verändert.. Die berühmte Erfindung des von Auerschen Gasglühlichts hatte das Steinkohlengas, dessen Preise für Kraftentwicklung bei Beginn der Versuche immer weiter gesunken waren, wieder zu einem sehr kostbaren Material gemacht. Man konnte mit dem neuen Gasglühlicht ein Vielfaches von Licht aus demselben Quan- tum Gas gewinnen, so daß auf Grund der dadurch hochgehaltenen Gaspreise an eine Verwendung des Leuchtgases in größeren Gasmotoren nicht mehr zu denken war. Sie wäre zu unwirtschaft- lich gewesen. Wir bemerkten schon an anderer Stelle, daß alle Voraussicht, auch in der „Planwirt- schaft" eines Faches, plötzlich zunichte und unwirtschaftlich gemacht werden kann, sobald durch eine unvorherzusehende Erfindung im eigenen oder einem benachbarten Fache andere wirtschaftliche Voraussetzungen entstehen.

Ich setzte deshalb die Versuche mit sog. „armen" billigeren Gasen fort, als diese meist nutz- los in der Luft verbrennenden Abgase der Hochöfen von einem großen Hüttenwerk in Westfalen zur Verfügung gestellt wurden. Zwölf Jahre nach dem ersten Beginn meiner Versuche liefen die ersten wirklichen Großgasmotoren von je 600 PS in der neuen elektrischen Zentrale des Hörder Bergwerks- und Hüttenvereins und stellten damit für die deutsche Industrie einen Weltrekord auf.

Schnell folgten in heißem Wettbewerb andere Großmaschinensysteme und bald herrschte sparsame Dunkelheit an Stelle der mächtigen Hochofenfackeln, die die Gegend der Hüttenwerke bis dahin tageshell erleuchtet hatten, eine Dunkelheit, die unserer Nation ca. 60 Mill. M. in einem Jahre (1913) in Ausnutzung der bisher nutzlos verbrannten Hochofengase ersparte.

Als ich diesen Bericht vor den Gelehrten und Industriellen der Göttinger Vereinigung in Dessau an einem Maientage 1914 vorgetragen hatte, erlebten wir nachmittags bei einer Frühlingsfahrt auf dem nahen Wörlitzer See die tiefbeglückende Stimmung, die einst Goethe in so unübertrefflicher Weise bei einem dortigen Besuch geschildert. Niemand von uns ahnte damals, daß wenige Wochen darauf ein Weltenbrand entstehen würde, der den mühsam erkämpften Wohlstand unseres Volkes mit sengender Glut verzehren würde!

Früheren Anregungen von Fachgenossen und Vereinen, die Entwicklung meiner Großgasmaschine zu veröffentlichen, habe ich nicht entsprochen, weil ich glaubte, sie nicht objektiv-wissenschaftlich genug darstellen zu können, solange meine Maschine noch mitten im Konkurrenzkampfe stand. Ich folge heute dem Vortrage, den ich am 14. Mai 1914 auf der Jahresversammlung der „Göttinger Vereinigung für angewandte Mathematik und Naturwissenschaften" in Dessau hielt[1]).

Meine Tätigkeit auf dem mir ursprünglich ferner liegenden Gebiet der Großgasmaschine ging, wie ich damals ausführte, aus einer gewissen Notlage meines Hauptberufes: der Gasindustrie hervor. Denn das „Erfindenwollen" lag nicht im mindesten in meiner Absicht, war vielmehr in unserer Familie und insbesondere bei meinem Vater aufs äußerste verpönt, seit mein Großvater in den 60er Jahren mit seinem beharrlich verfolgten Plan eines lenkbaren Luftschiffes alle Familienmitglieder sowie das Preußische Handelsministerium[2]) längere Zeit hindurch in Schrecken versetzt hatte[3]).

Die direkte Nötigung zu meinem Vorgehen auf dem Gebiete der Gasmotoren ergab sich vielmehr aus meinen Erfahrungen beim Bau der elektrischen Zentralstation der Deutschen Continental-Gas-Gesellschaft in Dessau im Jahre 1886. In ihr wollte ich zum ersten Male bei einer Zentrale den Versuch machen, den Wettbewerb der älteren Gasindustrie mit der neu erstandenen Elektrotechnik dadurch zu überbrücken, daß zur Krafterzeugung nur Gasmaschinen verwandt wurden. Es schien dies auch an sich die rationellste technische und wirtschaftliche Lösung; denn es stand ja schon damals fest, daß die Verwendung der Kohle durch vorherige Vergasung und nachherige direkte Verbrennung des Gases innerhalb einer Kraftmaschine wirtschaftlicher war als ihre Verbrennung unter dem Dampfkessel und Überleitung des Dampfes in eine Maschine. Nur einen großen Übelstand hatte die Sache: es standen mir damals zu geringe Maschinengrößen zur Verfügung, nämlich 60 PS in Zwillingsmaschinen, also von nur je 30 PS in einem Zylinder. Auf mein Drängen entschloß sich die Deutzer Gasmotorenfabrik zum Bau einer 120pferd. Maschine, also von der doppelten bisherigen Größe. Bei einem meiner damaligen Besuche in der Fabrik zu Deutz sprach ich den berühmten Erfinder Otto selbst. Ich fragte ihn, ob es denn nicht möglich sei, noch größere Maschinen für den von mir gedachten Zweck zu erbauen. Das verneinte er auf das bestimmteste; denn er habe schon alles mögliche versucht, u. a. auch schon eine dreizylindrige Compound-Maschine konstruiert. Allein beim Übergang von einem Zylinder zum andern verliere das expandierende Gas zu viel an Temperatur, Spannung usw. Über 100 PS

---

[1]) Veröffentlicht in den „Beiträgen zur Geschichte der Technik und Industrie", herausgegeben von Conrad Matschoß, Bd. 6, 1914/15.

[2]) 1865/66.

[3]) Übrigens war sonst mein Großvater der erfolgreiche Erfinder der ersten Strohpapiermaschine.

hinaus werde man sicher nicht kommen können. Die Jubiläumsschrift vom 25jährigen Bestehen der Deutzer Gasmotorenfabrik vom 30. September 1889 — also etwa zwei Jahre später — führte deshalb auch als größte bis dahin nach dem Otto-System erbaute Maschine nur eine 100pferdige Zwillingsmaschine an. Jene 120 Pferde der nach Dessau bestellten Maschine waren also schon eine „kritische" Höchstgrenze. Denn als ich sie, mit nur je 60 PS in einem Zylinder, in der Fabrik abnahm, da erfuhr ich, daß selbst bei der damaligen noch geringen Vorkompression die Temperaturen in ihr sich so hoch steigerten, daß die Auslaßventile glühend wurden und nur durch Aufspritzen von Wasser im Innern betriebsfähig erhalten werden konnten.

Eine Größe von 120 PS war natürlich für die Zukunft der Kraftzentralen als Maschineneinheit keineswegs genügend, und da von anderen Fabriken damals noch weniger zu erhoffen war, so entschloß ich mich, bei der Wichtigkeit, die diese Frage nach der damaligen Sachlage für die Zukunft der Gasindustrie haben mußte, neue Grundlagen für eine wirkliche Großgasmaschine zu suchen. Ich dachte um so mehr nur an Grundlagen, weil mir selbst für Neukonstruktionen von der Hochschule her nur die übliche theoretische Ausbildung im Maschinenbau zur Verfügung stand, keineswegs aber die Konstruktionserfahrung, die für den Bau der ganz besonders schwierigen Verbrennungsmaschinen doppeltes Erfordernis war.

Mit echt deutscher Gründlichkeit wollte ich mir erst Klarheit über die ominösen komplizierten Verbrennungsvorgänge in der Gasmaschine verschaffen. Deshalb studierte ich zunächst die gesamte, damals vorhandene wissenschaftliche Literatur darüber, und ich erinnere mich aus jener Periode u. a. dankbar des klassischen französischen Werkes von Berthelot: „Sur la force des matières explosives". Dann aber wollte ich vor allen Dingen die Verbrennungsvorgänge selbst experimentell in einem besonderen Apparat prüfen, und zwar zunächst unabhängig von der arbeitverrichtenden Kraft hinter dem Kolben einer Maschine. Für diesen Verbrennungsapparat, den ich im Sommer 1886, also vor nunmehr 28 Jahren, konstruierte, bestellte ich eine Benzsche Zweitaktmaschine von 4 PS, die einen Gaskompressor für 10 Atm. mit Rezipienten mittels eines Vorgeleges betrieb, dazu eine Lufthandpumpe, um den Verbrennungsraum auszuspülen und mit frischer Luft zu versehen.

Während der Apparat im Bau war, machte ich indes ein Vorexperiment, das vielleicht auch heute noch interessiert. Aus den theoretischen Untersuchungen, namentlich von Adolf Slaby und Aimé Witz (Lille), war mir der hohe ökonomische Verlust bekannt, der durch Abgabe von Verbrennungswärme an die Zylinderwandungen bei einem Temperaturgefälle entsteht, das vielmals höher als bei der Dampfmaschine ist, wenngleich damals schon der theoretische Gesamtnutzeffekt der kleinen Gasmaschinen als höher wie bei selbst großen Dampfmaschinen nachgewiesen war.

Ich wollte deshalb diesen großen Wärmeverlust im Zylinder dadurch einschränken, daß ich die unmittelbare Berührung der Verbrennungsgase mit den gekühlten Zylinderwandungen im Momente der Entzündung, also bei der Höchsttemperatur, zu verhindern suchte.

Das konnte durch den Einbau zweier Stahlblechzylinder geschehen (Fig. 1), von denen der eine am hinteren Deckel der Gasmaschine, der andere, von etwas geringerer Dimension, am Kolben angeschraubt wurde. Beim inneren Totpunkt, also in der Zündungslage des Gas- und Luftgemisches, griffen die beiden

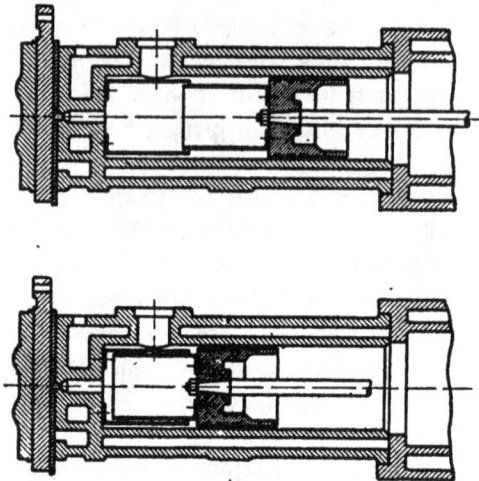

Zylinder teleskopartig ineinander, so daß die Verbrennungsgase in den Hauptmomenten der Verbrennung von den Zylinderwandungen durch zwei Blechzylinder und zwei Luftschichten getrennt waren. Das Opfer, das ich mir zu diesem Versuch auserkor, war eine 6pferd. Ottosche Maschine, die die Exhaustoren der Dessauer Gasanstalt antrieb. Sie lief mit dem ihr sehr unbequemen Einbau auch tatsächlich einige Male herum. Dann traten aber so viele Selbstentzündungen auf, daß der Betrieb unterbrochen werden mußte. Eine sofort vorgenommene Okularinspektion

Fig. 1. Vorversuche an der Ottoschen Gasmaschine
im Jahre 1886.

ergab, daß die Teleskopbleche vollkommen ausgeglüht waren, also im Innern mindestens einer Rotglut, ungekühlt, ausgesetzt gewesen waren. Dies Experiment belächelt man heute, und doch hätten viele Erfinder von Gasmotoren und Gasturbinen, bis in die neueste Zeit hinein, ihre Patentkosten gespart, wenn sie einmal so handgreiflich, wie ich, vor Augen gehabt hätten, welch hohe Hitzegrade sich in einer Gasmaschine im Vergleich zur Dampfmaschine abspielen.

Inzwischen war mein Versuchsapparat (im Oktober 1886) fertig aufgestellt, und zwar in einem kleinen Hintergebäude unserer elektrischen Zentralstation in Dessau, der ersten, die nach den Berliner Elektrizitätswerken in Betrieb kam.

Beschreibung des Versuchsapparates
(Fig. 2, 3, 4 und 5).

In den kleinen zylindrischen Vorraum, der oberhalb des Verbrennungsraumes liegt und mit ihm direkt zusammengeschraubt ist, gelangt das von der 4 PS-Benzmaschine komprimierte und in einem größeren Rezipienten unter beliebigem Druck, zwischen 2 und 10 Atm. gesammelte Gas. Der Verbrennungsraum, der in verschiedenen Größen ausgewechselt werden konnte, wurde durch eine Handpumpe mit Luft ausgespült und zu jeder Verbrennung neu mit Luft gefüllt. Auch eine Vorkompression der Luft konnte mit der Handpumpe im Verbrennungsraum hergestellt werden.

Aus dem mit einem bestimmten Gasüberdruck angefüllten Vorraum, der nach dem Rezipienten rückwärts zu mit einem Hahn verschließbar war, wurde das Gas durch ein Ventil in den unteren Verbrennungsraum einge-

fpritzt. Das Ventil konnte nach oben schnell durch eine Schraubenspindel an-
gehoben werden, auf der eine mit Zeiger versehene Mutter verstellbar und durch
eine Kontermutter in bestimmter Lage festzuhalten war. Unter diese Mutter
griff ein die Spindel umfassender gabelförmiger Hebel, der seinerseits von dem
Daumen einer seitwärts liegenden Welle gehoben wurde. Auf dieser Welle
saß eine Seilscheibe mit arretier-
barem Fallgewicht. Sobald das
Fallgewicht in Wirksamkeit trat,
hob der Daumen die Ventilspindel
sehr schnell mit sehr kleinem
Hub in die Höhe. Nach Ab-
rutschen des Daumens drückte
eine starke Feder das Ventil noch
schneller wieder auf seinen Sitz.

Der mit der verstellbaren
Hubmutter verbundene Zeiger
bewegte sich um eine obere horizontale Scheibe mit empirischer
Skala. Nach erfolgter Einspritzung
konnte man aus der Verminderung des Druckes im oberen Vorraum, der an einem Manometer
abgelesen werden konnte, die
Menge des in den unteren
Verbrennungsraum eingespritzten
Gases ziemlich genau feststellen
und zu dem Ventilhub in Beziehung setzen. Der Verlauf des
Verbrennungsdruckes wurde an
einer Indikatortrommel abgelesen,
die durch ein Uhrwerk mit gleichförmiger Geschwindigkeit bewegt wurde (Fig. 5). Diese
Verbrennungskurven hatten vor
den gewöhnlichen Maschinen-
diagrammen den großen Vor-

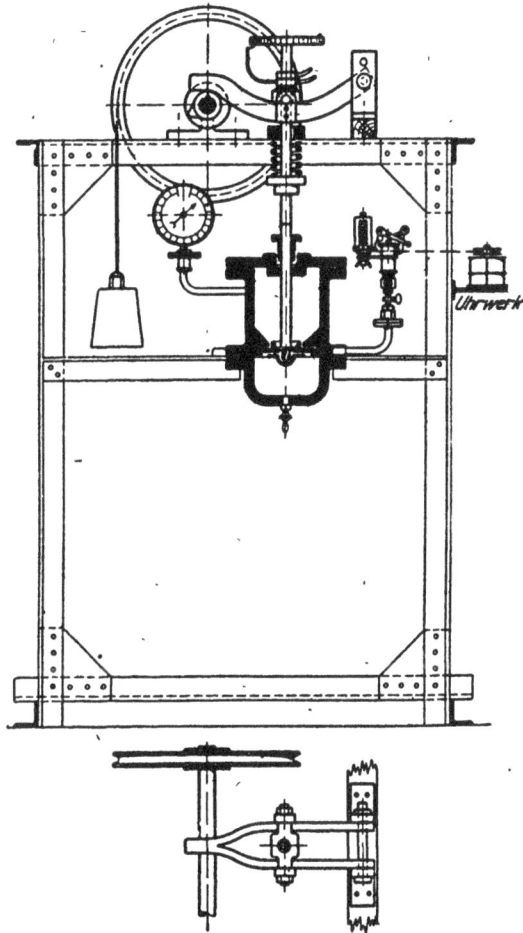

Fig. 2. Oechelhaeusers Apparat für Verbrennungsversuche
von Gasen 1886 bis 1887.

zug, daß man infolge der gleichförmigen Geschwindigkeit, mit der sich die Indikatortrommel drehte, die Entstehung des Anfangsverbrennungsdruckes,
worauf ja so vieles ankam, genauer verfolgen konnte. Denn beim Maschinen-
diagramm bewegt sich die Trommel in der Totpunktlage, wo die Zündung
stattfindet, nur sehr wenig vorwärts, so daß die Verbrennungskurve bei Voll-
belastung fast in einer Senkrechten ansteigt, während bei gleichförmiger Drehungs-
geschwindigkeit der Indikatortrommel die Verbrennungskurve sich in sehr verschiedener Steilheit und mit allen Variationen des Verbrennungsvorgangs
erhebt. Nebenbei gesagt, ergibt sich aus den Betrachtungen solcher Kurven

auch die längst bekannte, aber selbst von manchen Fachleuten immer noch nicht genügend gewürdigte Tatsache, daß es sich bei allen Gasverbrennungen in solchen Bomben sowie in den Zylindern niemals um eine eigentliche, wirklich momentane Explosion, sondern nur um eine mehr oder minder schnelle Verbrennung oder Verpuffung handelt. Der Ausdruck Explosionsmaschine ist deshalb, wie auch von anderen Seiten wiederholt betont worden ist, streng genommen, falsch. Man sollte immer nur hierbei von „Verbrennungsmaschinen" sprechen!

Ich wollte mit dem vorstehend beschriebenen Apparate eine neue Art der Gasverbrennung, das Gaseinspritzverfahren, in Maschinen vorbereiten und hoffte dadurch folgende Vorteile zu erzielen:

Erstens sollte jede beliebige Mischung von Gas und Luft zu schneller und sicherer Zündung gebracht werden, während bis dahin die Zündgrenzen für Steinkohlengas in Luft z. B. nur zwischen 1 : 5 und 1 : 12 lagen. Insbesondere sollten auch gasarme Mischungen mit niedrigeren Verbrennungstemperaturen zur Verwendung kommen und dadurch eine bessere Ökonomie des Brennstoffs durch geringere Wärmeverluste an die Wandung der Maschinen ein-

Fig. 3. Oechelhaeusers Apparat für Verbrennungsversuche von Gasen 1886 bis 1887.

treten. Durch hohe Vorkompression der gasarmen Mischungen sollte gleichwohl ein hoher Verbrennungsdruck für große Maschinen erreicht werden, ohne daß die Temperaturen dabei zu hoch würden. Die ersten Patente lauteten deshalb auch auf den Namen: Hochdruck-Gasmaschine.

Zweitens sollte die Regulierung der Maschinen, die damals fast ausschließlich durch sog. „Aussetzer" bei sehr reichen Gasmischungen geschah, einfach nur durch Veränderung der Menge des momentan eingespritzten Gases erfolgen, da ja nach dem neuen Verfahren jedes Mengenverhältnis von Gas und Luft sicher und schnell zu entzünden wäre.

Drittens sollte eine elektrische und eventuell kontinuierliche Zündung verwendbar sein, um den damals in Deutschland allein herrschenden schwierigen Flammenschieber der Ottoschen und anderer Gasmaschinen zu beseitigen, der für Großgasmaschinen ganz untauglich erschien.

Es waren dies die Hauptaufgaben, die ich mir zur Gewinnung neuer Grundlagen für Großgasmaschinen gestellt. Ich gehe auf diese Vorversuche, die vom Oktober 1886 bis Dezember 1887 dauerten, so kurz als möglich ein und beschreibe sie nur in der Absicht und dem Wunsche, daß sie auch heute noch an den technischen Hochschulen eine Wiederholung mit wissenschaftlicher Vertiefung fänden. Denn einerseits fehlte mir bei der Kürze der Zeit, welche die fortschreitende Industrie allen Experimenten nur zur Verfügung stellt, jede Möglichkeit eindringender wissenschaftlicher Feststellung der Resultate, und anderseits dürften diese Versuche vielleicht auch aus dem Grunde eine Wiederholung verdienen, als mir bisher kein Apparat bekannt geworden ist, der in seiner praktischen Einfachheit den Studierenden des Maschinenbaues beim Studium der Verbrennungstheorien einen leichteren und klareren Einblick in die Verbren-

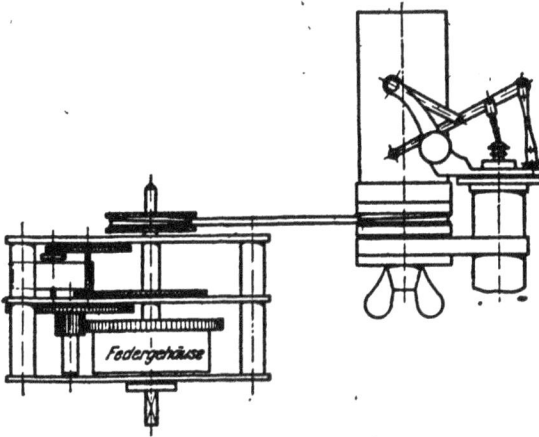

Fig. 4. Indikator mit gleichförmiger Geschwindigkeit.

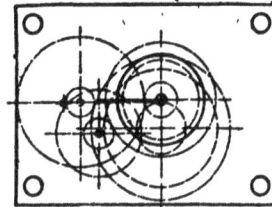

Fig. 5.

nungsvorgänge von Gasen unter den verschiedensten Verhältnissen geben könnte als dieser. Vielleicht könnte auch bei Wiederholung derselben Versuche sich von neuem bestätigen, was Professor Simon bei Einweihung seines neuen elektrotechnischen Institutes in Göttingen sagte: „... indem die Männer der Wissenschaft die Bahn des Erfinders ruhig noch einmal wandern, sehen sie manches Neue, finden sie manchen lohnenden Seitenpfad, den der andere in seinem Stürmen unbeachtet gelassen hat."

Der Unterschied der von mir gewählten Verbrennung von der sonst bisher in den Maschinen üblichen ergibt sich aus folgender Erwägung: Man pflegte bisher in dem Arbeitszylinder ein fertiges Gemisch von Brennstoff und Luft zu entzünden. Die Entzündbarkeit des fertigen Gemisches hängt hierbei von dem Verhältnis zwischen Brennstoff und Sauerstoff ab. So sind bekanntlich für gewöhnliches Steinkohlengas von etwa 16 Kerzen Lichtstärke und 5000 Kal. Heizwert nur alle diejenigen Gemenge von Gas und Luft entzündbar, welche etwa 1 Raumanteil Gas und 4 Teile Luft als Minimum und 15 Raumteile Luft als Maximum enthalten, so daß z. B. ein Gemenge, welches 1 Raumteil Gas und nur 3 Raumteile Luft enthält, ebensowenig entzündbar ist wie ein solches, welches aus 1 Raumteil Gas und 15 Raumteilen Luft besteht. Da aber die innerhalb jener Grenzen liegenden oder ihnen doch nahekommenden Mischungen für den Maschinenbetrieb zu langsam verbrennen, so kamen als praktisch brauchbare Mischungen noch engere Grenzen in Betracht, z. B. nur 1 : 5 und 1 : 12. Infolgedessen war, als ich meine Verbrennungs- und Gasmaschinenversuche anfing, die beste und ökonomischste Regelung immer noch die durch Aussetzer, d. h. man ließ bei voller Belastung der damals fast allein üblichen Viertaktmaschinen in jedem vierten Hub eine arbeitverrichtende Verbrennung entstehen, während die Maschine bei schwacher Belastung für mehrere der vierten Arbeitshübe kein Gas empfing, sondern nur Luft ansaugte, also in der Verbrennung dann „aussetzte". Das war zwar nach unseren heutigen Begriffen eine recht rohe Methode, namentlich für hohe Gleichförmigkeitsgrade, allein sie war ökonomisch damals immerhin noch die beste. Denn auf die unsicheren und zu langsamen Verbrennungen schwacher Gemische konnte man keine sichere Regulierung gründen.

Bei meinen Versuchen wurde deshalb das bisher angewandte Verfahren, ein fertiges Gemisch von Brennstoff und Luft nach vollständig erfolgter Einströmung des Brennstoffes in dem Verbrennungsraum zu entzünden, verlassen. Der Brennstoff wurde vielmehr unmittelbar während seiner Einströmung und Vermischung mit Luft entzündet, und zwar mittels einer Zündvorrichtung, welche kontinuierlich war oder während der Einströmung in Tätigkeit trat. Auf diese Weise wurde es möglich, auch die geringsten Brennstoffmengen, welche bei fertigen Gemischen überhaupt nicht oder zu langsam zu entzünden waren, ebenso sicher und schnell zu entzünden wie die günstigsten fertigen Gas- und Luftmischungen. Denn die Verbrennung setzte bereits ein, bevor das Gas sich in dem Verbrennungsraum so verteilt und verdünnt hatte, daß es unentzündbar geworden war. Ebenso konnten sehr reiche Brennstoffmengen, die sonst ebensowenig zu entzünden waren als die schwachen, dadurch zur Entzündung gebracht werden, daß die Entzündung schon zu einer Zeit einsetzte, bevor sich die im Verbrennungsraum schon vorhandene Luft mit Brennstoff so übersättigt hatte, daß sich nicht mehr genügend Sauerstoff zur Verbrennung fand. Es gehörte dazu eben einfach nur, daß die Zündvorrichtung schon vor Einströmen des Brennstoffes funktionierte, oder wenigstens in dem Momente in Tätigkeit trat, wo das Gas unter Überdruck in die Verbrennungsbombe eingespritzt wurde. Man könnte dies neue Verfahren die dynamische Zündung und Verbrennung nennen gegenüber der älteren statischen.

An Stelle der früheren engen Verbrennungsgrenzen von 1 : 5 bis 1 : 12 Raumteilen Luft konnte ich bald in Diagrammen, zu meiner großen Freude, 1 Raumteil Leuchtgas und 100 Raumteile Luft, ebenso wie 1 Raumteil Gas und 1 Raumteil Luft noch sicher und schnell entzünden und so weit verbrennen, als die Luft ausreichte. Auf diese Weise erreichte ich eine Skala von Verbrennungsdrücken, die von $^1/_{10}$ Atm. bis 12 und 14 Atm. reichte, und zwar schon ohne vorherige Kompression der Verbrennungsluft, an Stelle des bisher nur möglichen Spielraums zwischen 4 und 7 Atm. Der auffallend höhere Druck wurde vermutlich durch die starke Wirbelung der Gaseinspritzung hervorgerufen, ist aber zu einem Teil auch durch Schwingungen einer relativ schwachen Indikatorfeder bei schneller stoßweiser Verbrennung reicher Gasgemische zu erklären. Die Zündvorrichtung konnte dabei permanent glühend erhalten werden, da ja in dem nur mit Luft gefüllten Verbrennungsraum keine Verbrennung vor Einströmung des Gases entstehen konnte.

Der allgemeine Erklärungsgrund nun für die bis dahin nicht bekannte und beachtete Tatsache, daß trotzdem die Zündung unmittelbar im Bereiche der Gaseinströmung und des noch geöffneten Ventils lag, dennoch Drücke durch die Verbrennung erzeugt werden konnten, welche um ein Vielfaches höher waren als der Druck des einströmenden Gases, lag in der nicht lange vorher erst festgestellten physikalischen Tatsache, daß die eigentliche Fortpflanzungsgeschwindigkeit bei Verbrennung von Steinkohlengas in Luft selbst beim besten Gemisch außerordentlich gering, nämlich nur ca. $1^1/_4$ m pro Sekunde ist, während man, wie meine Versuche zeigten, die Einströmungsgeschwindigkeit des Gases beim Einspritzen leicht durch höheren Druck um ein Vielfaches, z. B. auf 100 m, steigern konnte. Dadurch war es möglich, die Gaseinströmung immer schneller zu bewirken, als sich die Entzündung im Verbrennungsraum fortpflanzte, und schneller, bevor ein Verbrennungsdruck entstand, der höher war als der des einströmenden Gases. Denn jener hätte ja sonst von selbst das Weitereinströmen von Gas verhindert und einen Rückstau des Gases in die obere Vorkammer verursacht.

Bei den Varianten der Zündung, die ich anwendete, zeigte sich u. a., daß die Verbrennungskurven in ihrer Druckhöhe und ihrem Verlaufe verschieden waren, je nachdem die Zündungsstelle unmittelbar am Einströmungskörper oder entfernter von ihm lag. Bei der entfernteren Lage war vor Eintritt der Zündung bereits ein verhältnismäßig großes Quantum Brennstoff eingedrungen, und fand deshalb die Verbrennung schon gleich anfangs in einer größeren Masse mit einer steiler aufsteigenden Kurve statt, als wenn die Zündstelle näher lag und gleich die ersten einströmenden Gaspartikelchen erfaßte und der Druck ganz allmählich anstieg. Ebenso ergaben sich viele Varianten, je nachdem der Gasstrom in dünnen oder dickeren Strahlen, in nahe aneinander liegenden oder weiter entfernten Strahlen zerteilt war.

Um einen Überblick über die große Mannigfaltigkeit der hier möglichen Versuche zu geben, sind in den sieben ersten Figuren der am Schlusse folgenden Anlage 1 einige der Einspritzvorrichtungen nach den Zeichnungen wiedergegeben, die den von mir seinerzeit (20. Juni 1887 bis 7. Mai 1888) nachgesuchten Patenten beigefügt waren. Auf diesen Zeichnungen war der Verbrennungsraum meiner Bombe mit festen Wänden in einen Arbeitszylinder mit beweglichem Arbeitskolben verwandelt. Die Versuche gestalteten sich ungemein interessant und ergaben die verschiedenartigsten Verbrennungskurven, je nach der Zerteilung des Gasstromes beim Einspritzen durch Siebe verschiedener Lochweiten, durch gelochte Tüllen usw. und je nach der relativen Lage und Art der elektrischen Zündung.

Die in Anlage 1 weiter enthaltenen fünf Figuren geben einige Stichproben der ca. 1300 von mir bei diesen ersten Versuchen genommenen Diagramme nebst Erläuterungen dazu.

Nachdem ich so das Fundament für eine neue Verbrennung und Regulierung gefunden zu haben glaubte, und in meinem ersten Versuchsapparat

die meine kühnsten Erwartungen noch übertreffenden Ergebnisse auch tatsächlich meine Annahmen erfüllt hatten, ging ich daran, sie auf die 4 pferdige Maschine
von Benz zu übertragen, die anfangs nur zur Kompression des Gases bei meinem Versuchsapparat gedient hatte und damals die beste brauchbare Zwei-
taktgasmaschine in Deutschland war (Fig. 6).

Ich wählte von vornherein eine Zweitaktmaschine[1]), weil ich wirklich
große Maschinen bei mäßigen Dimensionen nur in diesem System erreichen
zu können glaubte. Denn im Gegensatz zum Viertaktsystem ist beim Zweitakt
bekanntlich nicht erst jeder vierte, sondern jeder zweite Hub bereits arbeitsverrichtend. Ferner hatte Benz entgegen der bei den Ottomaschinen damals
ausschließlich verwendeten Flammenzündung elektrische Zündung, die ich

Fig. 6. Seitenansicht der 4 pferdigen Benzschen Zweitakt-Gasmaschine.

von vornherein als unerläßlich für Großgasmaschinen ansah,
trotzdem man sie in Deutschland damals allgemein und mit Recht noch für
zu unzuverlässig hielt. Jetzt kennt man keine Flammenzündung mehr, sondern
nur noch die elektrische.

Die Regelung der Maschine sollte nach dem neuen Verfahren nur durch
Veränderung der Spannung des momentan einzuspritzenden Gases erfolgen,
und es entstanden hierbei für jede eingespritzte Gasmenge, also auch für geringe Belastungen, ebenso schnell ansteigende Verbrennungskurven wie in
den vorgeführten Diagrammen des Versuchsapparates, während sonst bekanntlich die Diagramme bei einer langsamer werdenden Verbrennung immer
flacher verlaufen und immer mehr streuen. Nachdem dieses Ziel erreicht war,
versuchte ich, um die hohen Anfangsdrucke und Temperaturverluste zu vermeiden,
die zweimalige stoßweise Einspritzung während eines Arbeitslaufes. Auch dies

---

[1]) Bei der Abnahme am 16. Dez. 1887 leistete sie 4,7 effett. PS bei 145 Touren mit 4,9 cbm
Gas, also für eine effekt. PS etwas über 1 cbm Gas. Der Bau der Benzmaschinen hatte 1884
begonnen.

gelang, und es ergab sich in der Tat der verhältnismäßig hohe mittlere Druck, auf den es ja in erster Linie für eine große Arbeitsleistung ankommt.

Ich fliege über alle Enttäuschungen und einzelnen Hoffnungen der nächsten Zeit hinweg und bemerke zunächst rein örtlich weiter, daß ich inzwischen meine Versuchsstation aus dem kleinen Hintergebäude unserer alten elektrischen Zentrale, das zu Erweiterungszwecken hatte abgerissen werden müssen, in den Keller des Verwaltungsgebäudes der Deutschen Continental-Gas-Gesellschaft verlegt hatte. Und wenn ich auf jene ersten Versuche noch einmal kurz zurückkomme, so geschieht es zur Warnung nach einer bestimmten Richtung hin für ihre etwaige Wiederholung. Der Raum, in dem die zahlreichen Verbrennungsversuche gemacht wurden, war klein, niedrig und gar nicht ventiliert. Im Eifer der Versuche hatte ich bei Entnahme der Diagramme versäumt, eine regelmäßige Lüftung des Arbeitsraumes herbeizuführen, so daß die Verbrennungsgase, die aus der Bombe mit einem Hahn direkt in den Arbeitsraum entlassen wurden, unmerklich eine solche Verschlechterung der Luft herbeiführten, daß sich bei mir im Mai 1888 eine Art schleichender Blutvergiftung herausgestellt hatte, die mich zu einer mehrmonatigen Untätigkeit zwang.

Die Versuche an der Benzmaschine[1]) hatten inzwischen ergeben, daß ihr vollständiger Umbau für Anwendung meiner Strahlzündung notwendig war. Da aber meine hauptamtliche Berufstätigkeit in der Deutschen Continental-Gas-Gesellschaft eine noch weitergehende Beschäftigung mit der Ausbildung einer Großgasmaschine nicht zuließ, und ich bald darauf Generaldirektor dieser Gesellschaft wurde, so wandte ich mich an meinen alten Studienfreund, den leider zu früh verstorbenen Professor Dr. Adolf Slaby, mit der Bitte, mir einen möglichst tüchtigen, jungen Ingenieur und Konstrukteur zuzuweisen. Als solchen empfahl er mir sehr warm Herrn Hugo Junkers, den späteren bekannten Professor der Aachener Hochschule. Er trat am 28. Oktober 1888, also zwei Jahre nach Beginn der oben geschilderten Versuche, in meine Privatdienste ein. Ungefähr ein Jahr später, Anfang November 1889, gesellte sich zu uns noch Herr Ingenieur A. Wagener und im März 1891 Herr Regierungsbaumeister W. Lynen. Ich komme auf die Zusammenarbeit mit diesen Herren noch eingehender zurück.

Als Herr Hugo Junkers in meine kleine zweite Versuchsstation im Keller der Deutschen Continental-Gas-Gesellschaft zu Dessau eintrat, lagen bei mir folgende Resultate und Absichten für die Konstruktion von Großgasmaschinen vor:

1. die Erprobung des Zweitaktsystems, durch das ich in erster Linie allzu große Zylinderdurchmesser vermeiden zu können hoffte,

2. die Möglichkeit der Regulierung des Motors durch Entzündung beliebiger Mischungsverhältnisse von Gas und Luft statt der Regulierung durch „Aussetzer",

---

[1]) Die Versuche fanden unter der dankenswerten Assistenz des jetzigen Oberingenieurs der Deutschen Continental-Gas-Gesellschaft Herrn Niemann und des Monteurs Just statt. Dieser blieb mir durch die langjährigen Versuchsschwierigkeiten hindurch bis zur Montage der ersten Großgasmaschinen beim Hörder Bergwerks- und Hüttenverein (1898) treu und führte ihren Betrieb auch dort noch als Obermonteur bis 1910.

3. die Einführung der elektrischen Zündung an Stelle der damals in Deutschland allgemein benutzten Flammenzündung. Auch eine kontinuierliche Zündung hatte sich nach meinem Verbrennungsverfahren als ausführbar erwiesen,

4. zielten meine Bestrebungen auf Herstellung eines möglichst hohen mittleren Druckes im Arbeitszylinder. Hierfür sollten nicht nur eine hohe Vorkompression, sondern auch die an sich noch höheren Drucke dienen, die mit meinem Einspritzverfahren durch Wirbelung erreicht wurden. Denselben Zweck sollte eventuell die Doppeleinspritzung während eines Arbeitshubes verfolgen.

Nach Eintritt des Herrn Junkers wurde die Benzmaschine hintereinander drei Umbauten unterworfen, um einen großen Teil der Versuche, die ich an dem Versuchsapparat gemacht, auf sie zu übertragen. Insbesondere wurden die Einspritzversuche in der inneren Totpunktlage des Kolbens mit den verschiedensten Varietäten der Strahlverteilung, der Zündungsart und der Zündungslage wiederholt, ebenso die Doppeleinspritzung während eines Arbeitshubes. Ferner wurde die Regulierung dementsprechend vielfach umgeändert. Es ergaben sich interessante Resultate aller Art, die indes aus dem Grunde keine Aussicht für Großgasmaschinen in der Praxis eröffneten, weil die momentane Gaseinspritzung, die sich in meinem kleinen Versuchsapparat so überaus leicht mit allen Varianten hatte durchführen lassen, für eine große Maschine zu weite Einströmungsquerschnitte, zu schnelle Ventilbewegung und namentlich unwirtschaftlich hohen Überdruck des Gases erforderte. Es ließen sich deshalb an der wiederholt umgebauten Versuchsmaschine auch die erhofften Vorteile zahlenmäßig, in der Ökonomie des Gasverbrauches, nicht nachweisen. Der dornenvolle Weg vom Laboratoriumsexperiment bis zur praktisch brauchbaren Maschine war also zunächst ohne Erfolg beschritten!

Gleichwohl ist es später von mehreren meiner Mitarbeiter bedauert worden, daß wir im Drange, schnell vorwärts zu kommen, das neue Verbrennungsverfahren zu eilig aufgaben. Vielleicht hätte sich die Möglichkeit ergeben, nur so viel Gas momentan bei gleichzeitiger Zündung in ein vorher eingeführtes, konstant zusammengesetztes, ärmeres Gas- und Luftgemisch einzuspritzen, als zur sicheren Zündung und zur Regulierung des Kraftbedarfes erforderlich gewesen wäre: Ähnlich wie beim Bunsenbrenner die Luft in zwei getrennten Perioden Zutritt zum Gase erhält, wäre also hier das Gas der Luft in zwei Perioden zugeführt.

Inzwischen hatte sich das Vertragsverhältnis mit Herrn Junkers in ein Teilhaberverhältnis umgewandelt, und wir erbauten im Frühjahr 1890 für die Fortsetzung der Versuche auf dem Grundstück der Dessauer Gasanstalt eine besondere Versuchsstation (es war für mich die dritte) unter der Firma: „Versuchsstation für Gasmotoren von Oechelhaeuser und Junkers". Bis Mitte des Jahres 1894 wurden hier eine Reihe der interessantesten Experimente an verschiedenen neuen und umgebauten Maschinenmodellen gemacht, über die eingehender zu berichten einen dicken Band füllen würde, der indes in allen seinen Phasen heute nicht mehr genug Interesse darbieten würde.

Bevor der erste größere Erfolg mit unserer Doppelkolbenmaschine erreicht wurde, sei nur kurz noch das von Herrn Junkers vorgeschlagene Experiment mit einem Doppelkurbelgetriebe nach Art der damals bekannten englischen Atkinsonmaschine gestreift, bei dem die Bleuelstange nicht direkt auf die Schwungradwelle arbeitete, sondern indirekt durch zwei miteinander verbundene und gegeneinander verstellbare Kurbeln. Dieses eigenartige Getriebe hatte den Zweck, eine erhöhte Kolbengeschwindigkeit während der Expansion der Verbrennungsgase herbeizuführen und dadurch die Wärmeverluste durch Übergang an die Zylinderwände tunlichst einzuschränken. Dafür sollte sich der Kolben dann in der Nähe des äußeren Totpunktes desto langsamer bewegen, um der Ausströmung der Rückstände und der Einführung frischer Luft so viel Zeit als möglich zu lassen. Dabei konnten relativ kleine Querschnitte für die Ausströmung und das Lufteinlaßventil erreicht werden, was auch sonst noch konstruktive Vorteile mit sich brachte. Dies interessante Getriebe wurde sowohl an einem dritten Umbau des Benzmotors, als an einer ganz neuen 30pferdigen Versuchsmaschine Modell V versucht. Es ergab sich tatsächlich, wie erwartet, eine langsamer abfallende Expansionskurve, also eine größere indizierte Arbeitsleistung; allein die hohen Beschleunigungsdrucke erforderten ganz außerordentliche Dimensionen mancher Maschinenelemente, so daß wir unter anderem aus diesem Grunde von der Weiterverfolgung der Idee Abstand nahmen.

Erwähnt sei nur noch, daß man sich heute kaum eine Vorstellung mehr von den Schwierigkeiten machen kann, die allein die Herstellung einer brauchbaren elektrischen Zündung für Maschinen von hoher Kompression und sehr gesteigerten Anfangstemperaturen machte, Schwierigkeiten, die ja noch bis in den Bau der Automobile und Luftfahrzeugmaschinen hineinreichten. Zahllos waren die Unterbrechungen, die unsere Versuche durch die Unzuverlässigkeit der elektrischen Zündung erlitten. Alles mußte dazu damals neu ausprobiert werden, Materialien sowohl als Konstruktion. Denn die einfache Übertragung der in Frankreich bei den Lenoir-Maschinen bereits verwendeten elektrischen Zündapparate versagte bei den hohen Kompressionen und Temperaturen und unter den Voraussetzungen und Bedingungen unserer Versuche vollständig, obwohl ich von Paris von der mir befreundeten Pariser Gas-Compagnie einen Originalapparat mitgebracht hatte. Wegen eines möglichst feuerbeständigen Isolierungsmaterials korrespondierte ich gleich anfangs mit der Königlichen Porzellanmanufaktur sowie mit der Firma Siemens & Halske über Anwendung ihres elektrischen Minenzünders. Von Paris bezogen wir die stärksten Rumkorff-Induktoren, um bei hoher Kompression und dadurch sehr gesteigerten Temperaturen starke, mit sicherer Regelmäßigkeit überspringende Zündungsfunken zu erzielen.

Auch wurden die Versuche wiederholt, die ich anfangs mit der kontinuierlichen Zündung im Versuchsapparat, nämlich mit glühenden Platindrähten, später an der Benzmaschine mit glühenden Platintiegeln gemacht. Endlich wurde sogar der Gedanke ausgeführt, Induktionsspulen in dem Schwungradkranz einer Versuchsmaschine anzubringen und sie zwischen festen Magneten hindurchsausen zu lassen, um dadurch möglichst kräftige Funken für unsere Hochdruckmaschine zu erzeugen. Und wie es mit der elektrischen Zündung ging, so begannen schon damals die Schwierigkeiten mit den Stopfbüchsen für die Hochdruck-Gaspumpe, die für den Arbeitszylinder bis in die neuere Zeit der doppeltwirkenden Viertaktmotoren hineingespielt haben. Dann kamen die Versuche mit Kühlungen aller Art, insbesondere auch mit Wassereinspritzungen und Vorkühlung der Verbrennungsluft, alles Schwierigkeiten, die erst bei so hohen Kompressionen und Verbrennungstemperaturen wie den hier angewandten auftraten. Zentralschmierapparate und neue Bremsen wurden konstruiert usw., kurz, wenn wir nicht in den Herren Wagener und Lynen so trefflich vorgebildete Mitarbeiter gehabt hätten, wäre es uns kaum möglich gewesen, in dem kurzen Zeitraum von 4 Jahren in der neuen Versuchsstation so viele Maschinen mit so zahllosen Detailabänderungen durchzuführen. Auch waren wir insofern noch von großem Glück begünstigt, als niemand von den die Versuche ausführenden Herren bei den ungewöhnlich hohen Verbrennungsdrucken und bei den noch immerhin sehr provisorischen Einrichtungen ernstlich zu Schaden kam.

Ein interessantes und erfolgreiches Nebenergebnis der Versuche dieser Zeit möchte ich hier nicht unerwähnt lassen, nämlich die Konstruktion des seither ganz allgemein eingeführten Junkersschen Kalorimeters. Denn da wir in dieser Station nicht nur mit Steinkohlengas operierten, sondern auch Generatorgase mit Anthrazit und Koksfeuerung zum Vergleich heranzogen, so war eine sichere dauernde Kontrolle ihrer Heizwerte mit einem bequemen, schnell zu handhabenden Apparat unerläßlich. Und aus diesem bringenden Bedürfnis heraus entstand während unserer Versuche das Junkerssche Kalorimeter, dessen durchaus zuverlässige Resultate in einem Briefe von Professor Slaby vom 12. Oktober 1892 bestätigt wurden.

Von den Hauptresultaten unserer Versuche dürfte heute noch die für 100 PS konstruierte erste Doppelkolbenmaschine interessieren. Herr W. Lynen, jetzt Professor an der Technischen Hochschule in München, hatte auf Grund unserer bisherigen Erfahrungen eine Reihe von schematischen Skizzen für den Neubau einer „Hochdruckgasmaschine" aufgezeichnet. Wir wählten davon die Doppelkolbenmaschine aus, deren Urform mir persönlich als stehende Dampfmaschine, als sog. „Hammermaschine", in Dinglers Polytechnischem Journal zum erstenmal begegnet und für unseren Fall besonders gut verwendbar erschienen war. Denn diese Bauart der gegenläufigen Kolben verwirklichte meine von vornherein schon durch die Wahl des Zweitaktes festgehaltene Absicht, einen im Verhältnis zur Leistung möglichst geringen Zylinderdurchmesser zu erzielen, indem die Verbrennungsgase auf zwei, und zwar gegenläufige Kolben drückten. Durch den relativ geringen Zylinderdurchmesser war auch eine leichtere Kühlung der eingeschlossenen Verbrennungsgase durch die Zylinderwandung sowie der Kolben möglich, und die Verteilung des gesamten Hubes auf 2 Kolben ließ eine hohe Tourenzahl zu. Es ergab sich auch zwischen den Kolben ein außerordentlich günstiger Verbrennungsraum ohne schädliche Nebenräume. Die an den gegenüberliegenden Enden desselben von uns angeordneten Ein- und Auspuffschlitze ließen eine ideale, vollständige Ausspülung des Verbrennungsraumes zu. Ferner ließ sich mechanisch durch die eigenartige Verbindung der beiden Kolben mit

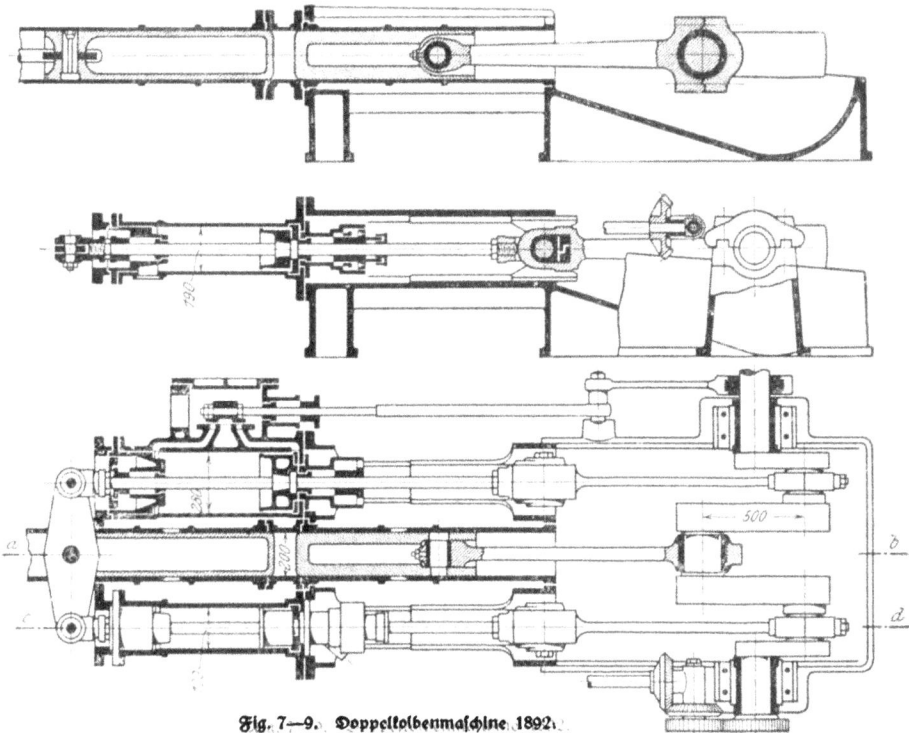

Fig. 7—9. Doppelkolbenmaschine 1892.

einer dreifach gekröpften Welle ein sehr weitgehender Massenausgleich erzielen. Der Arbeitszylinder war an beiden Seiten offen, die Kolben leicht auswechselbar, kurz, es ergaben sich alle die Vorteile, die zur Genüge aus der Literatur und den heftig darüber geführten späteren Konkurrenzkämpfen bekannt geworden sind.

Das Modell dieser ersten Doppelkolbenmaschine vom Jahre 1892 (System Oechelhaeuser und Junkers) zeigt Fig. 7 bis 9.

Die überaus günstigen ökonomischen Ergebnisse und Diagramme waren u. a. eine Folge der von vornherein angestrebten hohen Kompression, die hier 19 Atm. und einen Verbrennungsdruck bis 68 Atm. erreichte. Wir hatten deshalb diese kleine Maschine, die bei nur 200 mm Zylinderdurch-messer 100 PS erreichte (Modell VI), unsere „Kanone" getauft, und es wurde von allen Ingenieuren, die sie damals

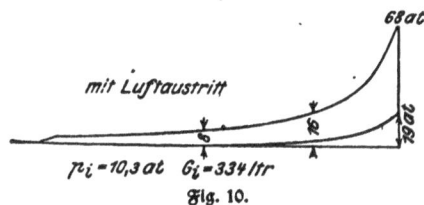

mit Luftaustritt

$p_i = 10,3$ at $G_i = 334$ ltr
68 at

Fig. 10.

im Betriebe sahen, bemerkt, daß man beim Auflegen der Hand auf den Arbeits-zylinder während des Betriebes trotz des hohen Verbrennungsdruckes nicht die geringste Erschütterung wahrnahm. Eins der erhaltenen Diagramme zeigt Fig. 10.

Um die in diesem Diagramm vorliegenden Resultate namentlich aus der damaligen Zeit heraus zu verstehen und zu würdigen, seien sie nebeneinander gestellt mit denen eines Diagramms, das wir zu gleicher Zeit (1891) und zum Vergleich an einem 60pferdigen „Otto-Motor" der elektrischen Zentrale zu Dessau nahmen (Fig. 11).

In Fig. 12 hat Junkers beide Diagramme in einem Bild vereinigt.

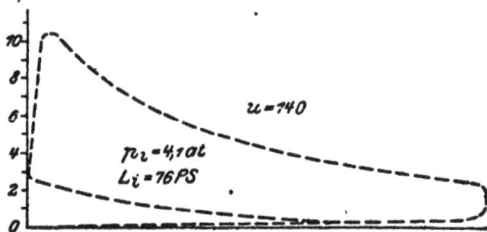

Fig. 11.

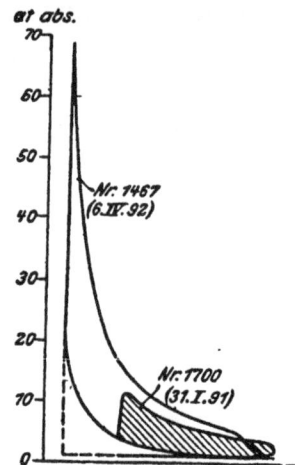

Fig. 12.

Einen zahlenmäßigen Vergleich beider Diagramme bietet die nachfolgende Zusammenstellung:

	Otto-Motor (Zwilling)	Oechelhaeuser- und Junkers-Motor (Einzelzylinder)
Indizierte Pferdestärke	76	116
Durchmesser des Arbeitskolbens . . .	410 mm	200 mm
Kompressionsspannung	2,5 Atm.	19 Atm.
Höchster Verbrennungsdruck	10 „	68 „
Mittlerer Verbrennungsdruck	4,1 „	10,3 „
Umlaufzahl in der Minute	140	160
Gasverbrauch für die indizierte PS-Std.	624 Liter	334 Liter

(ohne die Arbeit der Ladepumpen, die bei den späteren Maschinen mit 10 bis 15% festgestellt wurde).

Bei der neuen Maschine war also schon allein die Vorkompression der Ladung fast doppelt so hoch wie beim Ottosystem der Verbrennungsdruck, und dieser fast siebenmal so groß bei der neuen Maschine gegenüber der alten. Der Brennstoffverbrauch war auf rd. 60% herabgemindert. Bei unseren späteren und allen neueren Großgasmotoren sind diese Drucke wesentlich geringer.

Wir gingen nach diesem ersten durchschlagenden Erfolg bezüglich Ökonomie und Konstruktion nun daran, eine neue, größere Doppelkolbenmaschine zu konstruieren für nom. 200 PS, die nach einem von uns mit der Berlin-Anhaltischen Maschinenbau Akt.-Ges. abgeschlossenen Vertrag von ihr in Dessau erbaut werden sollte. Gleichzeitig hatte damals die Deutzer Gasmotoren-Fabrik durch ihren verstorbenen Direktor Schumm den Wunsch geäußert, den alleinigen Bau unserer Maschinen zu übernehmen. Wenn wir schweren Herzens auf diese verlockende Aussicht verzichteten, so geschah es, weil sowohl Herr Junkers als ich den lebhaften Wunsch hatten, die Weiterentwicklung der Maschine in Dessau unter Augen zu behalten. Das neue Modell der Dop-

peltolbenmaſchine (Mod. VII) wurde auf dem Probierſtand der Bamag
in der Deſſauer Filiale am 25. Mai 1893 in Gang geſetzt und am 2. Oktober
vorübergehend mit 210 PS belaſtet, wobei die damals außergewöhnlich niedrige
Verbrauchsziffer von 400 Liter Leuchtgas für eine effektive PS erzielt wurde
(Fig. 13 und 14)[1].

Noch in demſelben Monat (17. Oktober 1893) ſchrieb der Generaldirektor
der Bamag, der verſtorbene Emil Blum, an Geheimrat Slaby: „Die 200 PS-
Maſchine Oe. und J. iſt nunmehr ſo weit, daß wir dieſelbe Ihrem ſachver-

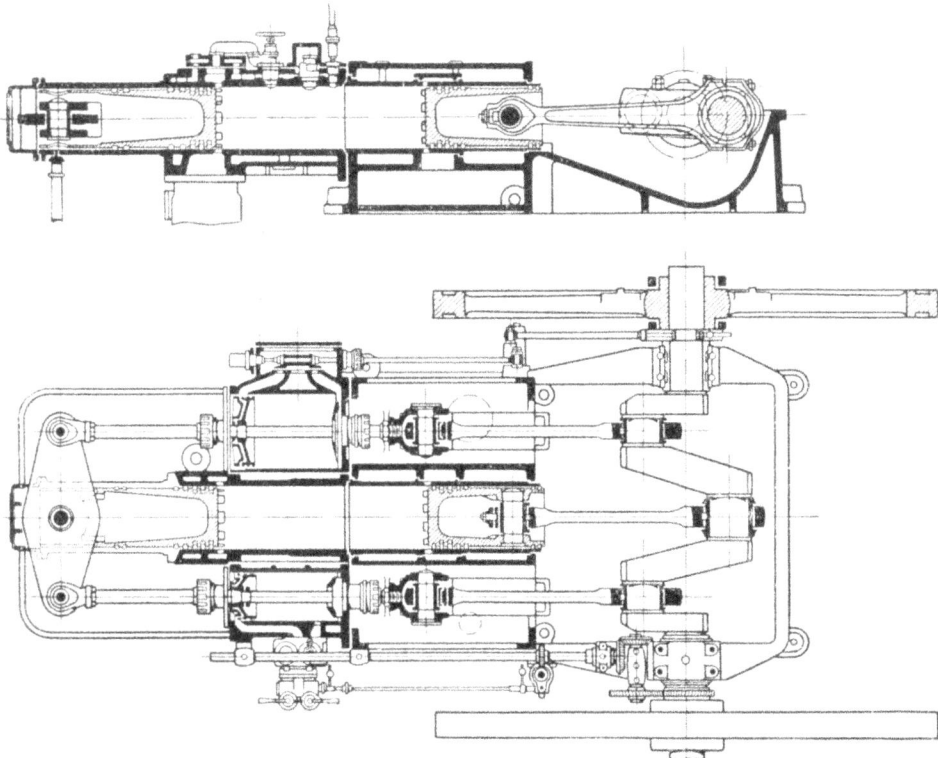

Fig. 13 und 14. Oechelhaeuſer & Junkers Doppelkolbenmaſchine am 25. Mai 1893.

ſtändigen Urteile unterwerfen können.“ Auch Profeſſor Riedler ſollte zugezogen werden. Jedoch allerlei Störungen und beſonders auch vielfache Vor-
zündungen, ſobald wir eine Belaſtung von 170 bis 180 PS überſchritten, ließen
einen Dauerbetrieb in der Sicherheit, wie er für wiſſenſchaftliche Abnahmever-
ſuche unerläßlich war, nicht zu. Da außerdem Herr Junkers und ich uns
von vornherein zum Prinzip machten, nicht eher etwas zu veröffentlichen,
bevor wir nicht eine wirklich einwandfrei laufende und für die Praxis brauchbare Maſchine hätten, ſchien uns der Zeitpunkt für eine allgemeine Veröffentlichung noch nicht gekommen. Wir mußten uns deshalb entſchließen, Slaby
am 23. Januar 1894 abzuſchreiben. Gleichzeitig wurde beſchloſſen, zur ſchnel-

---

[1] Die Beſchreibung der Maſchine darf nach den vielfachen Veröffentlichungen als bekannt
vorausgeſetzt werden.

leren Ausbildung gewisser Einzelheiten erst noch eine 25 pferdige Versuchs-maschine (Mod. VIII) zu erbauen, da es sich bei Ausbildung der technischen Details des großen Modells von nom. 200 PS als ein erheblicher Übelstand herausgestellt hatte, daß nicht gleichzeitig eine kleinere Maschine desselben Systems vorhanden war, an der manche Einzelheiten viel schneller und billiger festgestellt werden konnten.

Das Teilhaberverhältnis zwischen Herrn Junkers und mir vom Jahre 1890 hatte bei Übergang der Konstruktionen und Versuche an die Bamag bereits am 17. April 1893 seine Endschaft erreicht, und Herr Junkers zeichnete nun wieder als selbständiger Zivilingenieur. Herr Regierungsbaumeister Lynen trat in den Dienst der Bamag über und leitete jene Versuche dort weiter mit Unterstützung des bei mir verbliebenen Herrn Wagener.

Während des Baues und Betriebes des nom. 200 pferdigen Modells hatte sich nun leider herausgestellt, daß bei der Berlin-Anhaltischen Maschinen-bau-Akt.-Ges., die mir von meinem Hauptberuf her nahestand, die Gasmaschinen-abteilung doch nur eine stiefmütterlich behandelte Nebenabteilung war, für welche man die beim Großgasmaschinenbau anfangs unerläßlich großen Opfer nicht zu bringen vermochte. Ich mußte deshalb den Bau und die Versuche an dieser neuen 25 pferdigen Versuchsmaschine wieder auf eigene Kosten über-nehmen. Gleichwohl werde ich stets dankbar der persönlichen und sachlichen Unterstützung des an diesen Verhältnissen nicht schuldigen sachkundigen Direktors Herrn Geheimrat Roth und seines trefflichen, inzwischen verstorbenen Ober-ingenieurs Lefèvre gedenken, von denen der letztere ein fast ebenso lebendiges Interesse an dem Gelingen einer Großgasmaschine zeigte wie wir selbst. Bei-nahe wäre er bei einem dieser Versuche in der Bamag, schwer verletzt, ums Leben gekommen.

Das Wesen der bisherigen Erfolge der nom. 200 pferdigen Maschine und ihren status quo charakterisierte Herr Lynen vor seinem Austritt aus der Bamag und vor dem beschlossenen Umbau der Maschine in einem Schluß-bericht vom 15. Februar 1894 u. a. dahin, „daß sie, abgesehen vom Zweitakt, mit starker Expansion arbeite (1 : 6, bei Ottos Viertaktmotor 1 : 2,5), mit hohem mittleren indizierten Druck von etwa 8 bis 10 Atm., bei Otto 4 bis 5 Atm., und infolgedessen kleines Arbeitsvolumen, d. h. kleinen Zylinderdurchmesser, und kleinen Hub habe. Durch die starke Ausnutzung der Gase entstehe ein geringer Gasverbrauch. Hierbei wirke günstig ein, daß die feuerberührten Flächen möglichst kleine seien — Kanäle und hohle Räume für die Ventile — wie bei Otto —, so daß der schädliche Einfluß der Wandungen möglichst gering sei. Die ins Kühlwasser eingeführte Wärme betrage nur 17%, bei Otto 45%. Als Nachteile wurden die für damalige Zeit hohen Drücke (14 Atm. Kompression und 45 Atm. Verbrennungsdruck) bezeichnet. Die hohen Drücke seien zwar ohne Einfluß auf den ruhigen Gang, erforderten aber sehr sorgfältige Dichtungen. Ferner führten die hohen Temperaturen leicht Selbstentzündungen herbei, bedürften also einer sehr rationellen Kühlung. Er habe aber die volle Über-zeugung, daß der Betrieb solcher Maschinen mit dem angegebenen Expansions-grad möglich sei, also ein vollständig regelmäßiger Gang, Schmierung aller bewegten Teile, sichere Dichtung und ausreichende Kühlung, so daß keine Selbstentzündungen entständen".

Vielleicht ist dies noch heute von einigem historischen Interesse zur Charakterisierung der Zeitverhältnisse vor Beginn der eigentlichen Großgasmaschinenperiode.

Am 15. März verließ Herr Lynen seine Stellung bei der Bamag, am 29. Dezember desselben Jahres erfolgte die Inbetriebsetzung der vorerwähnten neuen kleinen 25pferdigen Maschine, und am 12. Januar 1895 wurde zum erstenmal ihre volle Leistung gebremst. Die Sondererfahrungen, die an dieser Maschine gemacht waren, wurden beim Umbau der nom. 200pferdigen Maschine verwertet, so daß diese (29. Februar 1896) drei Stunden lang 186 eff. PS zu leisten vermochte. Die natürliche Grenze der Leistungsfähigkeit dieser Konstruktion, die sonach ungefähr bei 180 eff. PS für einen Dauerbetrieb mit Leuchtgas lag, konnte also auch jetzt, nach vollzogenem Umbau, nicht überschritten und die nominelle Stärke von 200 PS nicht effektiv erreicht werden. Die Zeit der Großgasmaschine brach, wie die Folgezeit lehrte, erst mit der Verwendung der sog. armen Gase an.

Damit war der erste Hauptabschnitt meiner, mit ausgezeichneten Mitarbeitern unternommenen Versuche nach achtjähriger Arbeit abgeschlossen, und schien dies zunächst auch ein völliger Abschluß zu sein, ohne das Ziel: eine wirkliche Großgasmaschine, trotz mancher Einzelerfolge, erreicht zu haben.

Inzwischen war nun auch im Gasfach eine Wendung eingetreten, die alle meine Hoffnungen und Vorausberechnungen, wenigstens für die mit Leuchtgas (Steinkohlengas) zu betreibende Großgasmaschine, über den Haufen warf. Ich hatte, wie schon angedeutet, die ganze Beschäftigung mit den Großgasmaschinen in der Hauptabsicht unternommen, um für die unter der steigenden elektrischen Konkurrenz vielleicht in Bedrängnis geratene Gasindustrie ein neues großes Absatzgebiet zu schaffen. Durch die bald nach Beginn meiner Versuche in Erscheinung getretene Erfindung des Gasglühlichtes durch Auer von Welsbach war indes das Steinkohlengas inzwischen wieder eine so gesicherte und geschätzte Beleuchtungsquelle geworden, daß vernünftigerweise an eine weitere Herabsetzung der Gaspreise nicht gedacht zu werden brauchte. Und eine ganz wesentliche Herabsetzung der Preise war die unerläßliche Voraussetzung für den Betrieb von Großgasmaschinen mit Steinkohlengas gewesen. Jetzt aber, nachdem das Steinkohlengas im Auerbrenner einen so vielfach höheren Lichteffekt ergab, stieg es außerordentlich im Werte, und es dachte niemand mehr daran, die Gaspreise für Kraftbetrieb, die ohnehin schon als Extrapreise auf 10 bis 12 Pf. pro cbm ermäßigt waren, noch weiter herabzusetzen. Man hätte auf etwa 5 Pf. kommen müssen, um wirklich große Gasmaschinen rationell betreiben zu können! Damit war mein Berufs-, nicht aber mein Interesse als Ingenieur zunächst erledigt. Herr Junkers war bereits drei Jahre vorher aus unserer Arbeitsgemeinschaft ausgetreten, und die Bamag hatte das Interesse an einer Großgasmaschine mit unwirtschaftlichem Leuchtgasbetrieb begreiflicherweise verloren.

Ich kann indes diesen Abschnitt der Entwicklungsgeschichte meiner Gasmaschine nicht verlassen, ohne hervorzuheben, in wie harmonischer Weise die
Mitarbeit der Herren Junkers, Lynen und Wagener allezeit mit
mir verlaufen. Ich persönlich schätzte an diesen Mitarbeitern nicht nur das
gründliche theoretische Wissen, die vorzügliche Beobachtungsgabe, das praktische Können, sondern mindestens ebensosehr auch den Charakter. Denn gerade
bei dem berüchtigten „Erfinden", bei dem Ehrgeiz und Eitelkeit eine so große
Rolle spielen und wo die Stimmungen bei tausenderlei kleinen und großen
Schwierigkeiten immer zwischen Himmelhochjauchzen und Zum-Tode-betrübt-
sein wechseln, gerade da zeigen sich die Charaktere von ihrer stärksten oder aber
auch von der schwächsten Seite. Das, was hier in der gemeinsamen Arbeit
alle bewegte, war immer die strenge Sachlichkeit, mit der jede Frage und Mei-
nungsverschiedenheit behandelt wurde, getragen von der gemeinsamen Begeisterung für einen zu erhoffenden großen Fortschritt! Und darum erfüllt
es mich noch heute mit einer gewissen Genugtuung, daß unsere gemeinsame
Jugendarbeit vielleicht mitbestimmend dafür war, daß die drei genannten
Herren als ordentliche Professoren Zierden der Technischen Hochschulen von
Aachen, München und Danzig geworden sind.

Herr Wagener blieb noch eine ganze Reihe von Jahren mit mir auf demselben Gebiete tätig und zunächst noch in Diensten der Bamag, um zwei Jahre
später die wirkliche erste Großgasmaschine aus der Taufe zu heben. Denn ich
selbst hatte zwar nach den Erfolgen des Auerlichtes keine Veranlassung mehr
für Schaffung einer Großgasmaschine als Generaldirektor einer Steinkohlen-
gasgesellschaft, wohl aber als Ingenieur das Interesse für die Verwendung
ärmerer Gasmischungen und damit auch ärmerer Gase behalten und gerade
dafür auch meine erfolgreichen Versuche im Verbrennungsapparat gemacht.
Dazu kam noch, daß um diese Zeit die großen Generatoranlagen sowohl in England unter Vorantritt von Dowson, als namentlich auch in Frankreich einen
großen Aufschwung genommen hatten. Dann trat auch mit einem Male noch
ein ganz besonderer Anlaß zur Weiterverfolgung meiner Pläne dadurch ein,
daß der verstorbene Ludwig Löwe, der zum Aufsichtsrat der Bamag gehörte
und von meinen Versuchen Kenntnis erhalten hatte, mir unterm 7. März
1896, also etwa zwei Jahre nach Beendigung der Versuche mit den Herren Junkers und Lynen, schrieb, daß seine Aktiengesellschaft Ludwig Löwe & Co.
seit einiger Zeit in Verhandlung mit dem Hörder Bergwerks- und Hüttenverein
wegen Lieferung einer großen Kraftübertragungsanlage stände, und daß er Herrn
Betriebsdirektor Michler von Hörde, welcher sich vorerst über die vorteilhafteste
Art der Krafterzeugung klar werden möchte, veranlaßt hätte, sich wegen Lösung
dieser Frage mit mir in Verbindung zu setzen. Dieser Besuch fand am 11. März
1896 in Dessau statt. Ich trug hierbei meine Ideen vor: wie unsere bisher mit
Leuchtgas betriebene Doppelkolbenmaschine (Oechelhaeuser & Junkers) als Versuchsmaschine für direkte Verbrennung von Hochofengasen in Hörde vorläufig
umgeändert und als Hochofengasmaschine später neugestaltet werden könnte.

Eingeschaltet sei hier, daß der Hörder Bergwerks- und Hüttenverein bereits
im Oktober 1895, und zwar als erste Firma in Deutschland, mit Versuchen

zur direkten Verbrennung der Hochofengase in Gasmaschinen statt der Verbrennung unter Dampfkesseln vorangegangen war, und zwar durch Aufstellung einer 12 PS-Gasmaschine, System Otto. Dadurch waren die Herren in Hörde für diese bedeutende Zukunftsmöglichkeit gründlich vorbereitet, so daß der Direktor der Dessauer Filiale der Bamag, der energische Herr Roth, bereits Ende desselben Monats eine Vereinbarung zur Überführung der auf dem Probierplatze der Bamag in Dessau stehenden Oechelhaeuser- und Junkers-Maschine nach Hörde treffen konnte.

Die Versuche fanden von unserer Seite unter Leitung des Herrn Wagener und des Herrn van Vlothen vom Hörder Bergwerks- und Hüttenverein vom 1. bis 18. Juni 1896 statt und fielen so befriedigend aus, daß diese bedeutende montane Gesellschaft nunmehr zum Bau der ersten großen elektrischen Zentralstation mit Hochofengasmaschinen in Europa überging.

Unsere Doppelkolbenmaschine, die mit Steinkohlengas 180 PS geleistet hatte, ergab mit Hochofengas, entsprechend dessen geringerem Heizwert, 120 eff. PS. Bereits am 1. August wurde zwischen dem Hörder Verein und der Bamag ein Vertrag auf Lieferung von vier Zwillingsmaschinen von je 600 PS abgeschlossen. Herr Wagener berichtete über die neuen Maschinen in seinem Vortrag auf der Kölner Versammlung des Vereins deutscher Ingenieure (1900)[1]) folgendes: „Die Einrichtung der neuen Maschinen mußte den Versuchsergebnissen entsprechend grundsätzliche Änderungen erfahren. Es ergab sich daraus ein in bezug auf die Einführung des Gemenges grundsätzlich neues Maschinensystem usw." In eben diesem Zitat meines früheren Mitarbeiters, der sich stets durch unabhängige, offene Meinungsäußerung mir und der Öffentlichkeit gegenüber auszeichnete, findet man schon den später eine Zeitlang bestandenen Irrtum aufgeklärt, als wenn es sich bei meinen definitiven Hörder Maschinen lediglich um eine Aptierung der alten Oechelhaeuser- und Junkers-Maschine an die Verhältnisse des Hochofengases gehandelt hätte. Sicherlich war dies der Zweck. Aber, um ihn mit der Doppelmaschine wirtschaftlich und technisch einwandfrei zu erreichen, mußte die ganze Grundlage der Maschine, nämlich ihr Arbeitszyklus, verändert werden. Und der Arbeitsvorgang ist sonst doch gerade bei Verbrennungsmaschinen stets als eine grundlegende Hauptsache angesehen worden. In der alten Maschine wurde nämlich die Gasladung in einer besonderen Hochdruckpumpe, die unmittelbar neben dem Arbeitszylinder saß, auf 10 bis 13 Atm. verdichtet und gegen Ende der Vorkompression der Luft im Arbeitszylinder mit einem Überdruck von 2 bis 3 Atm. in diesen übergeführt, und zwar mit einem besonders gesteuerten Gasüberströmventil. In den neuen Maschinen hingegen, die auf ausdrücklichen Wunsch der ausführenden Firmen meinen Namen führten — ich hatte andere Bezeichnungen vorgeschlagen —, geschah die gesamte Verdichtung des Brennstoffes und der Luft nur im Arbeitszylinder, so daß das Gas ebenso wie die Luft nur mit Niederdruck von $1/3$ bis $1/4$ Atm. in den Arbeitszylinder einzuströmen brauchten. Dadurch war der große und zum größten Teil

---

[1]) Beiträge zur Frage der Kraftgasverwertung, Stahl u. Eisen 1900, Nr. 21.

als Verlust zu rechnende Überdruck von 2 bis 3 Atm. zwischen
Gaspumpe und Arbeitszylinder vermieden. Er wäre im vorliegenden
Fall um so unwirtschaftlicher gewesen, als das Hochofengas nur etwa $1/5$ der
Heizkraft des bis dahin verwendeten Steinkohlengases besaß. Für Hochofengas hätte also die Gaspumpe für denselben Heizwert eine fünffach höhere Menge von Gas überdrücken müssen. Dieses Ziel der
Herabminderung des Druckes für eine fünffach größere Gasmenge von 10 bis
12 Atm. auf ½ Atm. konnte aber nur durch Einführung des Brennstoffes
während der Totpunktlage erfolgen, wo noch kein Gegendruck im Arbeitszylinder vorhanden war. Es wurde zu diesem Zwecke ein zweiter Kanal-
kranz im Arbeitszylinder für den Gaseinlaß ohne Ventil unmittelbar hinter
den Lufteinströmungsöffnungen angeordnet, so daß die neue Maschine statt
zwei, drei Kanalkränze, davon einen wie immer für den Auspuff, besaß. Der
Gaseinlaß konnte aber ebenso wie die Luftdurchspülung durch die Kolben der
Maschine mitgesteuert werden, und das besonders gesteuerte Gaseinlaßventil

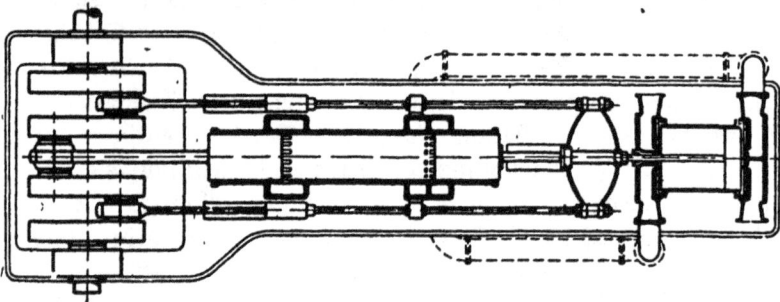

Fig. 15.　Schema der Oechelhaeuser-Maschine.

kam in Fortfall. Die Ladung und Arbeitsweise war sonach eine von dem
älteren Typus grundsätzlich verschiedene (Fig. 15).

Infolge des jetzt zur Ladung noch nötigen geringen Gasdruckes kam beim
Überdrücken des Gases aus der Pumpe nach dem Arbeitszylinder auch bei
einer größeren Entfernung beider kein irgendwie wesentlicher Spannungs-
abfall — der früher 2 bis 3 Atm. betrug — mehr in Frage. Dadurch war die
konstruktive Freiheit gewonnen, die Niederdruckgaspumpe ebenso wie die
Niederdruckluftpumpe weiter ab vom Arbeitszylinder zu legen. Damit fiel
ferner das für größere Maschinen sich immer schwieriger gestaltende sog. „Drei-
zylinderstück" fort. Ja, die Luft- und Gaspumpen konnten bei einer großen
Kraftzentrale für jede einzelne Maschine ganz in Fortfall kommen, indem
die Luftspeisung aus der großen Hochofengebläseleitung und die Gaszuführung
von einer zentralen Gasverteilung für mehrere Maschinen zusammen geschehen
konnte. Ersteres wurde in Hörde auch ausgeführt, während eine nähere Überlegung für eine zentrale Gasversorgung mehrerer Maschinen allerlei Schwierigkeiten in der Einzelregulierung derselben erkennen ließ. Immerhin konnte
nun die Niederdruckgaspumpe in Tandemanordnung hinter oder seitwärts
unter den Arbeitszylinder gelegt werden, so daß die ganze Maschine einen viel
einfacheren Aufbau erhielt. Schließlich war die neue Maschine durch Be-

seitigung des getrennten Gaseinlaßventils eine für den eigentlichen Kom-
pressions- und Verbrennungsvorgang völlig ventillose Maschine geworden.
Später, als man eingesehen hatte, daß die Abhängigkeit von den Hochofen-
gebläseleitungen für den Betrieb unvorteilhaft war, legte man für jede Maschine
eine besondere Luftpumpe in die Nähe des Arbeitszylinders.

Auf alle Fälle aber ergibt sich schon aus diesen Andeutungen, daß für die
600pferdige Zwillingsmaschine mit ihrer veränderten Arbeitsweise eine Neukonstruktion erforderlich war, wenn auch natürlich aus der älteren sehr wertvolle Erfahrungen in der äußeren Gestaltung der Steuerung und Kraftübertragung der beiden Kolben auf die dreifach gekröpfte Welle verwertet wurden.
Aber auch abgesehen von den grundlegenden Änderungen der neuen Hörder

Fig. 16.   600pferd. Gasdynamo (erste Großgasmaschine), in Betrieb gesetzt am 12. Mai 1898 im Hörder Bergwerks-
und Hüttenverein.   (Oechelhaeuser-Maschine, erbaut von der B.A.M.A.G. zu Dessau.)

Maschinen, war einzig und allein schon die verlangte Vergrößerung der Leistung des Arbeitszylinders von 180 auf 300 PS ein Problem und ein Risiko
für sich. Denn bisher hatte die Oechelhaeuser- & Junkerssche Maschine
trotz eines Umbaues nicht einmal von 180 auf die nominelle Leistung von
200 PS für den Dauerbetrieb gesteigert werden können, während gleich
die erste Hörder Zwillingsmaschine in jedem Zylinder statt 300 nom. 340 eff. PS
erreichte. Außerdem wurde bei dieser ersten Maschine eine neue besonders
schwierige Aufgabe gestellt und auch gelöst: sie sollte eine Wechselstrom-
dynamo in Parallelbetrieb mit Dampfmaschinen betreiben!
Das erforderte einen so hohen Gleichförmigkeitsgrad, wie er bisher nur von
der allerbesten Dampfmaschine erreicht war. Dadurch war auch die Zwillingsanordnung geboten, die wiederum neue Aufgaben für die gemeinsame Regulierung stellte. Denn keine noch so große Einzylindermaschine der Welt hätte
die erforderliche Gleichförmigkeit leisten können. Es handelte sich also bei diesem

Fig. 17. Zweiter Hörder Gasdynamo von 600 PS (System Oechelhäuser).

Zwilling nicht etwa nur um eine Kraftaddierung von 300 + 300 PS, sondern überhaupt um einen neuen Zwillingsorganismus. Seine späteren Ausführungen, bei denen die gesamten Schwungmassen in das Schwungrad der Dynamomaschine verlegt wurden, ergaben Ungleichförmigkeitsgrade von nur 1 : 350 und weniger. Das wurde auch von allen Kritikern stets ganz besonders anerkannt und hervorgehoben. Dazu kam, daß für diese Neukonstruktion mit der bis dahin unbekannten Maschinengröße von 600 PS noch nicht die kleinste Versuchsmaschine vorlag! Nur die große Sachkunde und das hierauf gegründete weite Entgegenkommen des damaligen Generaldirektors Cull und seines Ingenieurstabes, der Herren Michler und van Vlothen in Hörde, ließen die Anfangsschwierigkeiten verhältnismäßig schnell überwinden.

In dem vorhin schon genannten Vortrage des Herrn A. Wagener heißt es in Beziehung auf diese Gesamtlage: „Die Erbauung einer Gasmaschine, die hinsichtlich ihrer Größe zur damaligen Zeit alle anderen Ausführungen hinter sich zurückließ, die mit einem neuen Brennstoff gespeist werden sollte, die in ihrer grundsätzlichen Einrichtung eine ganze Reihe von bisher praktisch noch unerprobt gebliebenen Neuerungen aufwies, und die unmittelbar nach ihrer Herstellung, ohne auf dem heimischen Probierplatze auch nur eine einzige Umdrehung gemacht zu haben, in dem Maschinenhaus des Werkes, das sie bestellt hatte, aufs Fundament gesetzt wurde, dies Unternehmen bedeutete ein Wagnis, dessen Tragweite allen Beteiligten in ihrem ganzen Umfange vor Augen stand, das aber seine Berechtigung hatte und wohl eine mutige Tat genannt werden darf im Hinblick auf seine höhere Bedeutung, bahnbrechend mitzuarbeiten bei der Erschließung eines neuen, unserem wirtschaftlichen Leben reiche Erträge verheißenden Arbeitsfeldes."

Und während andere bald darauf in Konkurrenz tretende Systeme längst aus der Praxis verschwunden sind, konnten die drei ersten in Hörde zur Aufstellung gelangten 600pferdigen Zwillingsmaschinen bis zum Januar und Juni 1910, also zwölf bzw. zehn Jahre lang, in Betrieb gehalten werden. Daß sie allmählich den inzwischen wesentlich größer und ökonomischer gebauten Großgasmaschinen weichen mußten, versteht sich von selbst. Auch kam es aus demselben Grunde nicht zur Bestellung der im ursprünglichen Vertrage vorgesehenen vierten Maschine. Die Fig. 16 und 17 stellen die beiden ersten Hörder Maschinen dar.

Werfen wir nun noch einen kurzen historischen Rückblick auf die Größe der Maschineneinheiten, die früher und in anderen Ländern zur Verfügung standen. Ein gründlicher Kenner der hier in Betracht kommenden Verhältnisse, F. W. Lürmann, von dem in erster Linie in Deutschland der Gedanke und die Propaganda für die direkte Verbrennung der Hochofengase in den Maschinen ausging, sagte am 27. Februar 1898 auf der Hauptversammlung des Vereins Deutscher Eisenhüttenleute: „Mit der Gasleistung in einem Zylinder geht man bis jetzt nicht gern über 100 PS hinaus, weil sich dem Betriebe größerer Maschinen erhebliche Schwierigkeiten entgegenstellen. Es handelt sich aber im Eisenhüttenwesen nicht um Maschinen von 100 PS, sondern um Maschinen, welche xmal 100 PS entwickeln können."

Wenige Wochen darauf (12. Mai) lief bereits der erste Hörder Motor mit „dreimal" hundert effektiven Pferdestärken in einem Zylinder und „sechsmal" hundert in der Zwillingsmaschine. Die Größenentwicklung der Gasmaschine ist in der umstehenden Tabelle dargestellt und schließt sich hieran ein Überblick über die damaligen größten Leistungen der Gasmaschinen auf den Hüttenwerken Deutschlands.

F. W. Lürmann-Osnabrück berichtete am 23. April 1899 auf der Hauptversammlung des Vereins Deutscher Eisenhüttenleute in Düsseldorf[1]):

„Ich habe Anfang Dezember 1898 die 180pferdige Gasmaschine in Seraing im Betriebe gesehen.

Es sind in Deutschland im Betriebe:

1. Eine Zwillingsgasmaschine von 600 PS beim Hörder Bergwerks- und Hüttenverein in Hörde, gebaut nach dem Patent Oechelhaeuser von der Berl.-Anh. Masch.-Akt.-Ges. in Dessau.

2. Zwei Zwillingsmaschinen von 200 PS und zwei ebensolche von 300 PS bei der Oberschlesischen Eisenbahnbedarfs-Akt.-Ges. in Frie-

¹) Vgl. Stahl u. Eisen 1899, S. 474.

Entwicklung der Hochofengasmaschinen.
Zusammenstellung von W. v. Oechelhaeuser.

Effektive PS	Datum der Inbetriebsetzung	Bauart	Aufstellungsort	Erbauer
12[1])	Februar 1895	Otto	Wishow b. Glasgow	Thwäite-Gardener
12	12. Oktober 1895	Otto	Hörde	Deutzer Motorenfabrik
8[2])	20. Dezember 1895	Delamare-Deboutteville	Seraing	Société John Cockerill
120[3])	1. Juli 1896	Oechelhaeuser und Junkers	Hörde	Berl.-Anh. Masch.-Akt.-Ges.
180 bis 200[4])	11. April 1898	Delamare-Deboutteville	Seraing	Société John Cockerill
600 (2 Zyl.)[5])	12. Mai 1898	Oechelhaeuser	Hörde	Berl.-Anh. Masch.-Akt.-Ges.

denshütte bei Morgenroth. Diese sind von der Gasmotorenfabrik Deutz in Köln-Deutz nach ihrem System, also als Viertaktmaschinen ausgeführt.

3. Eine einzylindrige Deutzer Maschine von 60 PS bei der Gutehoffnungshütte in Oberhausen.

4. Eine Ottomaschine von 60 PS bei den Differdinger Hochofenwerken in Differdingen, geliefert von der Berl.-Anh. Masch.-Akt.-Ges. in Dessau.

5. Eine Maschine von 150 indiz. PS bei den Hochöfen der Gesellschaft Phönix in Bergeborbeck, Viertaktsystem, erbaut von den H. H. Hartley und Petyt in Bingley, England.

6. Gebr. Körting haben eine nach anderen Grundprinzipien konstruierte 500 PS-Maschine im Bau, die demnächst in Betrieb kommen wird."

Natürlich wird man in Entscheidung der Frage: welche Maschinengröße im Gasmaschinenbau zuerst als Großgasmaschine angesprochen werden darf, verschiedener Ansicht sein können. Meines Erachtens dürfte der objektivste Maßstab zu ihrer Beantwortung der sein, daß man sie in der Form präzisiert: welche Gasmaschine zuerst mit Erfolg als Maschineneinheit in einem Großbetrieb dauernd — also nicht bloß als Versuchsmaschine in der eigenen Fabrik — in Betrieb kam und in Betrieb blieb. Und diesen Maßstab glaubte ich der vorstehenden historischen Zusammenstellung zugrunde legen zu dürfen[6]).

---

[1]) Vgl. Stahl u. Eisen 1898, S. 499.

[2]) Vgl. Aimé Witz, Traité des Moteurs à Gaz 1899, Tome III, S. 76.

[3]) Journal für Gasbeleuchtung 1896, 12. Sept., S. 611.

[4]) Vgl. Aimé Witz, Traité des Moteurs à Gaz 1904, Tome II, S. 620.

[5]) Vgl. Journal für Gasbeleuchtung 1898, 12. Februar, S. 138.

[6]) Die Priorität der ersten Großgasmaschine überhaupt wurde für mein System nicht nur für Deutschland sondern auch für das Ausland von ersten Autoritäten anerkannt. Professor Eugen Meyer erklärte dies 1904 auf der Hauptversammlung des Vereins Deutscher Eisenhüttenleute in Düsseldorf. Professor Riedler behandelte diese Frage eingehend und in gleichem Sinne in seinem Werke „Großgasmaschinen" 1905, S. 180. In einer besonderen Anlage zu diesem Vortrage erlaube ich mir noch einiges Material hierüber aus der Literatur beizubringen.

Wie erklärt es sich nun, daß die Hörder Maschine trotz des angedeuteten Zeitrekords in Größe, Gleichförmigkeit und Regulierfähigkeit viel weniger Aufsehen in der technischen Welt der damaligen Zeit machte als die 1½ Jahre später in Seraing auf den eigenen Werken der Firma Cockerill in Betrieb gesetzte Maschine von 600 PS, zu der die Sachverständigen aller Nationen eingeladen wurden? Der Erklärungsgrund dürfte wohl der sein: die Hörder Maschine mußte wie das Veilchen im Verborgenen blühen, da die Geheimhaltung dieses ersten Erfolges der Verwendung der Hochofengase in Großgasmaschinen im Interesse und der ausgesprochenen festen Absicht des Hörder Bergwerks- und Hüttenvereins lag. Er hatte das große Risiko — die Bestellung von vier solchen Maschinen — gewagt und suchte nun begreiflicherweise auch den Vorsprung, der in einer viel ökonomischeren Verwendung der Hochofengase lag, für sich auszunutzen. Denn die theoretische Berechnung ergab schon damals, daß auf jede Tonne Roheisen, die täglich erzeugt wurde, ein jährlicher Mehrgewinn von M. 2160 kam. Daß aber dieser Vorsprung anderseits von den Fabrikanten meiner Maschine nicht genügend ausgenutzt wurde, lag leider daran, daß die sonst vortrefflich organisierte Bamag für das Gebiet des Großmaschinenbaues nicht das Kapital, die technischen Einrichtungen, die Erfahrung und Organisation besaß, um den Bau solcher Maschinen nun auch im großen Stil und schnell durchzuführen. Und es geschah auf Veranlassung dieser Firma selbst, daß sich aus den Firmen Union-Elektrizitätsgesellschaft (Löwe) und Siemens & Halske die „Deutsche Kraftgas-Gesellschaft m. b. H." bildete, die meine sämtlichen Patente erwarb und meine Großgasmaschine als „Oechelhaeusermotor" abstempelte.

Die neue Gesellschaft erließ am 16. September 1899 ein Zirkular, in dem sie die Ausnutzung jeglicher Kraftgase und prinzipiell der Hochofengichtgase zu motorischer und sonstiger Verwendung als ihre Aufgabe bezeichnete. „Insonderheit wird die Gesellschaft", wie es hieß, „ihre Tätigkeit der Umwandlung der Kraftgase in elektrische Energie unter Errichtung von elektrischen Zentralen zum Zwecke ökonomischer Kraftgewinnung und Ausnutzung an den einzelnen Verwendungsstellen auf Hüttenwerken widmen." Es war also eine Unternehmung, die leider nicht selbst Großgasmaschinen baute, sondern nur Lizenzen erteilte, und zwar nur in Verbindung mit elektrischen Lieferungen der beiden teilhabenden Firmen, was für die allgemeine und schnelle Verbreitung meiner Maschine gerade in der günstigsten, fast konkurrenzlosen ersten Zeit ein großes Hemmnis war. Gleichwohl bin ich dieser Gesellschaft und den hervorragenden Firmen, die sie stützten, für die große Energie, die sie für die Verbreitung meines Maschinensystems entwickelten, insbesondere auch dem damaligen Direktor, Herrn Plüschke, und seinen Oberingenieuren, meinem alten Mitarbeiter, Herrn A. Wagener, und Herr Friedrich Klönne (jetzt Direktor der Friedrich-Alfred-Hütte von Krupp) sehr zu Danke verpflichtet.

Den Bau der Maschinen nahmen mehrere erste Firmen in die Hand, und es waren insbesondere die Firmen C. Borsig und die Ascherslebener Maschinenbau-Aktien-Gesellschaft in Deutschland, sowie die in England sehr angesehene Firma Beardmore & Co. in Glasgow, die eine große Zahl ausgezeichneter

Maschinen lieferten. Einige Modelle solcher Maschinen zeigen die Fig. 18, 19 und 20.

Leider gestaltete sich vielfach die Inbetriebsetzung der Maschinen aus dem Grunde schwierig, weil man sich anfangs die Konstruktionsfreiheit, die die neue Maschine im Gegensatz zur Oechelhaeuser- und Junkers-Maschine gewährt hatte, nämlich die Gas- und Luftpumpen weiter ab vom Arbeitszylinder zu legen, zu sehr zunutze gemacht hatte. Auf den so entstandenen verhältnismäßig langen Leitungswegen traten ganz unvorhergesehene Schwingungen in den Luft- und Gaszuführungsleitungen ein, welche die Ladeverhältnisse und ihre Regulierung mitunter schwer kontrollierbar machten, zum mindesten aber erst ein längeres Ausprobieren erforderten. Diese erst allmählich erkannten Fehler vermied in vorbildlicher Weise gerade die größte Maschine,

Fig. 18.   500 pferd. Gebläsemaschine der Ilseder Hütte.   (Oechelhaeuser-Maschine von A. Borsig.)

welche überhaupt nach meinem System erbaut wurde: die einzylindrige 1800pferdige Maschine von A. Borsig, s. die Fig. 21 bis 24.

Bei der Borsigmaschine war man, wie schon früher bei anderen Ausführungen meines Systems, zur Geradführung des vorderen Kolbens zurückgekehrt, hatte also die Plungerkolbenordnung aufgegeben, die niemals wesentlich für meine Maschine war, so daß neuere Kritiker hierin längst überholt sind. Die Regulierung dieser großen Maschine arbeitet, wie die Praxis unter schwierigen Verhältnissen bestätigt hat, in einfacher und zuverlässiger Weise: indem die Ladung von Gas und Luft getrennt und die Regulierung beider durch Betätigung getrennter, in die Gas- und Luftdruckleitung eingebauter Rücklaufventile stattfindet. Die Gas- und Luftsammler sind hierbei unmittelbar an die betreffenden Pumpen angeschlossen und dadurch alle Schwingungen in Verbindungsröhren vermieden. Die Maschine

Fig. 19. 1000 pferd. Gasdynamo der Kraftzentrale der Ilseder Hütte.
(Oechelhaeuser-Maschine der Ascherslebener Maschinen-A.-G.)

wurde im Jahre 1906 von A. Borsig an meine englische Lizenzträgerin, die schon genannte Firma William Beardmore & Co. in Glasgow, verkauft, und als ich Anfang dieses Jahres[1]) — also nach acht Jahren — über ihren Betrieb und ihre Resultate Erkundigungen einzog, schrieb mir die Firma (unterm 23. Februar d. J.): es freue sie, mitteilen zu können, daß die große 1800 pferd. Maschine von Borsig noch Tag und Nacht in einem Blechwalzwerk arbeite. Die Belastungen und Geschwindigkeiten seien indes so verschieden, daß sie deshalb niemals irgendwelche Wirkungsgrade oder Resultate hätte veröffentlichen können.

Ebenso günstige oder noch günstigere Urteile erster deutscher Hüttendirektoren und bekannter Konstrukteure über langjährige Erfahrungen mit meinen Maschinen bis in die allerneueste Zeit hinein würde ich auch über andere Borsigmaschinen, sowie über die großen Maschinen der Ascherslebener Maschinenbau-Aktiengesellschaft bekanntgeben können, wenn es sich geziemte, sie in den Rahmen einer solchen Veröffentlichung aufzunehmen. Selbst ihre bloße An-

[1]) 1914.

Fig. 20. 1000 pferd. Oechelhaeuser-Maschine der Alpinen Montan-Gesellschaft in Donawitz (Steiermark).

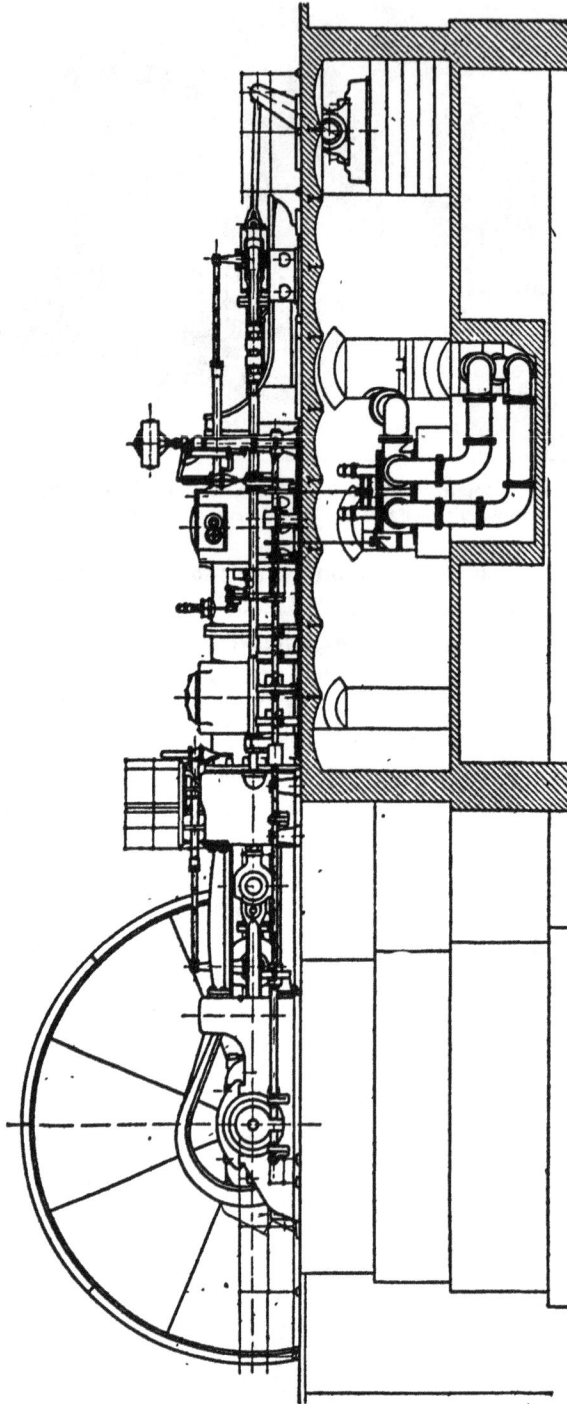

Fig. 21.

deutung geschah nur, um nachzuweisen, daß die inzwischen erfolgte Aufgabe des
Baues meiner Maschinen gerade zu der Zeit als ihre beste Ausbildung
alle technisch-mechanischen und wärmetheoretischen Vorzüge ver-

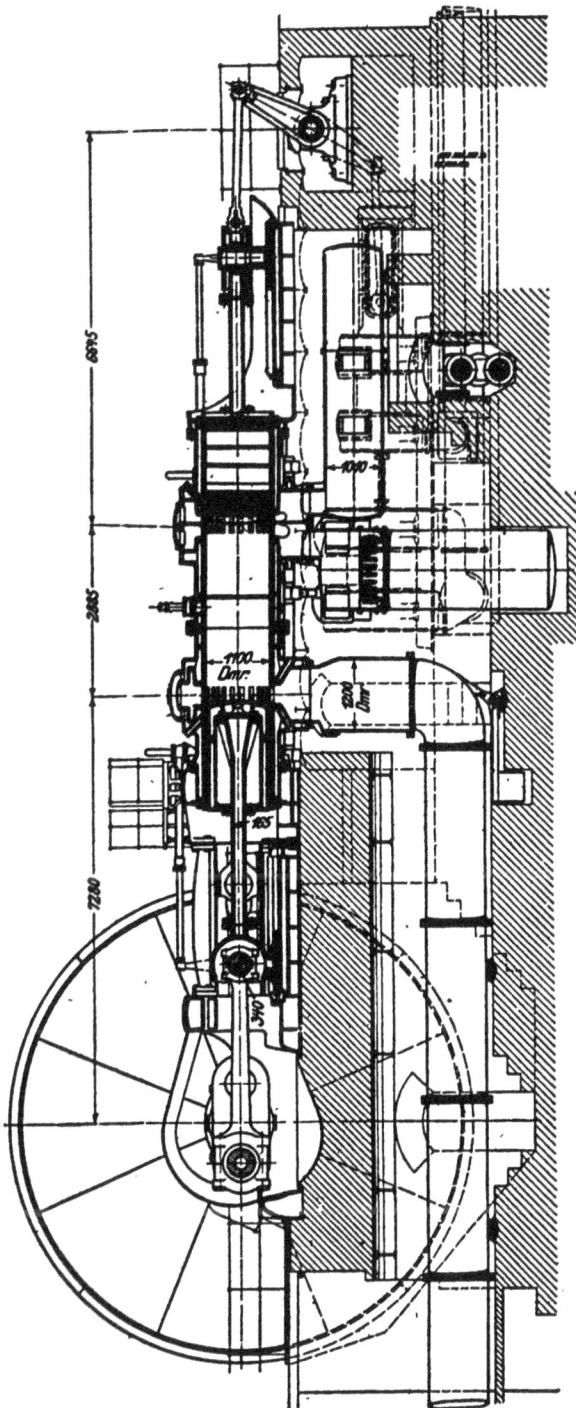

Fig. 22.

wirklichte, welche die früheren Prospekte meiner Lizenzträger und die Ver-
fechter meiner Maschine in der Literatur vertreten hatten, daß dieser Rücktritt
aus der Arena auf anderen und ganz besonderen Ursachen beruhte.

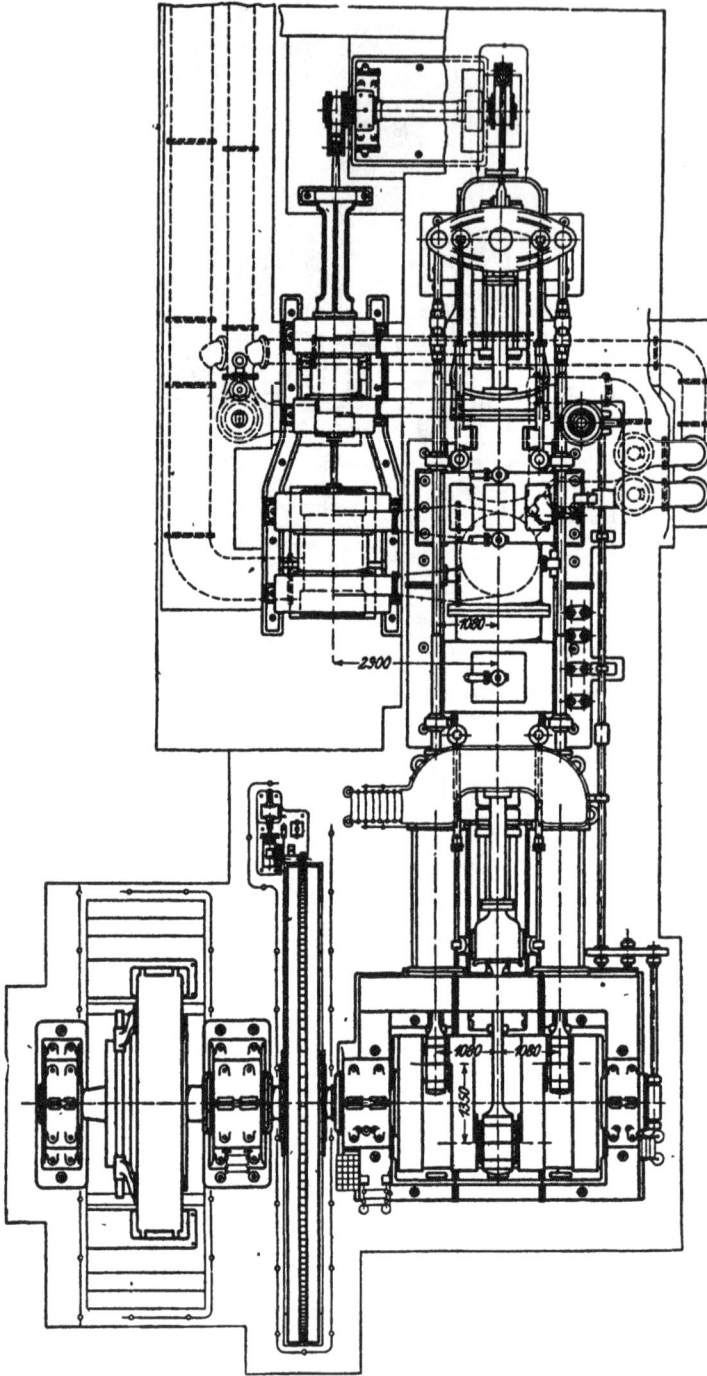

Fig. 23. Großgasmaschine von 1800 PS, System Oechelhaeuser. (Erbaut von A. Borfig.)

Soweit die Konstruktion dabei in Frage kommt, scheiterte die Maschine an der Gewichts- und Kostenfrage. Die neueren, der Dampfmaschine wieder angenäherten und in großem Stil durchgeführten und propagierten Großgasmaschinen waren in den Anschaffungskosten wesentlich billiger. Die beiden bedeutenden Firmen, die meine Maschine in Deutschland bauten, wollten angesichts der damals niedergehenden Konjunktur und einer bis an die Grenze des Verlustes gesteigerten Konkurrenz in Großgasmaschinen, sowie namentlich angesichtes des scharfen Wettbewerbes der mit immer größeren Betriebseinheiten auftretenden Dampfturbine die erheblichen Kosten nicht daran wenden, die eine rationelle neuzeitliche Umkonstruktion erforderte. Dazu kam, daß die Deutsche Kraftgas-Gesellschaft allmählich in Liquidation trat, nachdem sich herausgestellt hatte, daß ihr ursprüngliches Programm der General-Entreprise von Großgasmaschinen mit Dynamos und allem elektrischen Zubehör für beide Teile ein Hemmnis, und daß ein solches reines Syndikat ohne eigene, seiner Größe entsprechende Spezialfabrik nicht länger lebensfähig war.

Endlich nahm mein Hauptamt, die alleinige Leitung einer Gesellschaft mit einem investierten Kapital von ca. 65 Mill. M. meine Zeit und meine Arbeitskraft so vollauf in Anspruch, daß ich für die bisherige, so interessante Nebenbeschäftigung keine Zeit mehr erübrigen konnte. Ich mußte mich deshalb mit dem Gedanken trösten: „Ein jedes Ding hat seine Zeit und seine Wechsel!" (Eckermann). Denn wie schnell folgen in unserer unaufhaltsam fortschreitenden Zeit selbst ganze Maschinengattungen aufeinander, geschweige denn verschiedene Systeme einer und derselben Gattung. Innerhalb weniger Dezennien folgten auf die Dampfmaschinen: Gasmotoren, Luftdruckmotoren, Elektromotoren, Großgasmaschinen, Dampfturbinen und neuerdings Ölmaschinen!

Fig. 24. Großgasmaschine von 1800 PS, System Oechelhaeuser. (Erbaut von A. Borsig.)

Gleichwohl gab ich, wie schon früher, als die Versuche mit der 180pferdigen Oe.- und J.-Maschine abgeschlossen waren, auch jetzt, trotz aller entgegen-

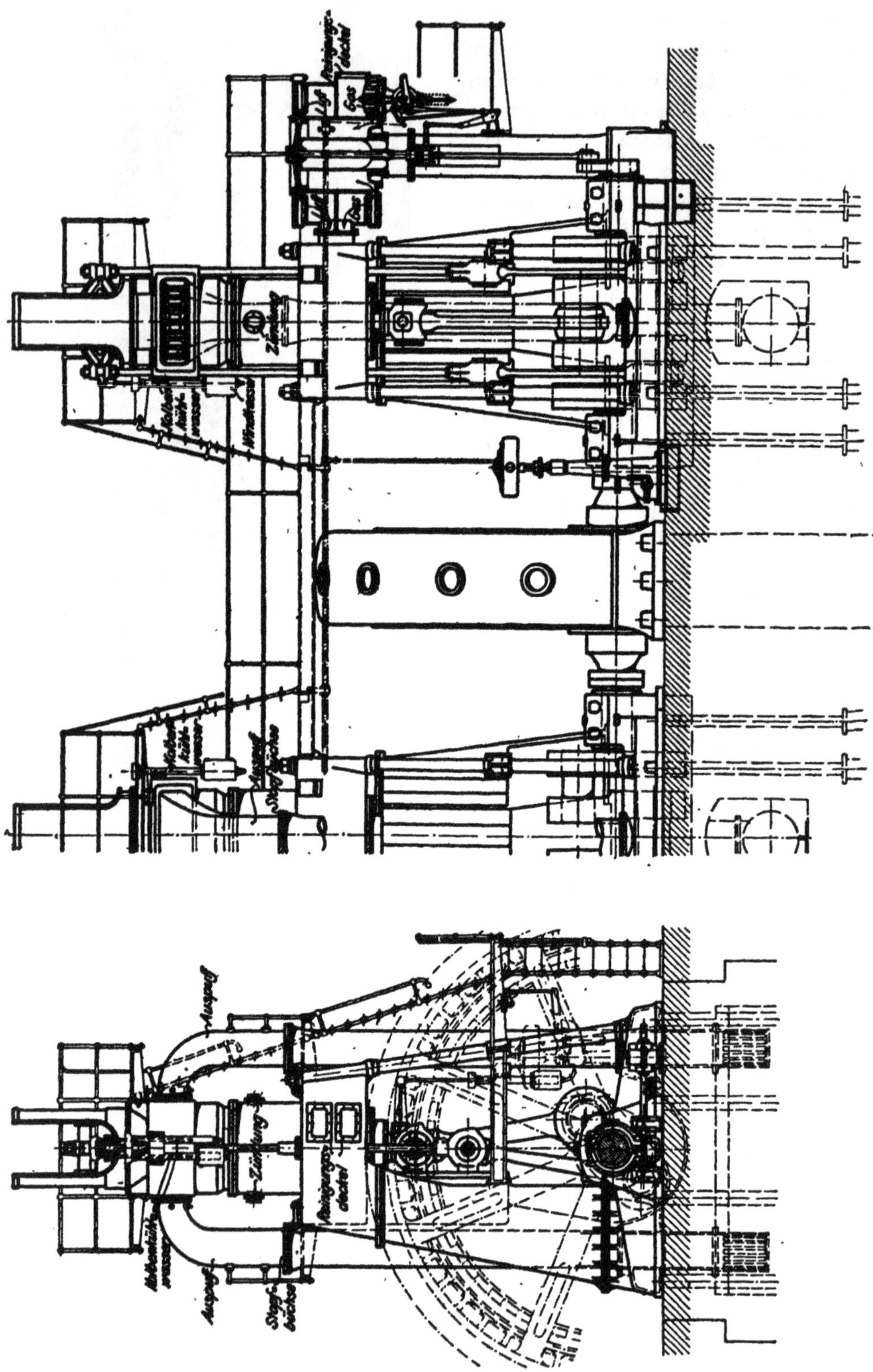

Fig. 25 und 26. Stehende Oechelhaeuſer-Maſchine mit Dynamo durchgekuppelt.

stehenden Hindernisse, die Weitererforschung des Doppelkolben-Zweitaktsystems mit selbststeuernden Kolben nicht auf. Mit dem inzwischen an der neuen Danziger Hochschule zum Professor ernannten A. Wagener und dem Ingenieur Herrn C. Steinbecker kam ich auf meine alte Lieblingsidee zurück: eine

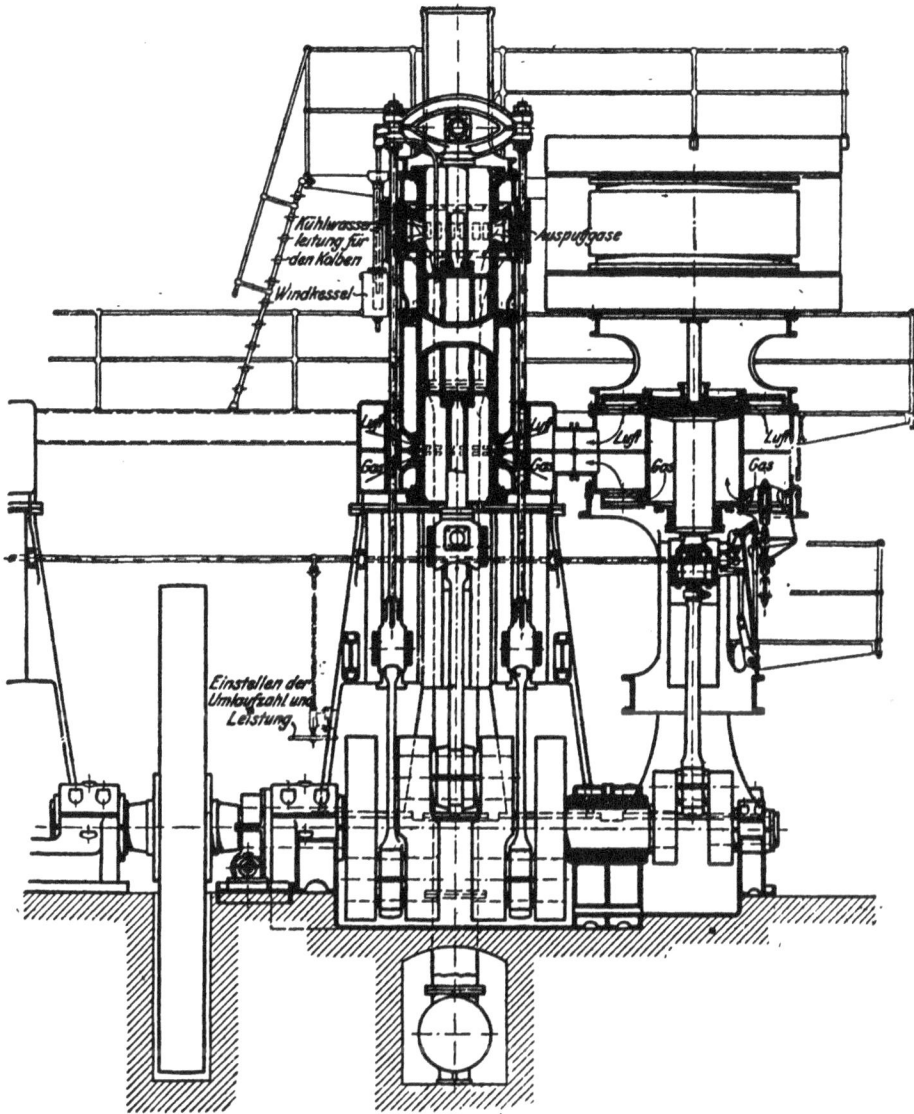

Fig. 27. Stehende Oechelhaeuser-Maschine mit Gebläse gekuppelt. Zwillingsanordnung.

stehende Großgasmaschine auszubilden. Denn die Form der vertikalen Doppel-kolben-Dampfmaschine, die ich schon aus Dinglers Polytechnischem Journal erwähnte, war für mich das Vorbild dieses ganzen Konstruktionstyps gewesen.

Nachdem mein alter Freund Wagener als Rektor der Danziger Hoch-schule am 20. Juni 1913 verschieden war — tief betrauert von mir und seinen zahlreichen Verehrern und Freunden —, da war es Herr Ingenieur Steinbecker, dem eine originelle konstruktive Lösung der stehenden Form des Doppelkolbenzweitakts gelang. Sie fand die ernsteste Beachtung angesehener Fabriken von Großgasmaschinen. Allein Dampfturbine und Ölgroßmaschine beherrschten damals schon zu sehr das Zukunftsbild.

In den Fig. 25, 26 und 27 ist diese 1000pferdige einzylindrige stehende Maschine mit Drehstromdynamos und mit Gebläse dargestellt. Durch eine sinnreiche Neukonstruktion ist die Maschine im Aufbau wesentlich verkürzt und dabei doch noch die Kreuzkopfführung des unteren Arbeitskolbens beibehalten.

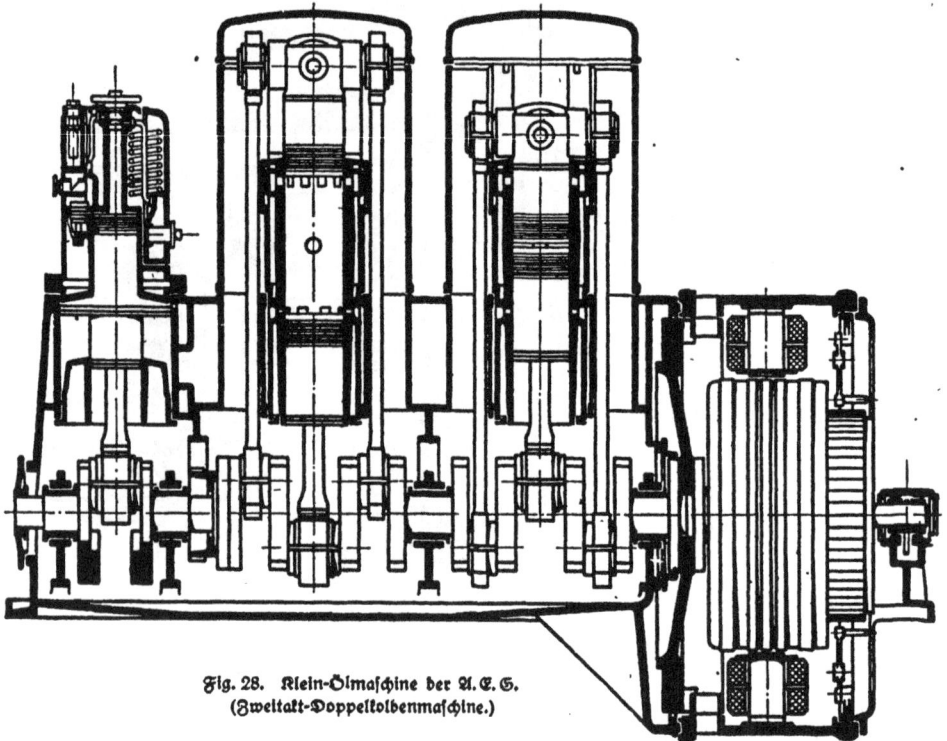

Fig. 28. Klein-Ölmaschine der A.E.G.
(Zweitakt-Doppelkolbenmaschine.)

Vielleicht eignet sich diese stehende Form auch für Großölmaschinen!

Diese Worte hatte ich längst die Schreibmaschine passieren lassen, als mir die bis dahin noch unbekannte A. E. G.-Zeitung (die Märznummer ds. Js.) zugeschickt wurde, in der ich zu meiner Freude als das Neueste auf dem Gebiet — und zwar zunächst der Kleinölmaschinen — eine stehende Zweitakt-Doppelkolbenmaschine mit selbststeuernden Kolben erblickte. Gerade die vielfach angegriffenen und doch so gut bewährten Konstruktionseinzelheiten der Oe.- und J.-Maschine kehren hier wieder: z. B. das obere Querhaupt mit den Seitenstangen und der dreifach gekröpften Welle — ja, man hat sogar für diesen kleinen Schnelläufer mit Recht die unteren Plungerkolben wieder eingeführt[1]).

Ein solches zweizylindriges Modell, in kompendiöser Weise direkt mit einer Dynamomaschine gekuppelt, entwickelt 60 bis 150 kW (Fig. 28).

---

[1]) Das Rätsel löste sich später für mich, als ich erfuhr, daß diese neue Kleinölmaschine nach einem neueren Patente meines früheren Mitarbeiters Hugo Junkers erbaut sei.

Ich zweifle nicht daran, daß, wenn, wie der Prospekt andeutete, demnächst größere stehende Ölmaschinen von 200 kW Größe ab erscheinen werden, sich dann alle Vorzüge der Zweitakt-Kolbenmaschine mit Schlitzkränzen in neuer Auflage erfüllen werden.

Die Maschine arbeitet nach dem Dieselverfahren, also mit Öleinspritzung im Totpunkt. Und wenn man die Diagramme bei schwacher Belastung mit ihrer fast momentan erscheinenden Einspritzung ansieht, so wird man unwillkürlich an die ersten Gaseinspritzungsversuche in meinem Verbrennungsapparat vom Jahre 1887 erinnert. Auch kehrte mir dabei ins Gedächtnis zurück, daß Diesel mir vor einigen Jahren einmal sagte, er habe bei Nachsuchung seines ersten Hauptpatents die größten Schwierigkeiten beim Patentamt dadurch gehabt, daß er seine Ansprüche gegen mein wesentlich früher angemeldetes Einspritzverfahren hätte abgrenzen müssen. Mir war davon offiziell auf patentrechtlichem Wege nichts bekannt geworden.

Und selbst das wesentliche Merkmal des Dieselmotors: die Selbstentzündung durch hohe Kompression, sie war bei meinen Versuchen mit Hugo Junkers ganz ohne unsere Absicht zufällig zu der Zeit schon erreicht, als wir in der schon anfangs erwähnten Hochdruckgasmaschine, in unserer „Kanone", mit so hohen Kompressionen arbeiteten. Denn diese Maschine lief damals auch ohne Induktionsfunken mit Selbstzündung — durch die hohe Vorkompression — arbeitsverrichtend und ohne die geringsten Stöße oder Zerstörungen weiter. Vgl.

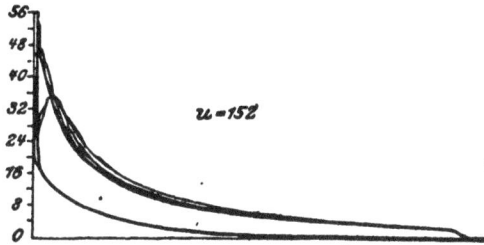

Fig. 29. Diagramm der ersten Hochdruckgasmaschine (der „Kanone").

das Diagramm Fig. 29. Das Diagramm ist vom 31. August 1891, also zwei Jahre älter als die erste Selbstzündung in einem Dieselmotor (10. August 1893)[1]. So nahe führte also die Praxis zwei von ganz verschiedenen theoretischen Grundlagen ausgegangene Versuche[2].

Wenn ich im Verlaufe dieses kleinen geschichtlichen Rückblickes meinen verdienstvollen Mitarbeitern in kurzen Worten gerecht zu werden versuchte, so darf ich schließlich einen Hauptmitarbeiter nicht vergessen, der mir von Anfang an bis zu Ende getreulich zur Seite gestanden hat: die Wissenschaft. Daß ich stets die innigste Fühlung mit ihren führenden Männern auf diesem Gebiete hielt, deutete schon meine fortlaufende Korrespondenz mit Adolf Slaby

[1] Vgl. Rud. Diesel, „Entstehung des Diesel-Motors", S. 16.
[2] Rud. Diesel schrieb mir am 7. Januar 1893 auf Anregung von Professor Slaby und Ingenieur Venator einen interessanten Brief, in dem er bei mir anfragte, ob ich geneigt wäre, behufs Verwertung seiner Patente in Unterhandlung mit ihm zu treten. Er besuchte mich bald darauf in Dessau. Glücklicherweise widerstand ich dieser interessanten Versuchung; denn ich ahnte damals schon, nach meinen eigenen Erfahrungen, die enormen Schwierigkeiten und Kosten, welche die Erfüllung dieses weit gesteckten Zieles mit sich brachte. Dafür genügten nur die Machtmittel eines Konsortiums Krupp-Augsburg-Nürnberg. Dazu kam, daß Diesel in dieser ersten Zeit die Verbrennung von Kohlenstaub in seiner Maschine noch in den Vordergrund rückte, was bei mir die größten Zweifel an der Ausführbarkeit erweckte.

an. Spätere Korrespondenzen führte ich mit Professor Eugen Meyer, der die ersten grundlegenden Versuche an meiner Maschine mit einer kaum zu übertreffenden wissenschaftlichen Genauigkeit angestellt hat, ferner eine vielfache Korrespondenz mit Aimé Witz (Lille), Schröter, Schöttler, Güldner und anderen hervorragenden Fachleuten. Aber trotz dieser Hochschätzung und Verehrung der Wissenschaft fand ich aus meiner Erfahrung, daß Professor Slaby recht hatte, wenn er sich lediglich darauf beschränkte, die vorhandenen Gasmaschinen und ihre Theorie wissenschaftlich zu prüfen und zu vertiefen, ohne aber der Gasmaschinenindustrie selbst als Wegweiser dienen zu wollen. Denn es bleibt nun einmal die alte Erfahrung bestehen, daß die Fortschritte der meisten Industrien von einer so großen Zahl wirtschaftlicher und sonstiger konkurrierender Verhältnisse abhängen, wie sie eine rein theoretisch-wissenschaftliche Untersuchung niemals umfassend genug voraussetzen und in Rechnung ziehen kann. Anderseits aber gibt es tatsächlich nur höchst selten noch einen Fortschritt, der nicht wie bei uns in Deutschland Hand in Hand mit der Wissenschaft gelingt, und nicht oft wird man in der Geschichte der modernen Industrie ein so erfolgreiches Zusammenarbeiten, ein solches gegenseitiges Sichdurchbringen und Befruchten von Wissenschaft und Praxis feststellen können als in der Entwicklung des Kleingasmotors zur Großgasmaschine!

Prüfe ich schließlich Anfang und Ende meiner Bestrebungen auf diesem Gebiete, so glaube ich, hier kurz zusammenfassen zu dürfen, daß, als ich mich im Sommer 1886 zu selbständigen Versuchen auf einem mir bis dahin gänzlich fremden Gebiete entschoß, damals für die elektrische Zentrale in Dessau nur 60pferdige Zwillingsmotoren mit je 30 Pferden Arbeitsleistung in einem Zylinder als größte Maschineneinheiten zur Verfügung standen. Zwölf Jahre darauf lief tatsächlich meine erste Großgasmaschine in Hörde mit der zehnfachen Zahl der Pferdestärken in einem Zylinder. Nach ferneren acht Jahren leistete die Borsigmaschine 1800 PS in einem Zylinder, also die 60fache Kraft[1]. Sie hält übrigens auch heute noch damit den Rekord der Leistung in einem Gasmaschinenzylinder, soweit mir die neuere Literatur darüber bekannt geworden ist[2]. Zirka 85000 PS wurden von meinen Lizenzträgern in die Welt gesetzt, und zwar ca. 37000 davon in Deutschland und ca. 48000 in England, Spanien, Frankreich, Italien, Österreich-Ungarn und Rußland.

---

[1] Wenn von Vertretern des doppeltwirkenden Viertaktsystems die Behauptung aufgestellt worden ist, „daß die ersten Großgasmaschinen vor rund 14 Jahren von den bisherigen Gasmaschinenfirmen derart hergestellt wurden, daß die Abmessungen der bewährten Kleingasmaschine entsprechend vergrößert wurden, ohne Rücksicht auf die anderen Bedingungen, welche der Großgasmaschinenbau stellt", so hat die vorstehende Darstellung der Entwicklung meiner Großgasmaschine wohl zur Genüge offenkundig gemacht, daß diese Behauptung zum mindesten auf meine Maschine nicht zutrifft. Denn die ursprünglich versuchte Benzsche Maschine wurde in Arbeitsweise und Konstruktion vollständig verlassen und statt ihrer lediglich aus dem Zweck der Großgasmaschine heraus eine durchaus eigenartige neue Maschine entwickelt, die mit der Konstruktion keiner früheren Gasmaschine auch nur die geringste Ähnlichkeit hat, geschweige denn als eine Storchschnabelvergrößerung irgendeiner älteren Maschine gelten kann. Auch von der Zweitakt-Gasmaschine Körtings kann dies wahrheitsgemäß nicht behauptet werden.

[2] In einer englischen Publikation der Firma Beardmore im Railway Journal vom 2. Juli 1904 heißt es: »For constant service the horse-power of this engine is 1500 average and 1800 maximum «.

Und wenn ich Ihnen heute mit solchen Ausführungen — wohl entgegen meiner sonstigen Gepflogenheit — allzu persönlich erschienen bin, so möge es meine Entschuldigung sein, daß ich heute zum erstenmal seit 28 Jahren das Wort in dieser eigenen Sache ergreife, abgesehen von meiner Beteiligung an einer zufälligen kurzen Diskussion auf der 45. Hauptversammlung des Vereins deutscher Ingenieure in Frankfurt a. M. im Jahre 1904. Solange meine Gasmaschine noch im Konkurrenzkampfe stand, wollte ich, wie schon eingangs angedeutet, nicht pro domo sprechen, sondern erst die nötige Distanz für eine objektive Betrachtung zu gewinnen suchen. Auch war und blieb ja für mich die Beschäftigung mit der Großgasmaschine lediglich eine solche im „Nebenamte". Meine ursprünglichen Absichten hatten, wie es sich so oft in der Welt der wirtschaftlichen Technik ereignet, auf einem ganz anderen Gebiet geendet, als ich sie angesetzt hatte. Meinem Hauptberuf, der Steinkohlen-Gasindustrie, wollte ich zu einem neuen Aufstieg im Kraftgasabsatz verhelfen, und in der Eisen- und Hüttenindustrie bin ich gelandet! Daß ich aber gerade dadurch in die Lage kam, meinem Vaterlande volkswirtschaftlich vielleicht mehr zu nützen als durch Großgasmaschinen für die Steinkohlengasindustrie, dürfte aus den sehr sorgfältigen Annahmen und Berechnungen hervorgehen, die F. W. Lürmann schon im Jahre 1889[1]) aufgestellt hat. Hiernach wäre schon damals der Gewinn, den Deutschland bei Verwendung der Hochofengase in Gasmaschinen an Stelle ihrer Verbrennung unter Dampfkesseln erzielte, ca. M. 3 auf die Tonne Roheisen oder ca. M. 21 Mill. für die gesamte Roheisenproduktion des Jahres 1898 (7,4 Mill. t) gewesen. Seit jener Zeit hat sich aber die Eisenproduktion auf 19,3 Mill. t (1913) erhöht, so daß man den entsprechenden Jahresgewinn, nach jenen früheren Voraussetzungen, auf ca. M. 58 Mill. veranschlagen darf.

Mag nun aber dieser jährliche Gewinn für den Reichtum unserer Nation größer oder kleiner sein und mein Anteil daran tatsächlich nur ein Differential bedeuten, so bleibt für mich auf alle Fälle die Erinnerung an diese Ihnen heute nur in flüchtigen Umrissen angedeutete lange Kette von opferfreudigen Versuchen mit ihren Hoffnungen, Enttäuschungen und Erfüllungen eine der interessantesten Episoden meines Lebens.

Ich blicke auf sie zurück in der Stimmung, die unser verehrtes Mitglied der Göttinger Vereinigung, Herr Geheimrat Voigt, neulich am Schlusse einer Monographie so schön mit den Worten kennzeichnete:

„Alle menschlichen Einrichtungen sind unvollkommen, und ihr tadelloses Funktionieren ist immer nur ein Glücksfall!"

---

[1]) Stahl u. Eisen 1899, S. 485 ff.

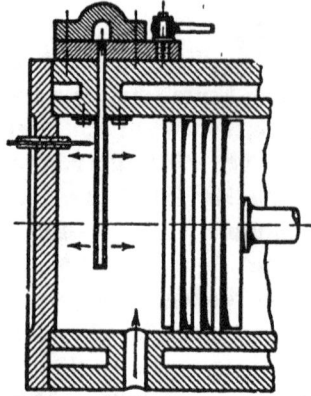

Fig. 30.

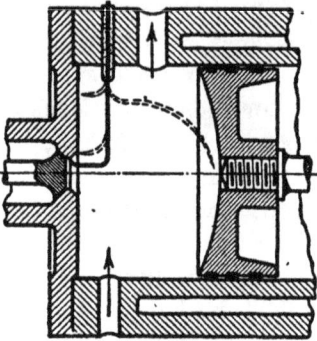

Fig. 31.

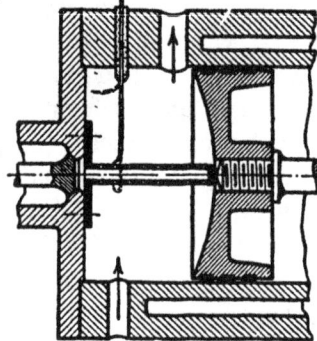

Fig. 32.

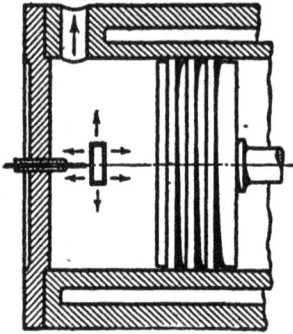

Fig. 33.

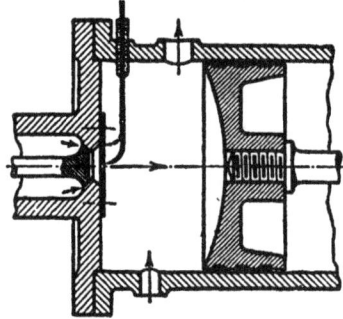

Fig. 34.

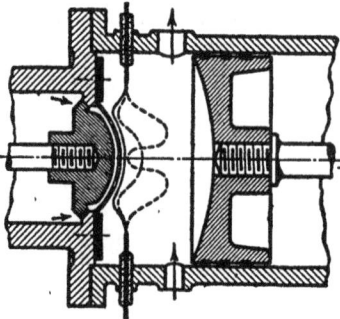

Fig. 35.

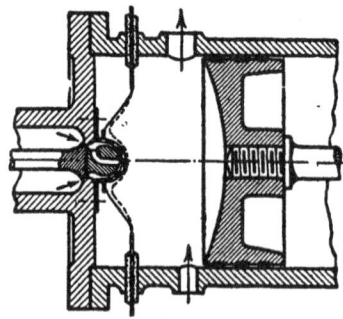

Fig. 36.

Fig. 30 bis 36. Bauarten der Oechelhaeuser-Zündung.

Anlage 1.

Vorbemerkung zum Verständnis der Diagramme.

Das alte Verbrennungsverfahren — die Zündung nach der Mischung — ist auf den Diagrammen abgekürzt bezeichnet: „Ohne Ventil".

Das neue Verbrennungsverfahren — Zündung bei Einspritzung des Gases durch das Ventil — ist abgekürzt bezeichnet: „Mit Ventil".

Die Zündung ging bei den Versuchen in der Weise vor sich, daß bei der alten Methode die elektrische Zündung erst eingeschaltet wurde, nachdem durch das vorher stattgefundene Emporschnellen des Gasventils eine Mischung von Gas und Luft im Verbrennungsraum schon eingetreten war. Bei Anwendung von Platindraht verging dann immer einige Zeit, bis er die zum Zünden nötige Temperatur erlangt hatte. Bei Induktionsfunken trat diese Verzögerung nicht auf.

Bei der neuen Methode ließ man bei Anwendung von Platindraht diesen erst heiß werden und spritzte dann das Gas direkt auf den glühenden Draht unter gleichzeitiger Öffnung des Indikatorhahnes. Auch die Induktionsfunken konnte man schon vorher einschalten, da ja die neue Methode eine kontinuierliche Zündung ermöglichte.

Die 0 auf den Abszissen bezeichnet den Moment der Inbetriebsetzung, der Zündung und der gleichzeitigen Öffnung des Indikatorhahnes. Bei der neuen Methode fiel dieser Moment mit dem der Gaseinspritzung zusammen.

Die Diagramme enthalten keine Expansion, sondern lediglich eine durch Verbrennung und Abkühlung an den ringsum festen Wandungen des Verbrennungsraumes hervorgerufene Kurve.

Bei Beurteilung der Drucksteigerung durch die Verbrennung ist zu beachten, daß die Indikatortrommel durch ein Uhrwerk mit gleichmäßiger Schnelligkeit umgedreht wurde (Fig. 4 und 5), so daß, wie schon oben angedeutet, der wirkliche Vorgang der Entwicklung des Verbrennungsdruckes klarer zur Erscheinung kommt, als bei den von dem hin- und hergehenden Kolben der Maschinen bewegten Indikatoren. Bei diesen ergibt bekanntlich die Totpunktlage viel zu steile Verbrennungskurven.

Die nahe an der Abszisse übereinanderliegenden, mehr oder weniger horizontalen Linien stellen je eine Trommelumdrehung dar.

Die Zahl auf dem Diagramm links oben gibt die Hubbegrenzung für das Emporschnellen des Gasventils nach einer empirischen Skala an.

Die einströmende Gasmenge ist auf dem Diagramm in ccm und daneben das Verhältnis zum Luftinhalt des Verbrennungsraumes angegeben.

Die Zahl rechts oben ist die Nummer der Diagramme.

Bei diesem und den nachfolgenden Diagrammen bis einschließlich Fig. 47 trifft das aus dem Ventil ausströmende Gas auf ein kugelförmiges Sieb, um schnell zerteilt zu werden. An das Ventil herangebogen ist der Zündungsdraht von Platin.

Fig. 37 und 38. Das Mischungsverhältnis von Gas und Luft liegt zwischen 1 : 2,6 bis 3,6.

28,0   Nr. 510

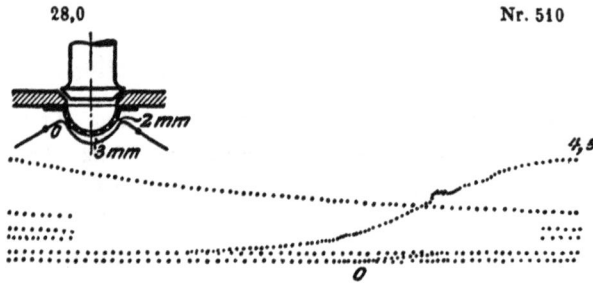

Fig. 37. Späte Zündung, starkes Nachbrennen. Ohne Ventil. Gasmenge = 460 ÷ 620 ccm. Gas : Luft = 1 : 3,6 ÷ 2,6.

Das obere Diagramm nach der alten Verbrennungsmethode zeigt, wie spät und langsam die Verbrennung vor sich geht, nachdem bei 0 die elektrische Zündung mittels des glühenden Platindrahtes und der Hahn zum Indikator gleichzeitig angestellt war. Die erste kleine Drucksteigerung ist lediglich diejenige, die im Verbrennungsraum durch das vorher unter Überdruck eingeströmte Gas an sich schon, ohne Zündung, hervorgerufen war. Erst nach fast einer Umdrehung der Trommel setzt die eigentliche Zündung langsam ein und erreicht 4,5 Atm. Das langsame Sinken der Abkühlungskurve zeigt starkes Nachbrennen der überreichen Gasmischung an.

Das untere Diagramm (Fig. 38) nach der neuen Verbrennungsmethode zeigt trotz der reichen Gasmischung ein sofortiges schnelles Aufsteigen der

28,0   Nr. 509

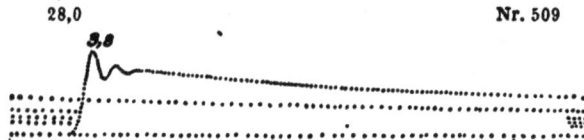

Fig. 38. Schnelle Zündung. Mit Ventil. Gasmenge = 460 ÷ 620 ccm.
Gas : Luft = 1 : 3,6 ÷ 2,6.

Verbrennungskurve, sogar mit heftigem Stoß auf die absichtlich nicht zu stark genommene empfindliche Indikatorfeder, an. Da das Gemisch an sich zu reich war, um mit einem Male ganz verpuffen zu können, so fand auch hier ein erhebliches Nachbrennen in einer langsam abfallenden Kurve statt.

Fig. 39 und 40. Einströmung wie oben, aber in dem günstigeren Mischungsverhältnis 1 : 6,6 bis 6,3. Bei dem alten Verfahren (Fig. 40) zeigt sich der hohe Verbrennungsdruck bis 7,3 Atm. (bei schwingender Feder), doch tritt die Zündung wie bei Fig. 37 und aus denselben Gründen erst eine Zeitlang nach Einschaltung des elektrischen Stromes ein.

Bei dem neuen Verfahren (Fig. 39) beginnt sofort mit der Gaseinströmung die schnelle Zündung und Drucksteigerung. Sie erreicht indes nur die Höhe von 2,5 Atm. Das Nachbrennen ist infolgedessen stärker. Offenbar verhinderte das Sieb mit seinem Durchgangswiderstand ein genügend schnelles Nachströmen des Gases, während bei Diagramm Fig. 53, wo das Sieb fehlt, bei annähernd demselben Verhältnis von Gas zu Luft ein fast vierfacher Stoßdruck nach dem neuen Verfahren erreicht wird.

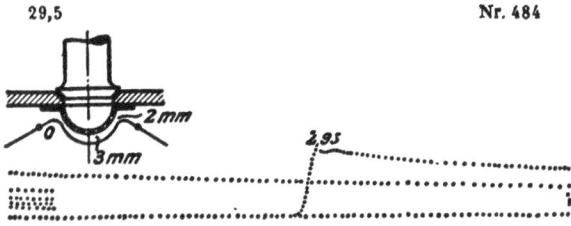

Fig. 39. Schneller eintretende Zündung. Mit Ventil. Gasmenge = 250 ÷ 260 ccm. Gas : Luft = 1 : 6,6 ÷ 6,3.

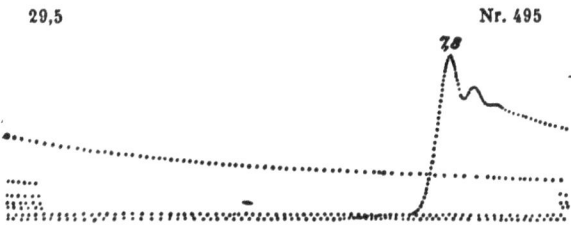

Fig. 40. Verspätete Zündung, hoher Verbrennungsdruck. Ohne Ventil. Gasmenge = 250 ÷ 260 ccm. Gas : Luft = 1 : 6,6 ÷ 6,3.

Fig. 41 und 42. Beide Diagramme sind mit gleicher Zündungsart nach der neuen Methode genommen unter geringer Veränderung der eingespritzten Gasmenge durch Abstellung der Hubbegrenzung. Sie zeigen die gleichartige und gleichmäßig schnelle Entwicklung der Verbrennungskurve, die in zahlreichen Serien bei den verschiedensten Mischungen nachgewiesen werden konnte.

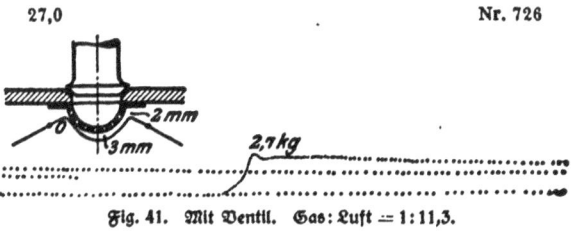

Fig. 41. Mit Ventil. Gas : Luft = 1 : 11,3.

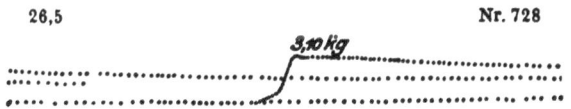

Fig. 42. Mit Ventil. Gasmenge: 110, 145, 165, 153, 155; Mittel 146. Gas : Luft = 1 : 11,3.

Hieraus ergab sich, daß die mit dem neuen Verfahren beabsichtigte Regulierung des Verbrennungsdrucks durch alleinige Veränderung der einströmenden Gasmenge gute Aussichten darbot, zumal durch das neue Zündungs- und Einströmungsverfahren die Grenzen der Verbrennungsfähigkeit der Mischungen fast beliebig erweitert wurden (vgl. Diagramm Fig. 46 und 47).

Fig. 43 und 44. Das folgende Diagramm (Fig. 43) zeigt, wie nach der bisherigen Zündungsart ein Gemisch von 1:11 so überaus langsam verbrannte, daß eine solche Verbrennung in der Maschine einer Fehlzündung gleichgekommen wäre, jedenfalls kein praktisch und ökonomisch verwertbares Ergebnis gehabt hätte. Deshalb konnte man anfangs die Gasmaschine nur innerhalb

2,7   Nr. 176

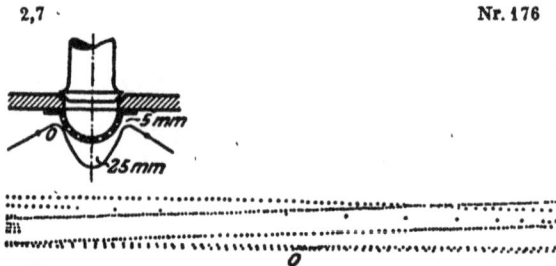

Fig. 43. Sehr langsame Zündung und Verbrennung ohne Ventil.
Gasmenge = 295 ccm. Gas: Luft = 1:11,0.

2,7   Nr. 177

Fig. 44. Zündung sicher und schnell. Mit Ventil. Gas: Luft = 1:11
(kaltes Ventil).

enger, besonders günstiger Mischungsverhältnisse und bei schwacher Belastung nur mit den mehrfach erwähnten Aussetzern regulieren.

Das untere Diagramm ergab auch bei dieser armen Mischung von 1:11 eine ebenso sichere und schnelle Zündung, wie bei den günstigeren Mischungen 1:5 oder 1:6. Das verhältnismäßig lange Nachbrennen in der höchsten Drucklage läßt wieder darauf schließen, daß das Nachströmen des Gases durch das feine Sieb zu sehr verzögert wurde; deshalb wurde auch kein höherer Maximaldruck erreicht.

Fig. 45. Das Diagramm zeigt nach dem neuen Verfahren eine schnell einsetzende Verbrennung bei einem nach der alten Methode überhaupt nicht mehr entzündbaren Verhältnis von Gas zu Luft, wie 1:18. Bei der sehr geringen

                                         Nr. 166

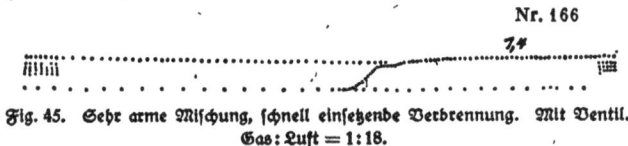

Fig. 45. Sehr arme Mischung, schnell einsetzende Verbrennung. Mit Ventil.
Gas: Luft = 1:18.

Hebung des Ventils trat das relativ langsame Nachströmen des Gases durch das Verteilungssieb noch mehr in die Erscheinung, wenngleich die Zerteilung des Gases an sich die schnelle und sichere Verbrennung stets förderte.

Fig. 46 und 47. Die beiden Diagramme nach dem neuen Verfahren beweisen die zuverlässig schnelle Entzündbarkeit selbst so kleiner Gasmengen wie 1:37 und 1:50, die nach der alten Methode bei vorheriger Mischung überhaupt nicht zu entzünden waren. Andere Versuche erzielten selbst mit einem Mischungsverhältnis von 1:100 noch einen nachweisbaren Verbrennungsdruck von etwa $^1/_{10}$ Atm. In den Bleistiftkurven war dies deutlich erkennbar, jedoch durch Punktieren für eine Reproduktion nicht sichtbar zu machen.

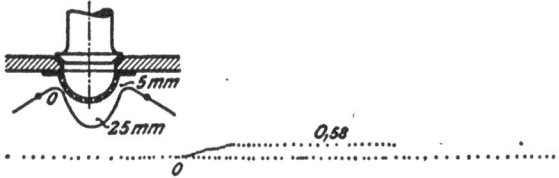

Fig. 46. Trotz sehr armen Gemisches noch sichere Zündung. Mit Ventil.
Gas: Luft = 1:50.

Fig. 47. Gasmenge = 88 cmm. Gas: Luft = 1:37.

Die nach dieser Richtung gehegte Hoffnung, beliebige Gas und Luftverhältnisse ohne Aussetzer zu schneller Verbrennung zu bringen, war in sehr zahlreichen Diagrammen für die Zündung in statu nascendi der Mischung in Erfüllung gegangen.

Fig. 48 und 49. Das obere Diagramm, dessen Mischungsverhältnis auf demselben nicht verzeichnet, aber nach der neuen Methode aufgenommen ist, zeigt eine Vorkompression der Luft im Verbrennungsraum auf 1,65 Atm. und einen Überdruck des Gases von 4 Atm. Hierbei wurde eine schnelle Druck-

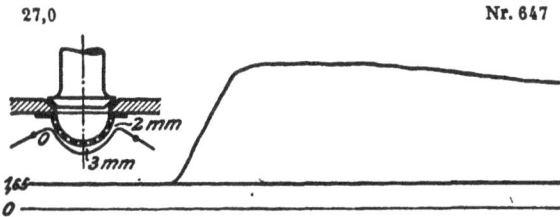

Fig. 48. Vorkompressieren der Luft, schnelle Zündung. Mit Ventil.

Fig. 49. Doppelte Zündung bei a und b (wahrscheinlich ging die Hubscheibe zweimal herum). Mit Ventil.

entwicklung auf 9,7 Atm. erreicht. Bei Beurteilung des relativ schnellen Ansteigens der Kurve ist wiederum darauf hinzuweisen, daß sich die Indikatortrommel mit gleichförmiger Geschwindigkeit bewegte, also die Verbrennung nicht in einem Totpunkt stattfand.

Das untere Diagramm (Fig. 49) ist dadurch interessant, daß sich das Gasventil während des Verlaufes der Kurve zweimal hob und infolgedessen von a und b aus zweimal Zündungen und Drucksteigerungen auftraten. Diese Tatsache wurde später auch zu einer zweimaligen Gaseinspritzung während eines und desselben Arbeitshubes der umgeänderten Benzmaschine benutzt. Es sollte dadurch ein höherer mittlerer Druck hinter dem Kolben erreicht werden mit einem möglichst geringen Maximaldruck für die Konstruktionsteile. Es war indes hierbei trotz günstigerer Beanspruchung der Konstruktion keine bessere Ökonomie im Gasverbrauch nachzuweisen.

Fig. 50 bis 52. Statt des Siebes war eine kleine, feindurchlöcherte Rohrtülle an den Ventilsitz im Verbrennungsraum angeschraubt, um eine andere

24,0   Nr. 1000

Fig. 50. Tülle mit Indikatorzündung.

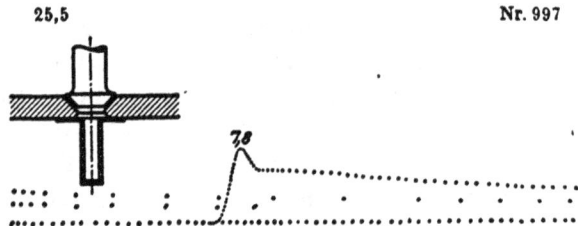

25,5   Nr. 997

Fig. 51. Gasmenge = 140 ccm.   Gas: Luft = 1:11,7.

25,0   Nr. 998

Fig. 52. Hoher Verbrennungsdruck.   Gasmenge = 215 ccm.
Gas: Luft = 1: 7,6.

Verteilung des einströmenden Gases im Verbrennungsraum herbeizuführen. Die Zündung fand durch Induktionsfunken statt, die je nach der Entfernung und Lage dieser Tülle verschiedene Verbrennungsdrucke ergaben. Letztere hingen offenbar davon ab, wieweit die Gasstrahlen in den Verbrennungsraum schon eingetreten waren, bevor sie an die Zündstellen kamen. Je größer diese Gasmenge war, um so höher der Druck.

Bei untenstehenden Diagrammen (Fig. 53 und 54) war jede Gaszerteilung durch kugel- oder röhrenförmige Siebe fortgelassen. Es ergab sich durch den Fortfall dieser Hemmungen bei der heftigen Durchwirbelung der Mischung und gleichzeitigen Zündung eine Drucksteigerung von solcher Schnelligkeit und Höhe (Stöße bis 14 Atm.), daß sie mehr als das Doppelte des Verbrennungs-

24,0   Nr. 135   25,75   Nr. 1098

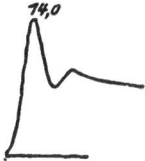

*Fig. 53. Ventileinspritzung ohne Sieb.
Gasmenge 380 ÷ 460 ccm. Gas: Luft
= 1 : 7,1 ÷ 5,9. (Druckgrenzen bei Versuchen von DugaldClark 0,2 ÷ 6,4 Atm.)*

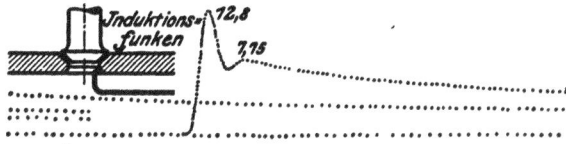

*Fig. 54. Ventileinspritzung ohne Sieb. Gasmenge = 350 ccm.
Gas: Luft = 1 : 7,7.*

druckes nach dem alten Verfahren (von nur 6 bis 6½ Atm.) erreichte. Von H.
Junkers wurden später ähnliche Resultate durch Wirbelung der Gasmischung
in einem anderen Apparat. ebenfalls nachgewiesen.

Schlußfolgerung.

Die Diagramme Fig. 46 u. 47 mit ihrer Verbrennung kleinster Gas-
mischungen bis 1 : 50 zeigen in Verbindung mit Diagramm Fig. 53 bei den besten
Mischungen 1 : 6 und 1 : 7 und den sehr reichen Mischungen 1 : 2,6 und 1 : 3,6
in Diagramm Fig. 53, daß das neue Verfahren eine sichere und schnelle
Verbrennungsmöglichkeit für jedes beliebige Verhältnis von Gas und
Luft darbot, daß ferner Verbrennungsdrucke bis 12 und 14 Atm. (stoßweise)
ohne Vorkompression der Luft erreichbar waren, während nach dem bisherigen
Verbrennungsverfahren eine genügend schnelle Verbrennung von Gasmischungen nur innerhalb der Grenzen 1 : 5 und mit 1 : 12 überhaupt möglich war
mit nur 4 bis 7 Atm. Druckentwicklung. — Die Resultate der Versuche
einer Zündung in statu nascendi der Mischung hatten also in
diesem experimentellen Maßstab einen vollen Erfolg erzielt.

Ein schematisches Regulierungsdiagramm nach der neuen Verbrennungsart ist in Fig. 56 neben ein sog. schematisches älteres Diagramm (Fig. 55) mit
„Streuungskurven" (ohne Vorkompression) gesetzt.

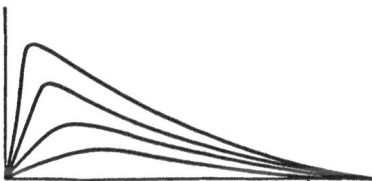

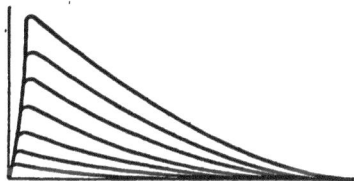

Fig. 55.
Alte Verbrennungsart mit Streuungslinien.

Fig. 56.
Neue Verbrennungsart.
Schematische Darstellung der Verbrennungs- bzw. Abkühlungskurven.

Ich konnte später, als ich verschiedene von den Einströmungs- und Zündungs-
varianten in meiner Zweitakt-Versuchsmaschine von Benz angewendet und
gelegentlich den hinteren Deckel des Arbeitszylinders abgenommen hatte
(Fig. 57), die Verbrennungserscheinungen in meinem dunkel gemachten Laboratorium mit bloßem Auge sehr gut verfolgen. Bei ungünstiger Einführung
und Verteilung des Gases gab es nämlich schlechte Verbrennungen mit hell

leuchtenden Flammen, während bei guter Verteilung die besten blaugrünen Flammen der Bunsenbrenner erschienen, die hier aber ohne die für den Bunsenbrenner charakteristische Vormischung von Gas und Luft erreicht wurden. Es ersetzte offenbar die Wirbelung in statu nascendi die stufenweise Vermischung mit Luft beim Bunsenbrenner. Der Einblick, den man durch diese Verbrennungsversuche sehr bald in die Diagramme gewann, und der mir später für die Be-

Fig. 57. 4pferd. Benz-Gasmaschine 1887.

urteilung der verschiedensten Maschinendiagramme sehr wertvoll wurde, war ein überraschend interessanter, und ich bedauere nur, daß ich Ihnen von meinen 1300 Diagrammen nur einige wenige hier vorführen kann.

Jene Beobachtungen bestärkten mich übrigens auch in der Erfahrung, daß die Gase sich untereinander und mit Luft viel schwerer mischen, als man wegen ihrer großen Molekulargeschwindigkeit sonst erwarten müßte. Ich habe das später noch oft beobachtet, auch in der freien Atmosphäre, und wurde immer mehr ein Anhänger der in Gasmotoren vorausgesetzten Schichtungen, wie sie Otto als Erklärung für sein Viertaktverfahren angegeben hatte.

Anlage 2.

Für die internationale Priorität der ersten Großgasmaschine kommen außer der Oechelhaeuser-Maschine wohl nur noch zwei Systeme in Frage: Zunächst der einzylindrige Simplex-Motor von 200 bis 220 effekt. (300 inb.)

PS von Delamare-Deboutteville, der in der Mühle von Pantin bei Paris in den 90er Jahren, also vor der Hörder Maschine in Betrieb kam.

Aimé Witz, der unzweifelhaft am genauesten darüber Unterrichtete, nennt ihn in der 4. Auflage seines ausgezeichneten und objektiven Werkes „Traité des Moteurs à Gaz" (1904) Bd. II, S. 617: „un moteur monocylindrique de 200 chevaux", und an anderer Stelle über einen Versuch: „le travail indiqué était de 300 chevaux, ce qui correspondait à 220 chevaux effectifs". Es handelt sich also um einen 200 bis 220 PSe-Motor, über dessen Konstruktion und technischen Erfolg der genannte Autor sagt: „ces accidents (ruptures d'arbres) trop fréquents, menacèrent en effet de compromettre le succès des puissants moteurs monocylindriques: en dépit des retards à l'allumage, que nous avons signalés ci-dessus, les arbres les plus robustes et de la meilleure qualité ne résistaient pas longtemps aux efforts énormes auxquels ils étaient soumis. En réalité, nous croyons que ces accidents étaient causés par des allumages prématurés, occasionnés par des concrétions charbonneuses amenées à l'ignition dans la chambre de compression ou dans les boîtes à soupapes, qu'on avait le grand tort de ne pas refroidir suffisamment: les pistons eux-mêmes atteignaient des températures suffisantes pour produire des mises de feu intempestives.

Les premiers constructeurs des puissants moteurs ont fait sur ce point une ruineuse école, qui a conduit à des désastres ceux qui ont voulu courir trop vite: la fortune favorise souvent les audacieux, à condition qu'ils ne multiplient pas leurs coups d'audace. En procédant avec moins de hâte et plus de mesure, on aurait appris que, pour une dimension déterminée des cylindres, une réfrigération énergique des pistons et des culasses devient nécessaire et qu'il est opportun d'appauvrir les mélanges au fur et à mesure que la compression préalable devient plus forte. C'est ce que l'on fait aujourd'hui: aussi les arbres ne cassent-ils plus, alors même qu'un allumage au point mort donne un diagramme pointu, preuve d'une combustion presque instantanée.

MM. Matter et Cie. ont installé en France un assez bon nombre de puissants moteurs Simplex, dont malheureusement il fallut en démonter plusieurs pour des causes diverses, quelquefois étrangères à la technique des moteurs à gaz et à l'art de la construction mécanique."

Es heißt dort an anderer Stelle weiter: „Moteur Delamare-Deboutteville et Cockerill.

„La Société John Cockerill de Seraing (Belgique), travaillant en collaboration avec Delamare-Deboutteville, le créateur du Simplex, a établi en 1897, un moteur à gaz de haut fourneau de grande puissance, monocylindrique, de 800 millimètres de diamètre et 1 mètre de course, qui développait aisément 200 chevaux effectifs par 105 tours à la minute. C'était une copie perfectionnée du moteur de Pantin."

Jener erste in Frankreich (Rouen) erbaute 200 PS-Motor kann nach diesem einwandfreien Zeugnis eines dem Erfinder sonst weiteste Gerechtigkeit widerfahren laſſenden franzöſiſchen Schriftſtellers als eine betriebsfähige Maſchine nicht in Betracht kommen. Erſt nachdem dieſes Maſchinenſyſtem in Verabredung mit der Firma John Cockerill in Seraing neu konſtruiert und ihr Zylinderdurchmeſſer von 870 auf 800 mm reduziert war, erſchien es im April 1898 wieder in einer Maſchine von 200 effekt. PS und betrieb mittels Riemen eine Dynamomaſchine.

Daß letzteres keine Maſchineneinheit für einen Großbetrieb war, dürfte einleuchten. 4 Wochen ſpäter ſchon kam die erſte Zwillingsmaſchine mit 600 effekt. PS auf dem Hörder Hüttenwerk, und zwar gleich mit elektriſcher Parallelſchaltung in Betrieb.

Außer dieſer Maſchine ſpielt noch häufig die ſog. 1000pferdige Maſchine der Société John Cockerill (Seraing) von der Pariſer Weltausſtellung von 1900 eine Rolle, und zwar bezeichnenderweiſe mit Feſthaltung dieſer rein nominellen 1000 PS-Maſchinengröße faſt nur in der deutſchen Literatur, nicht in der franzöſiſchen. Noch in einer der neueſten Auflagen (1914) eines bekannten und anerkannt vortrefflichen deutſchen Werkes über Verbrennungsmaſchinen heißt es: „Die 1900 in Paris ausgeſtellte und dem Simplexmotor in weiten Kreiſen zu einem Ruf verhelfende „700- bis 1000pferdige" Gichtgasmaſchine uſw. iſt in engſter Verbindung mit Delamare-Debouteville mit der Geſellſchaft Cockerill in Seraing entſtanden". Bezug genommen iſt hierbei auf eine Textfigur, welche die Unterſchrift trägt: Erſter 1000 PS-Simplexmotor (80 Umdrehungen). Erbaut von der Geſellſchaft John Cockerill in Seraing.

Auf dem noch in meinem Beſitz befindlichen Pariſer Ausſtellungsproſpekt der Firma John Cockerill heißt es auf der erſten Seite:

„Cette machine peut développer
     1000 chevaux au Gaz de Ville,
     800 chevaux au Gaz Pauvre,
     700 chevaux au Gaz de Hauts-Fourneaux."

Da die Maſchine nach allen bisherigen Nachrichten niemals mit Leuchtgas betrieben worden iſt und nach dem Urteil aller Sachverſtändigen auch niemals mit Leuchtgas hätte arbeiten können, ſo ſind die gänzlich hypothetiſchen („peut" développer) 1000 PS weder als indizierte noch als effektive jemals geleiſtet worden. Auch die 700 PS für Hochofengaſe erwieſen ſich tatſächlich nur als 600 effektive, denn auf der zweiten Seite des Proſpektes heißt es:

„Le premier moteur de 600 chevaux à cylindre unique de beaucoup le plus puissants qui ait été construit jusqu'à ce jour, fut mis en route le 20 novembre 1899.....

C'est de ce même type qu'est le moteur installé à l'Expoſition Universelle de Paris 1900 par la Société Cockerill."

Die Bremsleiſtung der Pariſer Maſchine wurde Anfang 1900 mit 575 effekt. PS feſtgeſtellt[1]).

---

[1]) Güldner, Verbrennungskraftmaſchine 1914, S. 661.

So reduziert sich also die noch in der neuesten deutschen Fachliteratur legendäre 1000pferdige Simplexmaschine auf eine effektiv 575pferdige Maschine in einem Zylinder: eine sicherlich sehr respektable Leistung, allein immerhin erst 1¼ Jahre nach der effekt. 600pferdigen Zwillings- maschine von Hörde, die niemals auf einem Probierstand gelaufen war, sondern von vornherein die schwierigsten Bedingungen in einem fremden Großbetriebe erfüllt hatte und alle Merkmale einer Großgasmaschine schon aufwies. Daß man 1¼ Jahre später als in Hörde eine noch größere Leistung in einem Zylinder erzielte, ändert nichts an der deutschen Priorität der Groß- gasmaschine überhaupt. Die bedeutenden Verdienste des französischen Kon- strukteurs Delamare-Deboutteville und der mit ihm verbundenen So- ciété John Cockerill in Seraing, insbesondere ihre gleich in großem Stil betriebene Fabrikation und Propagierung, sind von mir im übrigen jederzeit mit Freude anerkannt worden, sie verdienen in jeder historischen Übersicht auch stets besonders hervorgehoben zu werden. Damit brauchen wir Deutsche aber die gerechte Anerkennung des Auslandes doch nicht bis zur Ungerechtigkeit gegen uns selbst zu übertreiben!

17

Zwei kurze Kriegsansprachen an die deutsche Industrie.

Aus der ersten Wintersitzung des Vereins zur Beförderung des Gewerbfleißes in Preußen am 5. Oktober 1914.

Bei Beginn des Weltkrieges war ich als Veteran der Halberstädter Kürassiere des Feldzuges 1870/71 froh, mich auf dem Truppenübungsplatz Döberitz als Lagerkommandant noch etwas nützlich machen zu können. Ich fand bei meiner Ankunft daselbst (September 1914) in dem nahen Berlin eine stark pessimistische Stimmung vor. Um so mehr war ich erfreut, daß in den führenden Kreisen der Industrie eine feste Zuversicht herrschte. Es war dafür bezeichnend, daß der alte, von Friedrich dem Großen begründete „Verein zur Beförderung des Gewerbfleißes in Preußen" im Oktober eine besondere Versammlung anberaumte, um über eine schnellere Anpassung der Industrie an die neuen Kriegsverhältnisse zu beraten. Regierungsrat Dr. Schweighofer hielt als Geschäftsführer des Kriegsausschusses der deutschen Industrie einen einleitenden, von echt patriotischem Geiste getragenen sachkundigen Vortrag. An der vielseitig anregenden Diskussion beteiligte ich mich mit der nachfolgenden Ansprache.

Auch der **Verein deutscher Ingenieure** wirkte zu dieser Zeit in gleicher Richtung, wie meine zweite hier folgende Kriegsansprache ergibt. In dem Ingenieur-Vereinshaus hatten außerdem zahlreiche technische Organisationen während des ganzen Krieges ihren Sitz und Versammlungsort.

Der unglückselige Ausgang des Krieges hat auch alle diese Anstrengungen deutscher Technik und Wissenschaft zunichte gemacht. Er hat uns u. a. die teuer bezahlte Lehre gegeben, daß die Beratung und schnelle Anpassungsfähigkeit der ausschlaggebenden Privatindustrie von unserer Heeresverwaltung viel eher und energischer, und zwar schon im Frieden, für den Kriegsfall hätte vorbereitet werden müssen. Auch während des Völkerringens wurde der Mitarbeit der Privatindustrie und ihrer Initiative nicht der genügende und maßgebende Einfluß in den militärisch-technischen Organisationen eingeräumt. Es herrschte zuviel „militärischer Dilettantismus" in rein technischen Angelegenheiten, wie mir einer der maßgebendsten und im Kriege am meisten beschäftigten Führer der Industrie schrieb. Das hat sich schwer gerächt in einem Völkerringen, das, je länger je mehr, ein Krieg der technischen Machtmittel wurde.

Im übrigen empfinde ich noch heute Genugtuung darüber, daß ich nicht zu den Pessimisten und jenen nachträglichen Propheten gehörte, die in beschränkter Rechthaberei „Alles haben kommen sehen" und durch Untergrabung eines einheitlichen Siegeswillens den Zusammenbruch unseres Volkes als Erste mit herbeiführten. Diejenigen, die nicht an hohen leitenden Stellen einen tieferen Einblick in die tatsächliche Gefahrenlage haben konnten — und wie wenige waren dies —, taten sicherlich besser daran, das Vertrauen in die militärische Führung und Leistungsfähigkeit unseres Volkes prinzipiell zu stärken und auftauchende Zweifel für die Öffentlichkeit zu unterdrücken, als den „Siegeswillen zu spalten".

Meine Damen und Herren!

Wir haben wohl alle mit Bewunderung die Mobilisierung unseres Heeres erlebt. Wir haben der Eisenbahnverwaltung aus Allerhöchstem Munde die Anerkennung aussprechen hören, die ein jeder von uns im Stillen für diese glänzende staatliche Organisation schon bereit hatte. Wir haben den Triumph unserer Reichsbank in Verbindung mit unseren Großbanken erlebt: wie hier eine geniale Fürsorge und kerngesunde Volkswirtschaft der denkbar schwierigsten Sachlage gewachsen war, haben ferner aus dem Munde unseres Herrn Vor-

sitzenden und aus dem Hauptvortrage des Abends[1]) erfahren, wie unser Reichsamt des Innern in Verbindung mit der Industrie hier abermals eine glänzende
deutsche Organisation geschaffen hat, die in dieser schwierigen Lage ausgleichend,
beratend, fördernd und neu orientierend wirken soll. Auch diese in Verbindung
mit unseren Reichsbehörden zustande gekommene Organisation der Industrie
dürfen wir wohl als vorbildlich ansehen.

Es fragt sich nun, welche Faktoren nun noch bei uns zu mobilisieren wären,
um die Mittel, die uns hier durch die Initiative des Staates und der gesellschaftlichen Organisationen geboten sind, voll auszunutzen und uns die schwere
Krisis überstehen zu lassen, in der wir uns befinden. Und da, glaube ich, haben
wir nunmehr zu appellieren an uns selbst, an einen jeden einzelnen von
uns, an unsere eigene Kraft. Denn es will mir scheinen, als wenn bei einzelnen Persönlichkeiten sowie bei manchen Gesellschaften und Firmen vielleicht
noch eine laue, schüchterne Zurückhaltung bestände, in der Erwartung, es könne
vielleicht der Krieg unverhofft ein schnelles Ende für uns finden, und als könne
man infolgedessen mit einer Neuorientierung, die viele Industriezweige nötig
haben, noch warten. Ich würde diese Hoffnung auf einen kurzen
Krieg nicht zur Basis meiner Entschließungen machen, sondern
für unverzeihlichen Optimismus halten! Denn wer die Volkserhebung
in Frankreich im Jahre 1871 miterlebt hat, wer gesehen hat, was dieses, damals
ebenfalls im ersten Ansturm glänzend niedergerungene Frankreich unter der
suggestiven Leitung Gambettas aus dem Volke an gewaltigen Kräften noch
hervorzurufen vermochte, wer die Lebenskraft eines alten Kulturstaates wie
England kennt, wer die inneren Hilfsquellen Rußlands auch nur einigermaßen
richtig abzuschätzen weiß, — der erwartet ein solches Niederringen, wie wir es
erhoffen, um uns einen dauernden Frieden zu bescheren, nur von längerer Zeit,
als wir vielleicht alle ahnen. Und darum bin ich der Ansicht, daß wir selbst
uns alle so schnell wie möglich mobilisieren sollten, namentlich in der
Richtung einer Neuorientierung da, wo sie sich als notwendig ergibt[2]).

Viele Industrien sind durch ihre Beziehungen zu den Bedürfnissen des
Heeres und der Marine glücklich gestellt. Wir wissen anderseits auch, daß in
Friedenszeiten gerade unsere bedeutendsten Aktiengesellschaften stets auch
außerordentlich mobil waren, daß sie den neuen Bedürfnissen der Industrie
und der Technik sich schnell anzupassen verstanden. Und gerade das sollten sich
auch diejenigen Industrien, die ich, ihrer bisherigen natürlichen Grundlage
nach, als konservative und stationäre bezeichnen möchte, in der gegenwärtigen
Zeit zum Muster nehmen!

Und welche Aussichten bieten sich da? Wenn wir die Erfahrungen unserer
Volkswirtschaft in Friedenszeiten betrachten: wie schnell hat sich unsere Industrie und unser Handel aus schweren Krisen wieder erhoben zu neuem Leben,
immer weiter in der Kurve aufwärtsschreitend! Die Wellentäler in ihr sind immer

---

[1]) „Die deutsche Industrie und der Krieg" von Reg.-R. Dr. Schweighofer.

[2]) Ein Abgeordneter konnte in einer Rede sieben Monate später (am 16. Mai 1915) feststellen: „Unsere Industrie hat einen Beweis ihres Könnens, ihrer Anpassungsfähigkeit gegeben, etwas, was ohnegleichen in der Wirtschaftsgeschichte der Welt dasteht."

flacher geworden. Ist da nicht jetzt, wo die Triebkraft der nationalen Not hinter uns steht, alle Wahrscheinlichkeit dafür vorhanden, daß unser Volk auch diese Krisis überwinden wird und aus ihr emporgehoben werden kann, viel mächtiger und weltumspannender als je zuvor?!

Worauf kann eine solche Hoffnung beruhen? Unsere schärfsten Mitbewerber und Feinde haben an uns eine große Anpassungsfähigkeit gerühmt. Zeigen wir sie jetzt zunächst und vorzugsweise einmal im Innenhandel! Die Fähigkeiten haben wir. Man hat uns die wissenschaftliche Durchdringung unserer Technik nachgerühmt. Nun, glänzende Beispiele davon haben wir soeben noch durch meine Herren Vorredner aus dem Gebiete des Allerneuesten der Chemie gehört. Es ist der beste Beweis, daß diese wissenschaftliche Technik uns in diesem schweren Kampfe nicht verlassen, sondern neue und größere Erfolge als bisher zeitigen wird.

Dann unser Erfindungsgeist! Mögen uns die Engländer so viel Patente rauben, wie sie wollen, — nachmachen können sie uns darum doch noch nicht, was darin steht. Ich glaube, für jedes gestohlene Patent können wir tausend neue setzen!

Dann unser Unternehmungsgeist! Auch diesen haben uns unsere Neider und Hasser noch niemals abgestritten. Und sollte dieser Unternehmungsgeist uns jetzt, wo die innere Not zwingt, verlassen? Schadet es, wenn wir diesen Unternehmungsgeist, statt ihn nach Japan, China und Amerika zu tragen, einmal voll und ganz auf unser eigenes Vaterland anwenden? Noch vor wenigen Jahrzehnten wagte ein Mann wie Bennigsen nicht zu hoffen, daß es unserer deutschen Landwirtschaft gelingen könnte, aus eigener Produktion das deutsche Volk bei Abschneidung der Zufuhr von außen zu ernähren. Jetzt sind wir beinahe vollständig so weit. Die deutsche Landwirtschaft hat sich unter einem vernünftig gewählten nationalen Schutz auf das deutsche Vaterland konzentriert und eine gewaltige Entwicklung erlebt. Und gerade jetzt sollte uns das in der viel mehr anpassungsfähigen Industrie und in unserem erfahrenen und energischen Handel versagt sein?

Und dazu kommen noch die in unserem Haupt-Vortrage heute so mit Recht betonten sittlichen Elemente! Sie traten doch in unserem Volke bei Ausbruch des Krieges in besonders hohem Maße als Kraftfaktoren in die Erscheinung und werden auch für die Zukunft und für die Dauer nie bei den Deutschen versagen! Bei Beginn dieser kriegerischen Zeit hat mir kaum etwas aus Österreich-Ungarn einen so erfreulichen Eindruck gemacht wie die Worte des ungarischen Ministerpräsidenten Tisza, der erstaunt über die gewaltige nationale Erhebung Deutschlands und insbesondere hocherfreut über die Bundestreue, sagte: das, was die Deutschen so groß gemacht hat, ist ihre Ehrlichkeit, Zuverlässigkeit und Treue. — Diese sittlichen Errungenschaften sind es in der Tat, die uns überall da im Auslande, wo Bestechlichkeit und Unehrlichkeit an der Tagesordnung sind, den festen Boden für unsere Erfolge gegeben haben. Diese sittlichen und jene materiellen und wissenschaftlichen Kraftmomente werden uns unzweifelhaft über einen auch noch so lange dauernden Krieg hinweghelfen. Halten wir nichts in der Welt als „über unsere Kraft" gehend! Es steckt viel mehr in unserer Volkskraft, als wir ahnen!

Aus der ersten Wintersitzung des Berliner Bezirksvereins deutscher Ingenieure
am 7. Oktober 1914.

Meine Herren Kollegen!

Unser Herr Vorsitzender war so liebenswürdig, meinen Kameraden vom Truppenübungsplatz Döberitz, Herrn Lemmer, und mich hier besonders zu begrüßen, und wir beide danken herzlich dafür. Wir sind erfreut, daß der Zufall unserer militärischen Einberufung hierher, in die Nähe Berlins, uns Gelegenheit gibt, nicht nur an der fortdauernden militärischen Rüstung und Ausbildung unseres Vaterlandes in einem bescheidenen Wirkungskreise mitzuarbeiten, sondern auch der wirtschaftlichen Rüstung unseres Volkes, die hier heute so zahlreich und mächtig vertreten ist, näher zu bleiben!

Die große erhebende Zeit, die wir hinter uns haben, will ich nicht einmal skizzenhaft berühren; sie ist ja Gott sei Dank noch so lebendig in uns, daß es nicht nötig ist, an sie zu erinnern. Aber wenn ich die technischen Triumphe, die dieser Krieg für uns gezeitigt hat, ganz kurz streifen darf, so muß ich dabei gegen die übergroße Bescheidenheit unseres Herrn Vorsitzenden[1]) protestieren, der von „U 9" gewissermaßen als von einer ihm verhältnismäßig fernliegenden Sache sprach, während wir doch alle wissen, in wie hervorragendem Maße gerade er der Mitschöpfer dieser Unterseeboote gewesen ist. Ich erinnere mich noch sehr genau der Zeit, als die ersten auswärtigen Versuche mit Unterseebooten gemacht wurden, und man unsere Marineverwaltung angriff, daß sie nicht längst schon das Prävenire gespielt und mit ihrem Bau vorangegangen sei; da war es unser Vorsitzender, der unser Vaterland vor vielen Millionen unnützer Ausgaben und verfehlten Konstruktionen bewahrte und zur rechten Zeit, mit den rechten Mitteln, diese neue Konstruktion mit ihrem großen Aktionsradius und anderen eigenartigen Vorzügen zeitigen half, die das glänzende Werkzeug für die Heldentaten eines Weddigen und anderer erfolgreicher Führer von Unterseebooten geworden ist.

Auch Krupps gedachte er mit seinen 42 cm-Brummern. Ich glaube, wir werden alle im Innern eine stolze Befriedigung empfunden haben, daß dieser Firma, die vor nicht langer Zeit so schmählich angegriffen worden ist, von der alle, die auch nur wenig unterrichtet waren, im voraus wissen mußten, wie nötig und nützlich gerade sie dem Vaterland in schwerer Zeit sein würde, daß dem Namen und der Ehre Krupps durch die Tatsachen dieses Krieges eine Genugtuung geworden ist, wie sie „durchschlagender" gar nicht gedacht werden kann.

Aber so stolz wir Ingenieure auch darauf sein mögen, daß unsere deutsche wissenschaftliche Technik in diesem harten Ringen der Völker unserm Heere und unserer Marine so glänzende Werkzeuge zur Verfügung gestellt, so haben

---

[1]) Geh. Marine-Oberbaurat Veith.

wir doch durch die großartige Erhebung unseres Volkes die eine Erfahrung gewiß auch wieder gemacht, daß alle diese materiellen Triumphe und
Anstrengungen, diese Erzeugung riesenhafter materieller Kräfte
weit übertroffen werden von den gewaltigen ideellen Kräften,
die in der Begeisterung, in der sittlichen Erhebung unseres ganzen
Volkes liegen! Von der machtvollen Kraft, die in seiner Einmütigkeit
durch alle Schichten der Bevölkerung zutage trat, sind, glaube ich, auch diejenigen überrascht gewesen, die, wie viele von uns, den Glauben an die großen
geistigen und sittlichen Mächte auch im materiellen Leben der Industrie und
Technik stets hochgehalten haben! So etwas wie diese deutsch-österreichische
Volkserhebung des Hochsommers 1914 ist, so darf man wohl sagen, seit Histo-
riker denken können, noch nicht dagewesen. Unter diesem Eindrucke standen
auch alle Ausländer, die in dieser Zeit unser Vaterland aus der Nähe beobachtet haben. Seinen Höhepunkt haben wir ja alle wenigstens mit geistigem Auge
in dem Bild erschaut, das wohl nie in unserer Nation vergessen werden wird:
als der Kaiser bei Eröffnung des Reichstages erklärte: ich kenne keine Parteien
mehr — und als die Führer sich ihm näherten und die alten Gegner die Hände
einig ineinander legten. M. H., lassen Sie uns diesen erhebenden Eindruck
in uns festhalten, lassen Sie ihn nicht vorüberfließen mit dem ersten Enthu-
siasmus einer großen Zeit der Not, lassen Sie uns vielmehr das Wort des Kaisers
dauernd wahr machen!

Diese innere Einigkeit ist aber viel schwerer zu erreichen als die äußere,
die politische. Denn der Kampf, der da im Innern ausgefochten werden muß,
ist mit uns selbst, mit unserem Egoismus und unseren Vorurteilen auszukämpfen,
und das sind andauernde, sehr starke und stets gerüstete mächtige Gegner. Auch
wir Ingenieure haben meines Erachtens allen Grund, hier mitzukämpfen.
Denn ein jeder hat zu seinem Teile dazu beizutragen, daß jene Spannungen,
Unstimmigkeiten, Mißverständnisse, die zwischen den einzelnen Schichtungen
unseres Berufes aus einer an sich ganz natürlichen Entwicklung der Dinge hervorgetreten sind, so viel als möglich beseitigt und die Entwicklung aller Mitarbeiter an der Technik in solche Bahnen geleitet werde, daß sie zu dem inneren
Frieden führt, den wir auch in unserm Beruf dringend nötig haben. Es sollte
doch gar nicht so schwer sein, gerade dem Ingenieur, Techniker und Industrie-
arbeiter klar zu machen, daß innere Reibungen eine sträfliche Kraftvergeudung
sind!

So hoffen wir alle, daß die Organisationen, die innerhalb der Ingenieur-
und Technikerwelt bestehen, auch den Läuterungsprozeß mit durchmachen, den
unsere ganze Nation jetzt begonnen hat. So optimistisch bin ich nicht, zu glauben,
daß dieser Läuterungsprozeß bereits zu tiefgreifenden Erfolgen geführt hat.
Ich bin Optimist; aber so weit gehe ich doch nicht, bin vielmehr der Ansicht:
wir können aus den erhebenden Tagen, die der Kriegserklärung und Mobil-
machung folgten, nur die Mahnung und den energischen Anlaß nehmen: Ernst
mit dieser Sache zu machen!

Daß aber auch im übrigen gerade uns Ingenieuren in dieser Zeit besonders interessante und schwere Aufgaben obliegen, brauche ich wohl kaum des

näheren zu entwickeln. Es ist nicht genug, daß wir die Unterseeboote, die großen Brummer und eine mustergültige Waffen- und Verkehrsausrüstung haben. Es kommt für uns jetzt darauf an, die schwere Zeit dieses sicherlich nicht kurzen Krieges nicht nur auszuhalten, sondern diese Zeit auch zu benutzen, um eine völlige Neuorientierung unserer Ingenieurtechnik vorzunehmen. Wir sollten uns das Beispiel der Landwirtschaft zum Muster nehmen, die es verstanden hat, unter einem ihr vom Staate gewährten vernünftigen Schutz die Versorgung unseres Volkes mit Lebensmitteln in verhältnismäßig wenigen Jahrzehnten so zu fördern, wie es noch vor gar nicht langer Zeit Politiker, die sich um Schutzzoll oder Freihandel stritten, kaum geahnt haben. Auch wir können uns den inneren deutschen Markt sicherlich noch vollständiger erobern, als es bis jetzt geschehen ist, wenn wir erst einmal genau wissen, was alles vom Ausland eingeführt worden ist. Die Statistiker, Volkswirte und unser Handel wissen es wohl, aber schwerlich gerade die Industriellen, die bisher große Erfolge in der Ausfuhr hatten und sich nun teilweise anders einrichten müssen. Dieser aus der Not der Zeit hervorgehende Appell an den Unternehmungs- und Erfindungsgeist unserer deutschen Ingenieure wird nicht vergeblich sein und hat, wie mir bekannt, schon in dieser kurzen Zeit ganz erstaunlich schnelle Wandlungen und Neuanpassungen mit industriellem Erfolge herbeigeführt. Mögen auch die Engländer und die anderen Nationen unsere Patente entwenden, soviel sie wollen: es werden von unserer Seite neue an ihre Stelle gesetzt werden, neue und viel weiter tragende. Außerdem können sie uns die alten Patente noch lange nicht nachmachen!

In dieser Mithilfe zur Neuanpassung und Neuorientierung der Industrie erblicke ich für unsern Ingenieurverein gerade in der Gegenwart eine ganz besonders dankbare Aufgabe[1]). Ich habe es deshalb auch mit großer Freude begrüßt, daß unser Vorstand nicht nur unter den Mitbegründern des Kriegsausschusses der deutschen Industrie dem Namen nach nicht fehlte, sondern von Anfang an beratend mit tätig war.

Auch nach manchen anderen Richtungen hin werden ja auch in Ingenieurkreisen durch den begonnenen Feldzug die Anschauungen neu orientiert werden. Die Ansicht z. B., daß man auf unseren Hochschulen, den Universitäten und technischen Hochschulen, Ausländer ohne Unterschied der Nationalität in irgendwie erheblichem Maße zulassen solle, wird, so glaube ich, einer Nachprüfung unterzogen werden müssen. Ich bin der Ansicht — namentlich im Hinblick darauf, daß die geistigen Kräfte viel bedeutender sind als die materiellen —, daß wir uns schwer dadurch geschädigt haben, indem wir Japanern und Russen unsere besten wissenschaftlichen Institute und Lehrkräfte zur Verfügung gestellt

---

[1]) Diese Neuorientierung unserer Industrie hat bleibenden Wert, wenn sie auch nach Friedensschluß teilweise wieder verlassen werden sollte. Denn manche Industrien werden darin eine willkommene Ergänzung oder Erweiterung ihres Arbeitsgebietes erblicken, die uns im nationalen Interesse dauernd unabhängiger vom Auslande macht. Auch beim Abschluß neuer Handelsverträge wird diese größere Selbständigkeit von Nutzen für uns sein. Bleibt dann noch die stärkere Ausnutzung unserer Kolonien für die Versorgung mit Rohprodukten und die größere Sicherung ihres Bezuges im Kriegsfall.

haben. Ihre materiellen Bestellungen bei uns fallen dabei viel weniger ins Gewicht!

Man braucht dabei noch nicht an einen grundsätzlichen und völligen Ausschluß aller Ausländer zu denken, wohl aber an wesentliche Einschränkungen und dabei gleichzeitig an eine bessere Fruchtbarmachung der durch ausländische Studierende angebahnten nationalen Beziehungen, z. B. durch ihre Mitarbeit an deutschen Vereinigungen im Auslande, wie es von unserm Verein für Amerika und China schon in die Wege geleitet war. Eine vorübergehende Bestellung deutscher Maschinen durch ehemalige Studierende aus dem Auslande genügt doch keineswegs. Sie ist wohl für die Gegenwart und die betreffenden Firmen ein augenblicklicher Vorteil, ebenso wie die Studienhonorare für manche Hochschulen mit zahlreichen Ausländern, aber für die Zukunft unseres gesamten Vaterlandes ein großer Nachteil, wie das Beispiel Japans wohl zur Genüge gelehrt hat. Die Internationalität der reinen Wissenschaft kann und wird darum doch bestehen bleiben!

Ferner ist es höchst erfreulich, zu sehen, daß sich schon in dieser überaus kurzen Zeit der Erfindungsgeist unserer führenden Firmen in verstärkter und erfolgreicher Weise betätigt. Von manchem darf man ja noch nicht sprechen[1]); man hört aber doch aus zufälligen Unterhaltungen, wie rührig die führenden Kräfte bei uns an der Arbeit sind. Ich bin der festen Überzeugung, daß alle Herren, die mit der drahtlosen Telegraphie und Telephonie verschwistert oder verschwägert sind, längst bei der Arbeit sind, um noch größere Reichweiten und Vorteile besonderer Art zu erzielen und uns auch auf diesem Gebiete die Zukunft noch mehr zu sichern, als es bisher der Fall war. Denn eines hat sich ja in unserem ganzen Nachrichtenwesen leider als ein geradezu erschreckender Nachteil für uns herausgestellt, daß wir von aller Welt abgeschnitten, und daß vor allen Dingen auch die fremden Nationen viel zu wenig über uns orientiert sind. Wenn sie über uns nicht nur in wirtschaftlicher, sondern auch in kultureller Beziehung gründlich unterrichtet gewesen wären, dann hätte diese ungeheure Flut von Verdächtigungen nicht den traurigen Erfolg zeitigen können, der leider von der Lügen-Entente erzielt worden ist. Es ist, möchte ich sagen, eine Autosuggestion der Lüge bei den gegnerischen Verbündeten eingetreten, die vielleicht noch in späterer Zeit die Volkspsychiater besonders beschäftigen wird.

Also auch nach dieser Richtung, m. H., werden uns große Aufgaben erwachsen, wenn Regierung und Diplomatie aus dieser großen Nachrichtenniederlage gehörig gelernt haben. Ich kann ja feststellen, daß unser Verein nicht erst die Erfahrungen dieses Kriegsausbruches abgewartet hat. Ich erinnere Sie daran und deutete schon an, daß unser Hauptverein schon seit einigen Jahren angefangen hat, die engsten Beziehungen mit Amerika, China, Japan dadurch herbeizuführen, daß Aufklärung mannigfachster Art über Deutschlands Leistungsfähigkeit und Kultur dorthin gegeben worden ist.

Wohin wir also sehen, liegen große Aufgaben vor, die gerade wir deutschen Ingenieure nicht erst nach Beendigung des Feldzuges zu lösen haben,

---

[1]) Die technisch und wirtschaftlich gelungene Darstellung des Kalkstickstoffs stand damals vor ihrem Abschluß.

sondern mit deren Lösung wir im Gegenteil schon jetzt beginnen müssen. Die Neuorientierung hat jetzt zu erfolgen, und zwar so schleunig als möglich! Den Unternehmungsgeist müssen wir jetzt beweisen. Ich habe dabei die feste Überzeugung und spreche die Hoffnung aus, daß unser Verein deutscher Ingenieure der Generalstab für eine großartige weitere wirtschaftliche Mobilisierung unseres Volkes sein wird, eine Mobilisierung, die am besten den später sehnsüchtig erwarteten Frieden herbeiführen helfen wird. Möge es uns gelingen, m. H., dem Großen Generalstab unseres Heeres und unserer Marine in dieser Beziehung würdig an die Seite zu treten!

Rückblick und Ausblick.

Zwischen den vorstehenden Erinnerungsblättern und der Gegenwart liegt ein Geschehen von so ungeheurer Tragik für das deutsche Volk, daß unsere Vorstellungskraft immer noch hinter der werdenden Wirklichkeit zurückbleibt.

Der Krieg ist, was uns unfaßlich schien, verloren und durch einen sog. Frieden abgeschlossen, der ein Hohn auf den ursprünglichen Sinn dieses Wortes ist und für alle Zeit das Kainszeichen brutalster Vergewaltigung an sich tragen wird. Ein Frieden der Kurzsichtigkeit, Dummheit und des Zynismus seitens unserer Feinde, ein Schmachfrieden für uns. Wahrscheinlich behält Graf Berchthold recht, der bei Abwehr der gegen ihn erhobenen Beschuldigung, einer der Miturheber des Krieges zu sein, schrieb: „Aber schon schwindet vor der Schuld am Frieden die Schuld am Kriege.“

Der wortbrüchige, in europäisch-nationalen und kolonialen Verhältnissen gänzlich unwissende Völkerbeglücker Wilson, hat bereits durch einen seiner Landsleute eine recht anschauliche Prägung erhalten: „Er stieg auf wie eine Rakete und fiel herab wie ein Lappen“ (he got up like a rocket and fell down like a rag). Das eigene Volk wies seinen Frieden zurück.

Clemenceau, der sadistische Held der Revanche, besitzt auch bereits seine Quittung vom eigenen Volke, indem er bei der Präsidentschaft zur Republik durchfiel, und Lloyd George, einer der Hauptschuldigen an diesem Frieden, dürfte ebenfalls von seinem Schicksal ereilt werden. Vorläufig genügt uns schon die Kritik seiner Landsleute, aus deren Blumenlese die Worte eines englischen Lehrers des Völkerrechts in Edinburg im Auszug hier wiedergegeben sein mögen:

„Trunken vom Siege, scheinen sämtliche Verbündete den Kopf verloren und ihre Grundsätze abgelegt zu haben... Es ist ein ekelhafter Kampf um die Beute. Nie hat die Welt solch einen zynischen Widerspruch zwischen Ideal und Wirklichkeit gesehen...

Vielleicht liegt der einzige Trost bei diesem Versailler Vertrage darin, daß er nicht ausgeführt werden kann.“

Die große Schmach, die eigene Volksgenossen uns angetan haben, indem sie uns aus Weltfremdheit und illusorischen Voraussetzungen als Hauptschuldige hinstellten und einseitig nur unsere eigenen Archive veröffentlichen ließen, sei hier nur kurz gestreift. Der Zweck dieses Buches beschränkt sich auf kulturelle und wirtschaftliche Ziele.

Dieser Zweck des Buches wäre u. a. erreicht, wenn der Leser bestätigt gefunden haben würde: daß Industrien in der Tat kapitalistisch, sogar monopolistisch sein können, ohne daß die Leiter im mindesten von Gedanken der Ausbeutung oder Versklavung der Menschen beherrscht werden, und daß auf seiten der führenden technischen Kreise für den Erwerb in erster Linie wissenschaftlich-praktische Fortschritte maßgebend waren. Sie ergaben sich hier wie überall aus den dringenden Forderungen des Tages und der zwingenden Notwendigkeit, die Lebensbedingungen eines Volkes sicherzustellen, das sich vor dem Kriege jährlich um 7- bis 800000 Menschen vermehrte. Die Vorträge verschwiegen absichtlich auch fehlgegangene Unternehmungen nicht, und bewiesen gerade mit diesen, wie schwer das Arbeitgeben für eine so schnell wachsende Bevölkerung ist: wie viel geistige Arbeit und Erfindungskraft von den verschiedensten Seiten dazu gehört, neue Arbeit und Absatzgebiete selbst für ältere, gut fundierte Industrien zu schaffen und wie groß dabei noch das Risiko an Kapital ist. Es zeigte sich auch wohl dabei, daß es kaum eine größere Irrlehre gab als die, daß der Arbeiter allein Werte schaffe und sich das Kapital durch Handarbeiter befruchten lasse.

Aus meinen ersten Vorträgen dürfte sich auch ergeben haben, daß schon um die Jahrhundertwende der soziale Gedanke immer energischer und mannigfaltiger bei der Industrie in die Erscheinung trat. Ein vielbändiges Werk würde nicht ausreichen, um alle die sozialen Einrichtungen, auch nur dem Namen nach, zu verzeichnen, die von industriellen Privatbetrieben, kommunalen und staatlichen Arbeitgebern freiwillig, und zum Teil schon vor der sozialen Gesetzgebung, geschaffen waren. Sie sollten einen Ausgleich herbeiführen zur Zufriedenstellung unseres sich so außergewöhnlich stark vermehrenden Volkes und zur Heilung der Schäden der Produktionsmethoden, die in erster Linie durch diesen ungeheuren Volkszuwachs bedingt waren. Aber gegenüber der planmäßigen Verhetzung der Massen, denen jedes Tempo des sozialen Fortschrittes zu langsam und keine Forderung unerfüllbar erschien, versagten alle privaten Opfer und unsere, der ganzen Welt vorauseilenden sozialen Gesetze.

Ein gemäßigter Sozialdemokrat, einer der ersten Staatssekretäre der neuen Ära, August Müller, hat ein sehr lesenswertes Buch über „Sozialisierung oder Sozialismus" geschrieben. Er setzte diesem Buch ein Wort von Karl Marx als Motto voran: „Die Revolutionen sind die Lokomotiven der Geschichte." Leider hinkt dieser technische Vergleich stark, denn Lokomotiven lassen sich vorzüglich bremsen, in der Geschwindigkeit regulieren und bleiben dadurch auf den Schienen, ohne zu entgleisen. Die Revolutionen hingegen gleichen den durch unaufhörliches Schüren des Feuers überheizten Lokomotiven, deren Kessel explodieren oder die infolge zu großer Geschwindigkeit bei den unvermeidlichen Kurven aus den Schienen springen. Sie bleiben mit ihren Trümmern neben den zerstörten Geleisen liegen. Ein vollständiger Neuaufbau von Maschinen und Geleisen wird notwendig.

Gerade bei der Staatsmaschine kommt es in erster Linie auf eine durch fachkundige Hand geführte Regulierung des Tempos an. Der Zeitpunkt und das Tempo, in dem ein gesetzgeberischer Fortschritt einsetzt, sind oft schon allein entscheidend, ob ein an sich gut scheinendes Gesetz segensreich oder verhängnisvoll wirkt.

In Parenthese sei hier eingeschaltet, daß die neue Theorie Professor Einsteins (Berlin) auf dem Gebiete der höchsten Mathematik und Physik, „Das Relativitätsprinzip der Zeit", meines Erachtens auch in der beseelten Welt: auf dem Gebiete der Geschichte, Völkerpsychologie, Politik usw. Analogien findet. Natürlich kann es hier nicht in mathematische Formeln gebracht werden. Lessings Darstellung der „Erziehung des Menschengeschlechts", die Geschichte der Erfindungen und Genies sowie die Diplomatie aller Völker bieten Analogien dafür, daß die Relativität der Zeit für jedes Geschehen und jeden gewünschten Erfolg als ein Hauptfaktor mit in Rechnung gestellt werden muß.

Es ist nicht zu leugnen, daß unsere frühere zuverlässige, unbestechliche und fachkundige Bureaukratie in dem Tempo mancher Reformen, u. a. des Wahlrechts, der Neueinteilung der Ministerien und in ihrem ganzen Geschäftsbetrieb, in Initiative und Bewertung der Zeit „hinter der Zeit" zurückgeblieben war. Aber ebenso fest steht für mich die Überzeugung, daß alle diese Reformen auch auf dem Wege der Evolution, d. h. des nicht unterbrochenen, wenn auch beschleunigten Fortschritts viel besser und ohne Zusammenbruch so ungeheurer materieller und moralischer Werte möglich gewesen wären, nachdem die Mitbeteiligung des Volkes am Fortschritt und an folgenschweren Entscheidungen über sein Schicksal sichergestellt war.

Die Überstürzung der Revolution vernichtete jene Werte, ehe sie neue, auf Grund positiver Ideale, an Stelle rein wirtschaftlicher, vieldeutiger Schlagworte, zu schaffen imstande war. Die Lokomotive des Fortschritts liegt zertrümmert neben aufgerissenen, unkenntlichen Geleisen!

Aber auch die Industrie, insbesondere die Schwerindustrie, war hinter der Zeit zurückgeblieben, u. a. in rechtzeitiger Anerkennung der gewerkschaftlichen Organisationen und in paritätischer Mitarbeit. Sie war indes nach der Umwälzung auch die erste, die sich ehrlich auf den Boden der neuen Tatsachen im wirtschaftlichen Leben stellte und die Arbeitsgemeinschaft einführte. Es darf auch nicht übersehen werden, daß bei jener Zeitversäumnis und Bremsung seitens der Schwerindustrie kein böser Wille oder Kurzsichtigkeit ihrer Führer vorlag. Sie hatten es im Westen mit einem Völkergemisch von Eingewanderten zu tun, bei denen sich die Durchführungsschwierigkeiten aller sozialen Maßnahmen potenzieren mußten. Die gründlichere Sachkunde der führenden Arbeitgeber in der Auswirkung sozialer Gesetzgebung hielt sie ganz naturgemäß mehr zurück, als den Anhängern der Sozialreformen rätlich schien. Diese sahen aber, wie die Erfahrungen der jüngsten Zeit lehren, die ungeheure Tragweite vieler sozialer Forderungen in der Praxis durchaus nicht voraus. Viele von den größen Bedenken, die gegen einseitige Herabsetzung der Arbeitszeit nur bei den deutschen Arbeitern, gegen unbeschränktes Koalitionsrecht aller Beamten- und Arbeiterklassen des Staates und der lebensnotwendigen Betriebe und gegen Wegfall jedes Schutzes der Arbeitswilligen usw. geltend gemacht wurden, haben sich nach der Revolutionierung der Arbeitermassen als nur zu gerechtfertigt erwiesen und bringen zum mindesten in absehbarer Zeit den erhofften Fortschritt und Frieden nicht. Ein großer Teil der Verlockungen und Versprechungen der Arbeiterführer kann nicht gehalten werden, auch wenn vollkommene Ruhe erreicht ist.

Einer der jetzigen Führer der westlichen Schwerindustrie hat sehr richtig bemerkt, daß sich Arbeitgeber und Arbeitnehmer allmählich und ganz ungewollt „auseinandergelebt" hätten. Es war keineswegs ein willkürliches, lediglich durch Gewinn- und Ausbeutungssucht hervorgerufenes Geschehen, sondern ergab sich ganz von selbst schon aus der erwähnten riesenhaften Vermehrung unseres Volkes und der steigenden Vergrößerung aller Betriebe. Wie mancher private Arbeitgeber seufzte unter der Last, daß er alle Ersparnisse immer wieder in sein Unternehmen stecken mußte wegen des zu jedem ökonomischen Fortschritt zwingenden internationalen Wettbewerbs. Er wurde schließlich gezwungen, sein Werk in die unpersönliche Form eines Aktienunternehmens zu verwandeln. Fast alle größeren Privatwerke der zweiten Hälfte des vorigen Jahrhunderts machten diese durch die Verhältnisse erzwungene und infolgedessen naturgemäße Entwicklung durch: die von Krupp, Borsig, Schwartzkopff, Heckmann, Harkort, Schichau-Ziese und von so vielen anderen energischen, begabten und schöpferischen Persönlichkeiten bis in die allerneueste Zeit hinein. Es war ein großer Aufstieg der Tüchtigen aus dem Volke selbst, meist unmittelbar aus dem Handwerk heraus, und keine Entwicklung eines unpersönlichen Kapitalismus oder von Ausbeutungs- und Versklavungsgedanken.

Auch heute noch kämpfen viele Arbeitgeber, die durch eigene Tüchtigkeit und Fleiß das selbst miterarbeitete Kapital weiter befruchten wollen, um diesen Sprung der Verhältnisse in die Gemeinschaft fremden Kapitals. Sie sehen mit Schrecken den Folgen einer Gesetzgebung entgegen, die das Betriebskapital und die Produktion gefährdet, ihre Initiative und ihren Unternehmungsgeist in Fesseln schlägt und zur Umwandlung in unpersönliche oder sozialisierte Großbetriebe zwingt. Der von Bismarck einst befürchtete und als besonders gefährlich bezeichnete Zustand unseres Wirtschaftslebens, daß die Kapitalisten auch einmal unzufrieden werden und sich zurückziehen könnten, scheint jetzt schon in hohem Maße eingetreten zu sein. Wie realpolitisch richtig Bismarck beobachtet hat, wird die Zukunft lehren. Nicht nur Kapitalflucht oder Übergang der Produktionsmittel an das Ausland kommen in Betracht, sondern auch der Verlust leitender Persönlichkeiten. Diese sind schwerer für die Produktion zu ersetzen als Kapital und Arbeiter und leisten nur bei größter Selbständigkeit Großes.

Wie aber ihre Stimmung in den Zermürbungen der Gegenwart schon jetzt ist und angesichts der Einmischungen der Betriebsräte nach den neuesten Gesetzen noch werden wird, das dürfte die schlimmsten Befürchtungen Bismarcks rechtfertigen. Die Unbeständigkeit aller Verhältnisse, die unaufhörlichen Versammlungen und Verhandlungen ertöten jede Arbeitsfreudigkeit und Hebung der Produktion. Jeder dritte Mensch, dem man auf der Straße oder Eisenbahn

begegnet, hat jetzt eine Mappe unterm Arm. Unaufhörliches Reden und Verhandeln ist an die Stelle produktiver Arbeit getreten.

Unter Beaufsichtigung und Mitregierung von Mittelmäßigkeiten können
sich nur minderwertige, unselbständige, nach unten abhängige Leiter in Zukunft
halten. Das „Berg-ab" geht aber bei industriellen Betrieben, die überall im
Wettbewerb der Welt stehen, reißend schnell.

Im übrigen wollen wir hoffen, daß es keinen Arbeitgeber in Zukunft
mehr gibt, der nicht seine Beamten und Arbeiter aufrichtig als Mitarbeiter
in sozialer Parität ansähe und ihre Unterstützung, Rat und Einfluß annähme,
wo sie wirklich der Arbeitsgemeinschaft dienen. Der Ernst der Zeit wird schon
von selbst dafür sorgen, daß diese Hoffnung in Erfüllung geht.

Es haben sich aber nicht nur die Kopf- und Handarbeiter,
ohne es zu wollen, auseinandergelebt, sondern auch die Geistesarbeiter unter sich. Die Trennung der technischen Hochschulen und der Universitäten gehört hierher. Sie war ebenfalls mit ein Produkt der zu schnell
wachsenden Bevölkerung und der zahlreichen neuen wissenschaftlich-technischen
Arbeitsgebiete. Auch hier entschied das Tempo des Fortschrittes. Diesmal
blieben die Universitäten hinter der Zeit zurück. Es war eine von führenden
Hochschullehrern und wissenschaftlichen Praktikern schon um die Jahrhundertwende lebhaft bedauerte Tatsache, daß sich die Wissenschaften der Technik von
den alten Fakultäten der Universität getrennt hatten. Eine Angliederung
an die Universitäten hätte freilich den überaus schnellen Fortschritten der
Industrie anfangs sicherlich nicht folgen können.

Die durch die Verhältnisse notwendig gewordene Trennung der Bildungs-
sphären beider Hochschulen führte noch in derselben Generation zur Wieder-
vereinigung wissenschaftlich arbeitender Großindustrieller mit den naturwissenschaftlichen Kreisen der Universität. Hierfür wurde die „Göttinger Vereinigung
zur Förderung der angewandten Physik und Mathematik" das Vorbild. Es
folgte die Gründung der zahlreichen großzügigen Kaiser-Wilhelm-Institute und
die Angliederung an die Universität Bonn u. a. Aber nicht nur die Wieder-
zusammenführung der technischen und reinen Naturwissenschaften, sondern auch
eine viel stärkere Betonung der allgemein bildenden kulturellen Fächer zeigte
sich an den technischen Hochschulen als ein dringendes Bedürfnis. Die bei
ihnen jetzt angestrebte Zurückdrängung mancher technisch-wissenschaftlichen
Sonderfächer wird hoffentlich hierfür Zeit und Mittel endlich gewähren. Es
handelt sich um die Wiedergewinnung einer harmonischen Bildung in gegenseitiger Befruchtung der alten und neuen Bildungsmittel. Denn die deutsche
Seele, das deutsche Gemüt, auf das wir einst so stolz sein konnten, ging, wie
schon von so vielen Seiten und seit Jahren betont, durch den Materialismus
der oberen Schichten und durch die einseitig wirtschaftliche Orientierung der
Arbeiterorganisationen für den größten Teil des Volkes verloren.

Natürlich kann die Wiedergewinnung des deutschen Idealismus keineswegs
nur auf den Hochschulen erreicht werden, sie muß in allen Schulen und Lebenskreisen, zu allererst in der Familie erfolgen. Hierfür bleibt ewig das beste
Fundament eine religiöse Vertiefung!

Rudolf Eucken schreibt (Juli 1919):

„Wir sollten ja nicht die Religion in einen Gegensatz zum Ganzen des Volkstums setzen und sie als etwas diesem Gleichgültiges behandeln. Die Welt ist voller Scheidung und Trennung; nicht nur widerstreiten die materiellen Interessen einander, auch Wissen, Kultur und Bildung steigern gewöhnlich die Unterschiede mehr, als sie ihnen entgegenwirkten; alle Fülle von gegenseitigen Beziehungen verhindert nicht, daß die Menschen innerlich auseinanderfallen. Demgegenüber erwächst der Religion ein großes, ein unentbehrliches Werk darin, nicht nur die Unterschiede der Menschen zu überwinden, sondern sie auch zu einem gemeinsamen Leben und Streben zu verbinden. Nur wenn eine lebendige Einheit des Ganzen uns trägt und zusammenhält, können wir innerlich eins werden, können die Scheidewände fallen, die uns voneinander trennen; nur aus der Kraft jenes Ganzen kann eine gemeinsame Gedankenwelt, ja Lebenswelt entspringen, können wir uns seelisch verstehen, kann der eine sich in den anderen versetzen und sein Streben wie seine Geschicke teilen ...

Alles wahrhafte Leben bedarf eines festen Glaubens, es bedarf eines solchen Glaubens schon für äußere und menschliche Dinge, um unsere beste Kraft an die Sache zu setzen."

Auch die Erkenntnis hat sich immer mehr Bahn gebrochen, daß neben allem Wissen eine Charakterbildung in Haus und Schule nötig ist. Denn es wäre ein verhängnisvoller Irrtum, zu glauben, daß die Tüchtigkeit, die zum Leben taugt, lediglich durch Erleichterung und möglichste Vereinheitlichung der Bildungswege zu erzielen sei, und noch dazu, wenn das Vorurteil weiter genährt würde, daß einzig und allein der akademische Bildungsweg die notwendige Tüchtigkeit im Leben zu geben vermöchte. Der Himmel bewahre uns vor einer weiteren Steigerung des akademischen Proletariats! Das auffallende Versagen energischer Charaktere mit dem Willen zur Selbstbehauptung und Macht unseres Volkes ist eine der traurigsten Erscheinungen der jüngsten Vergangenheit trotz oder gerade wegen ihrer vielen „Intellektuellen", nachdem die ersten Kriegsjahre so glänzende Beispiele stärksten Wollens und selbstlosester Aufopferung in Heer und Volk gegeben.

Dazu kommt allerdings noch eine verblüffende und traurige Erkenntnis, die uns der Weltkrieg in Beziehung auf unseren Volkscharakter aufgenötigt hat: daß wir die unbeliebteste Nation auf der ganzen Welt sind. An dieser Tatsache, als einer der wichtigsten für unseren Wiederaufbau, sollten wir nicht mehr so nebensächlich wie bisher vorübergehen! Es war ein verhängnisvoller Fehler der meisten Deutschen, unsere Unbeliebtheit lediglich auf das Konto unseres unbequemen und unseren Feinden gefährlich gewordenen Handelswettbewerbs zu setzen. Auch der Zickzackkurs der hohen und höchsten diplomatischen Stellen kann dafür nicht allein verantwortlich gemacht werden. Es hat ja allerdings unsere wetterwendische, indiskrete und oft brutal auftretende Politik die alten Tugenden unseres Volkes scheinbar in ihr Gegenteil verkehrt, die Tisza bei Ausbruch des Krieges noch mit den Worten kennzeichnete: „Das, was die Deutschen so groß gemacht hat, ist ihre Ehrlichkeit, Zuverlässigkeit und Treue." Diese waren und sind auch heute noch Grundzüge unseres Volkscharakters, die, wie bestimmt zu hoffen, nur vorübergehend durch den furchtbaren Zusammenbruch unseres Volkes verdunkelt worden sind.

Aber hierzu traten noch alte Fehler unseres Volkscharakters, die in ihrer Tragweite seit Jahrhunderten nicht genügend beachtet wurden. Denn schon zu Luthers Zeiten und noch früher wurde unsere große Unbeliebtheit unter den Nationen festgestellt. Unzählige Male, auch während des Krieges, ist von deutschen Autoritäten aus den verschiedensten Kreisen auf unseren Mangel guter und höflicher Formen hingewiesen. Es handelt sich zunächst um die rauhe Außenseite, die mangelnde äußere Persönlichkeitskultur, die an sich schon viel wesentlicher und wichtiger ist, als die meisten ahnen, die mit dem Auslande nicht in häufige Berührung kommen. Dahinter steckt aber auch ein Mangel an innerer Kultur, an Liebenswürdigkeit, Herzensfreundlichkeit und Takt. Nach Georg Brandes (Miniaturen) mißt der bedeutendste Schriftsteller des modernen China, Ku-Hung-Min, ein Kenner und Verehrer Goethes, „sogar die Schuld am Kriege bei aller Bewunderung für das Rechtsbewußtsein der Deutschen ihrem mangelnden Taktgefühl bei". Ein bekannter französischer Akademiker — denn auch von seinen Feinden muß man lernen — spricht bei uns u. a. von einem Mangel an „Nuancen" im persönlichen Verkehr. Das scheint mir richtig und der tiefere Grund für manche Taktlosigkeit zu sein. Wir kennen im großen und ganzen nur Extreme im Empfinden, in Auffassung und Ausdruck. Die verbindenden Übergangsstufen fehlen. Daher auch die ungewollten Schroffheiten, Rechthaberei, die deutsche Eigenbrötelei und die Schärfe der sozialen Gegensätze. Manchmal ein von anderen Kulturvölkern als brutal empfundener Nationalstolz und ein anderes Mal Bedientenhaftigkeit sowie kritiklose Bewunderung und Annahme ausländischen Wesens. Einem großen Teil unseres Volkes, gerade auch unter unseren Pionieren im Auslande, fehlt zwischen den Extremen das nationale Gleichgewicht, und es fällt ihnen schwer, nationale Würde zu bewahren. Feinfühligkeit und Takt scheinen uns durch den materiellen Wettbewerb immer mehr verlorengegangen zu sein und liebenswürdige, höfliche Formen immer noch als nebensächlich behandelt zu werden. Berufliche Tüchtigkeit allein und sonstige nationale Tugenden ersetzen jene Mängel aber keineswegs.

Welches Kapital besitzen selbst heute noch die Franzosen in dem guten Ruf ihrer Persönlichkeitskultur, obwohl die französische Ritterlichkeit, abgesehen von gelegentlichen Paradegesten, immer mehr zur Legende geworden ist und die geradezu pathologische Eitelkeit, Selbstberäucherung und Anmaßung ihre höflichen und liebenswürdigen Formen schon seit längerer Zeit bedenklich überschatten. Der gute Ruf ihrer früheren Tugenden, die offenbar in der Verbindung mit kaum halb zivilisierten Kolonialtruppen noch schneller entarten, wirkt gleichwohl noch heute im Auslande fort, auch noch bei manchen Deutschen, soweit sie keine persönliche Friedens- und Kriegserfahrung haben.

Bei der Oberflächlichkeit des Verkehrs, in dem die meisten Menschen überhaupt, namentlich aber im internationalen Verkehr, zueinander stehen, bewirken höfliche, liebenswürdige und taktvolle Formen ganz natürlich eine viel leichtere und schnellere Annäherung als tiefgründige Tüchtigkeit und wenig kultivierter

Außenseite. Bei solchen Menschen hat man von vornherein nicht das Bedürfnis, sie näher kennenzulernen. Björn Björnson führt in seinem reizvollen Buche „Vom deutschen Wesen" (1917) die Stelle aus einem altfranzösischen Lustspiel an, in dem ein Ehemann zu einem älteren Freunde von seiner Frau sagt: „Sie hat alle Tugenden, die ich nicht ausstehen kann, und keins von den Lastern, die ich liebe." Ein Freund von Björnson habe damit auf die deutsche Nation angespielt. Sollte es ausgeschlossen sein, daß auch jetzt bei dem überraschenden Präsidentenwechsel in Frankreich der Barbar Clemenceau trotz aller bewiesenen nationalen Energie dem „schönen Paul" (Deschanel) vielleicht auch deshalb mit hat weichen müssen, weil dieser viel beliebter war? Hat nicht auch Eduard VII. den Erfolg seiner Einkreisungspolitik zu einem großen Teil seinen weltgewandten Umgangsformen und seiner feinfühligen Beobachtung und Behandlung des Auslandes zu verdanken? Er sowohl als Deschanel haben nicht verschmäht, auch die Beherrscher der Mode und Außenkultur zu sein, und beide waren bzw. sind doch Männer, die für ihre Zeit sehr ernst zu nehmen sind. Die Imponderabilien wiegen auch auf diesem Gebiete schwerer und entscheidender als die Schulweisheit vieler Gebildeten sich träumen läßt. Es ist höchste Zeit, daß im deutschen Volke hierüber nicht nur gelegentlich einige literarische Bemerkungen gemacht werden, sondern eine Aufklärung von der Schule aus, und zwar in jeder Schule und Schulart, bei der jetzt mit Recht so viel betonten staatsbürgerlichen Erziehung stattfindet.

Aus einem Manuskript im Goethearchiv zu Weimar (Paralipomena zu Faust I. Teil) schrieb ich mir einmal den kleinen drastischen Vers ab:

> „Wenn du von außen ausgestattet bist,
> So wird sich alles zu dir drängen,
> Ein Kerl, der nicht ein wenig eitel ist,
> Der mag sich auf der Stelle hängen."

Aber zu den vorerwähnten Mängeln des deutschen Wesens ist in den letzten Dezennien noch eine traurige Wandlung in unserem inneren Volkscharakter hinzugetreten. Wie schon erwähnt, haben viele deutsche Publizisten bereits vor dem Kriege darauf hingewiesen, daß durch unseren rastlosen materiellen Wettbewerb Herz und Seele des deutschen Volkes schwer gelitten haben, und man spricht mit Recht von einer Entseelung unseres Volkes. Das tritt auch deutlich aus den erwähnten Spiegelbildern bei unseren Feinden und Freunden hervor. Wir konnten früher stolz darauf sein, daß wir sogar ein besonderes Wort für eine Erscheinungsform unserer deutschen Seele, das Gemüt, besaßen. Dieses wiederzugewinnen, dahin gehen jetzt die Anstrengungen der Besten unseres Volkes aus allen Bildungsschichten. In den Mainzer, Düsseldorfer und Berliner Vorträgen dieses Buches (1900, 1902 und 1906) war schon auf die Notwendigkeit der Beteiligung der deutschen Technik an diesen Bestrebungen hingewiesen. Leider ging man infolge der sich immer mehr verstärkenden einseitigen Fachentwicklung über alle solche Ansätze zur Tagesordnung über. Der kategorische Imperativ der Pflicht wurde nur im Berufsleben durchgeführt, das „Sterben in den Sielen der Berufsarbeit" als höchstes Verdienst gepriesen. Dadurch lebten sich aber alle Berufe ohne gegenseitiges Verständnis auseinander. Die

Persönlichkeitskultur und die sog. Kultur der Muße, die Engländer und Franzosen bei allem materiellen Wettbewerb nie aus dem Auge verloren, fehlten. Die Pioniere unseres Handels, der Technik und Wissenschaft wurden nicht zum wenigsten wegen dieses „Nur Arbeitens" unbeliebt. So sehr auch das Losungswort der Zukunft für uns — dreimal unterstrichen — das Wort „arbeiten!" ist, so muß diese Arbeit doch unbedingt auch auf das Gebiet der Persönlichkeitskultur ausgedehnt werden. Sie ist nicht nur dem Auslande gegenüber, sondern auch im Innern, im Verkehr der deutschen Länder untereinander, von Beruf zu Beruf, auch innerhalb der Familie, eine absolute Notwendigkeit und bedeutet ein großes Kapital, das endlich auch von unserem Volke mit aller Energie erarbeitet werden muß.

Wie oft kann man einem sehr tüchtigen Berufsfachmann eine leitende, erstklassige Stellung in der Industrie oder den Vorsitz einer Behörde nicht übertragen, weil es ihm an Takt, guten Formen und allgemeiner Bildung fehlt! Alle Klagen über Bevorzugung einzelner Stände erklären sich meistens durch deren ausgesprochenen Vorzug größerer persönlicher Kultur. Wer aber mit dem Auslande in Verbindung tritt, sollte sich gegenwärtig halten, daß er stets zugleich ein Vertreter deutscher Kultur ist, der auch den Anschauungen und Sitten der zum Teil viel älteren Kulturvölker, z. B. des Ostens, mit Vorsicht, möglichstem Verständnis ihres geschichtlichen Werdegangs und Feinfühligkeit zu begegnen hat. Dann verschwindet von selbst die abstoßende deutsche Überhebung gelehrten Wissens und fachwissenschaftlichen Könnens, es werden die nationale Würde, der rechte Nationalstolz, Maß und Gleichgewicht durch die größere persönliche Kultur besser gewahrt.

Aber noch ein Drittes und Dreifaches gehört zur Wiedergesundung unseres Volkes: Ordnung, Disziplin und Selbstzucht, ohne die eine Wiedergewinnung früherer Macht undenkbar ist. Um die beiden ersten Eigenschaften haben uns früher alle anderen Völker beneidet, an der dritten hat es uns stets nach allen Richtungen gefehlt. Wir sind deshalb auch das politisch unfähigste und unreifste Volk bis in die jüngste Gegenwart geblieben. Ohne Selbstzucht gibt es kein Maßhalten, kein Gleichgewicht. Die Schroffheit der sozialen und politischen Grundsätze führt immer wieder zu dem Fluch unseres Volkes: der Eigenbrötelei. Die beste Einheitsschule des Volkes für Ordnung, Disziplin und Selbstzucht ist uns aber mit unserer militärischen Erziehung, auf Grund der allgemeinen Wehrpflicht, geraubt worden. Sie war nach den meisten Richtungen auch die bewährteste Volkshochschule in Erziehung des Willens, Charakters und der Vaterlandsliebe für arm und reich, für höher und minder Gebildete. Nur bekannte Mängel und Auswüchse galt es zu beseitigen und den sozialen Horizont mancher Führer zu erweitern. Sobald die Revolution diese Grundpfeiler untergrub, folgte die Zuchtlosigkeit der Massen. Ohne Zwang von außen wird aber gerade bei dem deutschen Volke die Selbstzucht kaum je Boden gewinnen. Alles Predigen hilft hier ebensowenig wie das immer wiederholte Mahnwort „arbeiten!", solange nicht durch Macht und Gesetzgebung die äußeren Bedingungen für stetige Arbeit wiedergeschaffen sind. Das sind jetzt Binsenwahrheiten!

Auch der in letzter Zeit so oft wiederholte wortreiche Appell an die Vaterlandsliebe hat bei den Massen des Volkes, bis in die Beamtenschaft hinein, trotz
der wirtschaftlichen Lebensnotwendigkeiten, vielfach versagt. Dazu kommt
schließlich die bekannte krankhafte Objektivität der Deutschen, die uns immer
wieder die Zipfelmütze als Kennzeichen unserer politischen Unfähigkeit über die
Ohren gezogen hat. Ihr verdanken wir die Schwäche unseres Vaterlands-
gefühls, der die angelsächsischen, die Welt beherrschenden Völker das bekannte
„Recht oder Unrecht — mein Vaterland" entgegensetzen, sobald das Ausland
an irgendeiner Stelle in Frage kommt. Sie haben dadurch die Macht gewonnen,
jedes Recht anderer zu beugen, sich selbst aber zu behaupten. Die Entstehung
und Handhabung des Versailler Vertrages spricht dafür Bände.

Selbstzucht und Bewahrung nationaler Würde sollten sich aber in Zukunft
auch bei Wiederanbahnung des internationalen wissenschaftlichen Verkehrs nicht
verleugnen. Ich zweifle nicht daran, daß nach den gemachten Erfahrungen
unsere Vertreter der Wissenschaft vornehme Zurückhaltung und Würde unseren
Feinden gegenüber bewahren werden, denn Feinde bleiben diese, solange sie
auf ihrem sog. Friedensvertrag bestehen. Um so mehr haben wir allen Grund,
die wissenschaftliche und persönliche Gemeinschaft mit den neutralen Hochschulen zu pflegen. Wir haben ihnen die Sympathie zu vergelten, die sie uns
in der Zeit schwerer Not in vortrefflichen wissenschaftlichen Veröffentlichungen
und in Werken der Liebe mit dem Herzen dargebracht haben. Ihre Haltung
war ein Lichtblick für das gebildete Deutschland und kann nicht hoch genug
anerkannt und von Herzen erwidert werden. Sie haben uns auch in unserem
Glauben an unser eigenes Volk und seine Zukunft neu gestärkt. Denn fast
schien es eine Zeitlang, als seien die Guten und Tüchtigen unter uns wie von
der Bildfläche verschwunden, nachdem unsere genialen und tapferen Heerführer
mit Undank hatten zurücktreten müssen und Zuverlässigkeit und Unbestechlichkeit
auf so vielen Gebieten verlorengingen. Glücklicherweise schien es nur so. Gewiß
sind ganze Volksschichten vom Taumel des revolutionären Sieges und der
Beutegier ergriffen. Es zeugt indes die trotz aller Papiernot stark angeschwollene
Literatur über den Wiederaufbau unseres Vaterlandes davon, daß sich die
vielen Guten und Tüchtigen nur vorübergehend vom öffentlichen Schauplatz
der Tat zurückgezogen haben, weil sie sich zurzeit nicht auswirken können. Zahlreiche Organisationen bereiten schon die Genesung und Wiederherstellung von
Zucht und Ordnung vor. Vorherrschend kommt die Meinung zum Ausdruck,
daß, so dunkel auch die Zukunft vor uns liegt, kein Deutscher die Hoffnung
auf die Wiedergewinnung deutscher Tatkraft, alter deutscher
Sitte und auf eine fortschreitende Läuterung unseres Volkscharakters aufgeben darf. Wir wollen nur die faulen Äste unseres Volks-
stammes absägen, der sich aus so vielen Jahresringen von Kulturleistungen
ersten Ranges gebildet und dem Sturm und Wetter fast der ganzen Welt
noch in diesem Kriege getrotzt hat. Ein morscher Stamm wäre schon im
ersten Kriegsjahre umgesägt worden. Gerade das Weiterpflegen und Weiter-
bilden des Guten und Bewährten aus der Vergangenheit ist für die Zukunft produktiver als die Umwertung aller Werte durch zersetzende Kritik, die

bisher unsere innere Widerstandskraft nur durch Zweifel und Niederdrücken geschwächt hat.

„Sursum corda!" und „Erhebet Eure Herzen!" (zu Gott), so lauten die rituellen Zurufe der katholischen und evangelischen Kirche. Empor aus dem Niedrigen und Gemeinen der Gegenwart! Statt den falschen Propheten zu folgen, die mit blendendem Aufwand gelehrten Wissens, aber mit wissenschaftlich nicht einmal haltbaren Analogieschlüssen den Untergang unseres Volkes weissagen, folgen wir lieber dem Zuruf zur Umkehr nach dem Höchsten! Alle wahrhaft großen Gedanken und Ideale stammen bekanntlich auch aus dem Herzen. Sowohl der religiöse Glaube wie der feste Glaube an eine große gute Sache auf irgendwelchem Gebiete vermögen überall Berge zu versetzen. Wenn jeder einzelne diesen unerschütterlichen Glauben in der Richtung der Wiedergesundung und Wiederaufrichtung unseres Volkes auf seinem, wenn auch noch so kleinen Gebiete pflegt und durch Arbeit an seinem eigenen Innern, insbesondere durch Selbstzucht wirklich betätigt, dann entsteht durch eine solche allmähliche Gleichrichtung aller Volksmoleküle eine ungeheure latente Volkskraft, die sich über kurz oder lang wieder nach außen und oben auslösen muß! Dann werden uns von selbst aus dem Boden geläuterter Volkskraft auch auf den Gebieten des Friedens und der Politik wieder starke Männer und Führer erwachsen. Das kann man zwar nicht wissenschaftlich beweisen, wohl aber in fester Überzeugung und mit Inbrunst glauben!

www.ingramcontent.com/pod-product-compliance
Lightning Source LLC
Chambersburg PA
CBHW081532190326
41458CB00015B/5531